高级计算机网络习题集

王慧强　郭方方　吕宏武　唐立群　编著

哈尔滨工程大学出版社
Harbin Engineering University Press

内容简介

当今社会，计算机网络已经成为人们生产生活中必不可少的基础设施，然而由于网络规模的急剧扩大和网络技术的不断更新，计算机网络技术体系变得异常复杂。为了方便广大读者学习计算机网络基础知识，编著者结合多年从事计算机网络教学的经验，并参考大量现有书籍、文献与各类考试习题，最终整理、编著成本书。

本书按照知识点集合进行组织，各知识点相互串联构成知识树。全书按照计算机网络协议栈自顶向下的结构顺序进行讲解，共分7章，包括概述、应用层、运输层、网络层、数据链路层与物理层，以及典型的网络类型——无线网络与移动网络、多媒体网络。

本书可作为普通高等院校计算机专业本科生及研究生学习"计算机网络"课程的参考书，也可作为考研参考书，而且对从事计算机网络应用与信息技术、网络工程、技术服务等相关领域工作的人员以及参加各类计算机网络相关考试的人员，也具有极高的参考价值。

图书在版编目(CIP)数据

高级计算机网络习题集 / 王慧强等编著. — 哈尔滨：哈尔滨工程大学出版社，2024.5
ISBN 978-7-5661-4358-7

Ⅰ. ①高… Ⅱ. ①王… Ⅲ. ①计算机网络-习题集 Ⅳ. ①TP393-44

中国国家版本馆 CIP 数据核字(2024)第 088156 号

高级计算机网络习题集
GAOJI JISUANJI WANGLUO XITI JI

选题策划 石 岭
责任编辑 张 昕
封面设计 李海波

出版发行 哈尔滨工程大学出版社
社　　址 哈尔滨市南岗区南通大街145号
邮政编码 150001
发行电话 0451-82519328
传　　真 0451-82519699
经　　销 新华书店
印　　刷 哈尔滨市海德利商务印刷有限公司
开　　本 787 mm×1 092 mm 1/16
印　　张 19.5
字　　数 512千字
版　　次 2024年5月第1版
印　　次 2024年5月第1次印刷
书　　号 ISBN 978-7-5661-4358-7
定　　价 68.00元

http://www.hrbeupress.com
E-mail: heupress@hrbeu.edu.cn

前　言

据2022年发布的《第49次中国互联网络发展状况统计报告》显示，截至2021年12月，中国网络用户数量已达到10.32亿人，其他报道也显示全球网络用户数量已超过40亿人，计算机网络已渗透到了人们日常生活中的每一个角落，和水、电、煤气一样成为必不可少的基础设施。由于网络规模的急剧扩大和网络技术的不断推陈出新，计算机网络的技术体系变得非常庞大和复杂。为了方便广大读者学习计算机网络基础知识，编著者结合多年从事计算机网络教学的经验，仔细研读了大量有关计算机网络的资料与文献，尤其是詹姆斯·F.库罗斯和基思·W.罗斯合著的《计算机网络——自顶向下方法》以及谢希仁教授编著的《计算机网络》这两本书，并参考了与计算机网络相关的各类考试习题，最终整理、编著成本书。本书按照知识点集合进行组织，每章分为若干知识点，每个知识点相对独立，各知识点相互串联构成知识树。全书按照计算机网络协议栈自顶向下的结构顺序进行讲解，共分7章，包括概述、应用层、运输层、网络层、数据链路层与物理层，以及典型的网络类型——无线网络与移动网络、多媒体网络。每章包含一系列主要知识点及其对应习题，知识点包含了“计算机网络”课程的关键概念与核心内容；习题解析部分通过分析解答典型习题，使读者能够更好地理解和掌握每章主要知识点、解题思路和方法。本书在编著过程中也参考了目前已有的各高校期末考试题目、历年考研真题以及其他已有习题集内容。本书给出的参考答案着重引导与扩展，通过典型习题的分析与解答，使读者能够逐渐掌握分析和解决计算机网络各种问题的途径与方法。

本书适合作为普通高等院校计算机专业本科生及研究生学习“计算机网络”课程的参考书，也可作为考研参考书，而且对从事计算机网络应用与信息技术、网络工程、技术服务等相关领域工作的人员以及参加各类计算机网络相关考试的人员，也具有极高的参考价值。

参与本书编著的主要人员有王慧强、郭方方、吕宏武、唐立群。此外，包昊男、董春艳、王昕雨、张一达、佟海洋、王传奇、米海林、陈振华、王堃、赵阳、王瑞男、王海茹、王靖媛、孟祥旭等也参与了本书的整理工作。本书受到了黑龙江省研究生在线课程“高级计算机网络”、教育部产学研育人项目“面向新工科软件人才培养的课程体系建设与优化”及“基于FPGA的分布式计算加速实践课程设计”的资助。

本书涉及的内容较为广泛，因编著者水平有限，书中难免有疏漏或不足之处，敬请各位读者朋友批评指正。

编　者

2024年2月

目　录

第1章　概　　述

知识点1.1　计算机网络概述

计算机网络定义为自主计算机的互联集合。本节主要从计算机网络的基本概念、分类、组成、功能以及互联网标准化工作五个方面进行讲解。

1.1.1　计算机网络的基本概念

计算机网络由若干结点和连接这些结点的链路组成。它是一个把地理位置不同且具有独立功能的若干台计算机,通过通信线路和设备相互连接起来,在一个用户自动管理资源的网络操作系统的管理下,按照网络通信协议实现数据传输和资源共享的信息系统。

也就是说,计算机网络建立的主要目的是实现数据传输和资源共享。位于不同地理位置的计算机通过无线或有线的通信链路交互信息,不仅能使网络中的各个计算机(称为结点)之间相互通信,而且还能共享某些结点上的系统资源,这些都必须遵循共同的网络协议。这里的系统资源主要包括硬件资源(如网络打印机、大容量磁盘空间等)、软件资源(系统软件和应用软件)和数据资源(其他主机或用户的数据文件、数据库等)。

1.1.2　计算机网络的分类

1.1.2.1　从网络的作用范围进行分类

(1)局域网(LAN)

局域网是指地理上作用范围较小(如1 km左右)的各种计算机、终端同外部设备进行互连而构成的网络。局域网一般用微型计算机或工作站通过高速通信线路相连。

(2)城域网(MAN)

城域网是指作用范围介于广域网和局域网之间的高速网络,覆盖范围为几千米到几十千米。城域网与局域网使用相同体系结构,适应多种业务、多种网络协议以及多种数据传输速率;使用以太网技术。

(3)广域网(WAN)

广域网作用范围为几十到几千千米,是互联网的核心部分,连接广域网各个结点交换机的链路,一般都是高速链路。广域网的任务是长距离运送主机所发送的数据。

(4)个人区域网(PAN)

个人区域网是指在个人工作的地方把属于个人使用的电子设备(如便携式电脑等)用无线技术连接起来的网络,因此也常称为无线个人区域网(WPAN),其作用范围在10 m左右。

1.1.2.2 从网络的拓扑结构进行分类

(1)星形拓扑

这种结构的网络各工作站以星形方式连接起来,网中的每一个结点设备通过连接线与中心结点相连;如果一个工作站需要传输数据,它首先必须通过中心结点。其主要优点是网络构形简单、建网容易、便于控制和管理;缺点是网络可靠性低,网络共享能力差,并且一旦中心结点出现故障将导致全网瘫痪。

(2)树形拓扑

这种结构的网络是天然的分级结构,又被称为分级的集中式网络。其主要优点是网络成本低,结构比较简单。在网络中,任意两个结点之间不产生回路,每个链路都支持双向传输,并且网络中结点扩充方便灵活,寻查链路路径比较简单。缺点是在这种结构的网络系统中,除叶结点及其相连的链路外,任何一个工作站或链路产生故障都会影响整个网络系统的正常运行。

(3)总线形拓扑

这种结构的网络将各个结点设备和一根总线相连。网络中所有的结点工作站都是通过总线进行信息传输的。总线的通信连线可以是同轴电缆、双绞线,也可以是扁平电缆。在总线结构中,数据通信必经的总线的负载能量是有限度的,这是由通信媒体本身的物理性能决定的。

(4)环形拓扑

这种结构的网络各结点通过一条首尾相连的通信链路连接起来形成闭合环形结构网。环形结构网络的结构也比较简单,系统中各工作站地位相等。其系统中通信设备和线路比较节省。

1.1.2.3 从网络的使用者进行分类

(1)公用网

公用网是国家的电信公司出资建造的大型网络。

(2)专用网

专用网是某个部门为本单位的特殊业务工作需要而建造的网络。

1.1.3 计算机网络的组成

(1)从组成部分划分

从组成部分看,计算机网络主要由硬件、软件、协议三大部分组成。硬件主要由主机、通信链路、交换设备和通信处理机等组成。软件主要包括各种实现资源共享的软件、方便用户使用的各种工具软件,其大部分属于应用层。

(2)从功能组成划分

从功能组成看,计算机网络由通信子网和资源子网组成。通信子网由各种传输介质、通信设备和相应的网络协议组成,它使网络具有数据传输、交换、控制和存储的能力,实现联网计算机之间的数据通信。资源子网是实现资源共享的设备及其软件的集合,向网络用户提供共享其他计算机上的硬件资源、软件资源和数据资源的服务。

1.1.4 计算机网络的功能

(1)数据通信

计算机网络最重要的三个功能是:数据通信、资源共享、分布处理。

数据通信是计算机网络最基本的功能。它用来快速传送计算机与终端、计算机与计算机之间的各种信息,包括文字信件、新闻消息、咨询信息、图片资料、报纸版面等。利用这一功能,可以将分散在各个地区的单位或部门用计算机网络联系起来,进行统一的调配、控制和管理。

(2)资源共享

资源共享中的"资源"指的是网络中所有的软件、硬件和数据资源,"共享"指的是网络中的用户都能够部分或全部地使用这些资源。

(3)分布处理

分布处理是指当某台计算机负担过重时,或该计算机正在处理某项工作时,网络可将新任务转交给空闲的计算机来完成,以均衡各计算机的负载,提高处理的实时性。对于大型综合性任务,可将任务各部分交给不同的计算机分别处理,充分利用网络资源,提高计算机的处理能力,即增强实用性。

1.1.5 互联网标准化工作

制定互联网的正式标准要经过以下阶段:

(1)互联网草案(internet draft),互联网草案的有效期只有六个月,它在这个阶段还不能算是征求意见稿(RFC)文档。

(2)建议标准(proposed standard),从这个阶段开始成为 RFC 文档。

(3)互联网标准(internet standard),达到正式标准之后,每个标准就分配到一个编号 STD XX。一个标准可以和多个 RFC 文档关联。

知识点 1.1 习题解析

1-1-01 习题【基础】计算机网络最基本的功能是( )。

A. 数据通信 B. 资源共享 C. 分布处理 D. 信息综合处理

【答案】A。

【解析】虽然计算机网络的功能有很多,包括数据通信、分布处理、资源共享、负载均衡、信息综合处理等,但是其中最主要的功能是数据通信功能。如果数据通信功能不能实现,那么其他的功能也将大打折扣,数据通信功能是计算机网络实现其他功能的基础。

1-1-02 习题【基础】广域网的拓扑结构通常采用( )。

A. 总线形拓扑 B. 混合型拓扑 C. 树形拓扑 D. 网状拓扑

【答案】D。

【解析】网状拓扑结构主要指各结点通过传输线互联起来,并且每一个结点至少与其他两个结点相连。网状拓扑结构具有较高的可靠性,但其结构复杂,实现起来费用较高,不易管理和维护,不常用于局域网,而多用于广域网。

1-1-03 习题【基础】在10个结点的星形拓扑结构中,有( )条物理链路。

A. 9 B. 10 C. 90 D. 55

【答案】A。

【解析】星形拓扑结构是使其中一个结点作为中心结点,其余结点直接与中心结点相连接。

1-1-04 习题【基础】简述互联网标准制定的几个阶段:

【答案】(1)互联网草案(internet draft)。

(2)建议标准(proposed standard)。

(3)互联网标准(internet standard)。

1-1-05 习题【基础】把计算机网络分为城域网、广域网、局域网和个人区域网,其划分依据是( )。

A. 网络的拓扑结构 B. 网络的传输技术 C. 网络的通信方式 D. 网络的作用范围

【答案】D。

【解析】将计算机网络划分为不同的种类的划分依据如下:

按网络的作用范围分类:广域网、城域网、局域网、个人区域网。

按网络的拓扑结构分类:星形网络、总线形网络、环形网络、树形网络。

按网络的传输技术分类:广播式网络、点对点网络。

按网络的使用者分类:公用网、专用网。

按数据交换技术分类:电路交换网、报文交换网、分组交换网。

因此,根据网络的作用范围可将网络划分为广域网、城域网、局域网和个人区域网。

1-1-06 习题【基础】计算机网络可被理解为( )。

A. 提高系统的可靠性,使各个计算机相对独立

B. 由自治的计算机互联起来的集合体

C. 用于共同完成一项任务的分布式系统

D. 多个处理器通过共享内存实现的紧耦合系统

【答案】B。

【解析】自治计算机互联起来的集合体组成了计算机网络,这里包含了三个关键点:自治计算机、互联、集合体。其中自治计算机由软件和硬件两部分组成,有了这两个部分,计算机能完整地实现各种相关的功能;互联是指不同的计算机之间能实现相互通信的功能;集合体是指所有使用通信线路以及互联起来的自治计算机的集合。

1-1-07 习题【基础】局域网和广域网的差异不仅在于它们所作用的范围不同,还在于它们( )。

A. 所使用的拓扑结构不同 B. 所采用的协议不同

C. 所使用的传输介质不同 D. 提供服务的供应商不同

【答案】B。

【解析】广域网和局域网之间的差异不仅在于它们所作用的范围不同,还在于它们所采用的协议和所使用的网络技术的不同,如广域网使用点对点等技术,局域网使用广播技术。

1-1-08 习题【基础】计算机网络的资源主要是指( )。

A. 计算机操作系统、数据库与应用程序

B. 服务器

C. 计算机软件、硬件与数据

D. WEB 服务器与备份服务器

【答案】C。

【解析】选项 B 和 D 都属于硬件，选项 A 都属于软件，只有选项 C 最全面。计算机网络的资源包括硬件资源、软件资源和数据资源。

1-1-09 习题【基础】标准对于协议为什么重要?

【答案】主机间的通信需要遵循相应的协议，那么制定一个好的协议就要遵循相应的标准，如协议的首部字段都包含什么信息，这些信息位于协议的什么位置，只有这样人们才可以创建具有互操作性的网络系统和产品。

1-1-10 习题【基础】计算机网络可向用户提供哪些服务?

【答案】数据通信、资源共享、分布处理。

知识点 1.2 互联网组成

互联网主要由网络边缘和网络核心两部分组成，本节主要从这两方面进行介绍。

1.2.1 网络边缘

因为与互联网相连的计算机和其他设备位于网络的边缘，故而称为端系统。互联网的端系统包括桌面计算机、服务器和移动计算机。

1.2.1.1 接入网

接入网是指将端系统物理连接到其边缘路由器的网络。边缘路由器是端系统到任何远程端系统的路径上的第一台路由器。接入网分为以下三种类型。

(1)家庭接入

①数字用户线(DSL):用户通常从提供本地电话接入的本地电话公司处获得 DSL 网络接入。因此，当使用 DSL 时，用户的本地电话公司也是它的互联网服务提供商(ISP)。每个用户的 DSL 调制解调器使用现有的电话线(即双绞铜线)与位于电话公司的本地中心(CO)中的数字用户线接入复用器(DSLAM)交换数据。用户的 DSL 调制解调器得到数字数据后将其转换为高频信号，以通过电话线传输给本地中心局；来自许多用户的模拟信号在 DSLAM 处被转换成数字形式。

②电缆:电缆网络接入利用了有线电视公司现有的有线电视基础设施。用户从有线电视公司处获得电缆网络接入。光缆将电缆头端连接到地区枢纽，从这里使用传统的同轴电缆到达各用户。每个地区枢纽通常支持 500~5 000 个用户。因为在这个系统中应用了光纤和同轴电缆，所以它经常被称为混合光纤同轴(HFC)系统。电缆网络接入需要特殊的调制解调器，这种调制解调器称为电缆调制解调器。如同 DSL 调制解调器，电缆调制解调器通常是一个外部设备，通过一个以太网端口连接到家庭计算机。在电缆头端，电缆调制解

调器端接系统(CMTS)与 DSL 网络的 DSLAM 具有类似的功能,即将来自许多下行用户中的电缆调制解调器发送的模拟信号转换成数字形式。电缆调制解调器将 HFC 网络划分为下行和上行两个信道。如同 DSL,接入通常是不对称的,下行信道分配的传输速率通常比上行信道的高。DOCSIS 2.0 标准定义了高达 42.8 Mbps 的下行速率和高达 30.7 Mbps 的上行速率。如同在 DSL 网络中的情况,由于较低的合同数据率或媒体损耗,可取得的速率不一定能达到最大。

③光纤到户(FTTH):提供了一条从本地中心局直接到用户的光纤路径。从本地中心局到用户有几种有竞争性的光纤分布方案。

最简单的光纤分布网络称为直接光纤,即从本地中心局到每户设置一根光纤。

更为一般的是,从本地中心局出来的每根光纤实际上由许多用户共享,直到相对接近这些用户的位置,每户才分配一根光纤。这种分配形成两种有竞争性的光纤分布体系结构：主动光纤网络(AON)和被动光纤网络(PON)。

④卫星:在无法提供 DSL、电缆和 FTTH 的地方(例如乡村),使用卫星链路将住宅以超过 1 Mbps 的速率与互联网相连。

(2)企业(和家庭)接入

①以太网:在企业和大学校园以及越来越多的家庭环境中,使用局域网将端系统连接到边缘路由器。尽管有许多不同类型的局域网技术,但是目前为止,以太网是企业、大学校园和家庭网络中应用最为广泛的接入技术。

②Wi-Fi:越来越多的人将便携机、智能手机、平板电脑和其他设备无线接入互联网。在无线局域网环境中,无线用户从一个接入点发送/接收分组,该接入点与企业网连接(很可能使用了有线以太网),企业网再与有线互联网相连。一个无线局域网用户通常必须位于接入点的几十米范围内。

(3)广域无线接入(2G、3G、4G、5G 和 LTE)

使用苹果和安卓系统的设备越来越多地用来在移动过程中发信息、在社交网络中分享照片、观看视频和播放音乐。这些设备应用了与蜂窝移动电话相同的无线基础设施,通过蜂窝网提供商运营的基站来发送和接收分组。与 Wi-Fi 不同的是,用户位于基站的数万米(而不是几十米)范围内便可接入互联网。

1.2.1.2 物理媒体

(1)双绞线

最便宜且最常用的导引型传输媒体是双绞线。双绞线由两根绝缘的铜线组成,每根直径大约 1 mm,以规则的螺旋状排列。这两根铜线绞合起来,以减少邻近类似的双绞线的电气干扰。通常将许多双绞线捆扎在一起形成一根电缆,并在这些双绞线外面覆盖上保护性防护层。一对铜线构成一个通信链路。无屏蔽双绞线(unshielded twisted pair, UTP)常用在室内的计算机网络中,即用于局域网中。

(2)同轴电缆

与双绞线类似,同轴电缆由两个铜导体组成,只是这两个铜导体是同心的而不是并行的。借助这种结构及特殊的绝缘体和保护层,同轴电缆能够达到较高的数据传输速率。同轴电缆可用作导引型共享媒体(shared medium)。特别是,许多端系统能够直接与该电缆相连,每个端系统都能接收由其他端系统发送的内容。

(3)光纤

光纤是一种细而柔软的、能够导引光脉冲的媒体,每个脉冲表示一个比特。一根光纤能够支持极高的比特速率,高达数十甚至数百 Gbps。光纤传输不受电磁干扰,长达 100 km 的光纤传输信号衰减极低,并且很难被窃听。

(4)地面无线电信道

地面无线电信道承载电磁频谱中的信号。它不需要安装物理线路,且具有穿透墙壁、提供与移动用户的连接以及长距离承载信号的能力,因而成为一种有吸引力的物理媒体。地面无线电信道大致分为三类:第一类运行在很短距离(如 1 m 或 2 m)内;第二类运行在局域范围内,通常跨越数十到几百米;第三类运行在广域范围内,跨越数万米。

(5)卫星无线电信道

一颗通信卫星连接地球上的两个或多个微波发射/接收器,后者称为地面站。卫星在一个频段上接收信号,并在另一个频率上发射信号。通信中常使用两类卫星:同步卫星和近地轨道卫星。

1.2.1.3 计算机间的通信方式

(1) 客户-服务器方式

这种方式在互联网上是最常用的,也是传统的通信方式。我们在网上发送电子邮件或查找资料时,都是使用客户-服务器的通信方式。客户是服务请求方,服务器是服务提供方。服务请求方和服务提供方都要使用网络核心部分所提供的服务。

在实际应用中,客户程序和服务器程序通常还具有以下主要特点。

①客户程序被调用后运行,在通信时主动向远地服务器发起通信(请求服务)。因此,客户程序必须知道服务器程序的地址。客户程序不需要特殊的硬件和很复杂的操作系统。

②服务器程序是一种专门用来提供某种服务的程序,可同时处理多个远地或本地客户的请求。系统启动后即自动调用并一直不断地运行,被动地等待并接收来自各地客户的通信请求。因此,服务器程序不需要知道客户程序的地址。服务器程序一般需要有强大的硬件和高级的操作系统支持。

客户与服务器的通信关系建立后,通信可以是双向的,客户和服务器都可发送和接收数据。

如图 1-1 所示,客户指的是台式计算机、智能手机、笔记本电脑,客户向服务器发送请求,服务器向客户响应请求。更具体的客户是手机和电脑上的应用程序,这种客户和服务器的交互方式称为 C/S 模式。

(2) 对等连接方式

对等连接是指两台主机在通信时并不区分哪一个是服务请求方哪一个是服务提供方,只要两台主机都运行了对等连接软件(P2P 软件),它们就可以进行平等的、对等的连接通信。这时,双方都可以下载对方已经存储在硬盘中的共享文档。这种通信方式也称为 P2P 方式。

如图 1-2 所示,在 A 主机上有 1 GB 的视频文件,B 主机从 A 主机下载了 500 MB,C 主机也可以从 B 主机下载,这时 B 主机同时成了客户和服务器;若 E 主机此时已经从其他结点下载了 800 MB,B 主机也可以从 E 主机下载,这样越多人下载,通信速度就越快。P2P 的通信方式非常强大,特别是在语音、视频通信的场合,使用 P2P 结合服务器端的转发,大大降低了服务器端的负载。

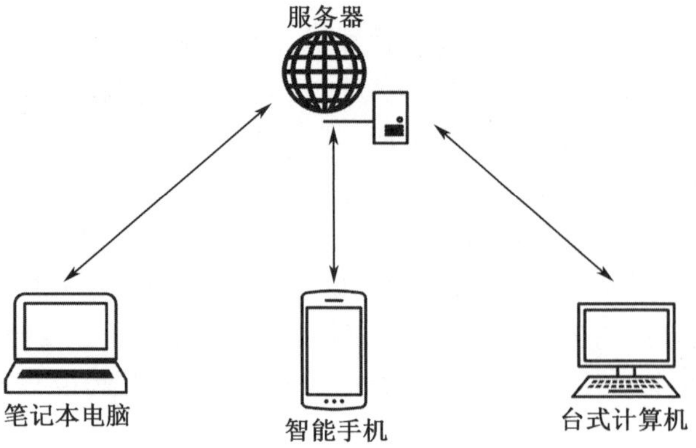

图 1-1　客户-服务器方式

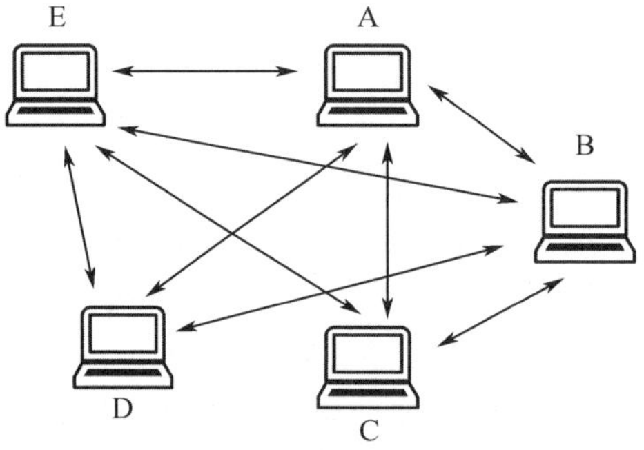

图 1-2　对等连接方式

1.2.2　网络核心

网络核心,即由连接互联网端系统的分组交换机和链路构成的网状网络。网络核心是互联网中最复杂的部分,因为网络核心要向网络边缘中的大量主机提供联通性,使网络边缘中的任何一台主机都能够与其他主机通信。

1.2.2.1　电路交换

从通信资源分配的角度来看,交换(switching)就是按照某种方式动态地分配传输线路的资源。在使用电路交换通话之前,必须先拨号请求建立连接。当被叫用户听到交换机送来的振铃音并摘机后,从主叫端到被叫端就建立了连接,也就是建立了一条专用的物理通路。该连接保证了双方通话时所需的通信资源不会被其他用户占用。此后主叫和被叫双方就能互相通话。通话完毕挂机后,交换机释放该专用的物理通路(即把刚刚占用的所有通信资源归还给电信网)。这种必须经过"建立连接(占用通信资源)—通话(一直占用通信资源)—释放连接(归还通信资源)"三个步骤的交换方式称为电路交换。图 1-3 所示为电路交换的示意图。

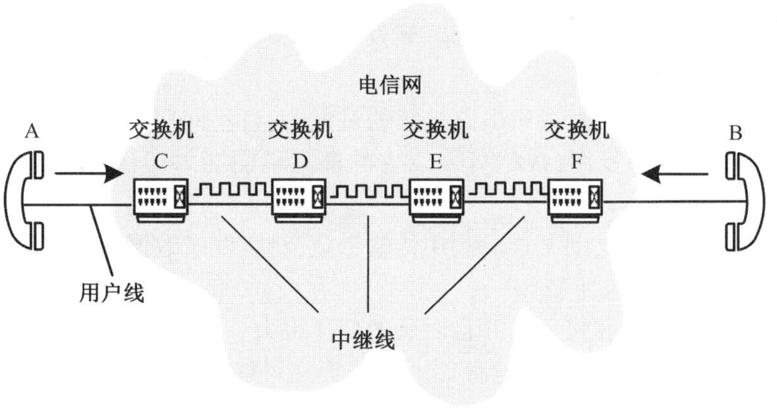

图 1-3 电路交换的示意图

电路交换的主要优点为信息发送时延小,实时通信对数据信息的格式和编码没有限制,传输速率较高,硬件实现较容易。缺点为信道利用率低,电路的接续时间较长,存在损耗,不同类型的用户终端之间不能相互通信,通信双方必须同时处于激活可用状态,方可完成通信。

1.2.2.2 报文交换

报文交换属于存储-转发交换技术,当用户的报文到达交换机时,先存储在交换机的存储器中(内存或外存),当所需要的输出电路空闲时,再将该报文发向接收交换机或用户终端。报文交换方式以报文为单位接收、存储和转发信息。

为了准确地实现报文转发,一份报文应包括三个部分:

(1)报头。报头包括发信站地址、终点收信地址和其他辅助控制信息等。

(2)报文正文。报文正文指传输的用户信息。

(3)报尾。报尾表示报文的结束标志,若报文长度有规定,则可省去此标志。

报文交换的基本过程是:采用存储-转发交换技术,将数据源结点一次性要发送的数据块作为一个报文,连同目的地址等辅助信息发往中间结点,各中间结点收到报文后,先将它完整地接收下来存入缓冲区,然后为它选择一条合适的输出线路,并把它排在相应的输出队列中,等输出线路空闲后再将它转发给下一个中间结点,直至到达目的结点,最后传给接收端。报文交换过程如图 1-4 所示。

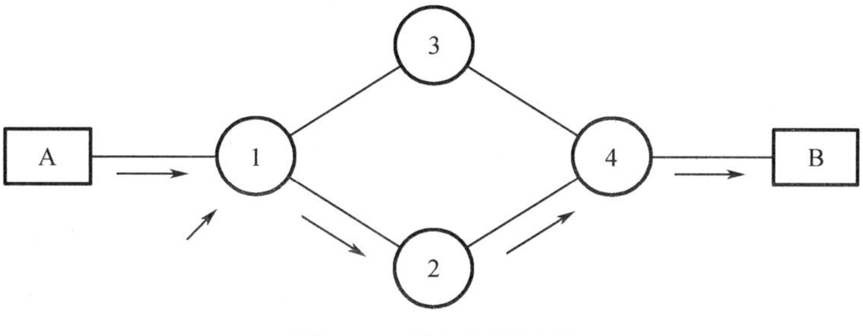

图 1-4 报文交换过程

报文交换的主要优点如下：

(1)报文交换是以报文为单位的存储-转发技术，根据目的地址的不同将报文转发到不同线路上发送。

(2)在报文交换的过程中，没有电路接续的过程，来自不同用户的报文可以在一条线路上以报文为单位进行多路复用，线路可以以它的最高传输能力工作，大大提高了线路的利用率。

(3)无须预约传输带宽，动态逐段利用传输带宽，对突发式数据通信效率高，通信迅速。

报文交换的主要缺点如下：

(1)信息通过交换机的时延大，并且时延的变化也大。

(2)交换机要有能力对报文进行存储。有的报文可能很长，要求交换机要有较强的处理能力和较大的存储容量。

(3)报文交换不能用于即时交互式数据通信。

1.2.2.3 分组交换

(1)存储-转发传输

分组交换采用存储-转发技术。存储-转发传输是指在交换机能够开始向输出链路传输该分组的第一个比特之前必须接收到整个分组。如图 1-5 所示，其表示把一个报文划分为几个分组后再进行传输。通常我们把要发送的整块数据称为一个报文。在发送报文之前，先把较长的报文划分成为一个个更小的等长数据段，例如，每个数据段为 1 024 bit。在每一个数据段前面，加上一些由必要的控制信息组成的首部后，就构成了一个分组。分组又称为“包”，因而分组的首部也可称为“包头”。分组是在互联网中传送的数据单元。分组中的“首部”是非常重要的，正是由于分组的首部包含了诸如目的地址和源地址等重要控制信息，每个分组才能在互联网中独立地选择传输路径，并被正确地交付到分组传输的终点。

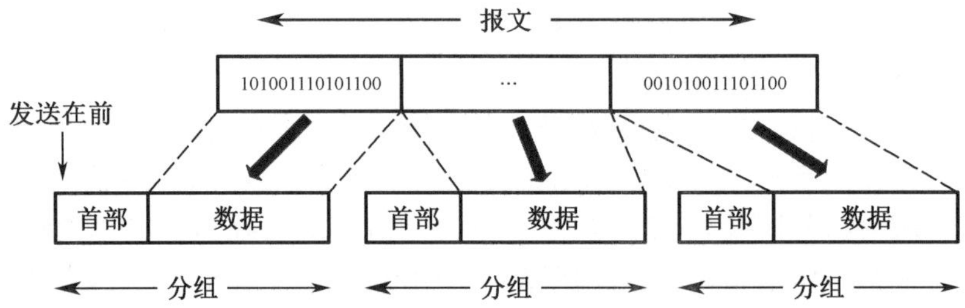

图 1-5　报文以分组为基本单位在网络中传输

(2)排队时延和分组丢失

每台分组交换机有多条链路与之相连。对于每条相连的链路，该分组交换机具有一个输出缓存[output buffer，也称为输出队列(output queue)]，它用于存储路由器准备发往某条链路的分组。该输出缓存在分组交换中起着重要的作用。如果到达的分组需要传输到某条链路，但发现该链路正忙于传输其他分组，则该到达分组必须在输出缓存中等待。因此，除了承受存储-转发时延以外，分组还要承受输出缓存的排队时延(queuing delay)。这些时延是变化的，变化的程度取决于网络的拥塞程度。因为缓存空间的大小是有限的，一个分组到达时可能该缓存已被其他等待传输的分组充满了，所以会出现分组丢失(丢包)的情况，到达的分组或已经排队的分组之一将被丢弃。

(3)转发表和路由选择协议

在互联网中,每个端系统具有一个称为 IP 地址的地址,当源主机要向目的端系统发送分组时,源主机在该分组的首部包含了目的地的 IP 地址。如同邮寄地址一样,该地址具有一种等级结构。当一个分组到达网络中的路由器时,路由器检查该分组的目的地址的一部分,并向一台相邻路由器转发该分组。每台路由器具有一个转发表,用于将目的地址(或目的地址的一部分)映射成为输出链路。当某分组到达一台路由器时,路由器检查该分组的目的地址,并用这个目的地址搜索其转发表,以发现适当的输出链路,最终将该分组导向输出链路。

1.2.2.4 三种交换技术的比较

电路交换的特点是整个报文的比特流连续地从源点直达终点,就像在一个管道中传送一样。报文交换的特点是整个报文先传送到相邻结点,全部存储下来后再查找转发表,转发到下一个结点。分组交换的特点是,报文单个分组(这只是整个报文的一部分)后传送到相邻结点,各分组存储下来后查找转发表,转发到下一个结点。如图 1-6 所示就是电路交换、报文交换和分组交换的比较,图中的 A 和 D 分别是源点和终点,而 B 和 C 是在 A 和 D 之间的中间结点。从图中可以看出,若要连续传送大量的数据,且其传送时间远大于连接建立时间,则电路交换的传输速率较快。报文交换和分组交换不需要预先分配传输带宽,在传送突发数据时可提高整个网络的信道利用率。由于一个分组的长度往往远小于整个报文的长度,因此分组交换比报文交换的时延小,同时也更具灵活性。

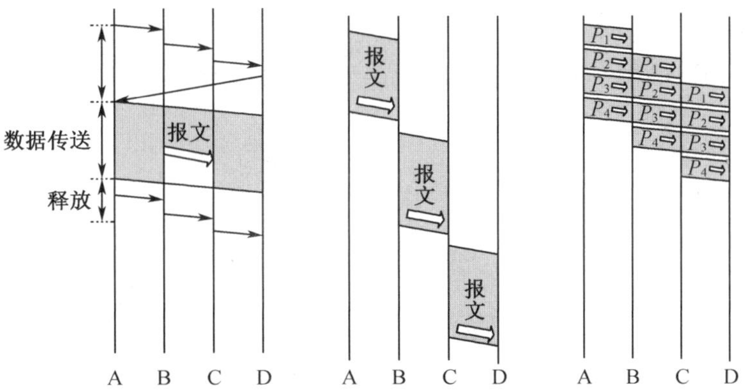

图 1-6 三种交换技术的比较

知识点 1.2 习题解析

1-2-01 习题【进阶】不同的交换方式具有不同的性能。为了使数据在网络中的发送时延最小,首选的交换方式是(1)。为保证数据无差错地传送,不应选用的交换方式是(2)。分组交换对报文交换的改进是(3),这种改进产生的直接结果是(4)。在出错率高的传输系统中,选用(5)更合适。

1. A. 电路交换 B. 报文交换 C. 分组交换 D. 信元交换

2. A. 电路交换 B. 报文交换 C. 分组交换 D. 信元交换

3. A. 传输单位更小且定长　　B. 传输单位更大且定长
C. 差错控制更完善　　D. 路由算法更简单
4. A. 降低误码率　B. 提高数据率　C. 减小时延　D. 增加时延
5. A. 虚电路分组交换　　B. 数据报分组交换
C. 虚电路加数据报分组交换　　D. 电路交换

【答案】1. A,2. A,3. A,4. C,5. B。

【解析】按照数据交换的工作方法和实现技术的不同,交换方式分为电路交换、报文交换、分组交换和信元交换。信元交换又称异步传输模式(asynchronous transfer mode,ATM),其是在分组交换的基础上发展起来的一种传输模式。在这一模式中,信息被组织成信元。因为包含来自某用户信息的各个信元不需要周期性出现(这是 ATM 区别于其他传输模式的一个基本特征),所以把这种传输模式称为异步传输。这里的“异步”不是指数字通信过程中的不同步,而是指不需要将发送方的信号按一定的步调(同步)进行发送。ATM 信元是固定长度的分组,并使用空闲信元来填充信道,从而使信道被分成等长的时间小段。每个信元共有 53 个字节,分为两个部分:前面 5 个字节为信头,主要完成寻址功能;后面 48 个字节为信息段,用来装载来自不同用户、不同业务的信息。信元交换的特点是:简化了交换过程,去除了不必要的数据校验,采用易于处理的固定信元格式,从而使发送时延减小,交换速率大大高于传统的数据网,适用于高速数据交换业务。电路交换的主要优点是时延小,缺点是不便于差错控制。报文交换的主要优点是采用存储-转发技术,线路效率高,缺点是时延大。分组交换是对报文交换的改进,平均时延小,适用于出错率高的传输系统。信元交换结合了电路交换和分组交换的主要优点,适合高速数据交换业务。

1-2-02　习题【基础】下列选项中哪个是分组交换的缺点(　　)。

A. 建立连接阶段时间长
B. 通道利用率低
C. 不同规格终端很难相互进行通信
D. 附加信息开销大

【答案】D。

【解析】分组交换需要将大的数据包根据协议分解成若干个小的数据分组,这样就必须为每一个数据分组加上必要的控制信息,如目的地址等,因而会增加附加信息的开销。

1-2-03　习题【基础】列举常见的物理媒体,并对其进行分类。

【答案】引导型传输媒体:光纤、双绞线、同轴电缆。

非引导型传输媒体:空气。

1-2-04　习题【基础】能够运行以太网的一些物理媒体是什么?

【答案】以太网通常运行在双绞线上,同时它还可以在光纤链路上运行。

1-2-05　习题【基础】互联网的两大组成部分(网络边缘部分和网络核心部分)的特点是什么,它们工作的方式各有什么特点?

【答案】网络边缘部分:由所有连接在互联网上的主机组成;由用户直接使用。

网络核心部分:由大量网络和连接这些网络的路由器组成;为网络边缘部分提供服务。

两大组成部分的工作方式特点如下:

网络边缘部分采用客户-服务器方式和对等连接方式。

网络核心部分采用电路交换、分组交换、报文交换。

1-2-06 习题【进阶】客户-服务器方式与对等连接方式的主要区别是什么,是否有相同之处?

【答案】区别见表 1-1。

表 1-1 客户-服务器方式与对等连接方式的主要区别

区别	客户-服务器方式	对等连接方式
处理请求	点对多点	点对点
服务器	有一个总是打开的主机作为服务器	没有一个总是打开的主机作为服务器
服务请求方	客户是服务请求方,服务器是服务提供方	任意一对主机称为对等方,不做区分
IP 地址	具有固定的、周知的 IP 地址	参与的主机 IP 地址是可以改变的

相同之处:二者所描述的都是进程之间的服务与被服务的关系。

1-2-07 习题【进阶】试从多个方面比较电路交换、报文交换和分组交换的主要优缺点。

【答案】三种交换技术的比较如下。

(1)电路交换:在数据传送之前需要建立一条物理通路,在通路被释放之前,将一直被一对用户完全占有;适用于连续传送大量数据。

(2)报文交换:报文从发送方传送到接收方采用存储-转发的方式。在传送报文时,只占用一段通路;在交换结点中需要缓冲存储,报文需要排队。因此这种方式不满足实时通信的要求。

(3)分组交换:此方式与报文交换类似,但报文被分组传送,并规定了分组的最大长度,到达目的地后需要重新将分组组装成报文。这是网络中最广泛采用的一种交换技术。

三种数据交换方式各有其特点,对于实时性强的交互式传输,电路交换方式最合适;对于网络中较小的或间歇式负载,报文交换方式较合适;对于网络中中等或稍大的负载,分组交换方式有较好的效果。

1-2-08 习题【进阶】设报文长度和分组长度分别为 x 和 $(p+h)$(bit),其中 p 为分组的数据部分长度,而 h 为每个分组所带的控制信息固定长度,与 p 的大小无关。通信的两端共经过 k 段链路。链路的数据率为 b(bps),但传播时延和结点的排队时间均可忽略不计。若打算使总的时延最小,则分组的数据部分长度 p 应取多大?

【答案】分组个数:x/p

传输的总比特数:$(p+h)x/p$

源发送时延:$(p+h)x/pb$

最后一个分组经过 $k-1$ 个分组交换机的转发,中间发送时延:$(k-1)(p+h)/b$

总发送时延 D = 源发送时延+中间发送时延:

$$D=(p+h)x/pb+(k-1)(p+h)/b$$

令其对 p 的导数等于 0,求极值:

$$p=\sqrt{hx/(k-1)}$$

此即分组的数据部分长度 p 应取的值。

知识点 1.3　计算机网络性能指标

本节主要归纳了几个评价计算机网络性能的指标，并着重对排队时延、丢包、其他时延以及吞吐量等进行了介绍。

1.3.1　计算机网络的性能指标

1.3.1.1　带宽和速率

带宽指的是信号具有的频带宽度，表示的是在单位时间内从网络中的某一点到另一点所能通过的“最高数据率”，常用单位是 bps。数字信道传送数字信号的速率称为数据率或比特率。

1.3.1.2　时延的类型

(1)处理时延

处理时延是指检查分组首部和决定将该分组导向何处所需要的时间，是网络时延的一部分。它是数据在交换结点为存储-转发而进行一些必要的处理所花费的时间。

(2)排队时延

排队时延是指当分组进入路由器后，要先在输入队列中排队等待处理，从而产生时延。此外，在路由器确定了转发接口后，分组在输出队列中排队等待转发也会产生时延。

(3)发送时延

在分组交换网络中，用 L(单位 bit)表示该分组的长度，用 R(单位 bps)表示两个路由器链路之间的传输速率，发送时延就是 L/R。它是将所有分组的比特推向链路所需要的时间。

(4)传播时延

传播时延是指电磁波在信道中传播一定距离需要花费的时间。传播时延的计算公式为

$$传播时延=\frac{信道长度(m)}{电磁波在信道上的传播速率(m/s)} \tag{1-1}$$

1.3.1.3　时延带宽积

时延带宽积是指发送端发送的第一个比特即将到达终点时，发送端已经发出的比特数。如图 1-7 所示，假设一个链路是一个圆柱形空心管道，那么其长度就等价于链路的传播时延，其横截面积表示链路带宽，则时延带宽积就是这个管道的体积，或者说是管道可以容纳的比特数，即

$$时延带宽积 = 传播时延 \times 带宽$$

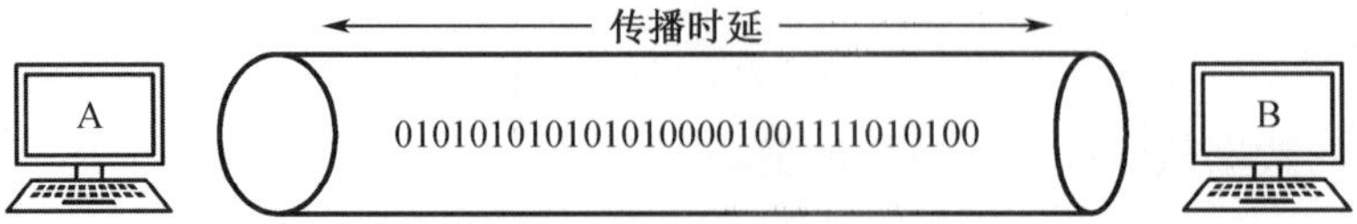

图 1-7　时延带宽积示意图

1.3.1.4 往返时延和往返时延带宽积

(1)往返时延

往返时延是指从发送端发送数据开始,到发送端收到来自接收端的确认,总共经历的时延。

(2)往返时延带宽积

往返时延带宽积是指当发送端连续发送数据时,在收到接收端的确认之前,发送到链路上的比特数。

1.3.1.5 往返时间

在计算机网络中,往返时间(round-trip time,RTT)也是一个重要的性能指标。这是因为在许多情况下,互联网上的信息不是单方向传输而是双向交互的。因此,双向交互的时间是需要被知道的。例如。A 向 B 发送数据,如果数据长度是 100 MB,发送速率是 100 Mbps,那么

$$发送时间 = \frac{数据长度}{发送速率} = \frac{100 \times 2^{20} \times 8}{100 \times 10^6} \approx 8.39\ \text{s}$$

假设 B 正确接收完 100 MB 的数据后,就立即向 A 发送确认信息。再假设 A 只有在收到 B 的确认信息后,才能继续向 B 发送数据。显然,这需要等待一个往返时间 RTT(这里假设确认信息长度很短,可忽略 B 发送确认信息的时间)。如果 RTT=2 s,那么可以计算出 A 向 B 发送数据的有效数据率:

$$有效数据率 = \frac{数据长度}{发送时间+\text{RTT}} = \frac{100\times2^{20}\times8}{8.39+2} \approx 80.7\times10^6\ \text{bps} \approx 80.7\ \text{Mbps}$$

比原来的数据率 100 Mbps 小很多。

1.3.1.6 利用率

利用率有信道利用率和网络利用率两种。信道利用率可以指出某信道有百分之几的时间是被利用的(有数据通过)。完全空闲的信道的利用率是零。网络利用率则是全网络的信道利用率的加权平均值。信道利用率并非越高越好。这是因为,根据排队论,当某信道的利用率增大时,该信道引起的时延也就迅速增加。这和高速公路的情况有些相似:当高速公路上的车流量很大时,由于在公路上的某些地方会出现堵塞,因此行车所需的时间就会变长。网络也有类似的情况。当网络的通信量很小时,网络产生的时延并不大。但在网络通信量不断增加的情况下,由于分组在网络结点(路由器或结点交换机)进行处理时需要排队等候,引起的时延就会增大。如果令 D_0 表示网络空闲时的时延,D 表示网络当前的时延,那么在适当的假定条件下,可以用下面的简单公式(1-2)来表示 D 、D_0 和网络利用率 U 之间的关系:

$$D = \frac{D_0}{1 - U} \tag{1-2}$$

这里 U 的数值在 0 到 1 之间。当网络的利用率达到其容量的 1/2 时,时延就要加倍。特别值得注意的就是:当网络的利用率接近最大值 1 时,网络的时延就趋于无穷大,故信道或网络的利用率过高会产生非常大的时延。图 1-8 给出了上述概念的示意图。一些拥有较大主干网的 ISP 通常控制信道利用率不超过 50%,如果超过 50%就要准备扩容,增大线路的带宽。

1.3.2 排队时延和丢包

排队时延在结点时延中是最为复杂的，排队时延对不同的分组可能是不同的。例如，如果 10 个分组同时到达空队列，那么传输的第一个分组没有排队时延，而传输的最后一个分组将经受相对大的排队时延（这时它要等待前面 9 个分组被传输）。因此，当表征排队时延时，人们通常使用统计量度量，如平均排队时延、排队时延的方差和排队时延超过某些特定值的概率。

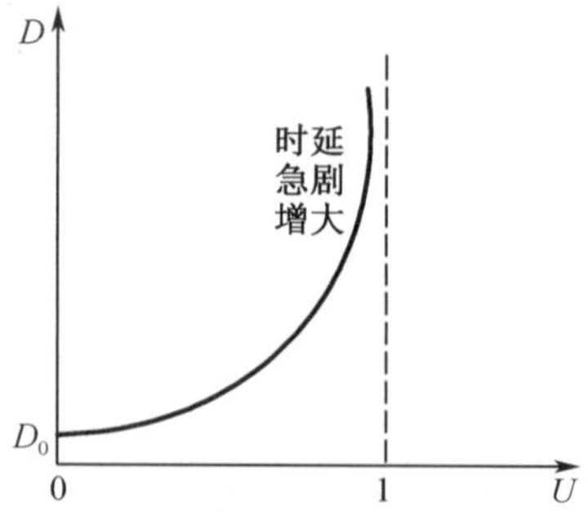

图 1-8　时延与网络利用率的关系

数据在网络上是以数据包为单位传输的，每包的大小是 n（KB）左右，不多也不少。无论网络好坏，数据都不会以线性（就像打电话一样）传输，中间总是有空洞。数据包的传输，因为种种原因，总会有一定的损失，不可能百分之百地完成。碰到这种情况，网络会自动让传输双方根据协议来补包。如果线路好、速度快，则包的损失会非常小，补包的工作也相对较容易完成，因此可以近似地看作是无损传输。但是，如果线路较差，则数据的损失量就会非常大，补包工作就不可能百分之百完成。在这种情况下，数据的传输就会出现空洞，造成丢包。

1.3.3 端系统、应用程序和其他时延

除了处理时延、发送时延和调制解调器传播时延，端系统中还有其他一些重要时延，例如，向共享媒体（如在 Wi-Fi 或调制解调器情况下）传输分组的端系统可能有意地延迟它的传输，这种情况常见于共享媒体协议的一部分；再比如，媒体分组化时延，这种时延出现在 IP 语音（VoIP）应用中。在 VoIP 中发送方在向互联网传输分组之前必须首先用编码的数字化语音填充一个分组。这种填充一个分组的时间称为分组化时延，它可能较大并能够影响用户感受到的 VoIP 呼叫的质量。

1.3.4 计算机网络中的吞吐量

吞吐量（throughput）表示在单位时间内通过某个网络（或信道、接口）的实际数据量。吞吐量更经常地用于对现实世界中的网络的测量，以便人们知道实际上到底有多少数据量能够通过网络。显然，吞吐量受网络的带宽或网络的额定速率的限制。例如，对于一个 1 Gbps 的以太网，就是说其额定速率是 1 Gbps，那么这个数值也是该以太网的吞吐量的绝对上限值，而其实际的吞吐量可能只有 100 Mbps，甚至更低，并没有达到其额定速率。请注意，有时吞吐量还可用每秒传送的字节数或帧数来表示。

举个例子，服务器端通过路由器给客户端转发消息，如图 1-9 所示。想象比特是流体，而链路是管道，那么吞吐量应该为 min{Rc，Rs}。当 Rc 为 2 Mbps 且 Rs>Rc 时，无论 Rs 有多大，吞吐量都是 2 Mbps。

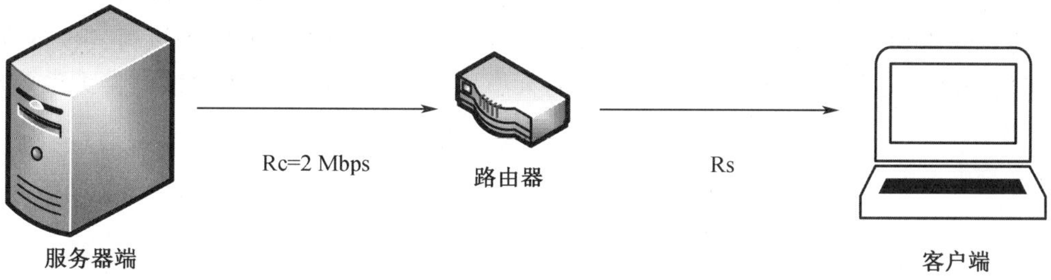

图 1-9　服务器端通过路由器给客户端转发消息

知识点 1.3 习题解析

1-3-01　习题【基础】数据在网络传输上经历的总时延为(　　)。

A. 处理时延

B. 排队时延

C. 发送时延和传播时延

D. 处理时延、排队时延、发送时延和传播时延的总和

【答案】D。

【解析】时延共分为四种类型:处理时延、排队时延、发送时延、传播时延。数据在网络上传输,会经历上述四种时延。

1-3-02　习题【基础】时延的四种类型是什么?

【答案】处理时延:它是数据在交换结点为完成存储-转发而进行一些必要处理所花费的时间。

排队时延:当分组在链路上等待传输时,所经受的时延。

发送时延:在分组交换网络中,用 L(单位 bit)表示该分组的长度,用 R(单位 bps)表示两个路由器链路之间的传输速率,发送时延就是 L/R。它是将所有分组的比特推向链路所需要的时间。

传播时延:指电磁波在信道中传播一定距离需要花费的时间,即

$$\text{传播时延}=\frac{\text{信道长度(m)}}{\text{电磁波在信道上的传播速率(m/s)}}$$

1-3-03　习题【进阶】一个长度为 500 B 的分组经过距离为 2 500 km 的链路传播,传播速率为 2.5×10^8 m/s,传输速率为 2 Mbps,忽略处理时延和排队时延,则传输一个这样的分组需要多长时间?

【答案】$t=2\,500\times1\,000/(2.5\times10^8)+500\times8/(2\times10^6)=0.012$ s

【解析】传输一个分组要经历四种时延,即处理时延、排队时延、发送时延、传播时延,由于本题忽略处理时延和排队时延,所以总时延就为发送时延和传播时延的总和;发送时延=分组的长度/传输速率,传播时延=信道长度/传播速率,这里的传播的物理距离即为信道长度。

1-3-04　习题【进阶】假定主机 A 要向主机 B 发送一个文件，在其中间共有三段链路，其速率分别为 $R_1=2$ Mbps，$R_2=1$ Mbps，$R_3=500$ kbps，如果该网络中没有其他的流量，那么该网络的吞吐量是多少？假定该文件的大小为 5 000 KB，那么传输该文件大致需要多长时间？

【答案】吞吐量：$\min(R_1,R_2,R_3)=500$ kbps。

传输时间：$T=5\ 000\times8/500=80$ s。

【解析】在有多段物理链路的路径上，实际的吞吐量由这几段链路中的最小的传输速率所决定，因此吞吐量为 $\min(R_1,R_2,R_3)=500$ kbps；由于网络中没有别的流量，那么传输该文件的时间就等于文件大小/吞吐量。

1-3-05　习题【进阶】收发两端之间的传播距离为 2 000 km，信号在介质上的传播速率为 4×10^8 m/s。计算以下两种情况的发送时延和传播时延：(1) 数据长度为 20 Mbit，数据发送速率为 200 kbps。(2) 数据长度为 20 bit，数据发送速率为 2 Gbps。从以上计算结果可得出什么结论？

【答案】(1) 发送时延 = $(20\times10^6)/(200\times10^3)=100$ s，传播时延 = $(2\ 000\times10^3)/(4\times10^8)=5$ ms。

(2) 发送时延 = $20/(2\times10^9)=1$ μs，传播时延 = $(2\ 000\times10^3)/(4\times10^8)=5$ ms。

结论：如果数据长度大而发送速率低，则在总的时延中，发送时延往往大于传播时延，发送时延是总时延的主要成分；如果数据长度短而发送速率高，则传播时延又可能是总时延中的主要成分。

1-3-06　习题【进阶】假定在发送主机和接收主机间只有一台分组交换机。发送主机和交换机间以及交换机和接收主机间的传输速率分别是 R_1 和 R_2。该交换机使用存储-转发分组交换方式，发送一个长度为 L 的分组的端到端的总时延是多少？(忽略排队时延、传播时延和处理时延)

【答案】在 t_0 时，发送主机开始进行传输。经历时间 $t_1=L/R_1$ 后，发送主机完成传输，整个数据包在路由器上被接收(无传播时延)。由于路由器在时间 t_1 拥有整个数据包，因此它可以在时间 t_1 开始将数据包传输到接收主机。在经历 $t_2=t_1+L/R_2$ 后，路由器完成传输并且整个数据包在接收主机上被接收(无传播时延)。因此，端到端总时延为 $L/R_1+L/R_2$。

1-3-07　习题【进阶】从某源主机经由固定路由向某目的主机发送一个分组。列出端到端时延中的时延组成成分。这些时延中的哪些是变化的，哪些是固定的？

【答案】总时延包括处理时延、发送时延、传播时延和排队时延。如果路由器处理的数据包较多，则数据包可能会排队，引发排队时延；反之，则有可能不存在排队时延。处理时延、发送时延、传播时延是一个数据包在传输过程中必须经历的。所以排队时延是变化的，处理时延、发送时延、传播时延是固定的。

1-3-08　习题【进阶】在一个最大距离为 4 km 的局域网中，当带宽等于多少时，传播时延(传播速率为 8×10^8 m/s)等于 100 B 分组的发送时延？当分组大小为 512 B 时结果又是多少？

【答案】传播时延 = $(4\times10^3)/(8\times10^8)=5$ μs。

(1) 分组大小为 100 B 时

假设带宽大小为 x，要使得传播时延等于发送时延，带宽为

$$x=100/5=20\ \text{MB/s}=160\ \text{Mbps}$$

(2)分组大小为 512 B 时

假设带宽大小为 x,要使得传播时延等于发送时延,带宽为

$$x = 512/5 = 102.4\ \mathrm{MB/s} = 819.2\ \mathrm{Mbps}$$

知识点 1.4 计算机网络体系结构

一个功能完备的计算机网络需要制定一套复杂的协议集来保证数据交换正常进行,而对复杂计算机网络协议最好的组织方式就是层次结构模型。本节主要对计算机网络的协议、接口及服务概念,层次划分以及分层的体系结构进行讲解。

1.4.1 计算机网络的协议、接口及服务概念

1.4.1.1 协议概念及要素

(1)协议

协议定义了两个或多个通信实体之间交换报文的格式和顺序,以及发送和/或接收一条报文所采取的动作。

(2)网络体系结构

网络各层、层中协议和层间接口的集合,即网络层次结构模型和协议的集合称为网络体系结构。

(3)网络协议主要包含的要素

①语法:数据和控制信息的结构或格式。

②语义:需要发出何种控制信息,完成何种动作以及做出何种响应。

③时序(同步):对事件实现顺序的详细说明。

1.4.1.2 接口

接口指同一结点内相邻两层间交换信息的连接点,是一个系统内部的规定。每层只能为紧邻的层定义接口,不能跨层。

1.4.1.3 服务

服务是指上层调用紧邻的下层的功能,通常被视为“垂直”的。

1.4.1.4 计算机网络提供的服务

(1)面向连接服务和无连接服务

在面向连接服务中,通信前双方必须先建立连接,分配相应的资源,以保证通信能正常进行,通信结束后释放连接和所占用的资源。因此这种服务可以分为连接建立、数据传输和连接释放三个阶段。

在无连接服务中,通信前双方不需要先建立连接,而是在需要发送数据时直接发送,把每个带有目的地址的包传送到线路上,由系统选定路线进行传输。这种服务通常是“尽最大努力交付”,并不保证通信的可靠性,是一种不可靠的服务。

(2)可靠服务和不可靠服务

可靠服务指网络具有纠错、检错、应答机制,能保证将数据正确、可靠地传送到目的地。

不可靠服务指网络只是尽量正确、可靠地传送数据,但不能保证将数据正确、可靠地传送到目的地,是一种“尽力而为”的服务。对于提供不可靠服务的网络,其网络的正确性、可靠性由应用或用户来保障。

(3)有应答服务和无应答服务

有应答服务指接收方在收到数据后向发送方给出相应的应答,该应答由传输系统内部自动实现,而不是由用户实现。发送的应答可以是肯定应答,也可以是否定应答。通常在接收到的数据有错误时发送否定应答。

无应答服务指接收方收到数据后不自动给出应答。如需要应答,则由高层协议来实现。

1.4.1.5 服务与协议

在协议的控制下,两个对等实体间的通信使得本层能够向上一层提供服务。要实现本层协议,还需要使用下一层提供的服务。协议和服务在概念上是不同的。首先,协议保证了能够向上一层提供服务。使用本层服务的实体只能看见服务而无法看见下一层的协议,也就是说,下层的协议对上层的实体是透明的。其次,协议是“水平”的,即协议是控制对等实体之间通信的规则。但服务是“垂直”的,即服务是由下层向上层通过层间接口提供的。另外,并非在一个层内完成的全部功能都称为“服务”,只有那些能够被高一层实体“看得见”的功能才能称为“服务”。上层使用下层所提供的服务必须通过与下层交换一些命令实现,这些命令在开放系统互连(open system interconnection,OSI)中称为服务原语。

1.4.2 层次划分

非常复杂的计算机网络协议,其结构应该采用层次式的,采用分层结构具有以下好处:

(1)各层之间是相互独立的

某一层不需要知道它的下一层的实现细节,而只需要知道该层通过层间接口所提供的服务。

(2)灵活性好

当任一层发生改变时,只要不改变其接口关系,则该层以上或者以下各层均不受影响。

(3)结构上可分割开

由于各层之间相互独立,所以可以使用最合适的技术来实现各层功能。

(4)易于实现和维护

因为整个系统已经被分解为若干个相对独立的子系统,所以便于实现和调试这种庞大而又复杂的系统。

(5)便于标准化

每一层的功能及其所提供的服务都有精确的说明,有利于促进这种标准化进程。

1.4.3 分层的体系结构

互联网的协议栈自底向上分为五个层次:物理层、数据链路层、网络层、运输层和应用层。进行信息处理时,采用自顶向下的方法,首先处理应用层,然后依次向下进行。

(1)应用层

应用层是网络应用程序及它们的应用层协议存留的地方。互联网的应用层包括许多协议,常见的有:超文本传输(hyper text transfer protocol,HTTP)、文件传输(file transfer protocol,FTP)协议、简单邮件传输(simple mail transfer protocol,SMTP)协议。

(2)运输层

运输层在应用程序端点之间传送应用层报文。在互联网中,该层使用 TCP 和 UDP 两种协议。TCP(transmission control protocol),即传输控制协议,为面向连接的服务,数据传送单位为报文段,有排序和流量控制功能。UDP(user data protocol),即用户数据报协议,为无连接的服务,数据传送单位为用户数据报。UDP 用于不需要排序和流量控制的情况,也广泛用于只有一次的、客户-服务器模式的请求应答查询,以及具有低时延要求的应用程序,如传输语音或影像。运输层只能存在于分组交换网外面的主机之中,运输层以上的各层不关心信息传输的问题。

(3)网络层

网络层负责将称为数据报的网络层分组从一台主机移动到另一台主机。在发送数据时,网络层将运输层产生的报文段或用户数据报封装成分组或包进行传送。通信单元为分组。互联网主要使用的网络层协议是无连接的网际互联协议,即 IP 协议。

(4)数据链路层

网络层通过源和目的地之间的一系列路由器路由数据报。发送数据时,数据链路层的任务是将网络层交下来的 IP 数据报组装成帧,按顺序传送帧,并处理接收端回送的确认帧。在两个相邻结点间的链路上传送以帧为单位的数据,在帧前、后加上特殊的二进制编码来识别帧边界。每一帧包括数据和必要的控制信息(如同步信息、地址信息、差错控制以及流量控制信息等)。控制信息使接收端能够知道一个帧从哪个比特开始到哪个比特结束。控制信息还使接收端能够检测到所收到的帧中有无差错。如发现有差错,数据链路层就丢弃这个出了差错的帧,然后采取下面两种方法之一:不做任何其他的处理;通知对方重传这一帧,直到正确无误地收到此帧为止。

(5)物理层

数据链路层的任务是将整个帧从一个网络元素移动到邻近的网络元素,而物理层的任务是将该帧中的一个一个比特从一个结点移动到下一个结点。在这层中的协议仍然是链路相关的,并且进一步与该链路的实际传输媒体(例如,双绞线、单模光纤)相关。例如,以太网具有许多物理层协议:有关于双绞线的,有关于同轴电缆的,还有关于光纤的,等等,在每种场合中每一个比特跨越这些链路以不同的方式移动。

知识点 1.4 习题解析

1-4-01 习题【基础】协议是指(　　)之间进行通信的规则或者约定。

A. 网络的相邻实体　　B. 同一结点的上下层

C. 网络中不同的结点　　D 网络中不同结点的对等实体

【答案】D。

【解析】协议是为了不同结点的对等实体的对等层之间能够实现正常通信而定义的规则或者约定的集合。

1-4-02 习题【基础】网络协议的三个要素为:语法、(   )和时序。

A. 协议 B. 工作原理 C. 语义 D. 传输服务

【答案】C。

【解析】网络协议三要素为:语法、语义和时序。

1-4-03 习题【基础】下面不属于网络体系结构中所描述的内容的是(   )。

A. 每一层使用的协议有哪些 B. 在每一层中必须完成哪些功能

C. 协议内容的具体实现细节 D. 网络层次

【答案】C。

【解析】计算机网络体系结构是网络层次结构模型和协议的集合。体系结构是抽象的概念。它不包括各层协议功能的内部具体实现细节。

1-4-04 习题【基础】路由器工作在(   )。

A. 物理层 B. 数据链路层 C. 运输层 D. 网络层

【答案】D。

【解析】路由器工作在网络层,根据路由协议和 IP 首部信息进行路由和转发。

1-4-05 习题【基础】路由器可以识别(   )。

A. MAC 地址 B. IP 地址

C. MAC 地址和网络地址 D. MAC 地址和网络地址的共同逻辑地址

【答案】B。

【解析】路由器工作在网络层,识别的是 IP 地址。

1-4-06 习题【基础】服务与协议有何区别,有何关系?

【答案】服务和协议的区别:协议是"水平"的,服务是"垂直"的;服务是由下层向上层通过层间接口提供的;本层服务的实体只能看到服务,而无法看到下层的协议。

服务与协议的关系:实体利用协议来实现它们的服务的定义;在协议的控制下,两个对等实体间的通信使得本层能够向上一层提供服务;要实现本层协议,还要使用下一层所提供的服务;只要不改变提供给用户的服务,实体可以任意地改变它们的协议。

1-4-07 习题【进阶】为什么一个网络协议必须把各种不利的情况都考虑到?

【答案】因为任何一种不利的情况都可能导致网络协议无法正常工作。例如,两个朋友在电话中约好,下午 3 时在某公司门口碰头,并且约定"不见不散"。这就是一个很不科学的协议,因为任何一方临时有急事来不了而又无法通知对方时(如对方的电话或手机都无法接通),另一方按照协议就必须永远等待下去。所以,看一个网络协议是否正确,不能只看在正常情况下是否正确,还必须非常仔细地检查这个协议能否应付各种异常情况。

知识点 1.5 计算机网络服务模型

计算机网络主要的参考模型有 OSI 参考模型和 TCP/IP 参考模型,本节主要对这两种参考模型以及计算机网络在进行数据传输时的封装与解封装进行介绍。

1.5.1 OSI 参考模型

OSI 参考模型将网络按照功能分为七层,每层完成特定的网络功能。OSI 七层模型如

图 1-10 所示。

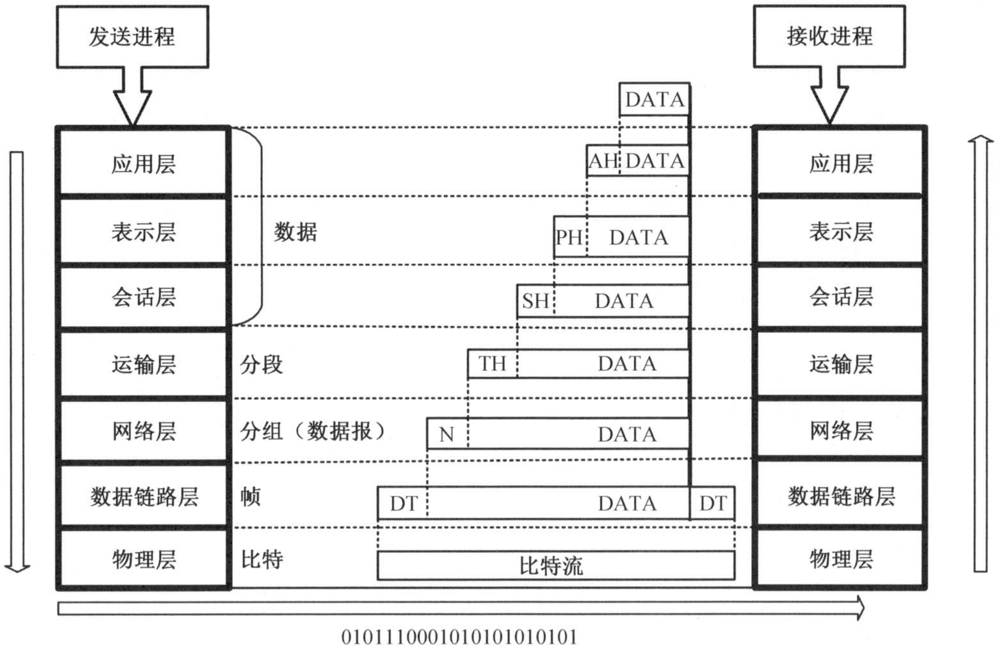

图 1-10 OSI 七层模型

(1)物理层

物理层是参考模型中的最底层,主要定义了系统的电气、机械、过程和功能标准,如电压、物理数据速率、最大传输距离、物理连接器和其他的类似特性。物理层的主要功能是利用传输介质为数据链路层提供物理连接,负责数据流的物理传输。物理层传输的基本单位是比特流,即 0 和 1,也就是最基本的电信号或光信号。

(2)数据链路层

数据链路层传输的基本单位为“帧”,并为网络层提供差错控制和流量控制服务。数据链路层由 MAC 子层(介质访问控制子层)和 LLC 子层(逻辑链路控制子层)组成。介质访问控制子层的主要任务是规定如何在物理线路上传输帧。逻辑链路控制子层对在同一条网络链路上的设备之间的通信进行管理。逻辑链路控制子层主要负责逻辑上识别不同协议类型,并对其进行封装。

(3)网络层

网络层主要为数据在结点之间传输创建逻辑链路,通过路由选择算法为分组选择最佳路径,也就是说,数据链路控制子层会接收网络协议数据、分组的数据报并且添加更多的控制信息,从而把这个分组传送到它的目标设备。从而实现拥塞控制、网络互联等功能。网络层是以路由器为最高结点俯瞰网络的关键层,它负责把分组从源网络传输到目标网络的路由选择工作。互联网是由多个网络组合在一起的集合,正是借助了网络层的路由路径选择功能,才能使得多个网络之间的连接得以畅通,信息得以共享。网络层提供面向连接的服务和无连接的服务。面向连接的服务是可靠的连接服务,数据在交换之前必须先建立连接,然后传输数据,结束后终止之前建立的连接。网络层以虚电路服务的方式实现面向连接的服务。无连接的服务是一种不可靠的服务,不能防止报文的丢失、重发或失序。无连接的服务优点在于其服务方式灵活方便,并且非常迅速。网络层以数据报服务的方式实现面向无连接的服务。

(4)运输层

运输层是网络体系结构中高低层之间衔接的一个接口层。运输层不仅是一个单独的接口层,更是整个分析体系协议的核心。运输层主要为用户提供端到端服务,处理数据报错误、数据包排序等传输问题。运输层是计算机通信体系结构中的关键一层,它向高层屏蔽低层数据的通信细节,使用户完全不用考虑物理层、数据链路层和网络层工作的详细情况。运输层使用网络层提供的网络连接服务,依据系统需求可以选择使用面向连接的服务或是面向无连接的服务进行数据传输。

(5)会话层

会话层的主要功能是负责维护两个结点之间的传输连接,确保点到点传输不中断,以及管理数据交换等。会话层在应用进程中负责建立、管理和终止会话。会话层还可以通过对话控制来决定使用何种通信方式(全双工通信或半双工通信方式)。会话层通过自身协议对请求与应答进行协调。

(6)表示层

表示层为在应用进程之间传送的信息提供表示方法的服务。表示层以下各层主要完成的是从源端到目的端可靠地的数据传送,而表示层更关心的是所传送数据的语法和语义。表示层的主要功能是处理在两个通信系统中交换信息的表示方式,主要包括数据格式变化、数据压缩与解压、数据加密与解密等。在网络带宽一定的前提下,数据压缩得越小,其传输速率就越快,所以表示层的数据压缩与解压被视为掌握网络传输速率的关键因素。表示层提供的数据加密服务是重要的网络安全要素,其确保了数据的安全传输,也是各种安全服务最受重视的关键因素。表示层为应用层提供的服务包括语法转换、语法选择和连接管理。

(7)应用层

应用层是 OSI 模型中的最高层,是直接面向用户的一层,用户的通信内容要由应用进程处理,这就要求应用层采用不同的应用协议来解决不同类型的应用要求,并且保证这些不同类型的应用所采用的底层通信协议是一致的。应用层中包含了若干独立的用户通用服务协议模块,为网络用户之间的通信提供专用的程序服务。需要注意的是,应用层并不是应用程序,而是为应用程序提供服务。

1.5.2 TCP/IP 参考模型

TCP/IP 参考模型分为四个层次:应用层、运输层、网际层、网络接口层。TCP/IP 参考模型、协议及其与 OSI 参考模型之间的对应关系如图 1-11 所示。

TCP/IP 参考模型各层的功能如下:

(1)网络接口层

网络接口层是 TCP/IP 参考模型的最底层。该层的功能是接收网际层 IP 数据报,形成物理帧,将其通过特定的网络发送出去;或从网络上接收物理帧,抽出 IP 数据报交给网际层。网络接口层可以利用任何物理层和数据链路层,有时甚至更高层,为 TCP/IP 参考模型的网际层提供传输 IP 数据报的服务。

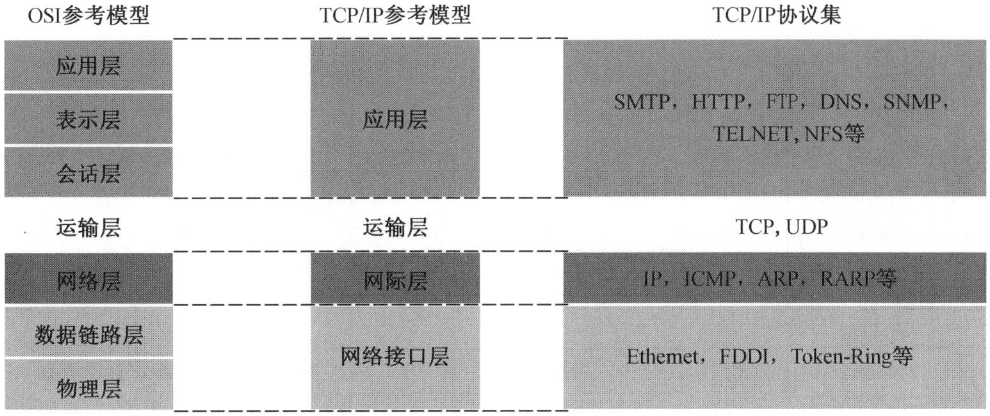

图 1-11　TCP/IP 参考模型、协议及其与 OSI 参考模型之间的对应关系

(2)网际层

网际层的主要任务是解决主机之间的通信问题。该层的主要功能有:收到运输层的报文发送请求后,形成 IP 数据报(有时称为 IP 包、IP 数据包或 IP 分组),通过网络接口层将其发出；对收到的 IP 数据报进行处理,形成相应的报文交给运输层或转发 IP 数据报。网际层主要解决路由、差错控制、流量控制、拥塞控制、处理互联网控制报文协议(internet control message protocol,ICMP)中的报文等问题。

(3)运输层

运输层提供应用进程之间的端到端通信服务,传输的数据单位一般称为报文。该层的功能为:格式化信息流;提供可靠传输;解决不同应用进程的识别问题。

(4)应用层

应用层为 TCP/IP 参考模型的最高层。该层为用户访问互联网提供一组应用协议。应用层的协议常分为三类:第一类是依赖于面向连接的 TCP 协议,如虚拟终端协议 Telenet、SMTP、FTP 等;第二类是依赖于面向无连接的 UDP 协议,如简单文件传输协议 TFTP、简单网络管理协议 SNMP、远程过程调用协议 RPC 等;第三类是既依赖于 TCP 又依赖于 UDP 的协议,如域名系统 DNS、通用管理信息协议 CMOT 等。

1.5.3　封装与解封装

封装是一个重要概念,如图 1-12 所示,在发送主机端,一个应用层报文被传送给运输层。在最简单的情况下运输层收取报文并附上附加信息、TCP 头,这一部分数据叫作数据段,该数据段将被接收端的运输层使用。应用层报文和运输层首部信息一起构成了运输层报文段。运输层向网络层传递该报文段,网络层增加了 IP 地址(IP 头),产生了网络层数据包。该数据包接下来被传递给链路层,数据包会加上 MAC 地址(MAC 头)和 FCS(检验和,负责差错检验),形成数据帧。在物理层中,传输的是二进制的 0/1 数据,也就是比特流。以上就是封装的过程。

当数据包到达目的客户端之后,需要将数据包中的 MAC 地址和 IP 地址去掉,数据包中分割的序列号也要去掉才能得到最终的数据,这就是解封装的过程。解封装过程是封装过程的逆过程,如图 1-13 所示。

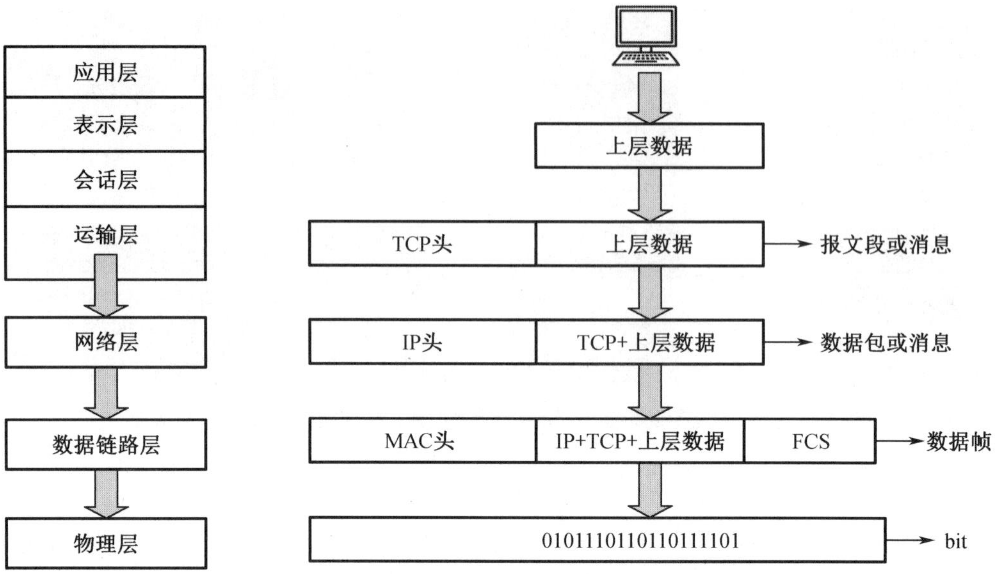

图 1-12 数据封装

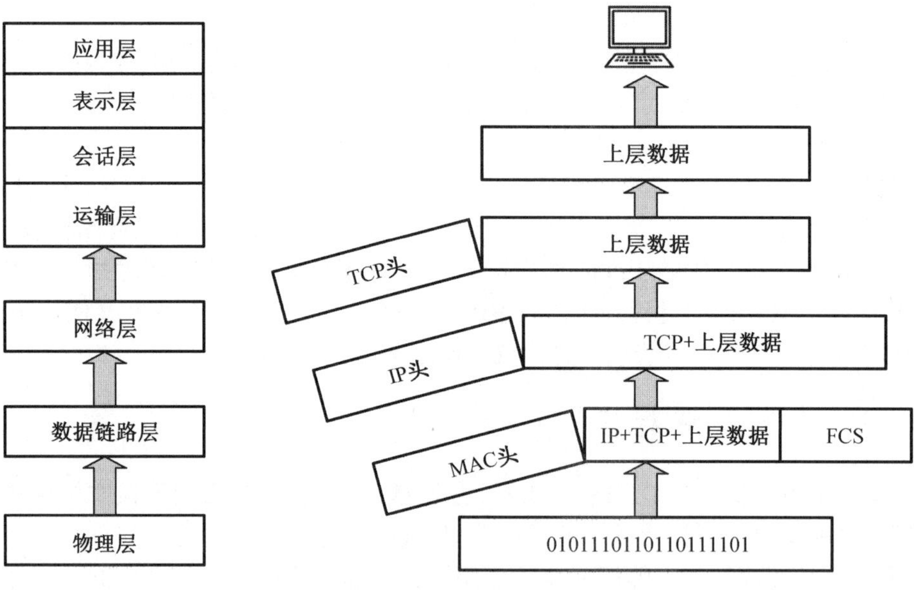

图 1-13 数据解封装

知识点 1.5 习题解析

1-5-01 习题【基础】下面关于 OSI 参考模型各层功能的说法中错误的是(　　)。

A. 会话层的功能是建立、管理和终止会话,在两个结点之间建立端连接;为端系统的应用程序之间提供对话控制机制。

B. 网络层负责数据包从信源到信宿的传递和网际互联,及负责网络互联、路由选择、拥塞控制,通过寻址建立主机间连接。

C. 运输层的基本功能是建立、维护虚电路,进行差错检验和流量控制。

D. 会话层负责数据格式处理、数据加密等。

【答案】D。

【解析】物理层:通过媒介传输比特,确定机械及电气规范。

线数据链路层:负责将比特组装成帧,在两个相邻结点间传递信息。

网络层:负责数据包从信源到信宿的传递和网际互联,及负责网络互联、路由选择、拥塞控制,通过寻址建立主机间连接。

运输层:提供端到端的可靠报文传递和错误恢复服务,负责流量控制、拥塞控制,为会话层用户提供端到端的可靠、透明和优化的数据传输服务机制。包括全双工或半双工、流量和错误恢复服务;运输层把消息分成若干分组,并在接收端对它们进行重组。运输层是 OSI 参考模型中最重要、最关键的一层,是唯一负责总体的数据传输和数据控制的一层,运输层提供端到端的数据交换的机制,运输层对会话层等高三层提供可靠的传输服务,对网络层提供可靠的目的地站点信息。通常不同应用程序要发送和接收的数据在运输层不同端口发出或者收入,也就是数据分段。

会话层:建立、管理和终止会话,在两个结点之间建立端到端连接;为端系统的应用程序之间提供对话控制机制。会话层还负责登陆和注销过程。

表示层:对数据进行翻译、加密和压缩,主要处理两个通信系统中交换信息的表示方式;为上层用户解决用户信息的语法问题,包括数据格式交换、数据加密与解密、数据压缩与终端类型的交换。

应用层:负责与用户交互,为特定类型的网络应用提供访问 OSI 环境的手段。

1-5-02 习题【基础】OSI 参考模型是由(　　)提出的。

A. IEEE　B. 美国国家标准局　C. EIA/TLA　D. ISO

【答案】D。

【解析】开放系统互连参考模型,简称为 OSI 模型(OSI model),是由国际标准化组织(ISO)提出的在世界范围内互连的网络标准框架(ISO/IEC 7498-1)。

1-5-03 习题【基础】在 TCP/IP 参考模型中,可靠性、流量控制和错误校正等问题的处理在(　　)一层实现。

A. 应用层　B. 运输层　C. 网际层　D. 网络接口层

【答案】B。

【解析】在 TCP/IP 参考模型中,其运输层在提供服务时,会提供可靠的、面向连接的服务(TCP 协议)和不可靠的无连接服务(UDP 协议),并且在运输层中的 TCP 协议可以提供差错控制和流量控制等服务。

1-5-04 习题【基础】TCP/IP 参考模型的网络层提供的是(　　)。

A. 无连接的可靠数据报服务

B. 无连接的不可靠数据报服务

C. 面向连接的不可靠虚电路服务

D. 面向连接的可靠数据报服务

【答案】B。

【解析】TCP/IP 参考模型的网络层提供无连接的服务,而且其不能保证数据是否可以正常交付,它只是尽最大努力进行交付。由于 IP 首部不包含用于建立连接的字段,因此其不是面向连接的。虽然 IP 首部包含检验和,但是其检验和只校验 IP 的首部信息,不会对内容进行校验,同时 IP 首部也不包含序列号字段,所以网络层提供的是无连接的不可靠数据报服务。

1-5-05 习题【基础】在 OSI 参考模型中可同时提供无连接服务和面向连接服务的是(　　)。

A. 表示层　B. 网络层　C. 会话层　D. 运输层

【答案】D。

【解析】OSI 与 TCP/IP 在网络层和运输层所支持的服务会有一些不同,OSI 参考模型在网络层可以支持无连接和面向连接的通信,但在运输层仅支持面向连接的通信;TCP/IP 参考模型在网络层仅支持无连接的通信,而在运输层可以支持无连接和面向连接的通信。

1-5-06 习题【基础】下列选项能够正确表示数据封装过程的是(　　)。

A. 数据包→数据→数据段→数据流→数据帧

B. 数据→报文段→数据包→数据帧→数据流

C. 数据段→数据包→数据帧→数据流→数据

D. 数据流→报文段→数据包→数据帧→数据

【答案】B。

【解析】应用层:原始数据被转换成二进制数据,称为数据。

运输层:数据被加上运输层的首部信息,如 TCP、UDP 首部,封装为数据段。

网络层:运输层传来的数据段被封装上 IP 首部,封装为数据包。

数据链路层:网络层传来的数据包被封装上 MAC 首部,称为数据帧。

物理层:二进制数据组成的比特流转化为电信号在网络中传输,称为数据流。

1-5-07 习题【基础】在 OSI 参考模型中,提供流量控制功能的层是(1);提供建立、维护和拆除端到端的连接的层是(2);为数据分组提供在网络中路由的功能的是(3);运输层提供(4)的数据传送;为网络层实体提供数据发送和接收功能及过程的是(5)。

1. A. 物理层、数据链路层和网络层　B. 数据链路层、网络层和运输层
   C. 网络层、运输层、会话层　D. 运输层、会话层、表示层

2. A. 物理层　B. 数据链路层　C. 会话层　D. 运输层

3. A. 会话层　B. 网络层　C. 数据链路层　D. 运输层

4. A. 主机进程之间　B. 网络与网络之间　C. 物理线路之间　D. 数据链路之间

5. A. 物理层　B. 运输层　C. 应用层　D. 数据链路层

【答案】1. B,2. D,3. B,4. A,5. D。

【解析】在计算机网络中,流量控制指的是通过限制发送端发出的数据流量,使其发送速率不超过接收端接收速率的一种技术。数据链路层及其之上的各层中都可以具有流量控制功能。目前提供流量控制功能的主要是数据链路层、网络层和运输层。不过,各层的流量控制对象不一样,各层的流量控制功能是在各层实体之间实现的。

在 OSI 参考模型中,物理层实现比特流在传输介质上的透明传输;数据链路层将有差错的物理线路变成无差错的数据链路,实现相邻结点之间,即点到点的数据传输;网络层的主要功能是路由选择、拥塞控制和网际互联等,实现主机到主机的通信;运输层实现主机的进程之间,即端到端的数据传输。

下一层为上一层提供服务,而网络层下一层是数据链路层,所以为网络层实体提供数据发送和接收功能及过程的是数据链路层。

1-5-08　习题【基础】当数据由端系统 A 传送至端系统 B 时,不参与数据封装工作的是(　　)。

A. 物理层　B. 表示层　C. 网络层　D. 数据链路层

【答案】A。

【解析】由于数据封装操作是将上一层的数据加上本层首部信息传递给下一层,而物理层作为最底层不存在下一层,所以自然不会参与到数据封装工作中。

1-5-09　习题【基础】在 OSI 参考模型中,第 n 层与它之上的第 $n+1$ 层的关系是(　　)。

A. 第 $n+1$ 层和第 n 层相互没有影响

B. 第 $n+1$ 层使用第 $n-1$ 层提供的服务

C. 第 $n+1$ 层为从第 n 层接收的报文添加一个报头

D. 第 n 层为第 $n+1$ 层提供服务

【答案】D。

【解析】服务是指下层为紧邻的上层提供的功能调用,每层只能调用紧邻下层提供的服务(通过服务访问点),而不能跨层调用。

1-5-10　习题【基础】关于计算机网络及其结构模型,下列几种说法中错误的是(　　)。

A. OSI 参考模型分为七个层次。

B. TCP/IP 参考模型中,处理可靠性、流量控制和错误校正等问题在运输层实现。

C. 国际标准化组织(ISO)设计出了 OSI/RM 参考模型,即实际执行的标准。

D. 世界上第一个计算机网络是 ARPAnet。

【答案】C。

【解析】虽然国际标准化组织(ISO)设计出了 OSI/RM 参考模型,但实际执行的是 TCP/IP 标准。

1-5-11　习题【基础】举出几例五层协议栈中各层次的协议。

【答案】应用层:HTTP、SMTP、FTP、DNS。

运输层:TCP、UDP。

网络层:IP。

链路层:PPP。

1-5-12　习题【基础】什么是封装？什么是解封装？

【答案】封装：数据由发送端的应用层向下逐层传送，而且每一层都为原始数据添加报头（有的层除添加报头之外，还需要添加报尾）。

解封装：在接收端，数据的还原需要进行一个封装的反过程，从物理层向上直到应用层，随着数据逐层向上传递，协议数据单元的报头及报尾被一层层剥离，最终实现数据从发送端到接收端的传递。

第2章 应 用 层

应用层是整个网络体系结构中的最高层，主要与用户进行交互以满足用户的需求。本章重点对应用层的各种协议进行讲解。

知识点 2.1 网络通信模型及基本通信模式

现代网络应用程序中使用的两种主流体系结构为客户-服务器(C/S)体系结构和对等(P2P)体系结构。本节主要对客户-服务器体系结构和P2P体系结构的特征与优缺点进行介绍，另外对应用进程通信进行简要介绍。

2.1.1 客户-服务器体系结构

客户-服务器体系结构是基于资源不对等和为了实现资源共享提出的，由服务器、客户和网络三部分组成。客户和服务器通常通过独立硬件上的计算机网络进行通信，但客户和服务器可能位于同一物理结点或者不同物理结点上。服务器主机运行一个或多个服务器程序，这些程序可以通过主机共享资源。客户通常不共享任何资源，但它从服务器请求内容或服务。因此，客户发起与服务器的通信会话，服务器等待传入的请求。使用客户-服务器通信模型的计算机应用程序的例子有电子邮件、网络打印和万维网。需要注意的是，发起请求的是客户，进行响应的是服务器。

2.1.1.1 客户-服务器体系结构简述

(1)服务器

在客户-服务器体系结构中，有一个总是打开的主机称为服务器，它为许多其他称为客户的主机的请求提供服务。一个例子是Web应用程序，其中一直打开的Web服务器服务于来自浏览器(运行在客户机上)的请求。当Web服务器接收到来自某客户对某对象的请求时，它向该客户发送所请求的对象作为响应。另一个例子是数据库服务器，它提供数据存储和管理服务。服务器组件向一个或多个客户提供功能或服务，客户发起对此类功能或服务的请求。

(2)客户

客户向服务器请求服务。客户通常是独立的子系统，在某段时间内可能有多个客户程序在并发运行。客户和服务器以请求-响应消息传递模式交换消息。客户发送一个请求，服务器返回一个响应。这种消息交换就是进程间通信的一个例子。为了进行通信，计算机必须有一种共同的语言，它们必须遵循规则，以便客户和服务器都知道将要发生什么。通信协议定义了通信的语言和规则。所有协议都在应用层中运行。应用层协议定义了对话的基本模式。为了进一步形式化数据交换，服务器可以实现一个应用程序编程接口(API)。

API用于访问服务的抽象层，将通信限制为特定的内容格式，有助于解析、对访问进行抽象，以便进行跨平台数据交换。

(3)网络

网络用于连接客户和服务器。虽然客户程序和服务器程序可以在一台机器上运行，但在实际应用中，通常它们在不同的机器上运行。

2.1.1.2　客户-服务器体系结构的特征

(1)客户之间不直接通信。例如，在Web应用中，两个浏览器并不直接通信。

(2)服务器具有固定的、周知的地址，该地址称为IP地址，并且该服务器总是打开的，所以客户总是能够通过向该服务器的IP地址发送分组来与其联系。具有客户-服务器体系结构的应用程序包括Web、FTP、Telnet和电子邮件。

2.1.1.3　客户-服务器体系结构的优、缺点

(1)优点

客户-服务器体系结构能充分发挥客户端的处理能力，很多工作可以在客户端处理后再提交给服务器端。这使得服务器对客户的响应速度加快，减轻压力，而且有更好的安全性和稳定性。

(2)缺点

客户端需要安装专用的软件。首先涉及安装的工作量，其次软件升级时，每一台客户端需要重新安装，其维护和升级成本较高。一般也会对客户端的操作系统有限制。

2.1.2　P2P体系结构

2.1.2.1　P2P体系结构简述

P2P体系结构对位于数据中心的专用服务器有最小的(或者没有)依赖，在间断连接的主机对之间使用直接通信，这些主机对称为对等方，为用户所有。因为这种对等方通信不通过专门的服务器，所以称为对等方到对等方的通信。许多目前流行的、流量密集型应用都是P2P体系结构。这些应用包括文件共享(BitTorrent)、对等方协助下载加速器(迅雷)、互联网电话和视频会议(Skype)等。

2.1.2.2　P2P体系结构的优、缺点

(1)优点

①具有自扩展性(self-scalability)。例如，在一个P2P文件共享应用中，尽管每个对等方都由于请求文件而产生工作负载，但每个对等方通过向其他对等方分发文件也为系统增加服务能力。

②高成本效率，这是因为它们通常不需要庞大的服务器基础设施和服务器带宽(这与具有数据中心的客户-服务器设计形成鲜明对比)。

(2)缺点

P2P体系结构应用由于具有高度非集中式结构，未来将面临安全性和可靠性等挑战。

某些应用具有混合的体系结构，结合了客户-服务器和P2P两种体系结构的元素。例如，对于许多即时讯息应用而言，服务器被用于跟踪用户的IP地址，但用户到用户的报文在用户主机之间(无须通过中间服务器)直接发送。

2.1.3 应用进程通信

操作系统中实际上进行通信的是进程(process)而不是程序。一个进程可以被认为是运行在端系统中的一个程序。当多个进程运行在相同的端系统上时,它们使用进程间通信机制相互通信。进程间通信的规则由端系统上的操作系统确定。此处只讨论运行在不同端系统上的进程间的通信。在两个不同端系统上的进程,通过跨越计算机网络交换报文的方式进行相互通信。发送进程生成并向网络中发送报文;接收进程接收这些报文并可能通过回送报文进行响应。

2.1.3.1 客户和服务器进程

网络应用程序由成对的进程组成,这些进程通过网络相互发送报文。对每对通信进程,我们通常将其中之一标识为客户,而将另一个标识为服务器。

客户进程:在一对进程之间的通信会话场景中,发起通信(即在该会话开始时发起与其他进程的联系)的进程。

服务器进程:在会话开始时等待联系的进程。

对于 Web 而言,客户进程是浏览器,服务器进程是 Web 服务器;对于 P2P 文件共享,客户进程是下载文件的对等方,服务器进程是上载文件的对等方。在 P2P 文件共享的某些应用中,一个进程能够既是客户又是服务器,有些进程既能上传文件又能下载文件。

2.1.3.2 进程与计算机网络间的接口

从一个进程向另一个进程发送的报文必须通过图 2-1 所示的网络。进程通过一个称为套接字(socket)的软件接口向网络发送报文和从网络接收报文。套接字是同一台主机内应用层与运输层之间的接口。如果将进程比喻为一间屋子,则套接字便是它的门。报文通过套接字在进程之间传递。

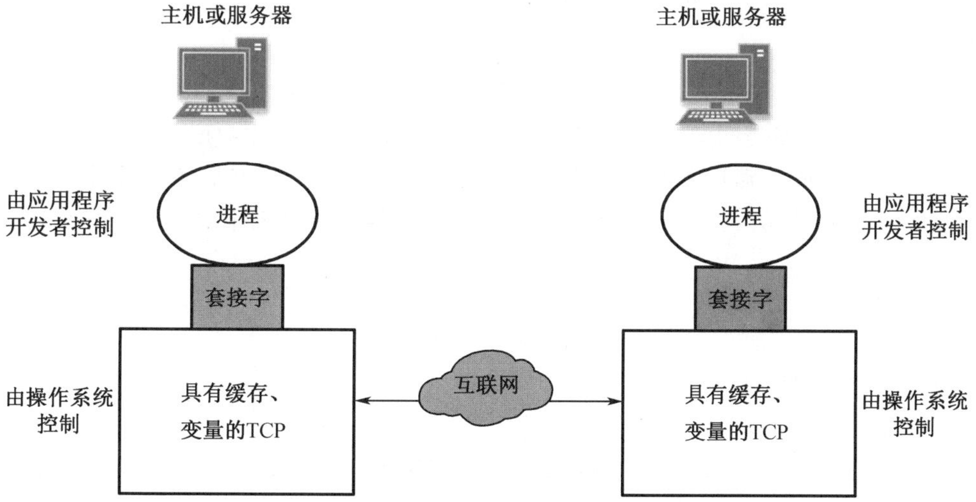

图 2-1 应用进程、套接字和下面的应用层协议

可以认为 API 是一个软件组件或是一个 Web 服务与外界进行交互的接口。

2.1.3.3 进程寻址

当在一台主机上运行的进程向在另一台主机上运行的进程发送分组时,接收进程需要有一个地址。为了标识该接收进程,需要定义两种信息:

(1)主机的地址;

(2)在目的主机中指定接收进程的标识符。

在互联网中,主机由其 IP 地址(IP address)标识。目的地端口号(port number)用于发送进程,指定运行在接收主机上的接收进程(接收套接字)。常见的应用都分配了特定的端口号,如 Web 服务器端口号为 80,使用 SMTP 协议的邮箱服务器进程用端口号 25 标识,等等。

知识点 2.1 习题解析

2-1-01 习题【基础】下列关于 C/S 与 P2P 通信模型比较的描述中错误的是(　　)。

A. 从资源分配的角度,互联网应用系统分为两类:C/S 模型与 P2P 模型

B. 在一次进程通信中发起通信的一方叫作客户,接收连接请求的一方叫作服务器

C. 所有程序在进行通信中的客户与服务器的地位是会改变的

D. C/S 反映了网络服务提供者与网络服务使用者的关系

【答案】A。

2-1-02 习题【基础】下列关于客户-服务器通信模型的说法中不正确的是(　　)。

A. 客户使用服务器,而服务器专用于完成某些服务

B. 客户通常位于前端,服务器通常位于后端

C. 客户和服务器通过网络实现协同计算任务

D. 客户是面向任务的,服务器是面向用户的

【答案】D。

【解析】客户的作用是根据用户需求向服务器发出服务请求,并将服务返回的结果呈现给用户,因此服务器是面向任务的,客户是面向用户的。A、B、C 均正确。

2-1-03 习题【基础】服务器程序在 Windows 环境下工作,并且允许运行该服务器程序的计算机作为客户访问其他计算机上提供的服务。那么这种网络应用模型属于(　　)。

A. 主从式

B. 对等式

C. 分散式

D. 客户-服务器模式

【答案】B。

【解析】对等式网络又称点对点技术,是无中心服务器、依靠用户群(peers)交换信息的互联网体系。它的作用在于,减少以往网络传输中的结点,以降低数据丢失的风险。与有中心服务器的中央网络系统不同,对等网络的每个客户既是一个结点,又有服务器的功能,任何一个结点无法直接找到其他结点,必须依靠其用户群进行信息交流。题目中提供服务的计算机可以作为客户请求其他计算机提供服务,因此这种网络应用模型是对等式。

2-1-04 习题【基础】运行在一台主机上的一个进程,使用什么信息标识运行在另一台主机上的进程?

【答案】目标主机的 IP 地址和目标进程中套接字的端口号。

2-1-05 习题【基础】网络架构与应用程序体系结构之间有什么区别?

【答案】网络架构是指将通信过程组织成多个层次(例如,五层互联网架构);应用程序体系结构由应用程序开发人员设计,并决定应用程序的总体结构(例如,客户-服务器体系结构或 P2P 体系结构)。

2-1-06 习题【进阶】假定你想尽快处理从远程客户端到服务器端的事务,那么你将使用 UDP 还是 TCP? 为什么?

【答案】UDP。

【解析】使用 UDP,事务可以在一次往返时间内完成,客户端将事务请求发送到 UDP 套接字,服务器端将回复发送回客户端的 UDP 套接字;对于 TCP,至少需要两个往返时间用于设置 TCP 连接,一个用于客户端发送请求,另一个用于服务器端发送回复。

知识点 2.2 万维网与超文本传送协议

2.2.1 万维网

2.2.1.1 万维网概述

万维网是由欧洲粒子物理实验室的 Tim Berners-Lee 最初于 1989 年提出的。1993 年,第一个图形界面的浏览器(browser)Mosaic 开发成功。1995 年著名的 Netscape Navigator 浏览器上市。万维网,即 WWW(World Wide Web),并非某种特殊的计算机网络,它是一个大规模的、联机式的信息储藏所,英文简称为 Web。

万维网是一个分布式的超媒体(hypermedia)系统,运行在大量计算机上。

超文本(hypertext)是指包含指向其他文档的链接的文本(text)。一个超文本由多个信息源链接而成,而这些信息源可以分布在世界各地,并且数目也不受限制。超文本是万维网的基础。超媒体与超文本的区别是文档内容不同。超文本文档仅包含文本信息;而超媒体文档还包含其他表示方式的信息,如图形、图像、声音、动画以及视频图像等。分布式的和非分布式的超媒体系统有很大区别。

万维网把大量信息分布在整个互联网上。每台主机上的文档都独立管理。对这些文档的增加、修改、删除或重新命名都不需要(实际上也不可能)通知到互联网上成千上万的结点。这样,万维网文档之间的链接就会经常不一致。例如,主机 A 上的文档 X 本来包含了一个指向主机 B 上的文档 Y 的链接。若主机 B 的管理员在某日删除了文档 Y,那么主机 A 的上述链接显然就失效了。万维网以客户-服务器方式工作,上面所说的浏览器就是在用户主机上的万维网客户程序。万维网文档所驻留的主机则运行服务器程序,因此这台主机也称为万维网服务器。客户程序向服务器程序发出请求,服务器程序向客户程序送回客户所要的万维网文档。在一个客户程序主窗口上显示出的万维网文档称为页面(page)。

2.2.1.2 统一资源定位符

万维网使用统一资源定位符(uniform resource locator,URL)来标志各种文档,并使每个文档在整个互联网范围内具有唯一的标识符 URL。URL 用于表示从互联网上得到资源的位置和访问这些资源的方法。URL 给资源的位置提供一种抽象的识别方法,并用这种方法给资源定位。只要能够对资源定位,系统就可以对资源进行各种操作,如存取、更新、替换和查找其属性。由此可见,URL 实际上就是在互联网上的资源的地址。

URL 相当于一个文件名在网络范围的扩展。因此,URL 是与互联网相连的机器上的任何可访问对象的一个指针。由于访问不同对象所使用的协议不同,所以 URL 还指出读取某个对象时所使用的协议。URL 的一般形式由以下四个部分组成:

<协议>://<主机>:<端口>/<路径>

URL 的第一部分是最左边的<协议>。这里的<协议>就是指使用什么协议来获取该万维网文档。现在最常用的协议就是 http(超文本传送协议 HTTP),其次是 ftp(文件传送协议 FTP)。

在<协议>后面的“://”是规定的格式。

URL 的第二部分是<主机>,它指出这个万维网文档是在哪一台主机上。这里的<主机>就是指该主机在互联网上的域名。

URL 的第三和第四部分<端口>和<路径>,有时可省略。现在有些浏览器为了方便用户,在输入 URL 时,可以把最前面的“http://”甚至把主机名最前面的“www”省略,浏览器会把省略的字符添上。

使用最多的一种 URL 是 HTTP 的 URL。对万维网的站点的访问,使用 HTTP 的 URL 的一般形式是:http://<主机>:<端口>/<路径>。

HTTP 的默认端口号是 80,通常可省略。若再省略文件的<路径>项,则 URL 就指到互联网上的某个主页(homepage)。主页可以是以下几种情况之一:

(1)一个万维网服务器的最高级别的页面。

(2)某个组织或部门定制的页面或目录。从这样的页面可连接到互联网上的与本组织或部门有关的其他站点。

(3)由个人设计的描述他本人情况的万维网页面。

URL 里面的字母不区分大小写,但为了便于阅读,有时故意使用一些大写字母。用户使用 URL 并非仅仅能够访问万维网的页面,而且还能够通过 URL 使用其他的互联网应用程序。更重要的是,用户在使用这些应用程序时只使用一个程序,即浏览器,这显然是非常方便的。

2.2.1.3 浏览器

浏览器是用来检索、展示以及传递网络信息资源的应用程序。网络信息资源由 URL 标记,它是一张网页、一张图片、一段视频或者任何在万维网上所呈现的内容。使用者可以借助超级链接,通过浏览器浏览互相关联的信息。

(1)浏览器窗口各部分功能

①地址栏

地址栏用于输入网站的地址,浏览器通过识别地址栏中的信息,正确连接用户要访问的内容。例如,要登录“网址之家”网,只需要在地址栏中输入网址之家的网址:http://www.hao123.com,然后按[Enter]键或单击地址栏右侧的按钮即可。

②菜单栏

菜单栏由“文件”“编辑”“查看”“收藏夹”“工具”和“帮助”菜单组成。每个菜单中包含了控制浏览器工作的相关命令选项,这些选项包含了浏览器的所有操作与设置功能。

③选项卡

部分浏览器可以使用多选项卡浏览方式,以选项卡的方式打开网站的页面。

④页面窗口

页面窗口是浏览器的主窗口,显示访问的网页内容。页面中有些文字或对象具有超链接属性,当鼠标指针放上去之后会变成手状,单击鼠标左键,浏览器就会自动跳转到该链接指向的网址;单击鼠标右键,则会弹出快捷菜单,可以从中选择要执行的操作命令。

⑤状态栏

状态栏实时显示当前的操作和下载万维网页面的进度情况。正在打开网页时,还会显示网站打开的进度。另外,通过状态栏还可以缩放网页。

(2)主流浏览器特点

主流的浏览器有 IE、Chrome、Firefox、Safari 等几大类,它们具有以下特点。

①IE 浏览器

IE 浏览器是微软推出的 Windows 系统自带的浏览器,它的内核是由微软独立开发的,简称 IE 内核,该浏览器只支持 Windows 系统。

②Chrome 浏览器

Chrome 浏览器是由 Google 在开源项目的基础上独立开发的,不仅支持 Windows 系统,还支持 Linux、Mac 系统,同时它也提供了移动端的应用(如 Android 和 IOS 系统)。

③Firefox 浏览器

Firefox 浏览器是开源的,同时也提供了很多插件,方便用户使用。Firefox 浏览器支持 Windows 系统、Linux 系统和 Mac 系统。

④Safari 浏览器

Safari 浏览器主要是苹果公司为 Mac 系统量身打造的一款浏览器,主要应用在 Mac 系统和 IOS 系统中。

2.2.2 Web

Web 在不同语境下有不同意义。目前,最常用的意义是指在互联网上和超文本标记语言(HTML)相关的部分。换句话说,目前在互联网上通过非浏览器访问的网络资源并不称为 Web。

2.2.2.1 Web 缓存

Web 缓存(Web cache)也叫代理服务器(proxy server),能够代表初始 Web 服务器来满足 HTTP 请求。

(1)Web 缓存的特征

①Web 缓存将最近的一些请求和响应暂存在本地磁盘中。当与暂时存放的请求相同的新请求到达时,Web 高速缓存就将暂存的响应发送出去,而不需要按 URL 的地址再去互联网访问该资源。

②Web 缓存既是服务器又是客户。当它接收浏览器的请求并发回响应时,就是一个服务器。当它向初始服务器发出请求并接收响应时,就是一个客户。

③Web 缓存能从整体上大大降低互联网上的 Web 请求对象流量,从而改善所有应用的

性能。

(2) Web 缓存的工作过程

①浏览器访问互联网的服务器时，要先与 Web 缓存建立 TCP 连接，并向 Web 缓存发出 HTTP 请求报文。

②Web 缓存进行检查，查看本地是否存储了该对象的副本。若有，则将该对象放入 HTTP 响应报文中返回给浏览器。

③若本地没有存储该对象的副本，Web 缓存就与该对象的初始服务器建立 TCP 连接并发送 HTTP 请求报文。初始服务器将所请求的对象放在 HTTP 响应报文中返回给高速缓存。

④Web 缓存收到此对象后，先将其复制在本地存储器中(为今后使用)，然后再将该对象放在 HTTP 响应报文中，通过已建立的 TCP 连接，返回给请求该对象的浏览器。

由于一部分 HTTP 请求可以由高速缓存来响应，所以降低了链路上的通信强度，从而大大地减小访问服务器的时延，使用户可以快速地访问想要访问的页面。

2.2.2.2 条件 GET 方法

Web 缓存产生的新问题：保存在服务器上的对象在它的副本缓存在客户端上以后可能已经被修改了。那么如何保证缓存器里的对象是最新的，这就需要一种保证机制，就是条件 GET 方法。

条件 GET 请求报文的特征：

(1) 请求报文使用条件 GET 方法；

(2) 请求报文中包含一个“If-Modified-Since：”首部行。

缓存器在将对象转发到请求的浏览器的同时，也在本地缓存了该对象。缓存器在存储该对象时也存储了最后修改日期。一段时间之后，此对象再被请求访问时，该缓存器通过发送一个条件 GET 执行最新检查，仅当自最后修改日期之后该对象被修改过时，才发送该对象。如果该对象在此日期之后没有被修改过，则状态行中为“304 Not Modified”，它告诉缓存器可以向请求的浏览器转发它(该代理缓存器)缓存的该对象副本，但此响应报文里不包含所请求的对象。因为包含此对象不仅会浪费带宽，还会增加用户的响应时间。

2.2.2.3 Web 服务器分类

这里的 Web 服务器不是指硬件上的服务器，而是指支持解析 Web 后台语言的服务器。常用的服务器有以下几种：

(1) IIS 服务器

IIS 服务器是微软提供的一种 Web 服务器，它主要是解析微软提供并开发的 ASP 和 ASP.NET 等后台语言；运行在 Windows 系统下，对 IE 内核的浏览器支持良好，并且有些调用 Windows 接口的 Web 应用程序只能采用 IIS 服务器进行解析。IIS 服务器优点很多，但是缺点也很明显，通常 Windows 系统的漏洞容易导致其安全性大为降低。

(2) Apache 服务器

Apache 服务器是开源基金组织 Apache 提供的一种 Web 服务器，主要解析 PHP 文件，是一款功能强大的免费软件；支持多个操作系统，如 Windows、Linux、MacOS 等。

(3) Tomcat 服务器

Tomcat 服务器也是开源基金组织 Apache 提供的一种支持 JSP 组件的 Web 服务器，它支持 Windows、Linux、MacOS 等多个操作系统,安装简便,使用也较为方便。

(4)其他服务器

JBoss、Weblogic、WebSphere 等服务器在商业上使用较多,也有部分需要付费,用户如有需要可到相应的官方网站上查看。

2.2.2.4 HTML

HTML 是由 Web 的发明者 Tim Berners-Lee 和同事 Daniel W. Connolly 于 1990 年创立的一种标记语言,它是标准通用化标记语言(SGML)的应用。用 HTML 编写的超文本文档称为 HTML 文档,它能独立于各种操作系统、平台(如 Unix、Windows 等)。使用 HTML 将所需要表达的信息按某种规则写成 HTML 文档,通过专用的浏览器来识别,并将这些 HTML 文档"翻译"成可以识别的信息,即我们所见到的网页。

为了解决"不同设计者创建的不同风格的 Web 文档,都能在互联网上的各种主机上显示出来,同时使用户清楚地知道在什么地方存在链接"这一问题,Web 使用 HTML 使得 Web 页面的设计者可以很方便地从页面的某处链接到互联网的任何一个 Web 页面,并且能够在自己的主机上将这些页面显示出来。

Web 上的一个超媒体文档称为一个页面(page)。作为一个组织或者个人在 Web 上放置开始点的页面称为主页(homepage),主页中通常包括有指向其他相关页面或其他结点的指针(超级链接)。所谓超级链接,就是一种 URL 指针,通过激活(点击)它,可使浏览器方便地获取新的网页。这也是 HTML 获得广泛应用的最重要的原因之一。在逻辑上,将视为一个整体的、一系列页面的有机集合称为网站(website 或 site)。HTML 是为实现"网页创建和其他可在网页浏览器中看到的信息"设计的一种标记语言。

HTML 文档制作并不复杂,但功能强大,支持不同数据格式的文件镶入,其主要特点如下:

(1)简易性:HTML 版本升级采用超集方式,更加灵活方便。

(2)可扩展性:HTML 采用子类元素来增加标识符,提升了可扩展性。

(3)平台无关性:虽然个人计算机被大量使用,但 MAC 等其他机器的使用也很多,HTML 可以使用在广泛的平台上,这也是 Web 盛行的另一个原因。

(4)通用性:HTML 是网络的通用语言,一种简单、通用的全置标记语言。它允许网页制作者建立文本与图片相结合的复杂页面,这些页面可以被任何人浏览,而无论其使用的是什么类型的电脑或浏览器。

HTML 历史上有如下版本:

(1)HTML1.0:1993 年 6 月作为互联网工程工作小组(IETF)工作草案发布。

(2)HTML2.0:发布于 1995 年 11 月作为 RFC 1866 发布。

(3)HTML3.2:发布于 1997 年 1 月 14 日,W3C 推荐标准。

(4)HTML4.0:发布于 1997 年 12 月 18 日,W3C 推荐标准。

(5)HTML4.01(微小改进):发布于 1999 年 12 月 24 日,W3C 推荐标准。

(6)HTML5:公认的下一代 Web 语言,极大地提升了 Web 在富媒体、富内容和富应用等方面的能力,被喻为终将改变移动互联网的重要推手。

在编辑 HTML 文档和使用有关标记符时有一些约定或默认的要求:文本标记语言源程序的文件扩展名默认使用 htm 或 html,以便于操作系统或程序辨认。在使用文本编辑器时,需要注意修改扩展名。

HTML 在 Web 迅猛发展的过程中起着重要作用，有着重要的地位。但随着网络应用的深入，特别是电子商务的应用，HTML 过于简单的缺陷很快凸显出来：

(1) HTML 不可扩展。

(2) HTML 不允许应用程序开发者为具体的应用环境自定义标记。

(3) HTML 只能用于信息显示。

(4) HTML 可以设置文本和图片显示方式但没有语义结构，即 HTML 按照布局而非语义的方式显示信息。

随着网络应用的发展，各行业对信息有着不同的需求，这些不同类型的信息未必都是以网页的形式显示出来。例如，当通过搜索引擎进行数据搜索时，按照语义而非布局方式来显示数据会具有更多的优势。

2.2.3 HTTP

2.2.3.1 HTTP 概述

为解决“用什么样的协议来实现整个互联网上的 Web 文档”这一难题，就要使 Web 客户程序（以浏览器为主，但不限于浏览器）与 Web 服务器程序之间的交互遵守严格的协议，这就是超文本传送协议（HTTP）。

HTTP 是处于应用层的协议，它是 Web 的核心，使用 TCP 运输层协议进行可靠的传送。需要特别提醒的是，Web 是基于互联网的一种广泛互联网应用系统，且采用的是 HTTP（端口 80）/HTTPS（端口 43）的传输协议。互联网还有其他的网络应用系统，如 FTP、SMTP 等。

一个客户进程发出的每个 HTTP 请求报文最终都能完整到达服务器。虽然 HTTP 使用了面向连接的 TCP 向上提供的服务，但协议本身是无连接的。HTTP 是一个无状态协议。服务器向客户发送被请求的文件，而不存储任何关于该客户的状态信息，例如某个特定的客户在短短的几秒内两次请求同一个对象，服务器并不会因为刚刚为该客户提供了该对象就不再做出反应，而是会重新发送该对象。

HTTP 定义了报文的结构以及客户和服务器进行报文交换的方式。HTTP 由两个程序实现：一个客户程序和一个服务器程序，两个程序运行在不同的端系统中，通过交换 HTTP 报文进行会话。Web 服务器实现了 HTTP 的服务器端，它用于存储 Web 对象，每个对象由 URL 寻址。

每个 Web 网点都有一个服务器进程，它不断监听 TCP 的端口 80，以便发现是否有浏览器（即客户进程）向它发出连接建立请求。一旦监听到连接建立请求并建立了 TCP 连接，浏览器就向服务器发出浏览某个页面的请求，服务器接着就返回所请求的页面作为响应。最后，TCP 连接被释放。在浏览器和服务器之间的请求和响应，必须按照规定的格式且遵循一定的规则进行。这些格式和规则就是 HTTP。HTTP 工作过程概括如下：

(1) 浏览器分析超链接指向页面的 URL；

(2) 浏览器向 DNS 请求解析的 IP 地址，DNS 解析出 IP 地址；

(3) 浏览器与服务器建立 TCP 连接；

(4) 浏览器发出获取文件命令；

(5) 服务器给出响应，将文件发送给浏览器；

(6) TCP 连接释放；

(7)浏览器显示网页中的所有文本。

2.2.3.2 HTTP 的报文分类、结构和特点

(1)报文分类

HTTP 有两类报文:

①请求报文,指从客户端向服务器端发送请求的报文。

②响应报文,指从服务器端到客户端的回答。

(2)报文结构

HTTP 是面向报文的,报文的每个字段都是一些 ASCII 码串且每个字段的长度不确定。HTTP 的报文结构如图 2-2 所示。

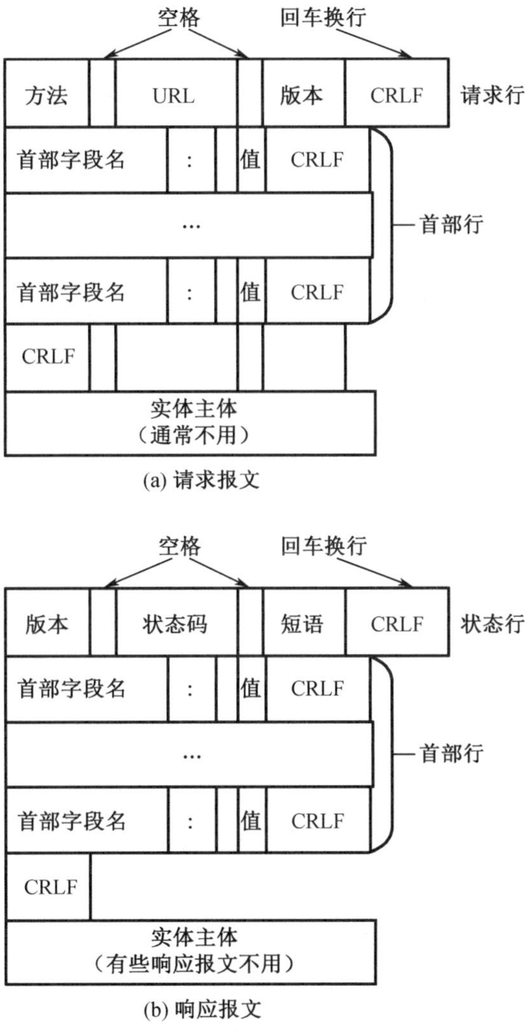

图 2-2 HTTP 的报文结构

①开始行,用于区分是请求报文还是响应报文。

②首部行,用来说明浏览器、服务器或报文主体的一些信息。首部可以有好几行,但也可以不使用。

③实体主体(entity body),报文的载荷。

(3)报文特点

①请求报文的特点

请求报文的第一行请求行只有三个内容,即方法、请求资源的 URL 以及 HTTP 版本。这里的“方法”是面向对象技术中使用的专门名词。所谓方法就是对所请求对象进行的操作,因此这些方法实际上也就是一些命令。所以请求报文的类型是由它所采用的方法决定的。表 2-1 给出了 HTTP 请求报文中常用的几种方法。

表 2-1 HTTP 请求报文中常用的几种方法

方法(操作)	定义
OPTION	请求一些选项的信息
GET	请求读取由 URL 所标志的信息
HEAD	请求读取由 URL 所标志的信息的首部
POST	给服务器添加信息
PUT	在指明的 URL 下存储一个文件
DELETE	删除指明的 URL 所标志的资源
TRACE	用来进行环回测试的请求报文
CONNECT	用于连接代理服务器

②响应报文的特点

每一个请求报文发出后,都能收到一个响应报文。响应报文的第一行就是状态行,状态行包括三项内容,即 HTTP 的版本、状态码以及解释状态码的简单短语。状态码由三位数字组成,分为五大类共 33 种。例如,1××表示通知信息,如请求收到或正在进行处理;2××表示成功,如接收或知道;3××表示重定向,表示要完成请求还必须采取进一步的行动;4××表示客户的差错,如请求中有错误的语法或不能完成;5××表示服务器的差错,如服务器失效无法完成请求。

2.2.3.3 HTTP2.0 简介

HTTP1.×的缺陷如下:

(1)HTTP1.0 一次只允许在一个 TCP 连接上发起一个请求,HTTP1.1 使用的流水线技术也只能部分处理请求并发,仍然会存在队列头阻塞问题,因此客户端在需要发起多次请求时,通常会采用建立多连接的方法来减少延迟。

(2)单向请求,只能由客户端发起。

(3)请求报文与响应报文首部信息冗余量大。

(4)数据未压缩,数据的传输量大。

HTTP2.0 的出现是为了弥补 HTTP1.×的缺陷。HTTP2.0 大幅度提高了 Web 性能,在 HTTP1.1 完全语义兼容的基础上,进一步减少了网络的延迟。

2.2.3.4 HTTP 关键技术

HTTP 既可以使用非持久连接(nonpersistent connection),也可以使用持久连接

(persistent connection)。HTTP1.0 使用非持久连接,HTTP1.1 默认使用持久连接。

(1)非持久连接

考虑一个在非持久连接情况下从服务器向到客户端传送一个 Web 页面的步骤。假设该页面由 1 个基本 HTML 文件和 10 个 JPEG 图像构成,而且所有这些对象都存放在同一台服务器主机中。再假设该基本 HTML 文件的 URL 为:www.phei.com/somepath/index.html。

具体步骤如下:

①HTTP 客户端初始化一个与服务器主机 www.phei.com 中的 HTTP 服务器的 TCP 连接。HTTP 服务器使用默认端口号 80 监听来自 HTTP 客户端的连接建立请求。

②HTTP 客户端经由与 TCP 连接相关联的本地套接字发出 1 个 HTTP 请求消息。这个消息中包含路径名/somepath/index.html。

③HTTP 服务器经由与 TCP 连接相关联的本地套接字接收这个请求消息,再从服务器主机的内存或硬盘中取出对象/somepath/index.html,经由同一个套接字发出包含该对象的响应消息。

④HTTP 服务器告知 TCP 关闭这个 TCP 连接(不过 TCP 要在客户端收到刚才这个响应消息之后才会真正终止这个连接)。

⑤HTTP 客户端经由同一个套接字接收这个响应消息。TCP 连接随后终止。该消息标明所封装的对象是 1 个 HTML 文件。客户端从中取出这个文件,加以分析后发现其中有 10 个 JPEG 对象的引用。

⑥对每一个引用到的 JPEG 对象重复步骤①~④。

浏览器在接收 Web 页面的同时把它显示给用户。不同的浏览器可能会以略有不同的方式解释(也就是向用户显示)同一个 Web 页面。HTTP 如何解释 Web 页面与客户端没有任何关系,其规范[RFC 1945]和[RFC 2616I]仅仅定义 HTTP 客户程序和服务器程序之间的通信协议。

上述步骤之所以称为非持久连接,是因为每次服务器发出一个对象后,相应的 TCP 连接就被关闭,也就是说每个连接都没有持续到可用于传送其他对象。每个 TCP 连接只用于传输一个请求消息和一个响应消息。就上述例子而言,用户每请求一次 Web 页面,就产生 11 个 TCP 连接。

在上述步骤中,客户端可以通过 10 个串行的 TCP 连接先后取得所有 JPEG 对象,也可以通过并行的 TCP 连接同时取得其中某些 JPEG 对象。现今的浏览器允许用户通过配置来控制并行连接的程度。大多数浏览器默认可以打开 5~10 个并行的 TCP 连接,每个连接处理一个请求——响应事务。用户可以把最大并行连接数设为 1,那么这 10 个 TCP 连接是串行建立的。

估算一下从客户端请求基本 HTML 文件到它收到该文件所经历的时间。往返时间 RTT,它是一个分组从客户机到服务器主机再返回客户机所花的时间。RTT 包括分组传播时延、在中间路由器和交换机上的分组排队时延以及分组处理时延。

下面考虑用户点击某个超链接时会发生什么。用户的点击导致浏览器发起建立一个与 Web 服务器的 TCP 连接,这里涉及一次三次握手过程。首先是客户端向服务器发送一个小的冗余消息,然后是服务器向客户端确认并响应一个小的 TCP 消息,最后是客户端向服务器发回确认。三次握手过程的前两次结束时,经过的时间为 1 个 RTT。此时客户端把 HTTP 请求消息发送到 TCP 连接中,客户端接着把三次握手过程中最后一次的确认信息捎带在包含这个消息的数据分节中发送出去。服务器收到来自 TCP 连接的请求消息后，首先是把相应的 HTML 文件发送到 TCP 连接中，然后是服务器把对早先收到的客户端请求的确认信息捎带在包含该 HTML 文件的数据分节中发送出去。这个 HTTP 请求响应交互也经过 1 个 RTT 时间。因此，总的响应时间粗略计算是 2 个 RTT 加上服务器发送这个 HTML 文件的时间。

(2)持久连接

非持久连接具有以下缺点：首先，客户端得为每个待请求的对象建立并维护一个新的连接。对于每个这样的连接，TCP 得在客户端和服务器端均分配 TCP 缓冲区，并维持 TCP 变量。对于有可能同时为来自数百个不同客户端的请求提供服务的 Web 服务器来说，这会严重增加其负担。其次，如前所述，每个对象都有 2 个 RTT 的响应延迟，一个 RTT 用于建立 TCP 连接，另一个 RTT 用于请求和接收对象。最后，每个对象都遭受 TCP 慢启动，因为每个 TCP 连接都起始于慢启动阶段。不过并行 TCP 连接能够减轻部分 RTT 延迟和慢启动延迟的影响。

在持久连接情况下，服务器在发出响应后让 TCP 连接继续打开。同一对客户端-服务器端之间的后续请求和响应可以通过这个连接发送。整个 Web 页面(上例中为包含 1 个基本 HTMLL 文件和 10 个 JPEG 图像的页面)可以通过单个持久 TCP 连接发送，甚至存放在同一个服务器中的多个 Web 页面也可以通过单个持久 TCP 连接发送。通常，HTTP 服务器在某个 TCP 连接闲置一段特定时间后关闭它，而这段时间通常是可以配置的。

持久连接分为不带流水线(without pipelining)和带流水线(with pipelining)两个版本。对于不带流水线持久连接，一个缺点是客户端只在收到前一个请求的响应后才发出新的请求。这种情况下，Web 页面所引用的每个对象(上例中的 10 个 JPEG 图像)都经历 1 个 RTT 的延迟，用于请求和接收该对象。与非持久连接的 2 个 RTT 延迟相比，不带流水线持久连接已有所改善。不带流水线持久连接的另一个缺点是，服务器送出一个对象后开始等待下一个请求，而这个新请求却不能马上到达。这段时间服务器资源闲置。HTTP1.1 的默认模式是使用带流水线持久连接，这种情况下，HTTP 客户端每碰到一个引用就立即发出一个请求，因而 HTTP 客户端可以一个接一个地发出各个引用对象的请求。服务器收到这些请求后，也可以一个接一个地发出各个对象。如果所有的请求和响应都是紧挨着发送的，那么所有引用到的对象一共只经历 1 个 RTT 的延迟(而不是像不带流水线持久连接那样，每个引用到的对象都有 1 个 RTT 的延迟)。另外，在带流水线持久连接中，服务器空等请求的时间比较少。与非持久连接相比，持久连接(不论是否带流水线)除了降低 1 个 RTT 的响应延迟外，慢启动延迟也比较小。其原因在于既然各个对象使用同一个 TCP 连接，那么服务器发出第一个对象后就不必再以一开始的缓慢速率发送后续对象；相反，服务器可以按照第一个对象发送完毕时的速率发送下一个对象。

2.2.3.5 HTTP 缓存机制

前端缓存可分为两大类：HTTP 缓存和浏览器缓存，这里重点讲解 HTTP 缓存。在具体了解 HTTP 缓存之前先来明确几个术语：

(1)缓存命中率

缓存命中率是指从缓存中得到数据的请求数与所有请求数的比率。理想状态是缓存命中率越高越好。

(2)过期内容

过期内容是指超过设置的有效时间的、被标记为“陈旧”的内容。通常过期内容不能用于回复客户端的请求,必须重新向源服务器请求新的内容或者验证缓存的内容是否仍然有效。

(3)验证

验证缓存中的过期内容是否仍然有效,如果验证通过,则刷新过期时间。

(4)失效

失效就是把内容从缓存中移除。当内容发生改变时就必须移除失效的内容。

HTTP 缓存指的是:当客户端向服务器请求资源时,会先抵达浏览器缓存,如果浏览器有“请求资源”的副本,就可以直接从浏览器缓存中提取这个资源。常见的 HTTP 缓存只能缓存 GET 请求响应的资源,后续说的请求缓存都是指 GET 请求。第一次请求资源时,服务器返回资源,并在响应报文首部中回传资源的缓存参数;第二次以及之后请求时,浏览器判断这些请求参数,命中强缓存就直接返回 200,否则就把请求参数加到请求报文首部中传给服务器,看是否命中协商缓存,命中,则返回 304,否则服务器会返回新的资源。

使用缓存的优点如下:

(1)减少了冗余的数据传输,节省了开销;

(2)缓解了服务器的压力,大大提高了网站的性能;

(3)加快了客户端加载网页的速度。

2.2.3.6　Cookie

Cookie 最早是由网景公司的 Lou Montulli 在 1993 年 3 月发明的,有时也用其复数形式 Cookies,指某些网站为了辨别用户身份进行会话跟踪而储存在用户本地终端上的数据(通常经过加密)。Cookie 由服务器端生成,发送给用户代理(一般是浏览器),浏览器会将 Cookie 的键值对保存到某个目录下的文本文件内,用户下次请求同一网站时就会将其发送给服务器(前提是浏览器设置为启用 Cookie)。服务器可以读取或更新 Cookies 中包含的信息,借此维护用户与服务器会话中的状态。

(1)Cookie 的主要用途

服务器可以利用 Cookie 包含信息的任意性筛选信息,以判断在 HTTP 传输中的状态。

(2)Cookie 的生存周期

Cookie 具有生存周期,超出周期 Cookie 就会被清除。

(3)针对 Cookie 的脚本攻击

Cookie 包含了一些敏感信息:用户名、计算机名、浏览器版本和曾经访问的网站。用户不希望这些内容泄露出去,尤其是当其中还包含有私人信息的时候。跨站点脚本攻击(CSS)往往利用网站漏洞在网站页面中植入脚本代码,或由网站页面引用第三方脚本代码,从而获取当前站点的所有 Cookie 内容(已不存在 Cookie 作用域限制),造成安全威胁。

知识点 2.2 习题解析

2-2-01　习题【基础】HTTP 协议的默认端口号为(　　)。

A. TCP 的 80 端口

B. UDP 的 60 端口

C. TCP 的 60 端口

D. UDP 的 80 端口

【答案】A。

【解析】HTTP 是处于应用层的协议,使用 TCP 运输层协议进行可靠的传送,使用默认端口号 80。

2-2-02　习题【基础】万维网每个页面都有唯一的地址,这些地址统称为(　　)。

A. IP 地址

B. 域名地址

C. 统一资源定位符

D. MAC 地址

【答案】C。

【解析】万维网使用统一资源定位符来标志万维网上的各种文档,并使每个文档在整个互联网的范围内具有唯一的标识符 URL。统一资源定位符 URL 是用来表示从互联网上得到的资源位置和访问这些资源的方法。因此选 C。

2-2-03　习题【基础】某互联网主页的 URL 地址为 http://www. abc. com. cn/product/index. html,该地址的域名是(　　)。

A. index. html

B. com. cn

C. http://www. abc. com. cn

D. www. abc. com. cn

【答案】D。

【解析】使用最多的一种 URL 是 HTTP 的 URL。对于万维网的网点访问要使用 HTTP 的 URL 的一般形式是:http://<主机>:<端口>/<路径>。

从技术角度来看,域名是在互联网上用于解决 IP 地址的一种方法。一个完整的域名由 2 个或 2 个以上的部分组成,各部分之间用“. ”来分隔,最后一个“. ”的右边部分称为顶级域名(TLD,也称为一级域名),最后一个“. ”的左边部分称为二级域名(SLD),二级域名的左边部分称为三级域名。以此类推,每一级的域名控制它下一级域名的分配。本题中. cn 是中国专用的顶级域名。. cn 是域名的第一层,. com 是第二层,. abc 是真正的域名,处在第三层。对于万维网,域名是可以配置如何解析的,当我们设置 www 作为域名前缀的时候,访问 www. jumimg. com,即可访问网站。当我们设置@ 作为域名前缀的时候,直接访问 jumimg. com 就可以访问网站。在此题中 www 也是域名的一部分。综上,域名是 www. abc. com. cn。因此选 D。

2-2-04 习题【基础】为什么 HTTP、FTP、SMTP 及 POP3(邮局协议第 3 个版本)都运行在 TCP,而不是 UDP 上?

【答案】与这些协议相关联的应用程序要求以正确的顺序接收所有应用程序数据,并且没有间隙。TCP 提供此服务,而 UDP 不提供。

2-2-05 习题【进阶】考虑一个电子商务网站需要保留每一个客户的购买记录。描述如何使用 Cookie 来完成该功能?

【答案】当用户首次访问站点时,服务器会创建一个唯一的标识号,在其后端数据库中创建一个条目,并将该标识号作为 Cookie 号返回。此 Cookie 号存储在用户的主机上,由浏览器管理。在随后的用户的每次访问(和购买)中,浏览器都会将 Cookie 号发送回站点。因此,站点知道此用户(更准确地说是此浏览器)何时访问站点。

2-2-06 习题【进阶】考虑一条 10 m 的短链路,某发送方经过它能够以 150 bps 的速率双向传输。假定包含数据的分组长 100 000 bit,仅包含控制(如 ACK 或握手)的分组长 200 bit。假定 *N* 个并行连接,每个都获得 1/*N* 的链路带宽。现在考虑 HTTP 协议,并且假定每个下载对象长 100 000 b,这些初始下载对象包含 10 个来自相同发送方的引用对象。在这种情况下,经非持续 HTTP 的并行下载有意义吗?若考虑持续 HTTP,你期待这比非持续的情况有更大增益吗?评价并解释你的答案。

【答案】每个下载的对象都可以完全放入一个数据包中。T_p 表示客户端和服务器端之间的单向传播时间。

首先考虑使用非持续连接的并行下载。并行下载将允许 10 个连接共享 150 bps 的带宽,每个连接只需要 15 bps。因此,接收所有对象所需的总时间如下:

$(200/150 + T_p + 200/150 + T_p + 200/150 + T_p + 100\ 000/150 + T_p) + [200/(150/10) + T_p + 200/(150/10) + T_p + 200/(150/10) + T_p + 100\ 000/(150/10) + T_p] = 7\ 377 + 8 \times T_p(s)$

持续 HTTP 连接的总时间如下:

$(200/150 + T_p + 200/150 + T_p + 200/150 + T_p + 100\ 000/150 + T_p) + 10 \times (200/150 + T_p + 100\ 000/150 + T_p) = 7\ 351 + 24 \times T_p(s)$

已知光速约为 3×10^8 m/s,则 $T_p = 10/(3\times10^8) = 0.03$ μs。

因此,与发送时延相比,可以忽略不计,从而发现持续 HTTP 并不比并行下载的非持续 HTTP 快(小于 1%)。

2-2-07 习题【进阶】考虑当浏览器发送一个 HTTP GET 报文时,通过 Wireshark 俘获下列 ASCD 字符串(即这是一个 HTTP GET 报文的实际内容)。字符<cr> <lf>是回车和换行符(即下面文本中的字符串<cr>表示单个回车符,该回车符包含在 HTTP 首部中的相应位置)。回答下列问题,指出你在下面 HTTP GET 报文中找到答案的地方。

GET /cs453/index. html HTTP/1. 1<cr><lf>Host:gaia. cs. umass. edu<cr><lf>
User-Agent:Mozilla/5. 0(Windows;U;Windows NT5. 1;en-US;rv:1. 7. 2)
Gecko/20040804 Netscape/7. 2(ax)<cr><lf>Accept:ext
/xml,application/xml,application/xhtml+xml,text
/html;q=0. 9,text/plain;q=0. 8,image/png, */*;q=0. 5
<cr><lf>Accept-Language:en-us,en;q=O. 5<cr><lf>Accept-
Encoding:zip,deflate<cr><lf>Accept-Charset:ISO-
8859-1,utf-8;q=0. 7, *;q=0. 7<cr><lf>Keep-Alive;300<cr>

<lf>Connection:keep-alive<cr><lf><cr><lf>

(1)由浏览器请求的文档的 URL 是什么?

(2)该浏览器运行的是 HTTP 的何种版本?

(3)该浏览器请求的是一条非持续连接还是一条持续连接?

(4)该浏览器所运行的主机的 IP 地址是什么?

(5)发起该报文的浏览器的类型是什么?在一个 HTTP 请求报文中,为什么需要浏览器类型信息?

【答案】(1)根据题目可知文件请求是 http://gaia. cs. umass. edu/cs453/index. html,从中可以知道 Host 是 gaia. cs. umass. edu,表示服务器的名称,/cs453/index. html 表示文件名。

(2)浏览器运行的是 HTTP1. 1 版本。

(3)浏览器请求的是持久连接,即 Connection:keep-alive.

(4)此信息不包含在任何位置的 HTTP 消息中。因此,仅从 HTTP 消息的交换来看无法区分这一点。要回答这个问题,需要来自 IP 数据报(携带 HTTP GET 请求的 TCP 段)的信息。

(5)发起该报文的浏览器类型为 Mozilla5. 0;服务器需要浏览器类型信息将同一对象的不同版本发送到不同类型的浏览器。

2-2-08　习题【进阶】假设 HTTP1. 1 协议以不带流水线持久连接方式工作,一次请求-响应时间为 RTT,某个 HTML 页面引用了 80 幅 JPEG 小图像。问:从发出 Web 请求开始到浏览器收到全部内容为止,需要多少个 RTT?

【答案】需要 81 个 RTT。

【解析】此题考查 HTTP 不带流水线持久连接方式的工作过程。HTTP1. 1 协议以不带流水线持久连接方式工作时,服务器端发送响应后仍在一段时间内保持这段连接,客户端在收到前一个请求的响应后才能发出下一个请求。第一个 RTT 用于请求 Web 页面,客户端收到第一个请求的响应后(还有 80 个请求未发送),每访问一次对象就用去一个 RTT。因此共用去 1+80=81 个 RTT 后浏览器会收到全部内容。

知识点 2. 3　电子邮件协议

2. 3. 1　电子邮件的收发过程

图 2-3 给出了用户 A 从 QQ 邮箱发送邮件到用户 B 的 163 邮箱的过程。

这里对图示的六个步骤分别进行如下的说明:

步骤(1):用户 A 的电子邮箱为××@ qq. com,其通过邮件客户端软件写好一封邮件,交到 QQ 的邮箱服务器,这一步使用的协议是 SMTP,对应图示的①;

步骤(2):QQ 邮箱会根据用户 A 发送的邮件进行解析,也就是根据收件地址判断是否是自己管辖的账户,如果收件地址也是 QQ 邮箱,那么会直接存放到自己的存储空间。这里我们假设收件地址不是 QQ 邮箱,而是 163 邮箱,那么 QQ 邮箱就会将邮件转发到 163 邮箱服务器,转发使用的协议也是 SMTP,对应图示的②;

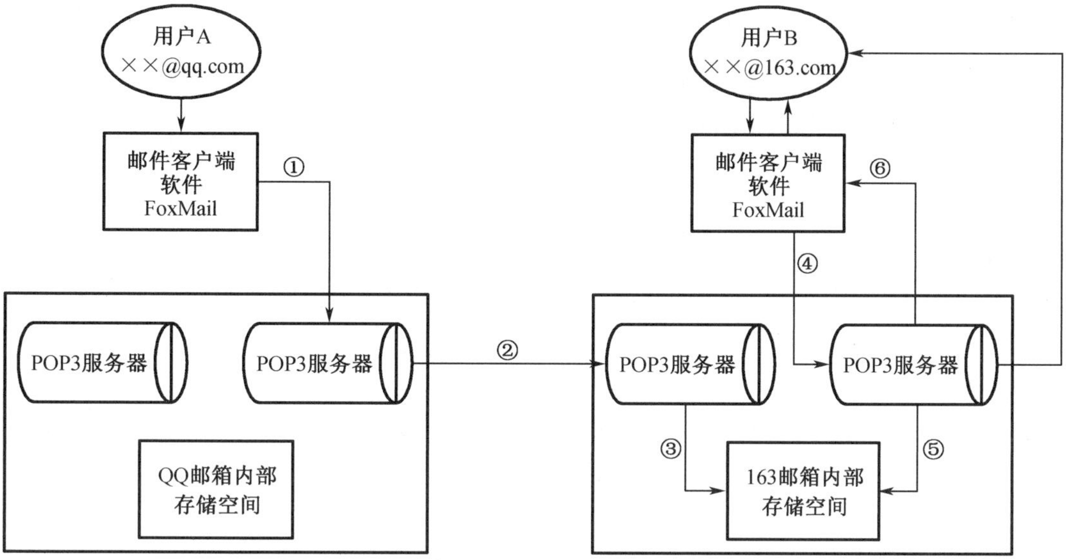

图 2-3 电子邮件收发过程

步骤(3):163 邮箱服务器接收到 QQ 邮箱转发过来的邮件,也会判断收件地址是否是自己管辖的账户,如果是,那么就会将 QQ 邮箱转发过来的邮件存放到自己的内部存储空间,对应图示的③;

步骤(4):用户 A 将邮件发送之后,就会通知用户 B 去指定的邮箱收取邮件。用户 B 会通过邮件客户端软件先向 163 邮箱服务器请求,要求收取自己的邮件,对应图示的④;

步骤(5):163 邮箱服务器收到用户 B 的请求后,会从自己的内部存储空间中取出 B 未收取的邮件,对应图示的⑤;

步骤(6):163 邮箱服务器取出用户 B 未收取的邮件后,将邮件发给用户 B,对应图示的⑥。

最后三步用户 B 收取邮件的过程,使用的协议是 POP3。

下面对一些重要概念进行解释说明:

(1)邮箱服务器

如图 2-3 所示,出现了两个邮箱服务器:QQ 和 163 邮箱服务器。用户想要在网上收发邮件,必须要有专门的邮箱服务器,我们可以将这些邮箱服务器假想为现实生活中的邮局。

如果按功能划分,邮箱服务器可以划分为两种类型:

①SMTP 邮箱服务器:替用户发送邮件和接收发送给本地用户的邮件,对应图 2-3 中的①②。它相当于现实生活中邮局的邮件接收部门(可接收用户要投出的邮件和其他邮局投递进来的邮件)。

②POP3/IMAP 邮箱服务器:帮助用户读取 SMTP 邮箱服务器接收进来的邮件,对应图 2-3 中的⑥。它相当于专门为前来取包裹的用户提供服务的部门。

(2)电子邮箱

电子邮箱也称为 E-mail 地址,比如用户 A 的××@ qq. com,和用户 B 的××@ 163. com。用户能通过 E-mail 地址标识自己发送的电子邮件,同时也可以通过这个地址接收别人发来的电子邮件。电子邮箱需要到邮箱服务器进行申请,也就是说,电子邮箱其实就是用户在邮箱服务器上申请的账户。邮箱服务器会把接收到的邮件保存到为该账户所分配的邮箱空间中,用户通过用户名密码登录到邮箱服务器查收该地址已经收到的邮件。一般来讲,邮箱服务器为用户分配的邮箱空间是有限的。

(3)邮件客户端软件

用户可以直接在网站上进行邮件收发,也可以用邮件客户端软件收发邮件,比如常见的 FoxMail、Outlook Express。邮件客户端软件通常集邮件撰写、发送和接收功能于一体,主要用于帮助用户将邮件发送给 SMTP 邮箱服务器和从 POP3/IMAP(互联网报文存取协议)邮箱服务器读取用户的电子邮件。

(4)邮件传输协议

电子邮件想要在邮件客户端和邮箱服务器之间,以及两个邮箱服务器之间进行邮件传递,就必须遵守一定的规则,这个规则就是邮件传输协议。下面简单介绍几种邮件传输协议:

①SMTP 全称为 simple mail transfer protocol,简单邮件传输协议。它定义了邮件客户端软件和 SMTP 邮箱服务器之间,以及两台 SMTP 邮箱服务器之间的通信规则。

②POP 全称为 post office protocol,邮局协议。它定义了邮件客户端软件和 POP3 邮箱服务器的通信规则。

③IMAP 全称为 internet message access protocol,互联网报文存取协议。它是对 POP3 协议的一种扩展,也定义了邮件客户端软件和 IMAP 邮箱服务器的通信规则。

我们说的所有的邮箱服务器和邮件客户端软件程序都是基于上面的协议编写的。

2.3.2 电子邮件概述

2.3.2.1 电子邮件系统的组成

电子邮件是一种异步通信媒介,即人们在方便时就可以收发邮件,无须与他人协调。现代电子邮件具有许多强大的特性,可以包含附件、超链接、HTML 格式文本和图片。人们在 1982 年制定了 APPANET 上的电子邮件标准:简单邮件传输协议 SMTP 和互联网文本报文格式。由于互联网的 SMTP 只能传送可打印的 7 位 ASCII 码邮件,人们在 1993 年又提出了通用互联网邮件扩充 MIME 协议。在 MIME 邮件中可以同时传送多种类型的数据。

一个电子邮件主要有三个主要组成构件:用户代理、邮箱服务器以及简单邮件传输协议。

(1)用户代理(user agent,UA)

用户代理是用户与电子邮件系统的接口,在多数情况下是用户在计算机中运行的程序。可选择的用户代理有很多,如 Outlook Express、Foxmail 等。用户代理至少应当具有以下功能:

①撰写:给用户提供方便的编辑信件的环境。

②显示:能方便地在计算机上显示信件。

③处理:包括发送邮件和接收邮件。收信人应能根据情况按不同方式对来信进行处理。

(2)邮箱服务器

邮箱服务器是电子邮件系统的核心构件,它的功能是发送和接收邮件,并向发信人报告邮件传送的情况。邮箱服务器按照客户-服务器方式工作。邮箱服务器需要使用两个不同的协议:一个用于发送邮件,即简单邮件传输协议 SMTP;另一个用于接收邮件,即邮局协议 POP。值得注意的是,一个邮箱服务器既可以作为客户端,也可以作为服务器端。

电子邮件的收发过程(图 2-4)如下。

①发信人调用用户代理来编辑要发送的邮件。用户代理用 SMTP 将邮件传送给发送端邮箱服务器。

②发送端邮箱服务器将邮件放入邮件缓存队列中,等待发送。

③运行在发送端邮箱服务器的 SMTP 客户进程,发现在邮件缓存中有待发送的邮件,向远程接收端邮箱服务器的 SMTP 服务器进程发起建立 TCP 连接的请求。

④当 TCP 连接建立后,SMTP 客户进程开始向远程接收端邮箱服务器的 SMTP 服务器进程发送邮件。如果有多个邮件在邮件缓存中,则 SMTP 客户进程一一将它们发送到远程的 SMTP 服务器进程。当所有的待发送邮件发完,SMTP 就关闭所建立的 TCP 连接。

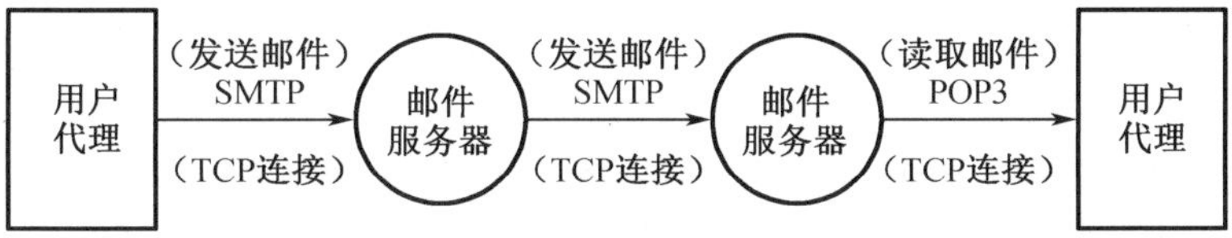

图 2-4 电子邮件的收发过程

⑤运行在接收端邮箱服务器中的 SMTP 服务器进程收到邮件后,将邮件放入收信人的用户邮箱中,等待收件人方便时读取。

⑥收信人在收信时,调用用户代理,使用 POP3(或 IMAP)从接收端邮箱服务器的用户邮箱中读取邮件。

2.3.2.2 电子邮件的组成

电子邮件由信封(envelope)和内容(content)两部分组成。在信封上最重要的就是收信人地址。TCP/IP 体系的电子邮件系统规定电子邮件地址的格式如下:

收信人邮箱名@邮箱所在主机的域名

收信人邮箱名简称为用户名,它在邮箱所在主机中必须是唯一的,同时邮箱所在主机的域名在互联网上也是唯一的,这就保证了互联网上每个人的电子邮件地址都是唯一的。

2.3.2.3 电子邮件的信息格式

一封电子邮件分为信封和内容两大部分。[RFC 822]只规定了邮件内容中的首部格式,而邮件的主体部分则由用户撰写。邮件内容首部包括一些关键字,后面加上冒号。最重要的关键字是 To 和 Subject,如表 2-2 所示。

表 2-2　电子邮件信息格式

标示符	功能说明
To	一个或多个收信人的电子邮件地址
Subject	邮件的主题
Cc(Carbon copy)	复写副本
From	发信人的电子邮件地址
Date	发信日期
Reply-To	对方回信所用的地址

注意,有些邮件系统允许用户使用关键字 Bcc(Blind carbon copy)来实现密件副本。这使发信人能将邮件的副本发送给某人,但不希望收信人知道此事。Bcc 又称为暗送。

2.3.3　SMTP

SMTP 是一组用于由源地址到目的地址传送邮件的规则,由它来控制信件的中转方式。SMTP 是一种 TCP 支持的、提供可靠且有效电子邮件传输的应用层协议。SMTP 属于 TCP/IP 协议簇,它帮助每台计算机在发送或中转信件时找到下一个目的地。通过 SMTP 所指定的服务器,就可以把 E-mail 发送到收信人的服务器上了,整个过程只需要几分钟。SMTP 服务器是遵循 SMTP 的发送邮箱服务器,用来发送或中转发出的电子邮件。

SMTP 分为标准 SMTP 和扩展 SMTP,标准 SMTP 是 1982 年在[RFC 821]文档中定义的,而扩展 SMTP 是 1995 年在[RFC 1869]文档中定义的。扩展 SMTP 在标准 SMTP 基础上的改动非常小,主要增加了邮件安全方面的认证功能,现在我们说的 SMTP 基本上都是扩展 SMTP。

SMTP 的通信双方采用一问一答的命令/响应形式进行对话。

2.3.3.1　SMTP 的特点

(1)SMTP 采用客户-服务器方式工作,是互联网电子邮件的核心,属于应用层协议,使用 TCP 可靠数据传输服务。

(2)SMTP 的收信人可以是和发信人连接在同一个本地网络上的用户,也可以是互联网上其他网络上的用户,或者是与互联网相连但不是 TCP/IP 网络上的用户。

(3)SMTP 规定了在两个相互通信的 SMTP 进程之间应如何交换信息。对于如何提交邮件、邮件内部的格式、邮件如何存储,以及邮件系统应以多快的速度来发送邮件等,SMTP 都未做出规定。

(4)SMTP 一般不使用中间邮箱服务器发送邮件,邮件也不在中间的某个邮箱服务器存留。不管发送端和接收端的邮箱服务器相隔有多远,或在邮件的传送过程中要经过多少个路由器,TCP 连接总是在发送端和接收端这两个邮箱服务器之间直接建立。如在一定时间内邮件不能发送,则将邮件退还发信人。

2.3.3.2　SMTP 的通信过程

运行在发送端邮箱服务器主机上的 SMTP 客户发起建立一个运行在接收端邮箱服务器主机上的 SMTP 服务器端口号 25 之间的 TCP 连接,如果接收端邮箱服务器当前不在工作,

SMTP 客户就等待一段时间后再尝试建立该连接。

SMTP 使用一些命令和应答,在客户和服务器之间进行报文传输(图 2-5)。表 2-3 和表 2-4 为 SMTP 主要的命令和应答代码。

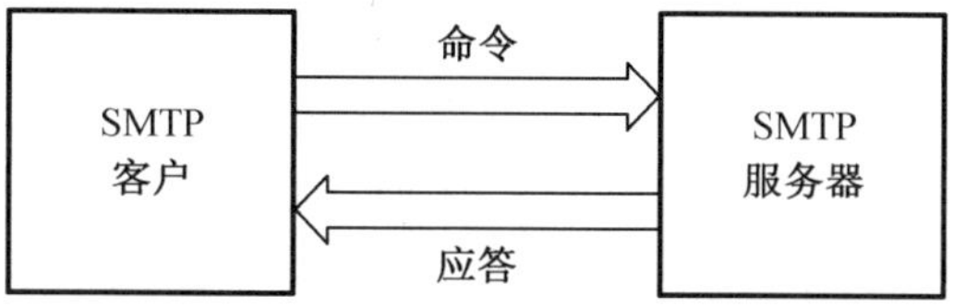

图 2-5 SMTP 命令和应答的关系

表 2-3 SMTP 主要命令表

关键词	变量
HELO	发送端的主机名
MAIL FROM	发信人
RCPT TO	预期的收信人
DATA	邮件的主体
QUIT	结束会话
REST	重置会话,当前传输被取消
VRFY	需要验证的收信人名字
EXPN	需要扩展的邮件发送清单
HELP	查询服务器支持什么命令

表 2-4 SMTP 主要应答代码表

代码	说明
220	服务就绪
221	服务关闭传输通道
250	请求命令完成
251	用户不是本地的,报文将被转发
354	开始邮件输入
450	邮箱不可使用
500	语法错误,不能识别命令
502	命令未能实现
552	所请求的动作异常终止,超出存储分配
553	所请求的动作未发生,邮箱名不允许使用

2.3.3.3 SMTP 传递邮件的过程

(1)连接建立

发信人先将要发送的邮件送到邮件缓存。SMTP 客户端每隔一定时间对邮件缓存扫描一次。SMTP 客户端和 SMTP 服务器端首先要建立 TCP 连接。

①从客户端使用熟知端口号 25 建立与服务器端的 TCP 连接,SMTP 服务器端向该客户端送回应答码“220”,并且为客户端提供服务器端的域名。

②客户端收到应答码后,发送“HELO”命令,启动客户端和服务器端之间的 SMTP 会话。该客户端发送的“HELO”用来向服务器端提供客户端的标识信息。

③服务器端回应应答码“250”,通知客户端:请求命令完成。

(2)邮件传送

在 SMTP 客户端与 SMTP 服务器端间的连接建立之后,发信的用户就可以与一个或多个收信人交换邮件报文了。

①客户端用“MAIL FROM”向服务器端报告发信人的邮箱与域名;

②服务器端向客户端回应应答码“250”,代表请求命令完成;

③客户端用“RCPT TO”命令向服务器端报告收信人的邮箱与域名;

④服务器端向客户端回应应答码“250”,代表请求命令完成;

⑤客户端用“DATA”命令对报文的传送进行初始化;

⑥服务器端回应应答码“354”,代表可以进行邮件输入;

⑦客户端用连续的行向服务器端传送报文的内容,每行以两字符的行结束标识(CR 与 LF)终止。报文以只有一个“.”的行结束;

⑧服务器端向客户端回应应答码“250”,代表请求命令完成。

(3)连接释放

报文发送完毕后终止本次 SMTP 会话。

①客户端发送“QUIT”命令;

②服务器端收到命令后,回应应答码“221”并结束会话。邮件发送完毕后,SMTP 客户端应发送 QUIT 命令。SMTP 服务器返回的信息是“221”(服务器关闭),表示 SMTP 同意释放 TCP 连接,邮件传送的全部过程即结束。

强调一下,使用电子邮件的用户是看不见这些过程的,上述的 SMTP 客户端与服务器端交互的过程都被电子邮件系统的用户代理屏蔽。

2.3.3.4 SMTP 命令及格式

SMTP 中一共定义了 18 条命令,但是发送一封电子邮件的过程通常只需要 6 条命令,这 6 条命令/响应的语法格式如表 2-5 所示。

表 2-5 SMTP 命令及格式说明表

SMTP 命令及格式（<SP>表示空格，<CRLF>表示回车换行）	说明
ehlo<SP><domain><CRLF>	ehlo 命令是 SMTP 邮件发送程序与 SMTP 邮件接收程序建立连接后必须发送的第一条 SMTP 命令。参数<domain>表示 SMTP 邮件发送者的主机名。ehlo 命令用于替代传统 SMTP 中的 helo 命令
Auth<SP><para><CRLF>	如果 SMTP 邮件接收程序需要 SMTP 邮件发送程序进行认证时，它会向 SMTP 邮件发送程序提示它所采用的认证方式，接着 SMTP 邮件发送程序应该使用这个命令回应 SMTP 邮件接收程序。参数<para>表示回应的认证方式，通常是 SMTP 邮件接收程序先前提示的认证方式
Mail<SP>from：<reverse-path><CRLF>	此命令用于指定邮件发送者的邮箱地址。参数<reverse-path>表示发件人的邮箱地址
Rcpt<SP>to：forword-path><CRLF>	此命令用于指定邮件接收者的邮箱地址。参数<forword-path>表示收件人的邮箱地址。如果邮件要发送给多个接收者，那么应该使用多条 Rcpt<SP>to 命令来分别指定每一个接收者的邮箱地址
DATA<CRLF>	此命令用于表示 SMTP 邮件发送程序准备开始传送邮件内容，在这个命令后面发送的所有数据都将被当作邮件内容，直至遇到“<CRLF>. <CRLF>”标识符，表示邮件内容结束
QUIT<CRLF>	此命令表示要结束邮件发送过程，SMTP 邮件接收程序接收到此命令后，将关闭与 SMTP 邮箱服务器的连接

2.3.3.5 邮件报文的封装和报文格式

SMTP 可以将互联网邮件报文封装在邮件对象中。SMTP 协议的邮件对象由两个部分组成：信封和内容。信封实际上是一种 SMTP 命令。邮件报文是邮件对象中的内容，它又有首部和主体两个部分。

RFC 文档对报文格式的定义如下：

（1）所有报文都是由 ASCII 码组成的；

（2）报文由报文行组成，各行之间用回车（CR）、换行（LF）符分隔；

（3）报文的长度不能超过 998 个字符；

（4）报文行的长度在 78 个字符之内（不包括回车与换行符）；

（5）报文中可包括多个首部字段和首部内容；

（6）报文可包括一个主体，主体必须用一个空行与其首部分隔；

（7）除非需要使用回车与换行符，否则报文中不使用回车与换行符。

2.3.3.6 SMTP 的扩展协议 MIME

MIME 不属于邮件传输协议，它只是对 SMTP 的扩展，不能替代 SMTP。因为 SMTP 在传输报文时，只能够传输 7 位的 ASCII 格式的报文，不支持那些不使用 7 位 ASCII 格式的报文，同时它也不支持语音和视频数据的传输，因此需要一个辅助性协议，它就是 MIME。

MIME 定义了五种首部，用来加在原始的 STMP 首部，以便定义参数的转换。

(1) MIME-Version：MIME 版本；

(2) Content-Type：内容类型；

(3) Content-Tansfer-Encoding：内容传输编码；

(4) Content-ID：内容标识；

(5) Content-Description：内容描述。

2.3.4 邮件访问协议

现在常用的邮件读取协议有两个，即 POP3 和 IMAP。

2.3.4.1 POP3

SMTP 仅用于发送邮件，收取邮件最常用的协议是 POP，目前版本号是 3，称为 POP3，即邮局协议第 3 版，用户代理用其从邮箱服务器接收邮件。POP3 接收邮箱服务器是由 J. K. Reynolds 带领的团队研发的邮件接收协议。它从 1984 到 1998 年由 POP1、POP2 演进至 POP3。后来有 POP4（功能接近 IMAP）的架构出来，但是其于 2003 年停止研发。POP3 简单易用，至今仍然被使用。但是现有功能已经渐渐不能满足互联网用户的需求，用户因需求的提高而慢慢转向使用 IMAP。

POP3 采用的也是客户-服务器的工作方式。

(1) 用户从邮箱服务器上接收邮件的典型通信过程

①用户运行用户代理（如 Foxmail、Outlook Express）。

②用户代理（为便于阐述这部分简称客户）与邮箱服务器（为便于阐述这部分简称服务器）的 110 端口建立 TCP 连接。初始时，服务器通过侦听 TCP 端口 110 开始 POP3 服务。当客户机需要使用服务时，它将与服务器主机建立 TCP 连接。当连接建立后，POP3 发送确认消息。客户机和 POP3 服务器相互（分别）交换命令和响应，这一过程一直持续到连接终止。

③客户向服务器发出各种命令，来请求各种服务（如查询邮箱信息、下载某封邮件等）。POP3 命令由一个命令和一些参数组成。所有命令以一个 CRLF 对结束。命令和参数由可打印的 ASCII 字符组成，它们之间由空格间隔。命令一般是 3~4 个字母，每个参数可长达 40 个字符。

④服务器解析用户的命令，做出相应动作并返回给客户一个响应。POP3 响应由一个状态码和一个可能有附加信息的命令组成。所有响应也是以一个 CRLF 对结束。目前有两种状态码，“确定”（“+OK”）和“失败”（“-ERR”）。对于特定命令的响应，由许多字符组成。

⑤步骤③和④交替进行，直到接收完所有邮件转到步骤⑥，或两者的连接被意外中断

而直接退出。

⑥客户端解析从服务器端获得的邮件,以适当的形式(如可读)呈现给用户。

在生命周期中,POP3 会话有几种不同的状态。一旦 TCP 连接建立,而且 POP3 服务器发送了确认信息,此过程就进入了“确认”状态。在此状态中,客户机必须向 POP3 服务器确认自己是其客户。一旦确认成功,服务器就获取与客户邮件相关的资源,此时这一过程进入“操作”状态。在此状态中,客户提出服务,当客户发出 QUIT 命令时,此过程进入“更新”状态。在此状态中,POP3 服务器释放在“操作”状态中取得的资源,并发送消息,终止连接。POP3 服务器可以拥有一个自动退出登录的计时器。此计时器必须至少可以记录 10 分钟。这样从客户发送的消息才可能刷新此计时器。当计时器失效时,POP3 会话并不进入“更新”状态,而是关闭 TCP 连接,其不删除任何消息,且不向客户发送任何响应。

(2)POP3 命令

POP3 的命令不多,它的一般形式是:COMMAND [Parameter] <CRLF>。其中 COMMAND 是 ASCII 形式的命令名,Parameter 是相应的命令参数,<CRLF>是回车换行符(0DH,0AH)。

服务器响应由一个单独的或多个命令行组成,响应第一行以“+OK”或“-ERR”开头,后边再加上一些 ASCII 文本。“+OK”和“-ERR”分别指出相应的操作状态是成功的还是失败的。

(3)POP3 的三种状态

POP3 中有三种状态:认证状态、处理状态和更新状态。命令的执行可以改变协议的状态,而对于具体的某命令,它只能在具体的状态下使用。

客户端刚与服务器建立连接时,它的状态为认证状态;一旦客户端提供的身份被成功确认,即由认证状态转入处理状态;在完成相应的操作后客户端发出 QUIT 命令,则进入更新状态,更新之后又重返认证状态。当然,在认证状态下执行 QUIT 命令可释放连接。POP3 状态间转移如图 2-6 所示。

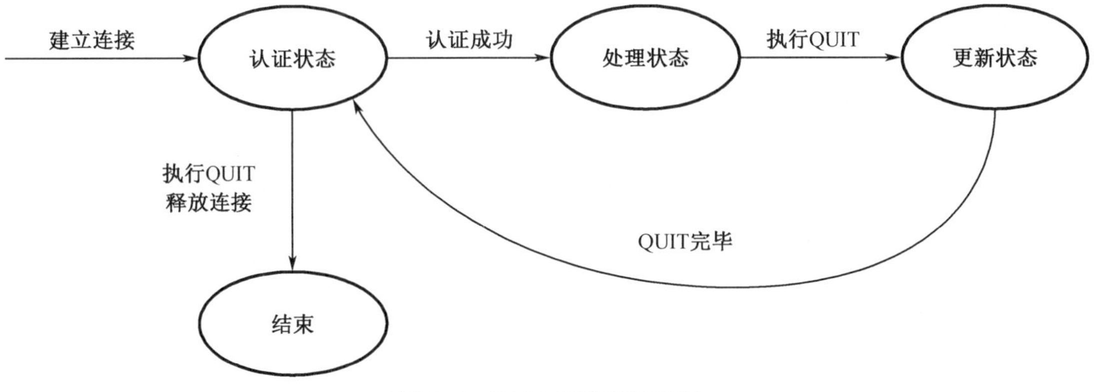

图 2-6 POP3 状态间转移图

(4)POP3 常用命令和响应

POP3 常用的命令和响应如表 2-6 所示。

表 2-6 POP3 常用的命令和响应

命令	参数	使用在何种状态中	描述
USER	Username	认证	此命令与 PASS 命令搭配使用
PASS	Password	认证	此命令若成功,状态转换为更新
APOP	Name Digest	认证	Digest 是 MD5 消息摘要
STAT	None	处理	请求服务器发回关于邮箱的统计资料,如邮件总数和总字节数
UIDL	[Msg#]	处理	返回邮件的唯一标识符,POP3 会话的每个标识符都将是唯一的
LIST	[Msg#]	处理	列出所有邮件编号和字节数
RETR	[Msg#]	处理	返回由参数标识的邮件的全部文本
DELE	[Msg#]	处理	服务器将由参数标识的邮件标记为删除,由 QUIT 命令执行
TOP	[Msg#]	处理	服务器将返回由参数标识邮件的邮件首部+前 n 行的内容,n 必须是正整数
NOOP	None	处理	服务器返回一个肯定的响应,用于测试连接是否成功
QUIT	None	处理 认证	(1)如果服务器处于处理状态,那么将进入更新状态,以删除标记为删除的邮件并重返认证状态; (2)如果服务器处于认证状态,那么结束会话,退出连接

(5)POP3 的三个工作阶段

①特许。用户代理以明文形式发送用户名和口令鉴别用户。

②事务处理。用户代理取回报文,同时还可以对报文做删除标记、取消报文删除标记、获取邮件统计信息,等等。

③更新。出现在客户发出 QUIT 命令之后,目的是结束此 POP3 会话。这时邮箱服务器会删除被标记为删除的报文。

(6)POP3 与 IMAP 对比

POP3 有自己的优势,那就是协议简单、容易实现、成本低。POP3 相对于 IMAP 的最大不足是:它只是一个脱机协议,客户与服务器的交互性不是特别好。例如,不能直接在邮箱中创建文件夹,不易选择性地下载邮件的某部分(虽然 TOP 命令部分地实现了这个功能,但交互性不是很好)。对于 POP3 来说,用户只能将文件夹和报文存放在本地主机上,POP3 没有给用户提供任何创建远程文件夹并为报文指派文件夹的方法,这给移动用户带来了不便。而 IMAP 允许用户使用远程服务器上的文件夹。

2.3.4.2 IMAP

IMAP 由斯坦福大学的 Mark Crispin 教授在 1986 年开发,后期版本由华盛顿州立大学开发。IMAP 运行在 TCP/IP 之上,使用的端口是 143。IMAP 是为了解决 POP3 的问题开发的,它也是按客户-服务器方式工作,但是比 POP3 复杂得多。它与 POP3 的主要区别是用户不用把所有的邮件全部下载,而是可以通过客户端直接对服务器上的邮件进行操作。

(1)IMAP 的功能

①IMAP 服务器把每个报文与一个文件夹联系起来。报文到达服务器时与收件人的收件箱关联。用户可以把邮件移到新创建的文件夹中,也可以阅读和删除邮件。IMAP 协议为用户提供了创建文件夹、移动邮件和在远程文件夹中查询邮件的命令,支持连接和断开两种操作模式。使用 POP3 时,客户端只会连接在服务器上一段的时间,直到它下载完所有新信息,即断开连接。使用 IMAP 时,只要用户界面是活动的且下载信息内容是需要的,客户端就会一直连接在服务器上。对于有很多或者很大邮件的用户来说,使用 IMAP4(第 4 版 IMAP)模式可以获得更快的响应时间。

②IMAP 支持多个客户端同时连接到一个邮箱。POP3 假定邮箱当前的连接是唯一的。相反,IMAP4 允许多个用户同时访问邮箱,并提供一种机制让用户能够感知其他当前连接到这个邮箱的用户所做的操作。支持邮件附件中采用 MIME 编码。几乎所有的互联网邮件都是以 MIME 格式传输的。MIME 允许消息包含一个树形结构,这个树形结构的叶子结点都是单一内容类型,而非叶子结点都是多块类型的组合。IMAP4 允许客户端获取任何独立的 MIME 部分和获取信息的一部分或者全部。这些机制使得用户无须下载附件就可以浏览消息内容或者在获取内容的同时浏览。支持在服务器端保留消息状态信息。通过使用在 IMAP4 中定义的标识,客户端可以跟踪消息状态,例如邮件是否被读取、回复,或者被删除。这些标识存储在服务器端,所以多个客户端在不同时间访问一个邮箱可以感知其他用户所做的操作。

③IMAP 客户端可以在服务器上创建、重命名,或删除邮件(通常以文件夹形式显现给用户)。

IMAP 支持在服务器上访问多个邮箱,还允许服务器对共享和公共文件夹的访问,支持服务器端搜索。IMAP4 提供了一种机制,使客户端可以要求服务器搜索符合多个标准的信息。在这种机制下,客户端无须下载邮箱中所有信息即可完成这些搜索。IMAP 支持一个定义良好的扩展机制。

④借鉴早期互联网协议的经验,IMAP 的扩展定义了一个明确的机制。

无论使用 POP3 还是 IMAP4 来获取消息,客户端均使用 SMTP 来发送消息。

(2)IMAP 的优、缺点

IMAP 优点如下:

①用户可以随时随地阅读、处理邮件;

②允许用户代理获取报文的某些部分。当用户代理和其邮箱服务器之间使用低带宽连接(如一个低速调制解调器链路)的时候,这个特性非常有用。因为使用这种低带宽连接时,用户可能并不想取回他邮箱中的所有邮件,尤其想要避免读取可能包含如音频或视频片段的大邮件。

③IMAP4 改进了 POP3 的不足,用户可以通过浏览信件头来决定是否收取、删除和检索邮件的特定部分,还可以在服务器上创建或更改文件夹或邮箱。它除了支持 POP3 的脱机操作模式外,还支持联机操作模式和断连接操作模式。它为用户提供了有选择地从邮箱服务器接收邮件的功能、基于服务器的信息处理功能和共享邮箱功能。IMAP4 的脱机模式不同于 POP3,它不会自动删除在邮箱服务器上已取出的邮件,其联机操作模式和断连接操作模式也是将邮箱服务器作为“远程文件服务器”进行访问,更加灵活方便。

④IMAP4 支持多个邮箱。IMAP4 的这一特性非常适合在不同的计算机或终端之间操

作邮件的用户(例如你可以在手机、PAD、计算机上的邮件代理程序操作同一个邮箱),以及那些同时使用多个邮箱的用户。

IMAP 缺点如下:

如果用户没有将邮件复制到计算机上,则邮件将一直存放在 IMAP 服务器上。因此用户需要经常与 IMAP 服务器建立连接。

(3)IMAP 与 POP3 对比(表 2-7)

①IMAP 支持连接和断开两种操作模式。当使用 POP3 时,客户端只会在一段时间内连接到服务器,当下载完所有新信息,即断开连接。在 IMAP 中,只要用户界面是活动的且下载信息内容是需要的,客户端就会一直与服务器连接。对于有很多或者很大邮件的用户来说,使用 IMAP4 模式可以获得更快的响应时间。

表 2-7　IMAP 与 POP3 的对比

操作位置	操作内容	IMAP	POP3
收件箱	阅读、标记、删除、移动邮件	客户端与邮箱更新同步	仅客户端内
发件箱	保存到已发送	客户端与邮箱更新同步	仅客户端内
创建文件夹	新建自定义的文件夹	客户端与邮箱更新同步	仅客户端内
草稿	保存草稿	客户端与邮箱更新同步	仅客户端内
垃圾文件夹	接收被移入垃圾文件夹的邮件	支持	不支持
广告邮件	接收被移入广告文件夹的邮件	不支持	不支持

②IMAP 支持多个客户端同时连接到一个邮箱。POP3 协议假定邮箱当前的连接是唯一的。相反,IMAP4 允许多个用户同时访问邮箱,并提供一种机制让客户端能够感知其他当前连接到这个邮箱的用户所做的操作。

③IMAP 支持访问消息中的 MIME 部分和部分获取信息。IMAP4 允许客户端获取任何独立的 MIME 部分和获取信息的一部分或者全部。这些机制使得用户无须下载附件就可以浏览消息内容或者在获取内容的同时浏览。而 POP3 不具备这一功能。

④IMAP 支持在服务器保留消息状态信息。通过使用在 IMAP4 中定义的标识,客户端可以跟踪消息状态,例如邮件是否被读取、回复,或者删除。这些标识存储在服务器中,所以多个客户在不同时间访问一个邮箱可以感知其他用户所做的操作。

⑤IMAP 支持在服务器上访问多个邮箱。IMAP4 客户端可以在服务器上创建、重命名,或删除邮箱(通常以文件夹形式显现给用户)。支持多个邮箱还允许服务器对共享和公共文件夹的访问。

⑥IMAP 支持服务器端搜索。IMAP4 提供了一种机制给客户,使客户可以要求服务器搜索匹配多个标准的信息。在这种机制下,客户端无须下载邮箱中所有信息即可完成这些搜索。

⑦IMAP 支持一个定义良好的扩展机制。借鉴早期互联网协议的经验,IMAP 的扩展定义了一个明确的机制。很多对于原始协议的扩展已被提议并广泛使用。无论使用 POP3 还是 IMAP4 来获取消息,客户端均使用 SMTP 协议来发送消息。邮件客户端可能是 POP 客户端或者 IMAP 客户端。

总之,IMAP 整体上为用户带来更为便捷和可靠的体验。POP3 更易丢失邮件或多次下载相同的邮件,但 IMAP 通过邮件客户端与万维网电子邮件(Webmail)之间的双向同步功能很好地避免了这些问题。

2.3.4.3 基于 WWW 的电子邮件

使用这种服务,用户代理就是普通的浏览器,用户和远程邮箱之间的通信则通过 HTTP 进行。

收件人从邮箱访问报文时,此报文从收件人的邮箱服务器发送到收件人的浏览器,使用 HTTP;发件人发送邮件报文时,此报文从发件人的浏览器发送到发件人的邮箱服务器,使用 HTTP 协议;发件人的邮箱服务器与其他邮箱服务器之间收发邮件时使用 SMTP。

在 20 世纪 90 年代中期,Hotmail 推出了 Webmail。今天,几乎所有的著名网站以及大学或公司,都提供了万维网电子邮件。常用的万维网电子邮件有 Gmail、Hotmail,我国的网易 163 或 126 和新浪等互联网技术公司也都提供万维网电子邮件服务。

万维网电子邮件的优点:不管在什么地方,只要能够找到联网的计算机,打开任何一种浏览器都可以非常方便地收发电子邮件。使用万维网电子邮件不需要在计算机中再安装用户代理软件,浏览器本身可以向用户提供非常友好的电子邮件界面(和原来的用户代理提供的界面相似),用户在浏览器上能够很方便地撰写和收发电子邮件。

用户在浏览器中浏览各种信息时需要使用 HTTP。因此,在浏览器和互联网上的邮箱服务器之间传送邮件时,仍然使用 HTTP。但是在各邮箱服务器之间传送邮件时,则仍然使用 SMTP。

知识点 2.3 习题解析

2-3-01 习题【基础】当使用电子邮件协议 POP3 访问服务器时,( )。

A. 不支持“离线”右键存储-转发处理

B. 从不同的计算机上都可以阅读服务器上的邮件

C. 目前支持 POP3 的邮箱服务器不多,一般都使用 IMAP 的邮箱服务器

D. 比较适合用户从一台固定的客户机访问邮箱的情况

【答案】D。

2-3-02 习题【基础】在互联网中,仅负责把电子邮件发送出去的是( )。

A. IMAP

B. TCP/IP

C. HTTP

D. SMTP

【答案】D。

【解析】SMTP 仅用于发送邮件,收取邮件最常用的协议是 POP3 及 IMAP。

2-3-03 习题【进阶】以下关于 SMTP 的描述中,正确的是( )。

A. SMTP 只支持 5 bit ASCII 码内容

B. 支持在邮箱服务器之间发送邮件

C. Edge 在 Gmail 中向邮箱服务器发送邮件时,使用的是 SMTP

D. 无须转换即可通过 SMTP 直接传输的内容是 ASCII 文件

【答案】B、D。

【解析】SMTP 支持 7 bit ASCII 码内容,A 错误;

无须转换即可通过 SMTP 直接传输的内容是 ASCII 文件,如果传输的是非文本文件,则需要转换为文本文件再发送,但 ASCII 文件可以直接传输而无须转换,D 正确;

SMTP 是一种“推”协议,用于发送方用户代理向发送方服务器发送邮件(反向不接受)及发送方服务器与接收方服务器之间发送邮件,不能用于接收方用户从服务器上读取文件,B 正确;

Edge 是浏览器,用户浏览器与邮箱服务器之间的邮件发送或接收使用的是 HTTP,在不同的邮箱服务器之间传送邮件时才使用 SMTP,C 错误。

2-3-04　习题【基础】下列关于电子邮件格式的说法中错误的是(　　)。

A. 电子邮件内容包括邮件首部与邮件主体以及邮件附录三部分

B. 邮件主体就是实际要传送的内容

C. 邮件首部中多项内容由系统和发信人共同完成

D. MIME 允许电子邮件系统传输文字、图像、语音与视频等多种信息

【答案】A。

【解析】电子邮件内容包括邮件首部与邮件主体两部分。

2-3-05　习题【基础】以下关于 SMTP 和 POP3 的说法错误的是(　　)。

A. SMTP 和 POP3 是一种基于 ASCII 编码的请求/响应模式的协议

B. SMTP 和 POP3 明文传输数据,因此存在数据泄露的可能

C. SMTP 和 POP3 缺乏严格的用户认证,因此导致了垃圾邮件问题

D. SMTP 和 POP3 由于协议简单,易用性更高,更容易实现远程管理邮件

【答案】D。

【解析】POP3 功能非常有限,比较适合用户从一台固定的客户机访问邮箱的情况,而 IMAP 为用户提供了创建文件夹、在不同文件夹之间移动邮件及在远程文件夹中查询邮件的功能,因此 D 错误。

2-3-06　习题【基础】用户 E-mail 地址中的用户名(　　)。

A. 在整个互联网上是唯一的

B. 在一个国家是唯一的

C. 在用户所在邮箱服务器上是唯一的

D. 在同一个网络标识的网上是唯一的

【答案】C。

2-3-07　习题【基础】当使用电子邮件访问 POP3 服务器时,(　　)。

A. 邮箱服务器保留邮件副本

B. 从不同的计算机上都可以阅读服务器上的邮件

C. 比较适合用户从一台固定的客户机访问邮箱的情况

D. 目前支持 POP3 的邮箱服务器不多,一般都使用 IMAP 的邮件服务器

【答案】C。

【解析】POP3 功能非常有限,比较适合用户从一台固定的客户机访问邮箱的情况。

2-3-08 习题【进阶】从用户的观点看,POP3 中下载并删除模式和下载并保留模式有什么区别?

【答案】通过下载和删除,用户从 POP 服务器检索消息后,消息将被删除。这给用户带来了一个问题,他们可能希望访问来自许多不同机器(办公电脑、家用电脑等)的消息。在下载并保留模式中,用户检索消息后不会删除消息。这也很不方便,因为每次用户从新机器检索存储的消息时,所有未删除的消息都将传输到新机器(包括非常陈旧的消息)。

2-3-09 习题【基础】SMTP 中的 MAIL FROM:与该邮件报文自身中的 From:之间有什么不同?

【答案】SMTP 中的 MAIL FROM:是来自 SMTP 客户端的邮件,用于标识发送到 SMTP 服务器的邮件的发件人。邮件报文自身中的 From:不是 SMTP 消息,而是邮件消息正文中的一行。

2-3-10 习题【进阶】SMTP 是怎样标识一个报文体结束的? HTTP 是怎样做的呢? HTTP 能够使用与 SMTP 标识一个报文体结束相同的方法吗? 试解释。

【答案】SMTP 使用仅包含句点的行来标记邮件正文的结尾。HTTP 使用“内容长度头字段”来指示消息正文的长度。HTTP 不能使用 SMTP 使用的方法,因为 HTTP 消息可以是二进制数据,而在 SMTP 中,消息正文必须是 7 位 ASCII 格式。

知识点 2.4 域名系统

2.4.1 域名系统概述

域名系统(domain name system,DNS)是互联网使用的命名系统,用于把便于人们使用的机器名字转换为 IP 地址。识别主机有两种方式:主机名或者 IP 地址。人们倾向于使用主机名标识方式,而路由器则更适合识别 IP 地址。因此需要一种能进行从主机名到 IP 地址转换的目录服务,这就是 DNS。其主要作用是将主机名解析为 IP 地址,完成从域名到主机识别 IP 地址之间的转换。许多应用层软件经常直接使用 DNS。虽然计算机的用户只是间接而不是直接使用 DNS,但 DNS 却为互联网的各种网络应用提供了核心服务。

DNS 使用客户-服务器模式运行在通信的端系统之间,运行在 UDP 之上,使用 53 号端口。其采用位于网络边缘的客户和服务器,实现关键的名字到地址转换功能。

如果在互联网上只使用一个 DNS 服务器,其他将包含所有的映射。从理论上讲,整个互联网可以只使用一个域名服务器,它存储互联网上所有的主机名,并回答所有对 IP 地址的查询。然而这种做法并不可取。因为互联网规模很大,这样的域名服务器肯定会因过负荷过大而无法正常工作,而且一旦域名服务器出现故障,整个互联网就会瘫痪。这种集中式设计的问题如下:

(1)单点故障,如果此服务器崩溃,整个网络就会瘫痪;

(2)通信容量,单个服务器要处理所有的 DNS 查询;

(3)严重的时延。

因此,DNS 采用了分布式的设计。早在 1983 年互联网就开始采用层次树状结构的命名方法并使用分布式的 DNS。DNS 的互联网标准是[RFC 1034,1035]。

2.4.2 互联网的域名结构

早期的互联网使用了非等级的名字空间,其优点是名字简短。但当互联网上的用户数急剧增加时,用非等级的名字空间来管理一个很大的而且是经常变化的名字集合是非常困难的。因此,后来的互联网就采用了层次树状结构的命名方法,任何一个连接在互联网上的主机或路由器,都有唯一的层次结构的名字——域名(domain name)。这里,域(domain)是名字空间中一个可被管理的划分。域还可以划分为子域,而子域还可继续划分为子域的子域,这样就形成了顶级域、二级域、三级域……

每一个域名都由标号(label)序列组成,而各标号之间用点隔开,例如:

mail. cctv. com

↗ ↑ ↖

三级域名 . 二级域名 . 顶级域名

此域名由三个标号组成,其中标号 com 是顶级域名,标号 cctv 是二级域名,标号 mail 是三级域名。DNS 规定,域名中的标号都由英文字母和数字组成,每一个标号不超过 63 个字符(但为了记忆方便,最好不要超过 12 个字符),字母也不区分大小写。标号中除了连字符外不能使用其他的标点符号。级别最低的域名写在最左边,级别最高的顶级域名写在最右边。域名只是个逻辑概念,并不代表计算机所在的物理地点。变长的域名使用有助记忆的字符串,便于使用。原先的顶级域名共分为三大类:

(1)国家顶级域名 nTLD

国家顶级域名 nTLD 采用 ISO3166 的规定。如 cn 表示中国、us 表示美国、uk 表示英国。国家顶级域名又常记为 ccTLD(cc 表示国家代码,country-code)。到 2012 年 5 月为止,国家顶级域名总数已达 296 个。

(2)通用顶级域名 gTLD

到 2006 年 12 月为止,通用顶级域名总数已经达 20 个。最先确定的通用顶级域名有 7 个,即 com(公司企业),net(网络服务机构),org(非营利性组织),int(国际组织),edu(美国专用的教育机构),gov(美国的政府部门),mil(美国的军事部门)。后来又陆续增加了 13 个通用顶级域名,即 aero(航空运输企业),asia(亚太地区),biz(公司和企业),cat(使用加泰隆人的语言和文化团体),coop(合作团体),info(各种情况),jobs(人力资源管理者),mobi(移动产品与服务的用户和提供者),museum(博物馆),name(个人),pro(有证书的专业人员),tel(Telnic 股份有限公司),travel(旅游业)。

(3)基础结构域名(infrastructure domain)

这种顶级域名只有 1 个,即 arpa,用于反向域名解析,因此又称为反向域名。

互联网名称与数字地址分配机构(ICANN)于 2011 年 6 月 20 日在新加坡会议上正式批准新顶级域名(NewgTLD),任何公司、机构都有权向 ICANN 申请新的顶级域名。互联网的 DNS 用域名树(图 2-7)来表示:根下面一级的结点就是最高一级的顶级域名(由于根没有名字,所以在根下面一级的域名就叫作顶级域名)。顶级域名可往下划分子域,即二级域名,再往下划分就是三级域名、四级域名,等等。一旦某个单位拥有了一个域名,它就可以自己决定是否要进一步划分其下属的子域,并且不必由其上级机构批准。

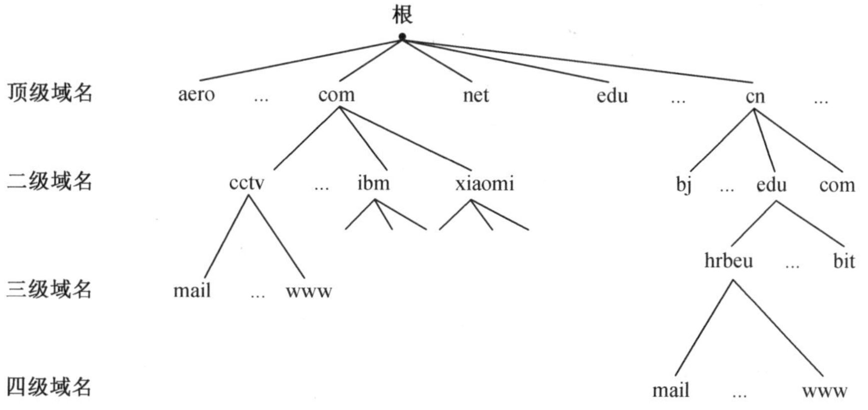

图 2-7　域名树示意图

2.4.3　域名解析过程

当某一个应用进程需要把主机名解析为 IP 地址时,该应用进程就调用解析程序(resolver),并成为 DNS 的一个客户,把待解析的域名放在 DNS 请求报文中,以 UDP 用户数据报方式发给本地域名服务器(使用 UDP 是为了减少开销)。本地域名服务器在查找域名后,把对应的 IP 地址放在回答报文中返回。应用进程获得目的主机的 IP 地址后即可进行通信。若本地域名服务器不能回答该请求,则此域名服务器就暂时成为 DNS 中的另一个客户,并向其他域名服务器发出查询请求。这一过程直至找到能够回答该请求的域名服务器为止。

DNS 解析域名到 IP 地址要经过以下三个阶段。

(1)本地 DNS 缓存解析

为了提高 DNS 查询效率,减轻根域名服务器的负荷,减少互联网上的 DNS 查询报文数量,在域名服务器中广泛使用高速缓存(有时也称为高速缓存域名服务器)。高速缓存用来存放最近查询过的域名以及从何处获得域名映射信息的记录。例如,如果在不久前已经有用户查询过域名为 y. abc. com 的 IP 地址,那么本地域名服务器就不必向根域名服务器重新查询 y. abc. com 的 IP 地址,而是直接把高速缓存中存放的上次的查询结果(即 y. abc. com 的 IP 地址)告诉用户。主机名和 IP 地址之间的映射不是永久的,所以域名服务器将在一段时间后丢弃高速缓存中的信息。

假定本地域名服务器的缓存中并没有 y. abc. com 的 IP 地址,而是存放着顶级域名服务器 dns. com 的 IP 地址,那么本地域名服务器也可以不向根域名服务器进行查询,而是直接向顶级域名服务器发送查询请求报文。这样不仅可以大大减轻根域名服务器的负荷,而且也能够使互联网上的 DNS 查询请求和回答报文的数量大为减少。

(2)本地域名服务器解析

主机向本地域名服务器的查询一般都采用递归查询(recursive query)。所谓递归查询就是:如果主机所询问的本地域名服务器不知道被查询域名的 IP 地址,那么本地域名服务器就以 DNS 客户的身份,向其他根域名服务器继续发出查询请求报文(替该主机继续查询),而不是让该主机自己进行下一步的查询。因此,递归查询返回的查询结果或者是所要查询的 IP 地址,或者是报错,表示无法查询到所需的 IP 地址。如图 2-8 所示,假定域名为 m. xyz. com 的主机想知道另一个域名为 t. y. abc. com 的主机的 IP 地址。具体过程为:首先向本地域名服务器 dns. xyz. com 查询;如果查询不到,向根域名服务器 dns. com 查询;根据被查询的域名中的 abc. com 再向权威域名服务器 dns. abc. com 发送查询报文;最后再向权威域名服务器 dns. y. abc. com 查询。得到的结果再按照查询路径返回。这种查询方法就叫作递归查询。

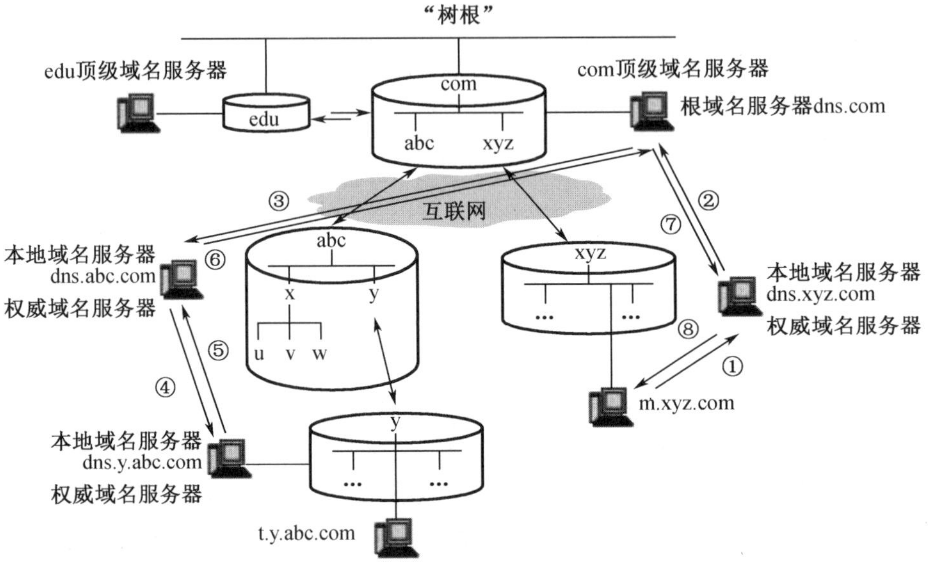

图 2-8　域名转换的递归查询过程举例

(3)根域名及各级域名服务器解析

本地域名服务器向根域名服务器的查询通常采用迭代查询(iterative query)。迭代查询的特点是:根域名服务器收到本地域名服务器发出的迭代查询请求报文时,要么给出所要查询的 IP 地址,要么告诉本地域名服务器下一步应当向哪一个域名服务器进行查询。然后让本地域名服务器进行后续的查询(而不是替本地域名服务器进行后续的查询)。根域名服务器通常是把自己知道的顶级域名服务器的 IP 地址告诉本地域名服务器,让本地域名服务器再向顶级域名服务器查询。顶级域名服务器在收到本地域名服务器的查询请求后,要么给出所要查询的 IP 地址,要么告诉本地域名服务器下一步应当向哪一个权威域名服务器进行查询。本地域名服务器就这样进行迭代查询,直到获得所要解析的域名的 IP 地址,把结果返回给发起查询的主机。

除了进行主机名到 IP 地址的转换外,DNS 还提供了一些重要的服务,可以查询主机别名、邮箱服务器别名等内容。

2.4.4　DNS 记录和报文

DNS 服务器中存储了资源记录(RR)。RR 提供了主机名到 IP 地址的映射,它是一个包含下列字段的四元组:{Name,Value,Type,TTL}。

(1)TTL 是该记录的生存时间,它决定了资源记录应当从缓存中删除的时间。

(2)Name 和 Value 的值取决于 Type。分四种情况:

①Type=A,则 Name 是主机名,Value 是该主机名对应的 IP 地址。

②Type=NS,则 Name 是个域,Value 是一个知道如何获得该域中主机 IP 地址的权威 DNS 服务器的主机名。

③Type=CNAME,则 Value 是别名为 Name 的主机对应的规范主机名。

④Type=MX,则 Value 是别名为 Name 的邮箱服务器的规范主机名。

DNS 只有两种报文,即查询和回答报文,并且这两种报文有着相同的格式(表 2-8)。

表 2-8 DNS 报文格式

<table>
<tr><td>标识符</td><td>标志</td><td rowspan="3">一共 12 字节</td></tr>
<tr><td>问题数</td><td>回答 RR 数</td></tr>
<tr><td>权威 RR 数</td><td>附加 RR 数</td></tr>
<tr><td colspan="2">问题(问题的变量数)</td><td>查询的名字和类型字段</td></tr>
<tr><td colspan="2">回答(资源记录的变量数)</td><td>查询响应中的 RR</td></tr>
<tr><td colspan="2">权威(资源记录的变量数)</td><td>权威服务器的记录</td></tr>
<tr><td colspan="2">附加信息(资源记录的变量数)</td><td>可被使用的附加“有帮助的”信息</td></tr>
</table>

(1)前 12 字节是首部。标识符是 16 bit 的数,用于标识查询。

(2)问题区域:包含正在进行的查询信息,包括名字字段和类型字段。

(3)回答区域:包含对最初请求的名字的资源记录。

(4)权威区域:包含了其他权威服务器的记录。

(5)附加信息区域:包含了其他“有帮助的”记录。

2.4.5 DNS 服务器结构

DNS 服务器的管辖范围不是以“域”为单位,而是以“区”为单位的。区可能等于或小于域,但一定不能大于域。区是域的子集。DNS 采用了分布式的设计方案。为了处理扩展性问题,DNS 使用了大量的 DNS 服务器,以层次方式组织(图 2-9)。

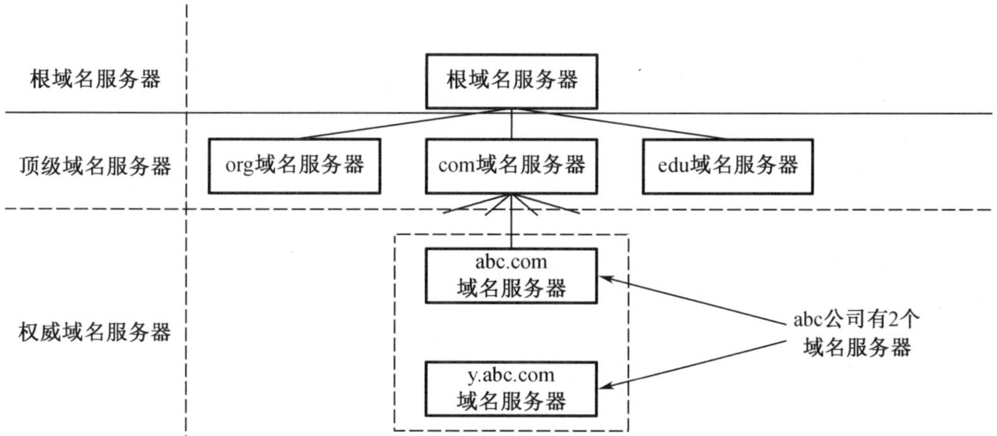

图 2-9 DNS 服务器层次结构

严格来说,本地 DNS 服务器不属于服务器的层次结构,但是每个 ISP 都有一台本地 DNS 服务器。

当某个 DNS 服务器不能进行域名到地址的转换时,它就设法找互联网上别的 DNS 服务器进行解析。互联网上的 DNS 服务器也是按照层次安排的。每一个域名服务器都只对域名体系中的一部分进行管辖。根据域名服务器所起的作用,可以把域名服务器划分为以下四种类型:

(1)根域名服务器

根域名服务器是最高层次的域名服务器,因为根域名服务器知道所有的顶级域名服务器的域名和 IP 地址。根域名服务器也是最重要的域名服务器,因为不管是哪一个本地域名服务器,对互联网上任何一个域名进行解析(即转换为 IP 地址),如果自己无法解析,就首先要求助于根域名服务器。虽然互联网的根域名服务器总共只有 13 个域名,但这不表明根域名服务器是由 13 台机器所组成的(如果仅仅依靠这 13 台机器,根本不可能为全世界的互联网用户提供满意的服务)。实际情况是,在互联网中,由 13 套装置(13 installations)构成 13 组根域名服务器[W-ROOT]。每套装置在很多地点安装根域名服务器(也可称为镜像根服务器),但都使用同一个域名。为了提供更可靠的服务,在每一个地点的根域名服务器往往由多台机器组成(安全起见,有些根域名服务器的具体地点是保密的)。根域名服务器采用了任播(anycast)技术,当 DNS 客户向某个根域名服务器的 IP 地址发出查询报文时,互联网上的路由器就能找到离这个 DNS 客户最近的一个根域名服务器。这样做不仅加快了 DNS 的查询,也更加合理地利用了互联网的资源。

在许多情况下,根域名服务器并不直接把待查询的域名直接转换成 IP 地址(根域名服务器也没有存放这种信息),而是告诉本地域名服务器下一步应当去找哪一个顶级域名服务器进行查询。

(2)顶级域名服务器(即 TLD 服务器)

这类域名服务器负责管理在该顶级域名服务器注册的所有二级域名。当收到 DNS 查询请求时,这类服务器就给出相应的回答。

(3)权威域名服务器

这是指负责一个区域的域名服务器。当一个权威域名服务器还不能给出最后的查询回答时,就会告诉发出查询请求的 DNS 客户,下一步应当去找哪一个权威域名服务器进行查询。

(4)本地域名服务器

本地域名服务器并不属于域名服务器层次结构,但它对 DNS 非常重要。当一台主机发出 DNS 查询请求时,这个查询请求报文就发送给本地域名服务器。由此可看出本地域名服务器的重要性。每一个 ISP 都可以拥有一个本地域名服务器,这种域名服务器有时也称为默认域名服务器。本地域名服务器离用户较近,一般不超过几个路由器的距离。当所要查询的主机也属于同一个本地 ISP 时,该本地域名服务器能立即将所查询的主机名转换为它的 IP 地址,而不需要让查询主机再去询问其他的域名服务器。

2.4.6 DNS 与其他负载均衡工具对比

(1)负载均衡

负载均衡的英文名称为 load balance,其含义是指将负载(工作任务)进行平衡,分摊到多个操作单元上进行运行,例如 FTP 服务器、Web 服务器、企业核心应用服务器和其他主要任务服务器等,从而协同完成工作任务。在一台或多台服务器相应的操作系统上安装一个或多个附加软件来实现负载均衡,或者使用硬件进行负载均衡。负载均衡构建在原有网络结构之上,它提供了一种透明、廉价且有效的方法扩展服务器和网络设备的带宽、加强网络数据处理能力、增加吞吐量、提高网络的可用性和灵活性。

(2)DNS 负载均衡

DNS 负载均衡将同一个请求的域名映射为不同的服务器 IP 地址。

(3)HTTP 重定向

HTTP 代理(比如浏览器)向 Web 服务器请求某一 URL 之后,Web 服务器根据 HTTP 响应首部信息中的 location 标记来返回一个新的 URL,然后 HTTP 代理继续请求访问这个新的 URL。

(4)NAT 负载均衡

NAT(network address translation,网络地址转换)负载均衡将公网地址映射为多个私网地址,解决 IP 地址紧张,不想让外部网络知道内部网络结构的问题。

(5)CDN

CDN(content delivery network,内容分发网络)通过发布机制将内容同步到大量的缓存结点,并在 DNS 服务器上进行扩展,找到离用户最近的缓存结点作为服务提供结点。

(6)混合型负载均衡

在有些大型网络中,由于多个服务器群内硬件设备及提供服务等差异,可以考虑给每个服务器群采用最适合的负载均衡方式,然后在该多个服务器群间再进行负载均衡或将服务器群或群集起来以一个整体向外界提供服务(即把这多个服务器群当作一个新的服务器群)从而达到最佳的性能。

知识点 2.4 习题解析

2-4-01　习题【基础】域名与(　　)具有一一对应的关系。

A. IP 地址　　B. MAC 地址

C. 主机　　D. 以上都不是

【答案】D。

【解析】如果一台主机通过两块网卡连接到两个网络,它就具备了两个 IP 地址,这两个 IP 地址可以映射到同一个域名上。每个网卡对应一个 MAC 地址,所以域名和 MAC 地址也不是一一对应关系。此外,同一个主机可以映射到多个域名(虚拟主机),多台主机可以映射到一个域名(负载均衡)。因此,域名与 IP 地址、MAC 地址、主机都不具有一一对应关系,所以选 D。

2-4-02　习题【基础】下列说法错误的是(　　)。

A. 互联网上供客户访问的主机不一定要有域名

B. 同一域名在不同时间可能解析出不同的 IP 地址

C. 网络中多个域名可以指向同一个主机 IP 地址

D. IP 子网中主机不可以由不同的域名服务器来维护其映射

【答案】D。

【解析】互联网上供客户访问的主机一定要有 IP 地址,不一定要有域名,A 正确。同一域名在不同时间可能解析出不同的 IP 地址,可以由多台服务器来分担负载,B 正确。多个域名可以同时指向一台服务器,C 正确。IP 子网中主机可以由不同的域名服务器来维护其映射,D 错误。

2-4-03　习题【基础】DNS 是基于(　　)模式的分布式系统。

A. P2P　　B. B/S

C. C/S　　D. 以上均不正确

【答案】C。

【解析】DNS 是基于客户-服务器(C/S)模式的分布式数据库系统,用于域名和 IP 地址的映射。

2-4-04　习题【基础】互联网中的域名解析过程中,主机上请求域名解析的软件不需要知道的信息是(　　)。

A. 本地域名服务器的 IP

B. 本地域名服务器父结点的 IP

C. 域名服务器树根结点的 IP

D. B 和 C

【答案】D。

【解析】主机只需要把域名解析请求发往本地域名服务器,本地域名服务器就会完成其他事情并把最后的结果返回给主机,所以主机只需要知道本地域名服务器的 IP 即可。

2-4-05　习题【进阶】当主机访问规范域名为 www. qwe. ccmm. com 的网站时,假设所有域名服务器均采用迭代查询方式进行域名解析,本地域名服务器在完成该域名解析的过程中,可能发出 DNS 查询的最少和最多次数分别是(　　)。

A. 0,4　　B. 1,4

C. 0,3　　D. 1,3

【答案】A。

【解析】最少次数是 0 次,本地 DNS 高速缓存中有该域名的 DNS 信息,不需要查询任何域名服务器;由于所有服务器都采用迭代查询方式,所以最多次数的 DNS 查询情况是向根域名服务器、顶级域名服务器(com)、权威域名服务器(xyz. com)、本地域名服务器(abc. xyz. com)发出请求,一共 4 次,所以选 A。

2-4-06　习题【基础】在 DNS 的递归查询中,由(　　)给客户端返回地址。

A. 本地域名服务器

B. 顶级域名服务器

C. 权威域名服务器

D. 根域名服务器

【答案】A。

【解析】主机向本地域名服务器的查询采用的是递归查询。这种情况下无论本地域名服务器有没有向其他服务器发出请求,最后都由本地域名服务器给客户端返回地址。

2-4-07　习题【基础】一台主机要解析域名为 www. qweru. com 的 IP 地址,如果这台主机配置的域名服务器为 192. 168. 34. 3,互联网顶级域名服务器为 11. 2. 8. 4,而存储

www. qweru. com 的 IP 地址对应关系的域名服务器为 200. 120. 16. 10，那么这台主机解析该域名通常首先查询(　　)。

A. 192. 168. 34. 3 域名服务器

B. 11. 2. 8. 4 域名服务器

C. 200. 120. 16. 10 域名服务器

D. 可以从这 3 个域名服务器中任选一个

【答案】A。

【解析】主机发出对 IP 地址的 DNS 查询报文时，这个报文首先被送往该主机的本地域名服务器 192. 168. 34. 3。

2-4-08　习题【基础】以下选项表示域名的是(　　)。

A. www. baidu. com

B. wxy@ qq. com

C. 192. 168. 144. 3

D. B 和 C

【答案】A。

【解析】选项 B 是电子邮件格式，选项 C 是 IP 地址。

2-4-09　习题【基础】域名系统的主要功能是什么？

【答案】域名系统的主要功能是提供域名解析服务，将域名解析为 IP 地址，实现用户只输入域名即可访问网站的功能。

2-4-10　习题【基础】假设你所在单位具有一台用于单位里所有计算机的本地 DNS 服务器。你是普通用户(即你不是网络/系统管理员)，你能确定在几秒前你单位里的一台计算机是否访问过一个外部 Web 站点吗？解释原因。

【答案】我们可以使用 dig 在本地 DNS 服务器中查询该网站。例如，“dig cnn. com”将返回查找 cnn. com 的查询时间。如果一台计算机在几秒前刚刚访问了 cnn. com，则 cnn. com 的条目将缓存在本地 DNS 缓存中，因此查询时间为 0 毫秒，否则，查询时间会很长。

2-4-11　习题【基础】互联网的域名结构是怎样的？它与目前的电话网的号码结构有何异同之处？

【答案】域名由标号序列组成，各标号之间用点隔开：三级域名. 二级域名. 一级域名；

电话号码结构分为：(中国+86)、区号、本机号。

2-4-12　习题【基础】域名服务器中的高速缓存的作用是什么？

【答案】减轻根域名服务器的负荷，将近期访问过的网址信息存在缓存里，当主机再次访问的时候会从缓存里读取，不需要重新解析，这样可以加快域名服务的响应速度。

2-4-13　习题【基础】域名系统中的本地域名服务器、根域名服务器、顶级域名服务器以及权威域名服务器有何区别？

【答案】当一个本地域名服务器不能立即响应某个主机的查询时，该本地域名服务器就以 DNS 客户的身份向某一个根域名服务器查询。若根域名服务器有被查询主机的信息，就发送 DNS 回答报文给本地域名服务器，然后本地域名服务器再回答发起查询的主机。但当根域名服务器没有被查询的主机的信息时，它一定知道某个保存有被查询的主机名字映射的权威域名服务器的 IP 地址。通常根域名服务器用来管辖顶级域名服务器。根域名服务器并不直接对顶级域名服务器下面所属的所有的域名进行转换，但它一定能够找到下面的所有二级域名的域名服务器。每一个主机都必须在权威域名服务器处注册登记。

知识点 2.5 文件传输协议

2.5.1 FTP 概述

2.5.1.1 FTP 主要特征

FTP 是 TCP 支撑的应用层运输协议,采用客户-服务器方式工作。其客户端和服务器端之间的连接是可靠的,面向连接的,为数据的传输提供了可靠的保证,是互联上使用最广泛的文件传送协议。FTP 支持交互式的访问,允许客户端指明文件的类型与格式(如指明是否使用 ASCII 码),并允许文件具有存取权限。FTP 支持交互式的访问和两个端系统之间的文件传送,主要功能是减少或消除在不同操作系统下处理文件的不兼容性。FTP 屏蔽了各计算机系统的细节,适合于在异构网络中任意计算机之间传送文件。

(1)FTP 只提供文件传送的一些基本的服务。一个 FTP 服务器进程可同时为多个客户进程提供服务。FTP 的服务器进程由两大部分组成:一个主进程,负责接收新的请求;若干个从属进程,负责处理单个请求。和 HTTP 相比,FTP 直接面向服务器的文件系统,并且具有维持状态的特点,在文件传输管理上,FTP 更胜一筹。

(2)FTP 使用两个端口:一个数据端口和一个命令端口。这两个端口一般是 21(命令端口)和 20(数据端口)。控制 Socket 用于传送命令,数据 Socket 用于传送数据。控制连接是建立在客户端协议解释器和服务器协议解释器之间用于交换命令与应答的通信链路;数据连接是传输数据的全双工连接。

(3)每一个 FTP 命令发送之后,FTP 服务器都会返回一个字符串,其中包括一个响应代码和一些说明信息。其中的返回代码主要用于判断命令是否被成功执行。

2.5.1.2 FTP 传输模式

FTP 的传输模式有 ASCII 模式和二进制模式。

ASCII 模式用于传输文本。发送端的字符在发送前被转换成 ASCII 码格式之后进行传输,接收端收到之后再将其转换成字符。

二进制模式常用于发送图片文件和程序文件。发送端在发送这些文件时无须转换格式即可传输。

2.5.1.3 FTP 数据传输方式

FTP 数据传输方式分为主动方式和被动方式。

(1)主动方式

主动方式也称为 PORT 方式,是 FTP 协议最初定义的数据传输连接方式,主要特点如下:

①FTP 客户端通过向 FTP 服务器发送 PORT 命令,告诉服务器该客户端用于传输数据的临时端口号。

②当需要传输数据时,服务器通过 TCP 端口号 20 与客户端的临时端口建立数据传输通道,完成数据传输。在建立数据连接的过程中,由服务器主动发起连接,因此这种数据传

输方式称为主动方式。

(2)被动方式

被动方式的主要特点是：

①FTP 客户端通过向 FTP 服务器发送命令，告诉服务器进入被动方式。服务器选择临时端口号并告知客户端。

②当需要传送数据时，客户端主动与服务器的临时端口建立数据传输通道，完成数据传输。在整个过程中，由于服务器总是被动接收客户端的数据连接，因此这种数据传输方式称为被动方式。

2.5.2 FTP 工作原理

2.5.2.1 FTP 工作原理概述

FTP 客户端与服务器端之间要建立两个并行的 TCP 连接：一个是控制连接，一个是数据连接(图 2-10)。

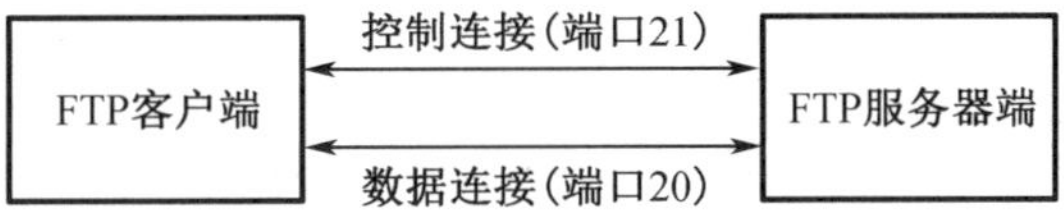

图 2-10 FTP 双重连接示意图

控制连接在整个会话期间一直保持打开，FTP 客户端所发出的传送请求，通过控制连接发送给服务器端的控制进程，但控制连接并不用来传送文件。实际用于传输文件的是数据连接。服务器端的控制进程在接收到 FTP 客户端发送来的文件传输请求后就创建数据传送进程和数据连接，用来连接客户端和服务器端的数据传送进程。数据传送进程实际完成文件的传送，在传送完毕后关闭数据传送连接并结束运行。由于 FTP 使用了一个独立的控制连接，因此 FTP 的控制信息是带外(out of band)传送的。

这些针对 FTP 建立双重连接的方式给出解释：FTP 是一个交互式会话系统，客户每调用一次 FTP，便与服务器建立一次会话，会话以控制连接维持。客户每提出一个请求，服务器端便与客户端建立一个数据连接，进行实际的数据(比如文件)传输，一旦数据传输结束，数据连接便相继撤销，但控制连接依然存在，客户可以继续发出命令。客户可以撤销控制连接(close 命令)，也可以退出 FTP 会话(quit 命令)。

传输和控制采用独立的连接方式具有以下三方面的优点：

(1)使 FTP 协议更加简单并且更容易实现，例如控制连接可以直接采用 Telnet 协议实现，FTP 数据连接不会与 FTP 命令混淆；

(2)在数据连接结束后，控制连接仍然保留，它能够在新的传输连接时使用；

(3)发送方与接收方在所有的数据都到达时可以在数据连接上用文件结束来通知另一方，从而达到命令传输的功能。

2.5.2.2 FTP 的工作过程

FTP 使用 Telnet 协议进行控制连接，工作时使用客户-服务器模式(图 2-11)。

(1)服务器首先运行一个本地 FTP 主服务进程，当客户端用户输入命令指定一个远程计算机时，建立一个客户端控制进程，本地应用成为一个 FTP 客户端，建立了与自己的半相关。

(2)客户端用 TCP 建立与指定计算机上的 FTP 服务器之间的控制连接。

(3)服务器接收到客户端的请求后,派生一个服务器控制进程,该进程与客户端控制进程建立起控制连接,即相关,双方进入会话状态。

(4)客户端要进行数据传输时,派生一个客户端数据传输进程,并在一个非默认端口上被动打开,通过控制连接,客户端用 PORT 将端口号发送给服务器控制进程。

(5)接收到服务器控制进程后,派生一个服务器数据传输进程,该进程建立一个自己的半相关(端口 20),并向客户端数据进程发出连接请求,与客户端数据传输进程建立相关,双方建立数据传输。

(6)数据传输结束后,关闭数据连接,双方数据传输进程结束,但控制进程仍然存在,可以再重新发起新的数据传输服务。

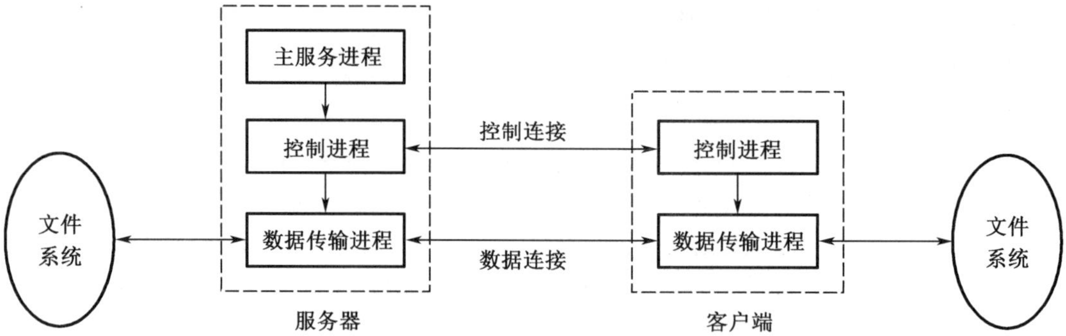

图 2-11　FTP 的客户-服务器模式示意图

2.5.3　FTP 命令与响应

2.5.3.1　FTP 命令

每个 FTP 命令都由 3~4 个字母组成,命令后面跟参数,用空格分开。每个命令都以"\r\n"结束。要下载或上传一个文件,首先要登入 FTP 服务器,然后发送命令,最后退出。FTP 命令以 NVT ASCII 码的形式传送,要求在每行结尾都有 CRLF 对。表 2-9 举例说明了 FTP 命令及描述。

表 2-9　FTP 命令及描述

命令	描述
ABOR	异常中断数据连接程序
ACCT<account>	系统优先权说明
ALLO<bytes>	为服务器上的文件存储器分配字节
APPE<filename>	为服务器上同名文件添加数据
CDUP<dirpath>	改变到服务器上的父目录
CWD<dirpath>	改变到服务器上的工作目录
DELE<filename>	删除服务器上的指定文件
HELP<command>	在指定命令上返回信息
LIST<name>	列表显示文件或目录

表 2-9(续)

命令	描述
MODE<mode>	传输模式
MKD<directory>	在服务器上建立指定目录
NLST<directory>	列出文件或子目录(不带属性)
NOOP	获得服务器的确认,了解服务器是否活动
PASS<password>	系统登录密码
PASV	等待数据连接的请求服务

2.5.3.2 FTP 响应

FTP 响应都是 ASCII 码形式的 3 位数字。

第一个数字给出命令状态的一般性指示,比如响应成功、失败或不完整。

第二个数字是响应类型的分类,如 2 代表跟连接有关的响应,3 代表用户认证。

第三个数字提供了更加详细的信息。

响应也是以 NVT ASCII 码形式传送的,要求在每行结尾都要返回 CRLF 对。表 2-10 列出了 FTP 响应代码及其解释说明。

表 2-10 FTP 响应代码及其解释说明

响应代码	解释说明	响应代码	解释说明
110	新文件指示器上的重启标记	332	需要账号名
120	在短时间内服务器准备就绪	350	未决的文件行为
125	数据连接已打开,在短时间内开始传输	421	关闭服务器
150	数据连接将在短时间内打开	425	不能打开数据连接
200	成功	426	结束连接
202	不执行的命令	450	文件不可用
211	系统状态回复	451	本地错误
212	目录状态回复	452	磁盘空间不足
213	文件状态回复	500	无效命令
214	帮助信息回复	501	错误参数
215	系统类型回复	502	命令未执行
220	服务器准备就绪	503	错误指令序列
221	服务关闭	504	无效命令参数
225	数据连接打开	530	登录失败
226	数据连接关闭	532	需要存储文件说明
227	进入被动模式(发送 IP 地址、端口号)	550	不可用的文件
230	登录成功	551	不知道的页类型
250	文件行为已完成	552	超过了分配的存储空间
257	建立的路径名	553	不允许的文件名
331	用户名有效,需要密码		

知识点 2.5 习题解析

2-5-01　习题【基础】以下关于 FTP 的描述错误的是(　　)。

A. FTP 使用控制连接、数据连接来完成文件的传输

B. 服务器端由控制进程、数据进程两个部分组成

C. 用于控制连接的 TCP 连接在服务器端使用的端口号为 21

D. 用于控制连接的 TCP 连接在客户端使用的端口号为 20

【答案】D。

【解析】当我们说 FTP 使用 20 号、21 号端口,HTTP 使用 80 号端口,SMTP 使用 25 号端口时,都是指相应协议的服务器端所使用的端口号,而客户端使用系统自动分配的端口号向这些服务器的熟知端口发起连接。在 FTP 协议的服务器端,控制连接使用 TCP 的 21 号端口,数据连接使用 TCP 的 20 号端口,而在客户端,控制连接和数据连接的 TCP 端口号都是由客户端系统自动分配的。

2-5-02　习题【基础】文件传输协议 FTP 的一个主要特征是(　　)。

A. 不允许客户端指明文件的类型与格式

B. 不允许客户端指明文件的类型但允许指明文件的格式

C. 允许客户端指明文件的类型与格式

D. 允许客户端指明文件的类型但不允许指明文件的格式

【答案】C。

【解析】FTP 提供交互式访问,允许客户端指明文件的类型与格式,且允许文件具有存取权限,选项 C 正确。

2-5-03　习题【基础】下列关于 FTP 连接的叙述正确的是(　　)。

A. 控制连接先于数据连接被建立,并先于数据连接被释放

B. 数据连接先于控制连接被建立,并先于控制连接被释放

C. 控制连接先于数据连接被建立,并晚于数据连接被释放

D. 数据连接先于控制连接被建立,并晚于控制连接被释放

【答案】C。

【解析】此题考查 FTP 建立连接的流程。FTP 客户端首先连接服务器的 21 号端口,建立控制连接(控制连接在整个会话期间一直保持打开),然后建立数据连接,控制连接先于数据连接被建立,并晚于数据连接被释放。

2-5-04　习题【基础】下列关于 FTP 的叙述中错误的是(　　)。

A. FTP 可以在不同类型的操作系统之间传送文件

B. FTP 并不适用于在两个计算机之间共享读写文件

C. 控制连接在整个 FTP 会话期间一直保持

D. 客户端默认使用端口号 20 与服务器建立数据传输连接

【答案】D。

【解析】此题考查 FTP 的特点和建立连接时使用的端口号。客户端使用的端口号由客户端系统分配,服务器端使用 20 号端口与客户端建立数据传输连接。

2-5-05 习题【基础】如果一台计算机想从 FTP 服务器中进行文件的获取，那么在该 FTP 服务器上对数据进行封装的 5 个转换步骤是( )。

A. 数据段，数据报，数据帧，比特，数据

B. 数据，数据段，数据报，数据帧，比特

C. 数据报，数据段，数据，比特，数据帧

D. 比特，数据帧，数据报，数据段，数据

【答案】B。

【解析】FTP 服务器的数据要经过应用层、运输层、网络层、数据链路层及物理层，因此，对应的封装是数据、数据段、数据报、数据帧及比特。

2-5-06 习题【基础】FTP 服务器上的控制连接和数据连接分别使用( )端口。

A. 21 号和 20 号

B. 大于 1023 号和 20 号

C. 21 号和大于 1023 号

D. 大于 1023 号和大于 1023 号

【答案】A。

【解析】FTP 服务器端，控制连接使用 TCP 的 21 号端口，数据连接使用 TCP 的 20 号端口。

2-5-07 习题【基础】将数据从 FTP 服务器传输到 FTP 客户端上，称为( )。

A. 数据下载　　B. 数据上传

C. 数据传输　　D. FTP 服务

【答案】A。

2-5-08 习题【基础】简述 FTP、NFS、TFTP 的区别?

【答案】FTP 是互联网上使用比较广泛的文件传送协议。FTP 提供交互式的访问，允许客户端指明文件的类型与格式，并允许文件具有存取权限。FTP 屏蔽了各种计算机系统的细节，因此适用于在异构网络中任意计算机之间传送文件。它的基本应用就是将文件从一台计算机复制到另一台计算机中。FTP 并非对所有的数据传输都是最佳的。例如，计算机 A 上运行的应用程序要在远程计算机 B 的一个很大的文件末尾添加一行信息，若使用 FTP，则应先将此文件从计算机 B 传送到计算机 A，添加上这一行信息后，再用 FTP 将此文件传送到计算机 B，来回传送这样大的文件很花费时间。实际上这种传送是不必要的，因为计算机 A 并没有使用该文件的内容。

NFS(网络文件系统)则采用另一种思路。NFS 允许应用进程打开一个远程文件，并能在该文件的某一个特定的位置上开始读写数据。这样，NFS 可使用户只复制一个大文件中的一个很小的片段而不需要复制整个大文件。对于计算机 A 中的 NFS 客户端软件，把要添加的数据和在文件后面写数据的请求一起发送到远程的计算机 B 中的 NFS 服务器，NFS 服务器更新文件后返回应答信息。NFS 允许应用进程打开一个远程文件，并能够在该文件中某一个特定位置上开始读写数据。NFS 可使用户只复制一个大文件中的一个很小的片段，在网络上传送的只是少量的修改数据。

TFTP 是一个小而易于实现的文件传送协议。TFTP 基于 UDP 数据报，需要有自己的差错改正措施。TFTP 只支持文件传输，不支持交互，没有庞大的命令集，也没有目录列表功能，并且不能对用户进行身份鉴别。但它的代码所占内存较小，不需要硬盘就可以固化

TFTP 代码,很适合较小的计算机和特殊用途的设备。

知识点 2.6　套接字编程

2.6.1　套接字概述

为了更方便地开发网络应用程序,美国伯克利大学在 UNIX 上推出了一种应用程序访问通信协议的操作系统调用套接字(Socket)。Socket 的出现,使得程序员可以很方便地访问 TCP/IP,从而开发各种网络应用程序。后来套接字被引入 Windows 等操作系统,成为开发网络应用程序的有效工具。Socket 是由 IP 地址和端口结合组成的,提供向应用层进程传送数据包的机制。套接字是通信的基石,是支持 TCP/IP 协议的网络通信的基本操作单元。可以将套接字看作不同主机间的进程进行双向通信的端点,它构成了单个主机内及整个网络间的编程界面。Socket 可以看成是两个网络应用程序进行通信时,各自通信连接中的端点,这是一个逻辑上的概念。它是网络环境中进程间通信的应用程序编程接口(API),也是可以被命名和寻址的通信端点,使用中的每一个套接字都有其类型和一个与之相连的进程。

2.6.1.1　套接字的主要类型

(1)流套接字(SOCK_STREAM)

流套接字用于提供面向连接、可靠的数据传输服务。该服务将保证数据能够实现无差错、无重复发送,并按顺序接收。流套接字之所以能够实现可靠的数据服务,原因在于其使用了传输控制协议,即 TCP 协议。

(2)数据报套接字(SOCK_DGRAM)

数据报套接字提供一种无连接的服务。该服务并不能保证数据传输的可靠性,数据有可能在传输过程中丢失或出现数据重复,且无法保证顺序地接收到数据。数据报套接字使用 UDP 进行数据传输。由于数据报套接字不能保证数据传输的可靠性,对于有可能出现的数据丢失情况,需要在程序中做相应的处理。

(3)原始套接字(SOCK_RAW)

原始套接字与标准套接字(标准套接字指的是前面介绍的流套接字和数据报套接字)的区别在于:原始套接字可以读写内核没有处理的 IP 数据包,而流套接字只能读取 TCP 的数据,数据报套接字只能读取 UDP 的数据。因此,如果要访问其他协议发送的数据必须使用原始套接字。

2.6.1.2　套接字的工作流程

要通过互联网进行通信,至少需要一对套接字,其中一个运行于客户端,称为 Client Socket,另一个运行于服务器端,称为 Server Socket。

根据连接启动的方式以及本地套接字要连接的目标,套接字之间的连接过程可以分为三个步骤:

(1)服务器监听

所谓服务器监听,是指服务器端套接字并不定位具体的客户端套接字,而是处于等待连接的状态,实时监控网络状态。

(2)客户端请求

所谓客户端请求,是指由客户端的套接字提出连接请求,要连接的目标是服务器端的套接字。为此,客户端的套接字必须首先描述它要连接的服务器的套接字,指出服务器端套接字的地址和端口号,然后向服务器端套接字提出连接请求。

(3)连接确认

所谓连接确认,是指服务器端套接字监听到或者说接收到客户端套接字的连接请求,就会响应客户端套接字的请求,建立一个新的线程,并把服务器端套接字的描述发送给客户端。一旦客户端确认了此描述,连接就建立成功。而服务器端套接字继续处于监听状态,接收其他客户端套接字的连接请求。

使用 TCP 编写的应用程序和使用 UDP 编写的应用程序之间存在一些本质差异,其原因在于这两个运输层之间的差别:UDP 是无连接的、不可靠的数据报协议,这不同于 TCP 提供的、面向连接的可靠字节流;从资源开销的角度来看,UDP 套接字相对较小,因为不需要维持网络连接,而且无须花费时间来连接,所以 UDP 套接字的速度也较快。

2.6.2 UDP 套接字编程

2.6.2.1 UDP 套接字连接的特点

(1)是一种非面向连接的协议;

(2)每个分组都携带完整的目的主机地址,在系统中独立传送;

(3)由于没有顺序控制,所以接收方的分组可能出现乱序、重复和丢失现象;

(4)通信效率高,但可靠性不能保证。

因为 UDP 提供的是不可靠服务,所以数据可能会丢失。如果数据非常重要,就需要小心编写 UDP 客户程序,以检查错误并在必要时重传。实际上,UDP 套接字在局域网中是非常可靠的。

使用 UDP 时,必须先将目的地址附在该分组之上。在该分组传过发送方的套接字之后,互联网将使用该目的地址将该分组选路到接收进程的套接字。当分组到达接收套接字时,接收进程将通过该套接字取回分组,然后检查分组的内容并采取适当的动作。目的主机的 IP 地址是目的地址的一部分。通过在分组中包括目的主机的 IP 地址,互联网中的路由器将能够通过互联网将分组选路到目的主机。但是因为一台主机可能运行许多网络应用进程,每个进程具有一个或多个套接字,所以在目的主机指定特定的套接字也是必要的。当生成一个套接字时,就为它分配一个称为端口号的标识符。因此,分组的目的地址也包括该套接字的端口号。

总的来说,发送进程为分组附上目的地址,该目的地址是由目的主机的 IP 地址和相应端口号组成的。此外,发送方的源地址也是由源主机的 IP 地址和源套接字的端口号组成的,该源地址也要附在分组之上。然而,将源地址附在分组之上通常并不是由 UDP 应用程序代码完成,而是由底层操作系统自动完成的。当以 UDP 客户端发起请求时,该程序将向服务器发送一个简单的应用级报文。服务器为了能够接收并回答该客户端的报文,必须准备好并已经在运行,这就是说,在客户端发送其报文之前,服务器必须作为一个进程正在运行。客户端程序称为 UDPClient. py,服务器程序称为 UDPServer. py。

2.6.2.2 UDP 套接字应用程序编写及分析

UDP 套接字应用程序编写的总体步骤如下:创建套接字;命名套接字;在服务器端,等待客户的消息;在客户端,发送客户消息;关闭套接字。

相应流程如图 2-12 所示。

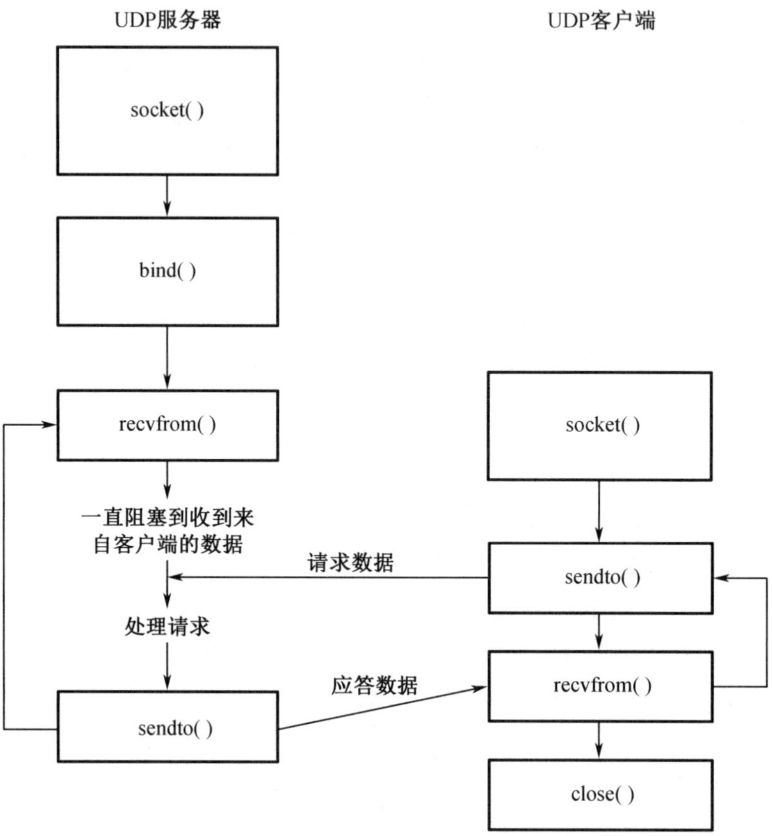

图 2-12 UDP 客户端/服务器程序使用的套接字函数

核心代码如下:

(1) UDPClient.py 代码

```
from socket import *        //该 socket 模块是 Python 中所有网络通信的基础
serverName='hostname' //将变量 serverName 的值设为字符串"hostname"
serverPort=12000   //将整数变量 serverPort 置为 12000,它是我们选定的服务器端口号
clientSocket=socket(AF_INET,SOCK_DGRAM)                                  ①
message=raw_input('Input lowercase sentence:')                           ②
clientSocket.sendto(message.encode(),(serverName,serverPort))            ③
modifiedMessage,serverAddress=clientSocket.recvfrom(2048)                ④
print(modifiedMessage.decode())                                          ⑤
clientSocket.close()//关闭套接字,关闭该进程
```

①该行创建了客户的套接字,称为 clientSocket,第一个参数指示地址簇,AF_INET 指示底层网络使用了 IPv4。第二个参数指示该套接字是 SOCK_DGRAM 类型的,这意味着它是一个 UDP 套接字而不是一个 TCP 套接字。

②程序提示'Input lowercase sentence:'后,用户键入字符串并存储于 message 中。

③因为我们需要向套接字中发送字节;方法 sendto()为报文附上目的地址(如前面所述,源地址也附到分组上,尽管这是自动完成的,而不是显式地由代码完成的)。在发送分组之后,客户等待接收来自服务器的数据。

④当一个来自互联网的分组到达该客户端套接字时,该分组的数据被放置到变量 modifiedMessage 中,其源地址被放置到变量 serverAddress 中。serverAddress 包含了服务器的 IP 地址和服务器的端口号。程序 UDPClient 实际上并不需要服务器的地址信息,因为它从起始就已经知道了该服务器地址;而这行代码仍然提供了服务器的地址。方法 recvfrom 从缓存中以每 2048 bit 为一组读取数据作为输入。

⑤将报文从字节转化为字符串,并在用户显示器上打印出 modifiedMessage 的值。它应当是用户键入的原始行,但经过客户和服务器间的信息传递,它现在变为大写形式。

(2)UDPServer.py 代码

```
from socket import *
serverPort=12000
serverSocket=socket(AF_INET,SOCK_DGRAM)
serverSocket.bind(('',serverPort))                                   ①
print("The server is ready to receive")
while True:
message,clientAddress=serverSocket.recvfrom(2048)                    ②
modifiedMessage=message.decode().upper()                             ③
serverSocket.sendto(modifiedMessage.encode(),clientAddress)          ④
```

UDPServer 的开始部分与 UDPClient 类似。它也是导入套接字模块,将整数变量 serverPort 设置为 12000,并且也创建套接字类型 SOCK_DGRAM(一种 UDP 套接字)。

①将端口号 12000 与该服务器的套接字绑定在一起。因此在 UDPServer 代码中显式地为该套接字分配一个端口号。以这种方式,当任何客户端向位于该服务器的 IP 地址的端口 12000 发送一个分组时,该分组将导向该套接字。然后 UDPServer 进入一个 while 循环;该 while 循环允许 UDPServer 无限期地接收并处理来自客户端的分组。在该 while 循环中,UDPServer 等待一个分组的到达。

②这行代码类似于我们在 UDPClient 中看到的。当某分组到达该服务器的套接字时,该分组的数据被放置到变量 message 中,其源地址被放置到变量 clientAddress 中,变量 clientAddress 包含了客户端的 IP 地址和客户端的端口号。这里,UDPServer 将利用该地址信息,因为它提供了返回地址,类似于普通邮政邮件的返回地址。使用该源地址信息,服务器此时知道了它应当将回答发向何处。

③此行是这个简单应用程序的关键部分。它在将服务器接收到的客户端发送的报文转化为字符串后,使用方法 upper()将其转换为大写,并存储于 modifiedMessage 中。

④最后一行将该客户端的地址(IP 地址和端口号)附到大写的报文上(在将字符串转

化为字节后),并将所得的分组发送到服务器的套接字中(如前面所述,服务器地址也附在分组上,尽管这是自动而不是显式地由代码完成的)。然后互联网将分组交付到该客户端地址。在服务器发送该分组后,它仍维持在 while 循环中,等待(从运行在任一台主机上的任何客户端发送的)另一个 UDP 分组到达。

可以通过稍加修改上述客户端和服务器程序来研制自己的 UDP 客户端-服务器程序。例如,不必将所有字母转换为大写,服务器可以计算字母 s 出现的次数并返回该数字。或者能够修改客户端程序,使其在收到一个大写的句子后,用户能够向服务器继续发送更多的句子。

2.6.3 TCP 套接字编程

与 UDP 不同,TCP 是一个面向连接的协议。这意味着在客户端和服务器能够开始互相发送数据前,它们要握手和创建一个 TCP 连接。TCP 连接的一端与客户端套接字相联系,另一端与服务器套接字相联系。当创建该 TCP 连接时,我们将其与客户端套接字地址(IP 地址和端口号)和服务器套接字地址(IP 地址和端口号)关联起来。使用创建的 TCP 连接,当一侧要向另一侧发送数据时,它只需要经过其套接字将数据导向 TCP 连接。这与 UDP 不同,UDP 服务器在将分组导向套接字之前必须为其附上一个目的地址。TCP 套接字面向连接服务,其主要特点如下:

(1)数据传输过程必须经过建立连接、维护连接和释放连接三个阶段;

(2)在传输过程中,各分组不需要携带目的主机的地址;

(3)可靠性好,但由于协议复杂,通信效率不高。

TCP 编程的服务器端一般步骤如下:

(1)用函数 socket()创建一个 socket;

(2)用函数 setsockopt()设置 socket 属性;

(3)用函数 bind()绑定 IP 地址、端口等信息到 socket 上;

(4)用函数 listen()开启监听;

(5)用函数 accept()接收客户端发起的连接;

(6)用函数 send()和 recv(),或者 read()和 write()收发数据;

(7)关闭网络连接;

(8)关闭监听。

TCP 编程的客户端一般步骤如下:

(1)用函数 socket()创建一个 socket;

(2)用函数 setsockopt()设置 socket 属性;

(3)用函数 bind()绑定 IP 地址、端口等信息到 socket 上;

(4)设置要连接的对方的 IP 地址和端口等属性;

(5)用函数 connect()连接服务器;

(6)用函数 send()和 recv(),或者 read()和 write()收发数据;

(7)关闭网络连接。

2.6.3.1 TCP 客户端程序和服务器程序的交互

客户端具有向服务器发起连接的任务。

(1)与在 UDP 中的情况一样,TCP 服务器在客户端试图发起接触前必须作为进程运行起来。

(2)服务器程序必须具有一个特殊的套接字,它欢迎来自运行在任意主机上的客户端进程的某种初始接触。

随着服务器进程的运行,客户端进程能够向服务器发起一个 TCP 连接。这是由客户端程序通过创建一个 TCP 套接字完成的。当该客户端生成其 TCP 套接字时,它指定了服务器中的特殊套接字的地址,即服务器主机的 IP 地址及其套接字的端口号。生成其套接字后,该客户端发起了一个三次握手并创建与服务器的一个 TCP 连接。发生在运输层的三次握手,对于客户端和服务器程序是完全透明的。

在三次握手期间,客户端进程请求与服务器建立连接。服务器将生成一个新套接字,它专门用于特定的客户端。在下面的例子中,是一个被称为 serverSocket 的 TCP 套接字对象;它是专门对客户端进行连接的新生成的套接字,称为连接套接字(connectionSocket)。随后为与每个客户端通信而生成的套接字称为连接套接字。

从应用程序的观点来看,客户端套接字和服务器套接字直接通过一根管道连接。如图 2-13 所示,客户端进程可以向它的套接字发送任意字节,并且 TCP 保证服务器进程能够按发送的顺序接收(通过连接套接字)每个字节。TCP 因此在客户端和服务器进程之间提供了可靠服务。此外,就像人们可以从同一扇门进和出一样,客户端进程不仅能向它的套接字发送字节,也能从中接收字节;类似地,服务器进程不仅从它的连接套接字接收字节,也能向其发送字节。

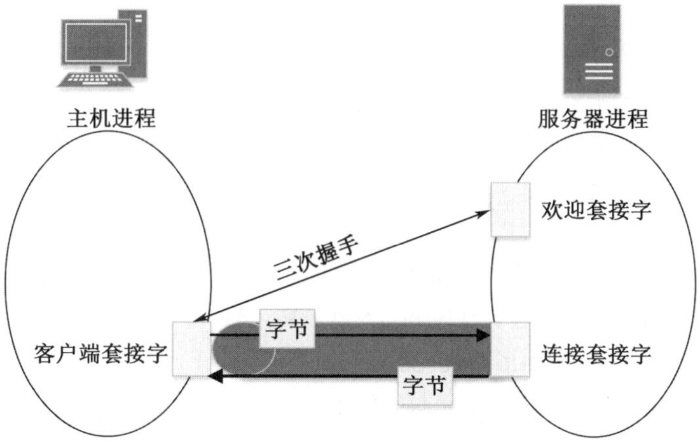

图 2-13 TCP 套接字示意图

使用同样简单的客户端-服务器应用程序来展示 TCP 套接字编程:客户向服务器发送一行数据,服务器将这行改为大写并回送给客户。图 2-14 着重显示了客户和服务器的主要与套接字相关的活动,两者通过 TCP 运输服务进行通信。

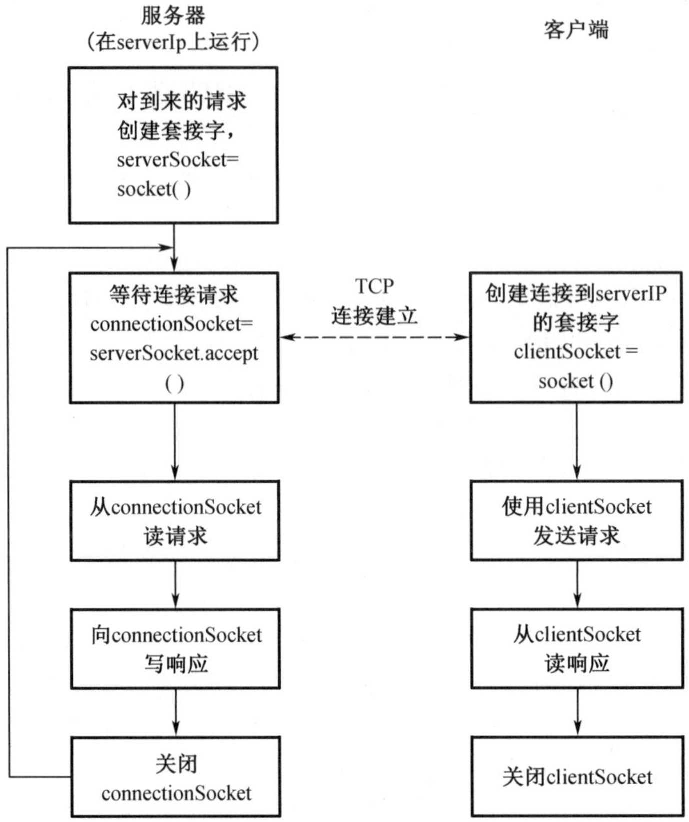

图 2-14　TCP 套接字流程图

2.6.3.2　TCP 的客户端和服务器端代码

(1)应用程序客户端代码

```
from socket import *
serverName='servername'
serverPort=12000
clientSocket=socket(AF_INET,SOCK_STREAM)                                    ①
clientSocket=connect((serverName,serverPort))                               ②
sentence=raw_input('Input lowercase sencence:')
clientSocket.send(sentence.encode())                                        ③
modifiedSentence=clientSocket.recv(1024)                                    ④
print('From Server:',modifiedSentence.decode())
clientSocket.close()                                                        ⑤
```

①这行代码中使用了 socket 函数,这个函数可以表示为 int socket(int domain, int type, int protocol);在参数表中,domain 指定使用何种的地址类型,比较常用的有:IPv4 网络协议(PF_INET、AF_INET);IPv6 网络协议(PF_INET6、AF_INET6)。

type 参数的作用是设置通信的协议类型,可能的取值如下:

SOCK_STREAM：提供面向连接的稳定数据传输，即 TCP 协议。

OOB：在所有数据传送前必须使用 connect( )来建立连接状态。

SOCK_DGRAM：使用不连续、不可靠的数据包连接。

SOCK_SEQPACKET：提供连续、可靠的数据包连接。

SOCK_RAW：提供原始网络协议存取。

SOCK_RDM：提供可靠的数据包连接。

SOCK_PACKET：与网络驱动程序直接通信。

参数 protocol 用来指定 socket 所使用的传输协议编号。这一参数通常不具体设置，一般设置为 0 即可。该行创建了客户的套接字，称为 clientSocket。第一个参数仍指示底层网络使用的是 IPv4；第二个参数指示该套接字是 SOCK_STREAM 类型。这表明它是一个 TCP 套接字。

②这行代码与我们在 UDPClient 中看到的极为不同。在客户端能够使用一个 TCP 套接字向服务器发送数据之前，必须在客户端与服务器之间创建一个 TCP 连接。这行就发起了客户端和服务器之间的 TCP 连接。connect( )方法的参数是这条连接中服务器端的地址。这行代码执行完后，执行三次握手，并在客户端和服务器之间创建起一条 TCP 连接。

③这行代码也与 UDPClient 极为不同。上一行通过该客户的套接字进入 TCP 连接发送字符串 sentence。值得注意的是，该程序并未显式地创建一个分组并为该分组附上目的地址(而使用 UDP 套接字却要那样做)。相反，该客户端程序只是将字符串 sentence 中的字节放入该 TCP 连接中去。之后客户端就等待接收来自服务器的字节。

④当字符到达服务器时，它们被放置在字符串 modifiedSentence 中。字符继续积累在 modifiedSentence 中，直到该行以回车符结束为止。在打印大写句子后，关闭客户端的套接字。

⑤关闭套接字，关闭客户端和服务器之间的 TCP 连接。

(2)应用程序服务器端代码

```
from socket import *
serverPort=12000
serverSocket=socket(AF_INET,SOCK_STREAM)
serverSocket.bind(('', serverPort''))
serverSocket.listen(1)                                         ①
print('The server is ready to receive')
while True:
connectionSocket,addr=serverSocket.accept()                    ②
sentence=connectionSocket.recv(1024).decode()
capitalizedSentence=sentence.upper()
connectionSocket.send(capitalizedSentence.encode())
connectionSocket.close()                                       ③
```

①serverSocket 套接字将等待并聆听某个客户端的连接，该行让服务器聆听来自客户端的 TCP 连接请求。其中参数定义了请求连接的最大数(至少为 1)。

②当服务器接收到请求后，程序为 serverSocket 调用 accept( )方法，这时在服务器中创

建了一个称为 connectionSocket 的新套接字，由这个特定的客户端专用。客户端和服务器完成了握手，在客户端的 clientSocket 和服务器的 serverSocket 之间创建了一个 TCP 连接。借助创建的 TCP 连接，客户端与服务器现在能够通过该连接相互发送字节。使用 TCP，从一侧发送的所有字节不仅能确保到达另一侧，而且能确保按序到达。

③在此程序中，在向客户端发送修改的句子后，关闭该连接套接字。但由于 serverSocket 保持打开，所以另一个客户端此时能够请求连接并向该服务器发送一个句子要求修改。

2.6.4 TCP 与 UDP Socket 编程的对比

我们在说到网络编程时通常默认是指 TCP 编程。TCP 使用的 SOCK_STREAM 的特点是面向连接的，即每次收发数据之前必须通过 connect 建立连接，也是双向的，即任何一方都可以收发数据，协议本身提供了一些保障机制保证它是可靠的、有序的，即每个包按照发送的顺序到达接收方。

而 UDP 使用的 SOCK_DGRAM 的特点是无连接的、不可靠的，因为通信双方发送数据后不知道对方是否已经收到数据，是否正常收到数据。任何一方建立一个 socket 以后就可以用 sendto 发送数据，也可以用 recvfrom 接收数据，根本不关心对方是否存在，以及是否发送或接收了数据。

此外，对系统资源的要求 TCP 较多，UDP 少；TCP 的程序结构复杂，UDP 程序结构较简单；TCP 保证数据正确性，UDP 可能丢包；TCP 保证数据顺序，UDP 不保证。

部分满足以下几点要求时，应该采用 UDP：

(1)面向数据报方式，网络数据大多为短消息；

(2)拥有大量 Client；

(3)对数据安全性无特殊要求；

(4)网络负担非常重，但对响应速度要求高。

UDP 编程的服务器端一般步骤是：

(1)用函数 socket()创建一个 socket；

(2)用函数 setsockopt()设置 socket 属性；

(3)用函数 bind()绑定 IP 地址、端口等信息到 socket 上；

(4)用函数 recvfrom()循环接收数据；

(5)关闭网络连接。

UDP 编程的客户端一般步骤是：

(1)用函数 socket()创建一个 socket；

(2)用函数 setsockopt()设置 socket 属性；

(3)用函数 bind()绑定 IP 地址、端口等信息到 socket 上；

(4)设置对方的 IP 地址和端口等属性；

(5)用函数 sendto()发送数据；

(6)关闭网络连接。

知识点 2.6 习题解析

2-6-01 习题【基础】什么是 socket? 简述基于 TCP 的套接字通信流程。

【答案】socket 是介于应用层和运输层之间的一组接口。将复杂的 TCP/IP 封装到接口里面,使用者只需要知道怎么用即可,不需要关心底层的实现。

基于 TCP 的套接字通信流程:

(1)服务端:创建一个套接字对象;绑定本机地址信息;开始实时监听;接收连接;

(2)客户端:创建套接字对象;主动连接客户端;等待对方接收;

(3)通过三次握手后建立连接,开始收发消息,收发消息完成之后,通过四次挥手断开连接。

2-6-02 习题【综合】什么是粘包? socket 中造成粘包的原因是什么? 哪些情况会发生粘包现象?

【答案】粘包是指两次命令执行的结果黏在一起。粘包发生在 TCP 中。造成粘包的原因是接收方不知道所要接收消息的大小和界限。

具体发生粘包的情况包括:

(1)接收方不知道该接收多大数据量,当接收方的最大接收量小于消息大小时,会发生粘包。

(2)由 socket 缓冲区导致,socket 为了提高传输效率,往往会将较短时间间隔内较小的数据包合并发送,这样接收方就会收到一个粘包数据。

2-6-03 习题【基础】基于 TCP Socket,开发简单的远程命令执行程序,允许用户执行命令,并返回结果。

【答案】见本书 2.6.3.2 部分的 TCP Socket 编程流程及代码解析。

知识点 2.7 P2P 应 用

2.7.1 P2P 概述

在 C/S 模式中,数据的分发采用专门的服务器,多个客户端都从此服务器获取数据。这种模式的优点是:数据的一致性容易控制,系统也容易管理。但是此种模式的缺点是:因为服务器的个数只有一个(即便有多个也非常有限),系统容易出现单一失效点;单一服务器面对众多的客户端,由于 CPU 能力、内存大小、网络带宽的限制,可同时服务的客户端非常有限,可扩展性差。另外由于服务器的能力有限,往往不能及时地对每一个客户端的请求做出响应,因此会造成资源利用率低下。P2P 技术正是为了解决这些问题而提出来的一种对等网络结构。在 P2P 网络中,每个结点既可以从其他结点得到服务,也可以向其他结点提供服务;没有中心化的服务器,不存在系统瓶颈,每个结点既充当客户端又充当服务器,因而具有很高的资源利用率。这样,庞大的终端资源被利用起来,一举解决了 C/S 模式中的两个弊端。

2.7.1.1 P2P 网络的特点

(1)可扩展性

不管是由用户结点组成的 P2P 网络还是由服务器组成的 P2P 网络,都是完全分布式的,不存在单点性能上的瓶颈。对于由用户结点组成的 P2P 网络,随着用户的加入,不仅服务的需求增加,系统整体的资源和服务能力也在同步地扩充,始终能较容易地满足用户的需要,理论上其可扩展性几乎可以认为是无限的。对于由服务器组成的 P2P 网络,只需向 P2P 网络中增加服务器即可平滑扩容。由于 P2P 自组织、自配置、自动负载均衡的特性,系统扩容变得非常容易。

(2)鲁棒性

P2P 架构天生具有耐攻击、高容错的优点。由于服务是分散在各个结点之间进行的,因此部分结点或网络遭到破坏对其他部分的影响很小。P2P 网络一般在部分结点失效时能够自动调整整体拓扑,保持其他结点的连通性。P2P 网络通常都是以自组织的方式建立起来的,并允许结点自由地加入和离开。P2P 网络还能够根据网络带宽、结点数、负载等变化不断地做自适应式的调整。

对等连接(peer-to-peer)是指两台主机在通信时并不区分哪一个是服务请求方,哪一个是服务提供方。只要两台主机都运行了对等连接软件(P2P 软件),它们就可以进行平等的、对等的连接通信。这时,双方都可以下载对方已经存储在硬盘中的共享文档。因此这种工作方式也称为 P2P 方式。

2.7.1.2 对等网络的组织结构

(1)分布式哈希表结构

分布式哈希表(DHT)是一种功能强大的工具。虽然 DHT 具有各种各样的实现方式,但是具有共同的特征,即都是一个环形拓扑结构,在这个结构里,每个结点都具有唯一的结点标识(ID),结点 ID 是一个 128 位的哈希值。每个结点都在路由表里保存了其他前驱、后继结点的 ID。通过这些路由信息,可以方便地找到其他结点。这种结构多用于文件共享和作为底层结构用于流媒体传输。

(2)树形结构

这种结构中,所有的结点都被组织在一棵树中,树根只有子结点,树叶只有父结点,其他结点既有子结点也有父结点。信息沿着树枝流动。最初的树形结构多用于 P2P 流媒体直播。

(3)网状结构

网状结构又叫无结构。顾名思义,这种结构中,所有的结点无规则地连在一起,没有稳定的关系,没有父子关系。网状结构为 P2P 提供了最大的容忍性、动态适应性,在流媒体直播和点播应用中取得了极大的成功。当网络变得很大时,常常会引入超级结点的概念,超级结点可以和任何一种以上结构结合起来组成新的结构。

2.7.2 P2P 的历史沿革与发展

2.7.2.1 Napster 文件共享系统

最早的 P2P 实用系统是 1999 年的文件共享系统 Napster。它使用一个中心服务器(目录服务器)存放所有文件的标题和一些简单的文件描述信息,以及存放结点的 IP 地址。结点加入系统时首先要连接目录服务器并报告自身地址及共享的文件列表。用户需要某个文件时向目录服务器提交搜索请求,目录服务器返回符合搜索要求的所有文件的存储地址,之后用户根据对应地址直接从共享此文件的结点处进行文件下载。由于目录服务器只提供索引服务,而不承担文件存储和下载服务,因此它支持上万结点同时在线。Napster 在发布后迅速流行起来,很快成为增长最快的网络应用系统。事实上,Napster 中的结点并非全部对等,目录服务器要承担比其他结点更繁重的工作。当系统规模更大时,目录服务器还是会成为系统的瓶颈。此外,目录服务器的存在成为系统的关键点,也就成为整个系统最易受攻击的要害所在。

在 Napster 之后的 P2P 系统都在这一点上进行了重点改进,系统基本上都采用无中心结构,鲁棒性和可扩展性都得到大幅度提高。

2.7.2.2 Gnutella 系统

Gnutella 是第一个经论证的分布式的对等连接系统。它对 Napster 的体系结构进行了彻底的改变,不再使用中心目录服务器,转而使用全对等结构。每个结点记录多个其他结点的 IP 地址(称为“指针”),这样整个系统的拓扑就成为一个由指针搭建起来的有向图,通常称这张图为“覆盖网”(overlay)。覆盖网中没有规定哪些结点之间必须有指针相连,因此整个覆盖网没有一个有序的结构,被称作“非结构化覆盖网”(unstructured overlay)。当用户需要进行文件搜索时,就在覆盖网上进行广度优先或者深度优先搜索,在搜索到一定的范围后,将得到的匹配搜索条件的结果返回给用户。

这种搜索不可能遍及整个覆盖网,因此就存在不能搜索全部的问题。如何在非结构化覆盖网中搜索不热门的文件也是 P2P 研究中的一个热点问题,近年来也取得了一些进展。

2.7.2.3 KaZaA 文件共享工具

KaZaA 对 Gnutella 做了进一步的改进。由于系统中的大多数结点的动态性都很高,因此覆盖网中结点的指针就必须频繁更新,去除那些已经离开系统的结点,补入新的在线结点。KaZaA 把结点分成强、弱两种,强结点之间搭建类似于 Gnutella 的覆盖网,而弱结点只连接一个或几个强结点,并把自己的元数据(即共享文件的列表)发送给强结点,文件搜索只在强结点上进行。这样 KaZaA 获得了比 Gnutella 更高的稳定性和搜索效率。当前,KaZaA 的同时在线用户数量稳定在三百万以上,已成为全球最大的分布式系统。

2.7.2.4 BitTorrent 大文件分发系统

传统的文件大多使用 FTP 等协议进行 C/S 方式的下载。这样,对于一些热点文件就会有很多用户同时需要下载,由于服务器端的带宽有限,就会有很多用户的请求得不到满足,从整体上看,下载效率很低。BitTorrent 试图充分利用下载用户之间的带宽进行数据传输,从而减轻服务器负担,提高下载速度和系统的可扩展性。BitTorrent 的基本策略是:每个用户从服务器上下载一部分数据,各个用户下载的部分不尽相同,之后用户之间互相交换对方没有的数据,最终使所有用户都获得全部数据。

2.7.2.5 基于覆盖网的 IP 电话系统 Skype

Skype 作为基于覆盖网的 IP 电话系统提供了比以往通过互联网直接连接的 IP 电话更好的语音效果,因此受到用户的广泛欢迎。Skype 的系统结构基本上类似于 KaZaA,当用户之间需要语音通信时,Skype 在覆盖网中找寻出一条当前带宽最大的覆盖网通路,通过多跳转发的方式进行数据传送。通常情况下，在覆盖网中找到的转发通路比通话两点之间的直接通路质量要好，因此通话过程中语音也就更加清晰流畅。

2.7.3 三种 P2P 网络模型

2.7.3.1 集中目录式

集中目录式的典型案例是 Napster 和 BitTorrent。这种模型采用中央目录服务器管理 P2P 网络各结点，具有中心化的特点，也被称为非纯粹的 P2P 网络。中央目录服务器只保留索引信息，由对等结点负责保存各自提供服务的全部资料，此外，服务器与对等结点以及对等结点之间都具有交互能力。

原理：集中目录式 P2P 网络模型采用星形结构，群组中的对等结点都与中央目录服务器相连，并向其发布分享的文件列表。查询结点可向中央目录服务器发起文件检索请求，得到回复后，查询结点则依据网络流量和延迟等信息选择合适的结点建立直接连接，此时文件交换即可直接在两个对等结点之间进行。此过程中，中央目录服务器负责记录群组所有参加者的信息，以进行适当的管理。

(1)优点

①维护简单；

②发现资源率高。

(2)缺点

①可靠性和安全性较低；

②维护成本高；

③存在法律版权的风险和资源浪费的问题。

集中目录式 P2P 网络模型适合小型网络应用。

2.7.3.2 全分布式

在全分布式网络模型中，每个结点既是服务器端又是客户端，结点之间通信是完全对等的。每个结点都维护一个邻居列表，结点通过和它的邻居进行交互来完成特定的功能。这种网络结构解决了中心化问题，拓展性和维护性较好。全分布式网络结构又细分为两类：结构化拓扑和非结构化拓扑。

(1)结构化拓扑

结构化拓扑主要形式为分布式结构化拓扑，也就是 DHT 网络。这种结构路由算法比较精准，使用比如 DHT 算法等，属于结构化 P2P 网络。这种结构下的结点仅知道部分系统结点，根据网络结构来快速路由(找最靠近资源的结点，向最靠近结点查询数据)。

①DHT 网络的基本思想如下：

每一份资源都由一组关键字进行标识；系统对其中的每一个关键字进行哈希运算，根据哈希运算的结果决定此关键字对应的那条信息(即资源索引中的一项)由哪个用户负责储存；用户搜索的时候，用同样的算法对每个关键字进行哈希运算，从而获得该关键字对应的信息存储位置，并迅速定位资源。

②DHT 关键字定位：

a. DHT 通过分布式散列函数，将输入的关键字唯一映射到某个结点上，然后通过某些路由算法同该结点建立连接。

b. 每个结点并不需要保存整个系统的结点视图信息，只在结点中存储其邻近的几个后继结点信息，当一个结点收到一个查询操作时，如果它发现所查询的标识不在自己关联的区间内，那么该结点将会把该查询发送给其存储结点信息表中它认为最靠近目标的邻居。

c. 每次转发都能更进一步地接近数据源，因此较少的路由信息就可以有效地实现到达目标结点。

③DHT 的优点：

a. 由于 DHT 各结点并不需要维护整个网络的信息，只在结点中存储其邻近的各结点信息，因此较少的路由信息就可以有效地实现到达某个结点；

b. 取消了泛洪算法，利用分布式散列表进行定位查找，可以有效地减少结点信息的发送数量，从而增强了 P2P 网络的扩展性；

c. 出于冗余度以及延时的考虑，大部分 DHT 总是在结点的虚拟标识与关键字最接近的结点上复制备份冗余信息，这样也避免了单一结点失效的问题；

d. 使用者匿名，数据传输加密。

④DHT 的缺点：

a. 维护机制复杂，尤其是结点频繁加入、退出造成的网络波动会极大增加 DHT 的维护代价；

b. 仅支持精确关键字匹配查找，无法支持内容、语义等查找；

c. 结构化 P2P 网络模型由于自身算法的限制，不适合超大型的 P2P 系统。

(2)非结构化拓扑

非结构化拓扑包括中心化拓扑、分布式拓扑、半分布式拓扑。其路由算法不精准，使用比如洪泛算法、谣言算法(gossip 算法)，等等，属于非结构化 P2P 网络。这种结构下的结点知道系统所有结点，会直接到最靠近资源的结点查询数据，最终系统中所有结点数据一致。很明显，这种算法只适用于交换少量的共享数据。在非结构化 P2P 网络中，利用 gossip 算法交换结点信息(新增结点、结点死亡、结点信息改变)，保证每个结点都有系统中所有结点的拓扑图，实现集群管理功能。

①非结构化拓扑的优点：

a. 完全的分布式使之具有最大的容错性，不会出现单点崩溃现象；

b. 能潜在地获得最多的查询结果。

②非结构化拓扑的缺点：

a. 整个网络的拓展性较差，随着对等结点的数量增加，网络可能存在过多的查询而发生阻塞；

b. 由于没有中央目录服务器对用户进行管理，因此缺乏较好的集中控制和策略；

c. 查询的有效期和正确性都不能保证；

d. 能力有限的对等结点容易造成系统瓶颈；

e. 网络中对等结点的查找和定位比较复杂，效率低下。

2.7.3.3 分层式

集中目录式网络模型有利于网络资源的快速检索，但是其中心化的模式容易遭到直接的攻击；全分布式 P2P 模型解决了抗攻击问题，但又缺乏快速搜索和可扩展性。所以出现了分层式 P2P 网络模型。

(1)概念

在设计和处理能力上进行了优化,根据各结点的处理能力不同(计算能力、内存大小、网络带宽、网络滞留时间等)区分出超级结点和普通结点。在资源共享方面,所有结点地位相同,区别在于,超级结点上存储了其他部分结点的信息,发现算法仅在超级结点之间进行。超级结点再将查询请求转发给普通结点。分层式 P2P 网络模型的著名案例就是 KaZaa。KaZaa 协议中,每个结点上线后会寻找一个超级结点挂靠,并和原先挂靠在该超级结点下的其他普通结点相连接,组成一个小的无结构网络。

分层式 P2P 网络模型的优点

①按性能对结点进行分类,根据结点能力合理分担负载。

②各簇相对独立。如果一个簇改变了内部查询机制,对其他簇和上层的查询机制是独立的;同理,一个结点失效,只会对其归属簇有影响。

③提高了查询速度。由于划分簇,每个簇的结点数远远少于总结点数,从而减少了路由跳数。

④减少了查询消息传播的数量。

(3)分层式 P2P 网络模型的缺点

该模型实现比较困难,需要提供能够有效组织结点间关系的搜索网络。

三种 P2P 网络模型在不同比较标准下的对比如表 2-11 所示。

表 2-11　三种 P2P 网络模型在不同比较标准下的对比

比较标准	集中目录式	全分布式		分层式
		非结构化	结构化	
可扩展性	差	差	好	中
可靠性	差	好	好	中
可维护性	最好	最好	好	中
发现算法效率	最高	中	高	中
复杂查询	支持	支持	不支持	支持

2.7.4　P2P 背后的数学规律

2.7.4.1　小世界网络

小世界网络最早是由邓肯·瓦茨(Duncan Watts)和斯蒂文·斯特罗加茨(Steven Strogatz)在 1998 年引进的,他们将高集聚系数和短平均路径长度作为特征,提出了一种新的网络模型,一般称作瓦茨-斯特罗加茨模型(WS 模型),这也是最典型的小世界网络的模型。他们指出,这类网络图可以通过两个独立的结构特征,即集聚系数和平均结点间距离(也称作平均最短路径长度)来进行识别。

在网络理论中,小世界网络是一类特殊的复杂网络结构,在这种网络中大部分的结点彼此并不相连,但绝大部分结点之间经过少数几步就可到达。在日常生活中,有时你会发现,某些你觉得与你离得很“遥远”的人,其实离你“很近”。小世界网络就是对这种现象

(也称为小世界现象)的数学描述。用数学中图论的语言来说,小世界网络就是一个由大量顶点构成的图,其中任意两点之间的平均路径长度比顶点数量小得多。

小世界网络是一种数学图。在这种图中,绝大多数结点之间并不相邻,但任意一个给定结点的"邻居们"却很可能彼此相邻,并且大多数任意结点,都可以用较少的步或跳跃访问到其他结点。在社交网络中,这种网络属性意味着一些彼此并不相识的人可以通过一条很短的熟人链条被联系在一起,这就是小世界现象。在现实世界的很多现象中,都能够看到小世界属性,例如,网络中的导航菜单、食物网、电网、代谢处理网络、脑神经网络、选民网络、电话呼叫图、社交影响网络,等等。文化网络与单词共现网络也被证明是小世界网络。除了社会人际网络外,小世界网络的例子在生物学、物理学、计算机科学等领域也有广泛应用。万维网、公路交通网、脑神经网络和基因网络都呈现小世界网络的特征。

2.7.4.2 幂律

幂律(power law)又称幂定律、幂法则,表述两个量之间的一种函数关系,一个量随另一个量增长而幂律变化,例如,正方形边长加倍,则面积乘以四;计算机摩尔定律的幂数增长;量子计算机的能力随量子比特数的增长呈幂数增长。由于 P2P 模型中的结点是以全连接的方式组织的,n 个结点的连接有 2 的 n 次方个,所以 P2P 模型符合幂律的数学规律。

2.7.5 P2P 的应用与展望

随着 P2P 技术的发展,人们尝试使用 P2P 的方法解决各种问题,越来越多的 P2P 应用系统被提出并得到实践的检验。

2.7.5.1 P2P 的应用

(1)广域网分布式存储系统(P2P 存储系统)

分布式存储系统一直是分布式系统的一个重要领域,传统的局域网范围内的分布式文件系统、分布式对象存储系统、分布式数据库都有着良好的研究基础。P2P 技术出现后,人们试图把这些分布式存储系统向更大范围拓展,提出了在广域网中构建的分布式文件系统、对象存储系统和数据库系统。

(2)视频组播系统

视频组播的带宽要求很高,因此传统的 C/S 结构的组播系统往往由于服务器出口带宽的限制而导致系统的可扩展性很差。在基于 P2P 结构的视频组播系统中,只有少数结点从服务器直接获取数据,更多的结点一方面从其他结点处获得数据,一方面也向其他结点提供数据。整个系统的体系结构为树状结构或者网状结构。这种以对等方式构建的视频组播系统充分利用了结点之间的可用带宽而使系统的可扩展性大为提高。

(3)大文件分发系统

与视频组播系统类似,大文件分发系统也通过结点之间互相传递数据以减轻数据源点的压力,体系结构也是树状结构或者网状结构。但是由于文件分发系统对实时性、最低可接受带宽等要求不高,因此相对于视频数据它能更充分地利用带宽,获得更高的可扩展性。

(4)覆盖网路由(overlay routing)

虽然互联网可以提供任意两点之间的数据通路,但是由于路由器更新、配置错误、网络拥塞等原因,常常会出现两点之间通信质量差,甚至完全不能连通的情况。为了减少或者避免这种情况的出现,人们提出可以在需要通信的很多结点之间搭建一个覆盖网,当两点之间直接通信不畅时,可以想办法通过其他结点的转发来实现更高效的通信。比如,当结点 A 无法向结点 B 发消息或者通信质量很差时,可能存在另一个结点 C,A 与 C、C 与 B 之间的通信都是畅通而良好的,这样 A 就可以将消息发给 C,再由 C 转发给 B。

(5)应用层组播(application-level multicast)。

虽然 IP 层组播技术提出已经有很久了,但一直没有被广泛使用,主要原因是它需要改变路由器算法,因此难以被广泛部署;而且 IP 组播需要记录组状态(组名与成员地址),使得协议十分复杂,也不符合互联网设计中一贯坚持的 IP 层无状态的基本原则。鉴于此,人们提出不需要 IP 层支持的应用层组播,也就是在需要收到消息的结点之间不断转发消息,以保证消息最终能够被该组的所有成员收到。很多应用层组播在结点之间通过树状结构进行组播,并且:

①保证有结点进出时树状结构能够迅速修复;

②优化这一树状结构,使其与下层互联网结构更为匹配,以提高组播效率,降低组播通信对互联网链路产生的压力。

另外,还有一些工作试图建立 P2P 搜索引擎、利用 P2P 系统测量网络状况、通过 P2P 路由消除防火墙与网关的障碍、构建 P2P 游戏系统,等等。

2.7.5.2 P2P 技术待解决的问题

(1)音频、视频文件的知识产权问题。

(2)盗版的或不健康的音频、视频文件在互联网上利用 P2P 文件共享程序广泛传播时,要对 P2P 的流量进行有效的管理,这在技术上还是有相当的难度的。

(3)由于现在 P2P 文件共享程序的大量使用,已经消耗了互联网主干网上大部分的带宽。因此,怎样制定出合理的收费标准,既能够让广大网民接受,又能使网络运营商赢利并继续加大投入,也是目前迫切需要解决的问题。

(4)结点间的不信任和结点的自私性。P2P 结点来自于不同的组织和用户,结点之间没有天然的信任感,因此安全和隐私保密的工作就十分重要,如何在与别的结点交换数据时保护好自己的隐私一直是 P2P 研究的一个重要方向。很多理性用户总是试图多使用别人的资源,少贡献自己的资源。实验测算,在 Gnutella 中有 25%的结点从不共享数据给别人,只从别人那里下载数据。并且有大量的用户(大约占 30%)低报自己的带宽以降低其他用户下载其数据的意愿。如何激励用户多贡献自己的资源,保证交换中的公平性也是被很多研究者关注的热点方向。

(5)系统全部暴露在公网中。在传统的分布式系统中一般只有负责与用户交换的门户结点(portal)才可以直接从互联网访问,而 P2P 系统的几乎全部结点可以直接从互联网访问,这使得 P2P 系统更容易受到攻击。尤其对于一些允许结点任意加入的系统(比如大多数 P2P 文件共享系统),如何防止联合攻击(conspiracy attack)就显得更加重要。正是 P2P 系统的这些新特点使得其从一出现就显得与传统的分布式系统有着非常大的差别。这也是它能够引起众多著名学者的研究兴趣的原因之一。

知识点 2.7 习题解析

2-7-01 习题【基础】在 BitTorrent 中,假定 Alice 向 Bob 提供一个 40 秒间隔的文件块吞吐量。Bob 将必须进行回报,在相同的间隔中向 Alice 提供文件块吗,为什么?

【答案】Bob 没有必要向 Alice 提供文件块。如果 Bob 要向 Alice 发送文件块,Alice 必须在 Bob 的前 4 名邻居中。

2-7-02 习题【基础】覆盖网络是什么?它包括路由器吗?在覆盖网络中“边”是什么?

【答案】P2P 文件共享系统中的覆盖网络由参与文件共享系统的结点和结点之间的逻辑链路组成。如果 A 和 B 之间存在半永久性 TCP 连接,则从结点 A 到结点 B 之间存在逻辑链路(图论术语中的“边”),覆盖网络不包括路由器。

2-7-03 习题【基础】考虑一个具有网状覆盖网络拓扑的 DHT(即每个对等方跟踪系统中的所有对等方),这样设计的优点和缺点各是什么?环形 DHT(无捷径)的优点和缺点各是什么?

【答案】题中具有网状覆盖网络拓扑的 DHT 是一个典型的 Mesh DHT,优点是为了将消息路由到距离密钥最近的对等方(具有 ID),只需要一个跃点;缺点是每个结点必须跟踪 DHT 中的所有其他结点。

环形 DHT:优点是每个结点只需要跟踪少数其他结点;缺点是需要 O(N)跳来将消息路由到最接近密钥的对等方。

2-7-04 习题【基础】列出至少 4 个不同的应用,它们本质上适合 P2P 体系结构。(提示:文件分发和即时通信是两个这样的应用)

【答案】文件分发,即时通信,视频流,分布式计算。

2-7-05 习题【基础】下列关于 P2P 概念的描述中错误的是(　　)。

A. P2P 实现技术是指为实现对等结点之间直接通信的功能和特定的应用所需要设计的协议、软件等

B. P2P 通信模式是指 P2P 网络中对等结点之间的直接通信能力

C. P2P 网络是指与互联网并行建设的、由对等结点组成的物理网络

D. P2P 是网络结点之间采取对等的方式直接交换信息的工作模式

【答案】C。

【解析】选项 C 中 P2P 网络是一种物理网络的描述是错误的。P2P 网络是指在互联网中由对等结点组成的一种动态的逻辑网络。另外,对等结点之间具有直接通信的能力是 P2P 网络的显著特点。

2-7-06 习题【基础】对两个进程之间的通信会话而言,哪个进程是客户端,哪个进程是服务器端?对一个 P2P 文件共享应用,你同意“一个通信会话不存在客户端和服务器端的概念”的说法吗,为什么?

【答案】发起沟通的进程是客户端;等待联系的进程是服务器端。

不同意。在 P2P 文件共享应用程序中,接收文件的对等方通常是客户端,发送文件的对等方通常是服务器端。

第3章 运 输 层

知识点3.1 运输层服务

3.1.1 运输层概述

运输层的任务是负责主机中两个进程之间的通信。运输层协议为运行在不同主机上的应用进程之间提供了逻辑通信(logic communication)功能。本节阐述了运输层在层次体系结构中的地位,剖析了应用进程之间的通信关系,以及运输层基本功能,并简要探讨了运输层和网络层之间的区别。运输层协议是在端系统中而不是在路由器中实现的。在发送端,运输层将从发送应用程序进程接收到的报文转换成运输层分组,在网络领域该分组称为运输层报文段(segment)。在接收端,网络层从数据报中提取运输层报文段,并将该报文段向上交给运输层,运输层则处理接收到的报文段,并将该报文段中的数据提交给接收应用进程。

3.1.1.1 运输层在层次体系结构中的地位

运输层在层次体系结构中的地位如图3-1所示。

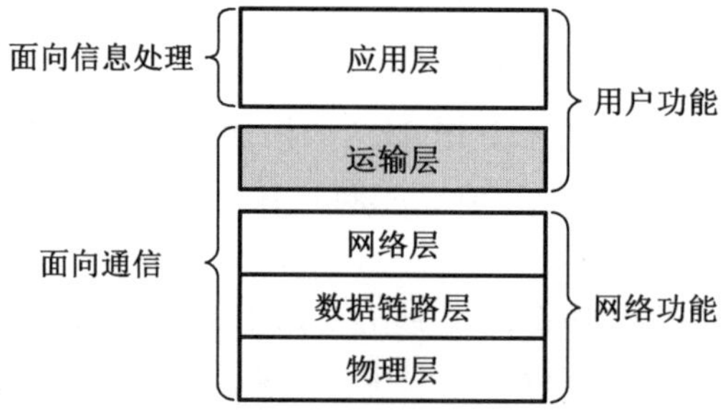

图3-1 运输层在层次体系结构中的地位

(1)从通信和信息处理的角度看,运输层向它上面的应用层提供通信服务,它属于面向通信部分的最高层,同时也是用户功能中的最底层。在通信子网中没有运输层,运输层只存在于通信子网以外的主机中。

(2)运输层在网络分层结构中起着承上启下的作用,通过执行运输层协议,屏蔽通信子网在技术、设计上的差异和服务质量的不足,向高层提供一个标准的、完善的通信服务。

(3)运输层的目标是为进程之间的通信提供有效、可靠的服务。

3.1.1.2 运输层的基本功能

运输层为应用进程之间提供端到端的逻辑通信,其基本功能如下:

(1)复用与分用;
(2)差错控制(完整性控制);
(3)可靠传输(按序交付,无丢失,不重复);
(4)拥塞控制(收发双方的协调一致);
(5)流量控制(全局上的通信流量调节)。

3.1.2　运输层与网络层关系

在协议栈中,运输层刚好位于网络层之上。网络层提供了主机之间的逻辑通信,而运输层为运行在不同主机上的进程之间提供了逻辑通信。这种差别虽然细微但很重要。

(1)运输层为运行在不同主机上的进程之间提供了逻辑通信。网络层提供了主机之间的逻辑通信。

(2)运输层对收到的报文进行差错检测,包括首部和数据部分。而在网络层 IP 数据报首部中的检验和字段,只检验首部是否出现差错而不检验数据部分。

(3)根据应用的不同,运输层需要有两种不同的运输协议,即面向连接的 TCP 和无连接的 UDP,而网络层无法同时实现这两种协议。

知识点 3.1 习题解析

3-1-01　习题【基础】简述运输层通信和网络层通信的区别。

【答案】(1)运输层为应用进程提供端到端的逻辑通信,网络层为主机之间提供端到端的逻辑通信。

(2)运输层对收到的报文进行差错检测,包括首部和数据部分,网络层 IP 数据报首部中的检验和字段,只检验首部是否出现差错而不检验数据部分。

(3)根据应用的不同,运输层需要有两种不同的运输协议,即面向连接的 TCP 和无连接的 UDP,网络层无法同时实现这两种协议。

3-1-02　习题【基础】为什么说运输层在协议栈中至关重要?它有着怎样的作用?

【答案】(1)从通信和信息处理的角度看,运输层向它上面的应用层提供通信服务,它属于面向通信部分的最高层,同时也是用户功能中的最底层。在通信子网中没有运输层,运输层只存在于通信子网以外的主机中。

(2)运输层在网络分层结构中起着承上启下的作用,通过执行运输层协议,屏蔽通信子网在技术设计上的差异和服务质量的不足,向高层提供一个标准的、完善的通信服务。

运输层的目标是向应用层应用程序进程之间的通信提供有效、可靠、保证质量的服务。

运输层的作用有复用和分用、差错控制、可靠传输、拥塞控制以及流量控制等。

3-1-03　习题【进阶】数据链路层和运输层提供的服务是非常相似的,请简述二者的相同点与异同点。

【答案】(1)链路层和运输层均能提供可靠的传输。尽管在这两层提供相似的传输机制,但这两种可靠传输服务是不同的。运输层协议在端到端的基础上为两个进程之间提供可靠传输;可靠的链路层协议在一条链路相连的两个结点之间提供可靠的传输服务。

(2)链路层和运输层协议均能提供流量控制和差错控制。但运输层协议中的流量控制是在端到端的基础上提供的，而链路层协议中的流量控制是在相邻结点之间的基础上提供的。

3-1-04 习题【进阶】根据 TCP/IP 参考模型，我们可以知道运输层在源主机和目的主机对等实体之间建立了用于会话的什么链接？

【答案】一般来说，端到端通信是由一段段的点到点信道构成的，端到端协议建立在点到点协议之上（正如 TCP 建立在 IP 之上），提供应用进程之间的通信手段，所以为端到端连接。

【解析】TCP/IP 模型中，网络层及其以下各层所构成的通信子网负责主机到主机或点到点的通信，而运输层的主要作用是在源主机进程和目的主机进程之间提供端到端的数据传输。

3-1-05 习题【进阶】为什么说运输层提供的是主机间的点到点数据传输是错的？

【答案】运输层提供的是进程到进程间的传输服务，也称端到端服务。

【解析】运输层是 OSI 模型中的第 4 层，TCP 是面向连接的，它提供流量控制和拥塞控制，保证服务可靠；UDP 是无连接的，不提供流量控制和拥塞控制，只能做出尽最大努力的交付。

知识点 3.2　多路复用与多路分用

在目的主机，运输层从紧邻其下的网络层接收报文段，并负责将这些报文段中的数据交付给在主机上运行的适当应用程序进程。

一个进程（作为网络应用的一部分）有一个或多个套接字，它相当于从网络向进程传递数据和从进程向网络传递数据的门户。由于在任一时刻，在接收主机上可能有不止一个套接字，所以每个套接字都有唯一的标识符。标识符的格式取决于它是 UDP 还是 TCP 套接字。

接收主机以将一个到达的运输层报文段定向到适当的套接字为目的，每个运输层报文段中具有几个字段。在接收端，运输层检查这些字段，标识出接收套接字，进而将报文段定向到该套接字。将运输层报文段中的数据交付到正确的套接字的工作称为多路分用（demultiplexing）。源主机从不同套接字中收集数据块，并为每个数据块封装上首部信息（这将在以后用于分解）从而生成报文段，然后将报文段传递到网络层，所有这些工作称为多路复用（multiplexing）。

运输层多路复用要求：

（1）套接字有唯一标识符；

（2）每个报文段由特殊字段来指示该报文段所要交付到的套接字。

如图 3-2 所示，这些特殊字段是源端口号字段和目的端口号字段。每个端口号是一个 16 bit 的数，其大小为 0~65 535。0~1 023 范围的端口号称为周知端口号，是受限制的。

运输层分解服务过程：在主机上的每个套接字能够分配一个端口号，当报文段到达主机时，运输层检查报文段中的目的端口号，并将其定向到相应的套接字，然后报文段中的数据通过套接字进入其所连接的进程。UDP 大体上是这样做的，但是 TCP 中的多路复用与多路分用更为复杂。

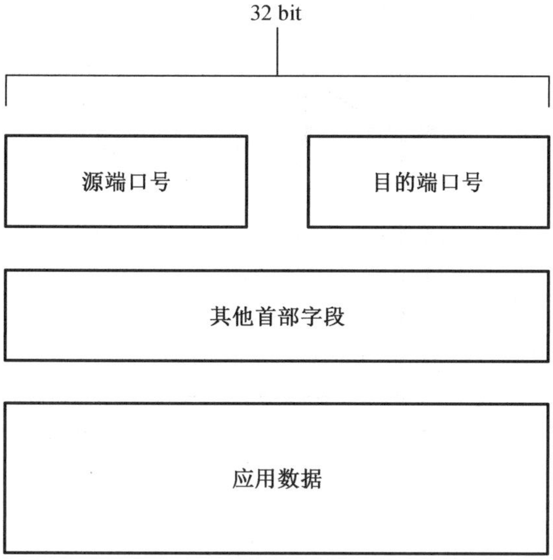

图 3-2 运输层报文段中的源与目的端口字段

3.2.1 无连接的多路复用与多路分用

创建一个 UDP 套接字时,运输层自动为该套接字分配一个端口号。特别是,运输层从 1024~65535 范围内分配一个端口号,该端口号是当前未被该主机中任何其他 UDP 端口使用的号。

一个 UDP 套接字是由一个二元组全面标识的,该二元组包含一个目的 IP 地址和一个目的端口号。因此,如果两个 UDP 报文段有不同的源 IP 地址和/或源端口号,但具有相同的目的 IP 地址和目的端口号,那么这两个报文段将通过相同的目的套接字被定向到相同的目的进程。

如果应用程序开发者所编写的代码实现的是一个“周知协议”的服务器端,那么开发者就必须为其分配一个相应的周知端口号。通常,应用程序的客户端让运输层自动地(并且是透明地)分配端口号,而服务器端则分配一个特定的端口号。

如图 3-3 所示,在 A 到 B 的报文段中,源端口号用作“返回地址”的一部分,即当 B 需要回发一个报文段给 A 时,B 到 A 的报文段中的目的端口号便从 A 到 B 的报文段中的源端口号中取值(完整的返回地址是 A 的 IP 地址和源端口号)。

3.2.2 面向连接的多路复用与多路分用

TCP 套接字和 UDP 套接字之间的一个细微差别是,TCP 套接字是由一个四元组(源 IP 地址、源端口号、目的 IP 地址、目的端口号)来标识的。因此,当一个 TCP 报文段从网络到达一台主机时,该主机使用全部 4 个值来将报文段定向(分解)到相应的套接字。与 UDP 不同的是,两个具有不同源 IP 地址或源端口号的到达 TCP 报文段将被定向到两个不同的套接字,除非 TCP 报文段携带了初始创建连接的请求。

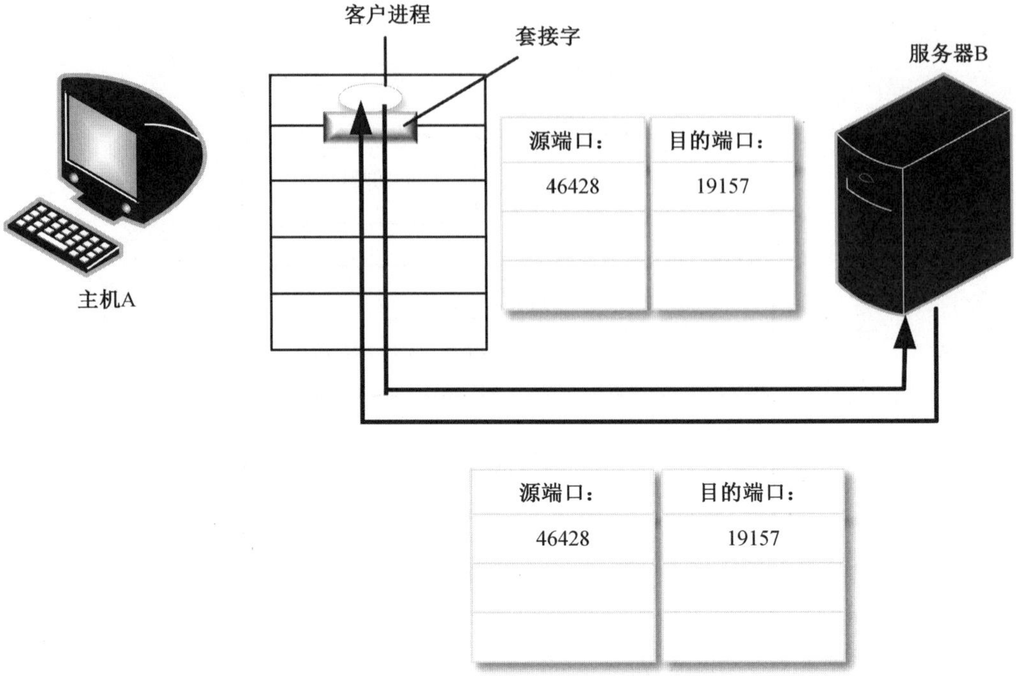

图 3-3　源端口号与目的端口号的反转

服务器主机可以支持很多并行的 TCP 套接字，每个套接字与一个进程相联系，并由其四元组来标识。当一个 TCP 报文段到达主机时，所有 4 个字段（源 IP 地址、源端口号、目的 IP 地址、目的端口号）被用来将报文段定向（分解）到相应的套接字。

图 3-4 展示了这种情况，图中主机 C 向服务器 B 发起了两个 HTTP 会话，主机 A 向服务器 B 发起了一个 HTTP 会话。主机 A 与主机 C 及服务器 B 都有自己唯一的 IP 地址，它们分别是 A、C、B。主机 C 为其两个 HTTP 连接分配了两个不同的源端口号（26145 和 7532）。因为主机 A 选择源端口号时与主机 C 互不相干，因此它也可以将源端口号 26145 分配给其 HTTP 连接。这两个连接有不同的源 IP 地址，因此服务器 B 仍然能够正确地分解这两个具有相同源端口号的连接。

3.2.3　Web 服务器与 TCP

图 3-4 显示了一台 Web 服务器为每条连接生成一个新进程。图中每个这样的进程都有自己的连接套接字，通过这些套接字可以收到 HTTP 请求和发送 HTTP 响应。

然而，连接套接字与进程之间并非总是有着一一对应的关系。事实上，当今的高性能 Web 服务器通常只使用一个进程，但是为每个新的客户连接创建一个具有新连接套接字的新线程（线程可被看作是一个轻量级的子进程）。对于这样一台服务器，在任意给定的时间内都可能有（具有不同标识的）许多连接套接字连接到相同的进程。

如果客户与服务器使用持续 HTTP，则在整个连接持续期间，客户与服务器之间经由同一个服务器套接字交换 HTTP 报文。然而，如果客户与服务器使用非持续 HTTP，则对每一对请求/响应都创建一个新的 TCP 连接并在随后关闭，因此对每一对请求/响应创建一个新的套接字并在随后关闭。这种套接字的频繁创建和关闭会严重地影响一个繁忙的 Web 服务器的性能。目前有许多操作系统技巧可用来减轻这个问题的影响。

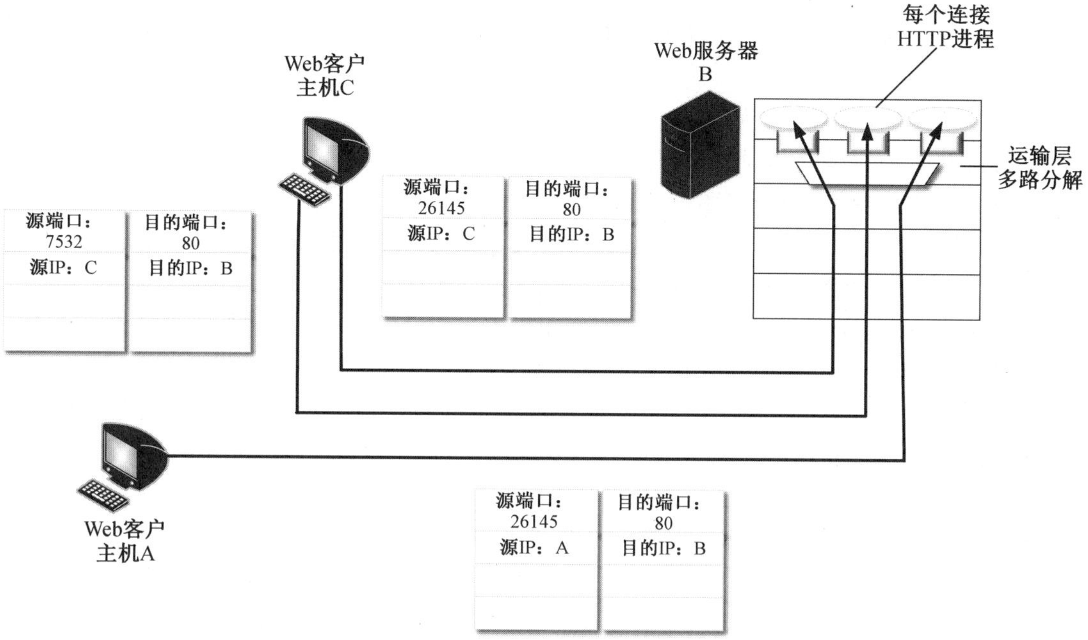

图 3-4　两个客户使用相同的目的端口号(80)与同一个 Web 服务器应用通信

知识点 3.2 习题解析

3-2-01　习题【基础】如果接收方收到了有差错的 UDP 数据报,该如何处理?

【答案】丢弃该数据报。

3-2-02　习题【基础】当一个应用程序运行在 UDP 上时,如何才能得到可靠的数据传输?

【答案】应用程序开发人员可以将可靠的数据传输放到应用层中。然而,这需要大量的工作和调试。

3-2-03　习题【基础】相较于用户进程直接发送原始的 IP 分组,使用 UDP 有哪些好处?请简要说明。

【答案】仅仅使用 IP 分组还不够。IP 分组包含 IP 地址,该地址指定一个目的机器。一旦这样的分组到达目的机器,网络控制程序如何知道把它交给哪个进程呢?UDP 分组包含一个目的端口,这一信息是必需的,因为有了它,分组才能被投递给正确的进程。此外,UDP 可以对数据报做包括数据段在内的差错检测,而 IP 只对其首部做差错检测。

3-2-04　习题【基础】UDP 协议实现分用时所依据的首部字段是什么?

【答案】目的端口号需要在终点交付报文时使用,所以所依据的是目的端口号。

【解析】运输层分用的定义是,接收方的运输层剥去报文首部后,能把这些数据正确交付到目的进程。源端口号在需要对方回信时选用,不需要时可用全 0。

3-2-05　习题【基础】关于 UDP 协议,有哪些作用?试着说明。

【答案】(1)提供无连接服务;(2)提供复用/分用服务。

【解析】考察 UDP 协议的基本概念。

3-2-06　习题【进阶】在以下几种情况下,UDP 的检验和在发送时的数值分别是多少?

(1)发送方决定不使用检验和。

(2)发送方使用检验和,检验和的数值是全 1。

(3)发送方使用检验和,检验和的数值是全 0。

【答案】(1)如果发送方决定不使用检验和,那么发送方的检验和的值应当置为全 0,这表示这个数值不是计算出来的,而是发送方关闭了检验和这个功能。

(2)接收方一旦收到检验和是全 1 的 UDP 用户数据报,就知道这是人为设置的,真正的检验和其实是全 0。

(3)这种情况是不可能的,如果发送方计算出来的检验是全 0, 那也要把它变成全 1 后再发送出去。

【解析】UDP 规定,UDP 的上层用户可以关闭检验和的计算(即在 UDP 的传送过程中,不使用检验和这个检错功能),这样做的好处是可以提高 UDP 的传送速度(但要牺牲一些可靠性)。

我们可以想一想,怎么会出现这种情况。如果计算检验和最后的结果是全 1,就表明得出这个结果的前一个步骤(即进行二进制反码求和)的结果是全 0,在什么情况下,伪首部和整个 UDP 按 16 位字进行二进制反码求和的结果是全 0? 这就是伪首部和整个 UDP 的所有字段都是 0,但很明显,这是不可能的。所有的地址和数据都是 0,并没有意义。两个 1 相加按二进制反码求和的结果不是 0,而是 10,这里的 1 是进位。因此按照计算检验和的规矩来计算,对真实的 UDP 用户数据报不可能得出检验和的数值是全 1。但是,计算检验和时的倒数第二步,即按二进制反码求和的结果却有可能是全 1,在这种情况下,最后一步求反码,就会得出检验和是全 0,但是前面我们已经讲过,检验和置为全 0 是表示发送方不使用检验和。这样就产生了疑问:如果检验和是全 0,是发送方不使用检验和,还是使用了检验和但检验和碰巧是全 0? 无法确定。于是 UDP 协议就规定:如果计算检验和的结果恰好是全 0,那么就把它人为地置为全 1。因为前面已经讲过,全 1 的检验和是不可能由计算产生出来的。

3-2-07　习题【进阶】UDP 和 IP 的不可靠程度是否相同? 请加以解释?

【答案】UDP 和 IP 都是无连接的协议和不可靠传输的协议。UDP 用户数据报和 IP 数据报的首部都有检验和字段。当检验出有差错时,就把收到的 UDP 用户数据报或 IP 数据报丢弃。这是它们的相同之处。但 UDP 和 IP 的可靠性是有些区别的。UDP 用户数据报的检验和是既检验 UDP 用户数据报的首部又检验整个 UDP 用户数据报的数据部分,而 IP 数据报的检验和仅仅检验 IP 数据报的首部。UDP 用户数据报的检验和还增加了伪首部,即还检验了下面的 IP 数据报的源 IP 地址和目的 IP 地址。

3-2-08　习题【进阶】UDP 用户数据报的最小长度是多少? 用最小长度的 UDP 用户数据报构成的最短小 IP 数据报的长度是多少?

【答案】UDP 用户数据报的最小长度是 8 字节,即仅有首部而没有数据。用最小长度的 UDP 用户数据报构成的最短 IP 数据报的长度是 28 字节,此 IP 数据报具有 20 字节的固定首部，首部中没有可选字段。

3-2-09 习题【进阶】某客户使用 UDP 将数据发送给服务器，数据共 16 字节。试计算在运输层的传输效率（有用字节与总字节之比）？

【答案】UDP 用户数据报的总长度 = 8 + 16 = 24 字节。因此，在运输层的传输效率 = 16/24 = 0.667。

【解析】UDP 用户数据报的长度=数据报的首部+传输的数据；

传输效率=传输的数据/数据报总长度，根据此我们可以计算。

3-2-10 习题【综合】我们曾经说过，应用程序可能选择 UDP 作为运输协议，因为 UDP 提供了比 TCP 更好的应用控制，以决定在报文段中发送什么数据和发送时机。

(1)应用程序为什么对在报文段中发送什么数据有更多的控制？

(2)应用程序为什么对何时发送报文段有更多的控制？

【答案】(1)考虑通过传输协议发送应用消息。使用 TCP，应用程序将数据写入连接发送缓冲区，TCP 将抓取字节，而不必在 TCP 段中放入单个消息；TCP 可能会在一个段中放置多于或少于一条消息。另一方面，UDP 将应用程序提供的任何内容封装在一个段中；这样，如果应用程序给 UDP 一个应用程序消息，这个消息将是 UDP 段的有效载荷。因此，使用 UDP，应用程序可以更好地控制段中发送的数据。

(2)对于 TCP，由于流量控制和拥塞控制，从应用程序将数据写入其发送缓冲区的时间到将数据提供给网络层的时间，可能存在显著的延迟，由于流量控制和拥塞控制，UDP 没有延迟。

3-2-11 习题【综合】假定在主机 C 上的一个进程有一个具有端口号 6789 的 UDP 套接字，假定主机 A 和主机 B 都用目的端口号 6789 向主机 C 发送一个 UDP 报文段 这两台主机的这些报文段在主机 C 都被描述为相同的套接字吗？如果是这样的话，主机的该进程将怎样知道源于两台不同主机的这两个报文段？

【答案】两个段将被定向到同一个套接字。对于每个接收到的段，在套接字接口处，操作系统将为进程提供 IP 地址以确定各个段的来源。

知识点 3.3 用户数据报协议

3.3.1 UDP 概述

用户数据报协议 UDP 只在 IP 的数据报服务之上增加了端口（有了端口，运输层就能进行复用和分用）和差错检测的功能。其主要特点可归结为以下几点：

(1)UDP 是一种无连接的、不可靠的运输层协议；

(2)在进程到进程的通信中提供了有限的差错检测功能；

(3)UDP 协议的目的是希望以最小的开销来达到网络环境中进程通信的目的；

(4)当进程发送的报文较短，同时对报文的可靠性要求不高时，可以考虑使用 UDP。

在前面已经提到，UDP 也同样需要端口，因此，接下来将对 UDP 端口做一个简单描述：

(1)TCP/IP 协议簇中用端口号来标识进程；

(2)端口号是在 0~65535 之间的整数；

(3)客户程序随机选取的端口号为临时端口号;

(4)每种服务器程序被分配了确定的全局一致的熟知端口号;

(5)每个客户进程都知道相应的服务器进程的熟知端口号;

(6)UDP 与应用层之间的通信都是用报文队列来实现的。

3.3.2 UDP 数据报

UDP 用户数据报有两个字段:数据字段和首部字段。首部字段很简单,只有 8 个字节,由 4 个字段组成,每个字段都是 2 个字节(图 3-5)。

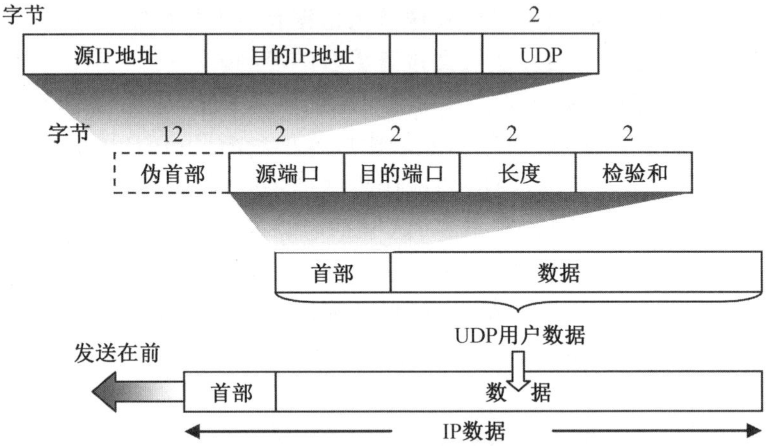

图 3-5 UDP 用户数据报

各字段意义如下:

(1)源端口

源端口是用源端口号来标识的。该项是任选项,其默认值是 0。若被指定,当接收进程返回数据时,这些应用数据对其他人是透明的。

(2)目的端口

目的端口是用目的端口号来标识的。该项必须指定,因为它作为接收主机内与特定应用进程相关联的地址。

(3)长度

该字段代表数据报文头及其后面数据的总长度。最小值 8 字节,即 UDP 数据报头长度。

(4)检验和

该字段用于防止 UDP 用户数据报在传输中出错。当进行检验和计算时,要在 UDP 数据报之前增加临时的 12 个字节伪首部。

3.3.3 UDP 校验

由于不能保证源和目的之间所有链路都提供差错检测功能,因此在 UDP 的首部字段中包含了检验和的功能。UDP 检验和提供差错检测,但并不能进行差错恢复。其检验和计算步骤(分为发送端和接收端)如下。

在发送端：

(1)将全零放入检验和字段。

(2)将伪首部以及 UDP 用户数据报看成是由许多 16 bit 的字串接起来,若 UDP 用户数据报的数据部分不是偶数个字节则填入一个全零字节(但此字节不发送)。

(3)按二进制反码计算出这些 16 bit 字的和。

(4)将此和的二进制反码写入检验和字段后发送 UDP 用户数据报。

在接收端：

将收到的 UDP 用户数据报连同伪首部(以及可能的填充全零字节)一起,按二进制反码求这些 16 bit 字的和。当无差错时其结果应该为全 1。否则,就表明有差错出现。

注意:两个数进行二进制反码求和的运算规则是从低位到高位逐列进行计算。0 和 0 相加是 0;0 和 1 相加是 1;1 和 1 相加是 0,但要产生一个进位 1,加到下一列。若最高位相加后产生进位,则最后得到的结果要加 1。

检验和计算举例。假定有三个 16 bit 的字,分别为 0110011001100110, 0101010101010101,0000111100001111,前两个 16 bit 字之和是：

```
  0110011001100110
+ 0101010101010101
  1011101110111011
```

再将上面的和与第三个字相加,得出：

```
  1011101110111011
+ 0000111100001111
  1100101011001010
```

将得出的结果求反码,得出检验和：

0011010100110101

在接收方,全部的 4 个 16 bit 的字(包括检验和)一起相加。如果分组中无差错,则接收方的这个和将是 1111111111111111。如果有 1 个比特为零,那么说明分组中出现了差错。

该方法的优点是简单,处理速度较快;缺点是检错能力有限。在此值得一提的是,UDP 计算检验和的方法和计算 IP 数据报首部检验和的方法相似,只是 IP 数据报的检验和只检验 IP 数据报的首部,而 UDP 的检验和是将首部和数据部分一起都检验。

知识点 3.3 习题解析

3-3-01 习题【基础】UDP 协议与 TCP 协议有很大的不同,为什么说 UDP 是面向报文的?

【答案】发送方 UDP 对应用程序交下来的报文,在添加首部后就向下交付 IP 层。UDP 对应用层交下来的报文,既不合并,也不拆分,而是保留这些报文的边界。接收方 UDP 对 IP 层交上来的 UDP 用户数据报,在去除首部后原封不动地交付上层的应用进程,一次交付一个完整的报文,所以说 UDP 是面向报文的。

3-3-02 习题【基础】实时语音数据可以使用 TCP 进行传输吗?

【答案】在不实时播放时,可以使用 TCP 传输。

【解析】如果语音数据不实时播放，那么可以使用 TCP，因为 TCP 有重传机制，传输可靠。接收端用 TCP 将语音数据接收完毕后，可以在以后的任何时间进行播放。若假定是实时传输，不宜重传，则必须使用 UDP。

3-3-03　习题【基础】TCP 协议是面向连接的，但 TCP 使用的 IP 协议却是无连接的，为什么？

【答案】TCP 是面向连接的，但 TCP 所使用的网络可以是面向连接的（如 X25 网络），也可以是无连接的（如现在大量使用的 IP 网络）。选择无连接网络就使得整个系统非常灵活，当然也带来了一些问题。

3-3-04　习题【基础】TCP 服务有哪些特点？

【答案】TCP 提供的是一对一的全双工、可靠的字节流服务。

3-3-05　习题【基础】TCP 的通信双方，有一方发送了带有 FIN 标志位的数据段后表示什么作用？

【答案】单方面释放连接，表示本方已经无数据发送，但是可以接收对方的数据。

3-3-06　习题【进阶】TCP 连接处于 ESTABLISHED 状态。以下的事件相继发生：

(1)收到一个 FIN 报文段；

(2)应用程序发送“关闭”报文。

在每一个事件之后，连接的状态是什么？在每一个事件之后发生的动作是什么？

【答案】(1)当这个服务器收到 FIN 报文段时，服务器就向客户端发送 ACK 报文段，并进入到 CLOSE-WAIT 状态。这是被动关闭。请注意，这时客户端不会再发送数据，但服务器端如还有数据要发送给客户端，还可以继续发送。

(2)应用程序发送“关闭”报文给服务器，表明没有数据要发送了。这时服务器就应当发送 FIN 报文段给客户端，然后转换到 LAST-ACK 状态，并等待来自客户端的最后的确认。

【解析】处于 ESTABLISHED 状态又能够收到一个 FIN 报文段的，只有 TCP 的服务器端而不会是客户端。

3-3-07　习题【进阶】在今天的互联网中，为什么语音和图像流量常常由 TCP 而不是 UDP 发送？

【答案】由于大多数防火墙都配置为阻止 UDP 流量，因此使用 TCP 进行视频和语音通话，让流量通过防火墙。

知识点 3.4　可靠传输原理

图 3-6 说明了可靠数据传输的框架。为上层实体提供的服务抽象是：数据可以通过一条可靠的信道进行传输。可靠信道的含义就是指：传输数据比特不会受到损坏（由 0 变为 1，或者相反）或丢失，而且所有数据都是按照其发送顺序进行交付。这恰好就是 TCP 向调用它的互联网应用所提供的服务模型。

实现这种服务抽象是可靠数据传输协议（reliable data transfer protocol）的责任。但是可靠数据传输协议的下层协议也许是不可靠的，例如两个可靠通信端点的下层可能是由一条物理链路（如在链路级数据传输协议的场合下）组成或是由一个全球互联网络（如在运输级协议的场合下）组成。然而，可将较低层直接视为不可靠的点对点信道。

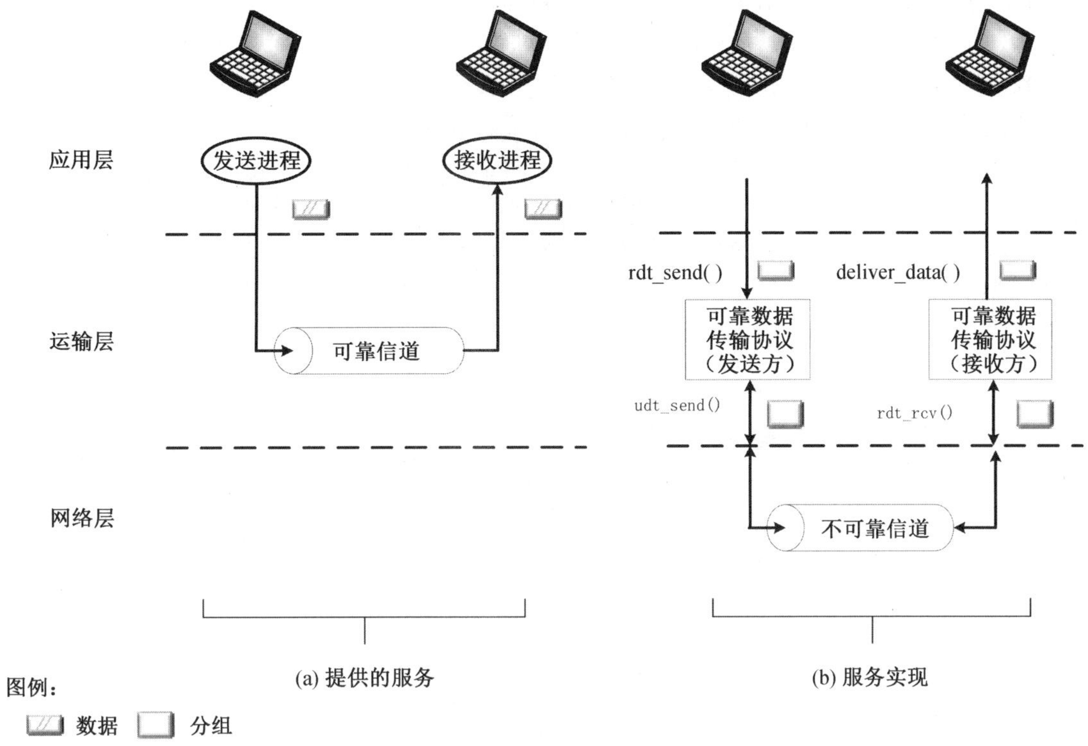

图 3-6 可靠数据传输：服务模型与服务实现

3.4.1 构造可靠数据传输协议

考虑到底层信道模型越来越复杂，所以不断地开发一个可靠数据传输协议的发送方一侧和接收方一侧。例如，将考虑当底层信道能够损坏比特或丢失整个分组时，需要什么样的协议机制。贯穿始终的一个假设是分组将以它们发送的次序进行交付，某些分组可能会丢失。这就是说，底层信道将不会对分组重排序。图 3-6(b)说明了用于数据传输协议的接口。通过调用 rdt_send( )函数，上层可以调用数据传输协议的发送方。它将要发送的数据交付给位于接收方的较高层。这里 rdt 表示可靠数据传输协议，_send 指示 rdt 的发送端正在被调用。在接收端，当分组从信道的接收端到达时，将调用 rdt_rev( )。当 rdt 协议想要向较高层交付数据时，将通过调用 deliver_data( )来完成。

本节中仅考虑单向数据传输(unidirectional data transfer)的情况，即数据传输是从发送端到接收端的。协议也要在发送端和接收端两个方向上传输分组，如图 3-6 所示。除了交换含有待传送的数据的分组之外，rdt 的发送端和接收端还需往返交换控制分组。rdt 的发送端和接收端都要通过调用 udt_send( )发送分组给对方(其中 udt 表示不可靠数据传输)。

3.4.1.1 经完全可靠信道的可靠数据传输协议：rdt1.0

首先介绍预备知识有限状态机。有限状态机(finite-state machine, FSM)，又称有限状态自动机，简称状态机，是表示有限个状态以及在这些状态之间的转移和动作等行为的数学模型。

FSM 描述图中的箭头指示了协议从一个状态变迁到另一个状态。引起变迁的事件显示在表示变迁的横线上方,事件发生时所采取的动作显示在横线下方。如果对一个事件没有动作,或没有就事件发生而采取了一个动作,将在横线上方或下方使用符号 Λ,以分别明确地表示缺少动作或事件。FSM 的初始状态用虚线表示。

考虑最简单的 rdt 情况,即底层信道是完全可靠的,称该协议为 rdt1.0。图 3-7 显示了 rdt1.0 发送方和接收方的有限状态机的定义。图 3-7(a)中的 FSM 定义了发送方的操作,图 3-7(b)中的 FSM 定义了接收方的操作。图 3-7 中发送方和接收方的 FSM 每个都只有一个状态。

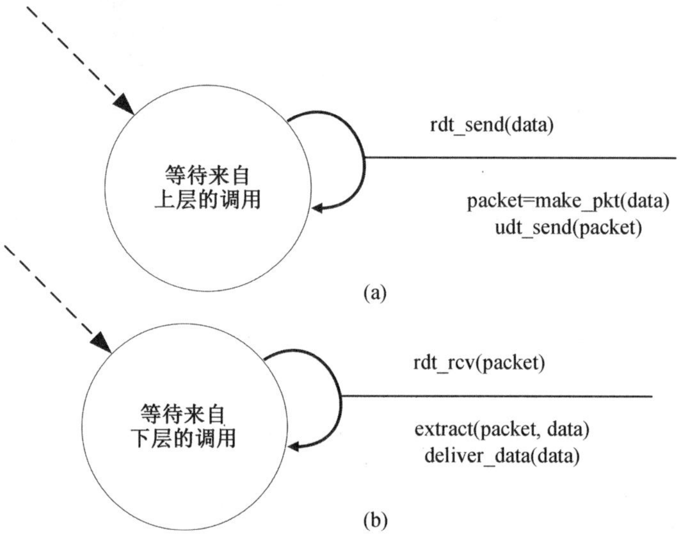

图 3-7　rdt1.0:用于完全可靠信道的协议

在这个简单的协议中,一个单元数据与一个分组没差别,而且所有分组是从发送方流向接收方。特别需要强调的是,完全可靠的信道具体而言是指:

(1)因为不必担心出现差错,接收端就不需要提供任何反馈信息给发送方;

(2)可靠信道不丢包,因此接收方接收数据的速率能够与发送方发送数据的速率一样,则接收方没有必要请求发送方慢一点。

3.4.1.2　经具有比特差错信道的可靠数据传输协议:rdt2.0

底层信道更为实际的模型是分组中的比特可能受损的模型。在分组的传输、传播或缓存的过程中,这种比特差错通常会出现在网络的物理部件中。继续假定所有发送的分组(虽然有些比特可能受损)将按其发送的顺序被接收。

在通常情况下,报文接收者在听到、理解并记下每句话后可能会说"OK"。如果报文接收者听到一句含糊不清的话时,他可能要求你重复那句容易误解的话。这种口述报文协议使用了肯定确认与否定确认。这些控制报文使得接收方可以让发送方知道哪些内容被正确接收,哪些内容接收有误并因此需要重传。在计算机网络环境中,基于这样重传机制的可靠数据传输协议称为自动重传请求(automatic repeat request,ARQ)协议。

于是我们进入 rdt2.0 的阶段,它的假设就可以归结为:

(1)分组中存在比特错误(但是 ACK 和 NAK 暂时认为不出错);

(2)沿用 rdt1.0 中所有发送的分组按序到达的假设；

(3)沿用 rdt1.0 中数据不丢包的假设。图 3-8 说明了表示 rdt2.0 的 FSM，该数据传输协议采用了差错检测、肯定确认与否定确认。

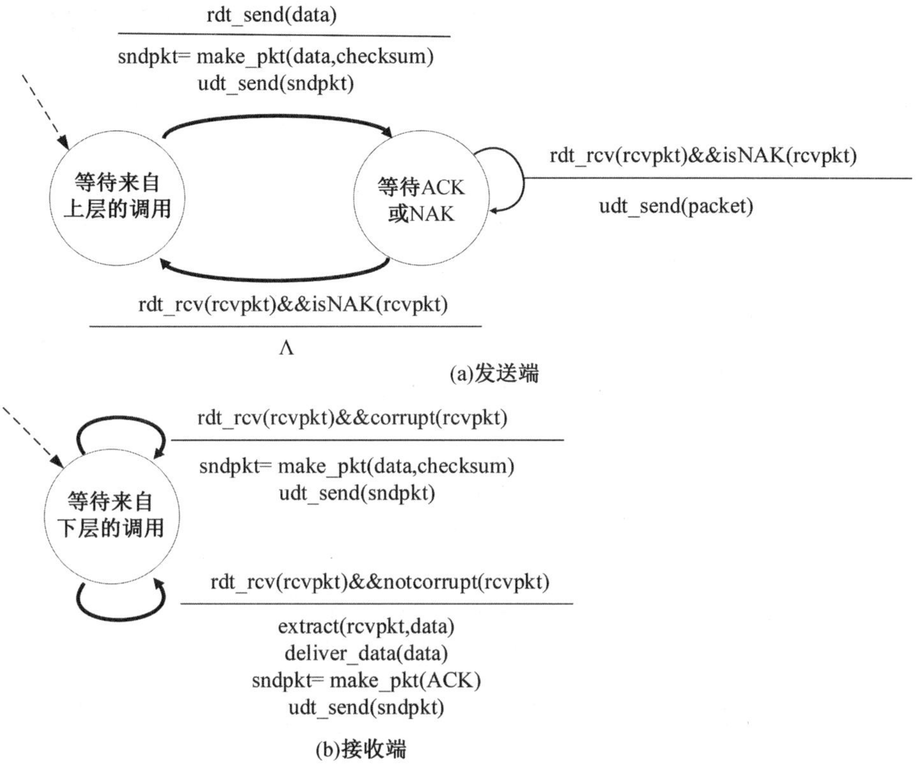

图 3-8 rdt2.0：用于具有比特差错信道的协议

rdt2.0 的发送端有两种状态。在最左边的状态中，发送端协议正等待来自上层传下来的数据。在最右边的状态中，发送方协议等待来自接收方的 ACK 或 NAK 分组。如果收到一个 ACK 分组，则发送方知道最近发送的分组已被正确接收，因此协议返回到等待来自上层的数据的状态。如果收到一个 NAK 分组，该协议重传上一个分组并等待接收方为响应重传分组而回送的 ACK 和 NAK。

注意到下列事实很重要：当发送方处于等待 ACK 或 NAK 的状态时，它不能从上层获得更多的数据。这就是说，rdt_send( ) 事件不可能出现，仅当接收到 ACK 并离开该状态时才能发生这样的事件。因此，发送方将不会发送一块新数据，除非发送方确信接收方已正确接收当前分组。由于这种行为，rdt2.0 这样的协议称为停等(stop-and-wait)协议。

图 3-9 和图 3-10 给出了对 rdt2.1 的 FSM 描述，这是 rdt2.0 的修订版。rdt2.1 与 rdt2.0 的最大不同是 ACK 或 NAK 也可能发生比特错误，为了解决这个问题引入了序列号。rdt2.1 的发送方和接收方 FSM 的状态数都是以前的两倍。这是因为协议状态此时必须反映出目前(由发送方)正发送的分组或(在接收方)希望接收的分组的序号是 0 还是 1。值得注意的是，发送或期望接收 0 号分组的状态中的动作与发送或期望接收 1 号分组的状态中的动作是相似的，唯一的不同是序号处理的方式。

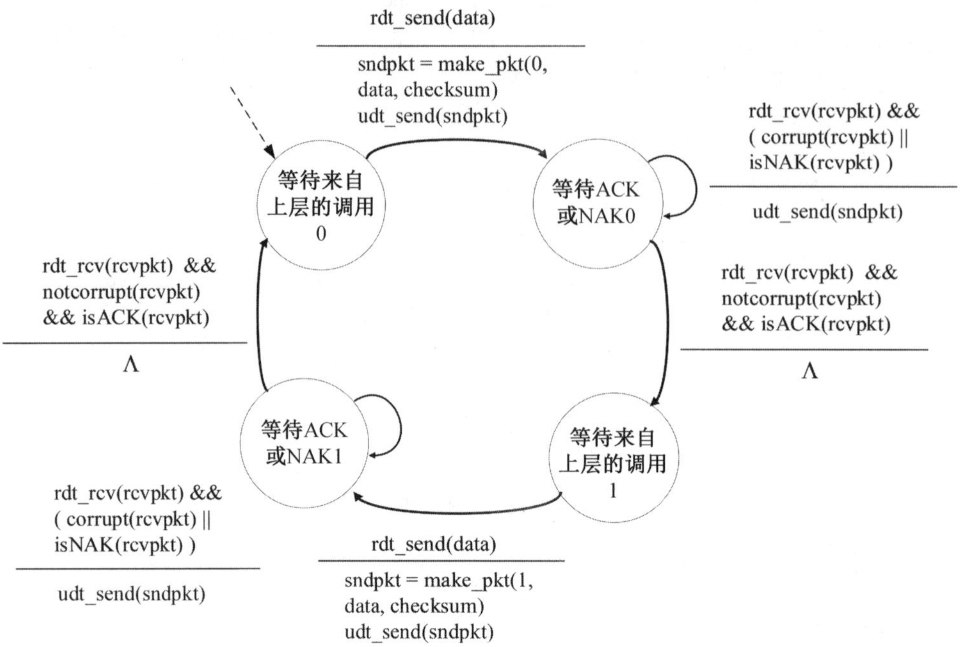

图 3-9　rdt2. 1 发送方

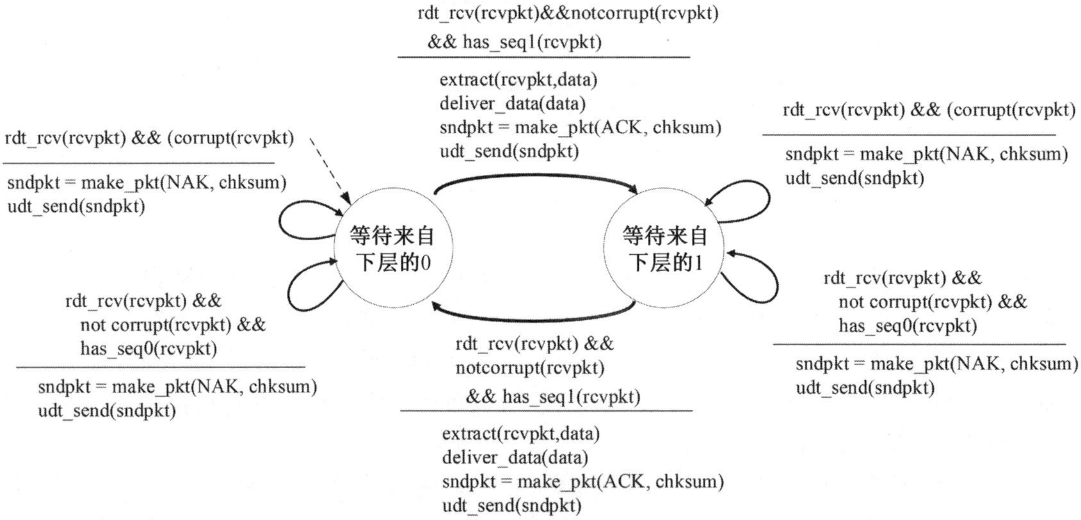

图 3-10　rdt2. 1 接收方

协议 rdt2. 1 使用了从接收方到发送方的肯定确认和否定确认。当接收到失序的分组时，接收方对所接收的分组发送一个肯定确认。如果收到受损的分组，则接收方将发送一个否定确认。如果不发送 NAK，而是对上次正确接收的分组发送一个 ACK，也能实现与 NAK 一样的效果。发送方接收到对同一个分组的两个 ACK[即接收冗余 ACK(duplicate ACK)]后，就知道接收方没有正确接收到跟在被确认两次的分组后面的分组。

rdt2. 2 是在有比特差错信道上实现的一个无 NAK 的可靠数据传输协议，如图 3-11 和图 3-12 所示。换句话说，ACK 或 NAK 统一由 NAK 表示。rdt2. 1 和 rdt2. 2 之间的细微变化在于,接收方此时必须包括由一个 ACK 报文所确认的分组序号(这可以通过在接收方 FSM 中,在 make_pkt( )中包括参数 ACK0 或 ACK1 来实现),发送方此时必须检查接收到的 ACK 报文中被确认的分组序号(这可通过在发送方 FSM 中,在 isACK( )中包括参数 0 或 1 来实现)。

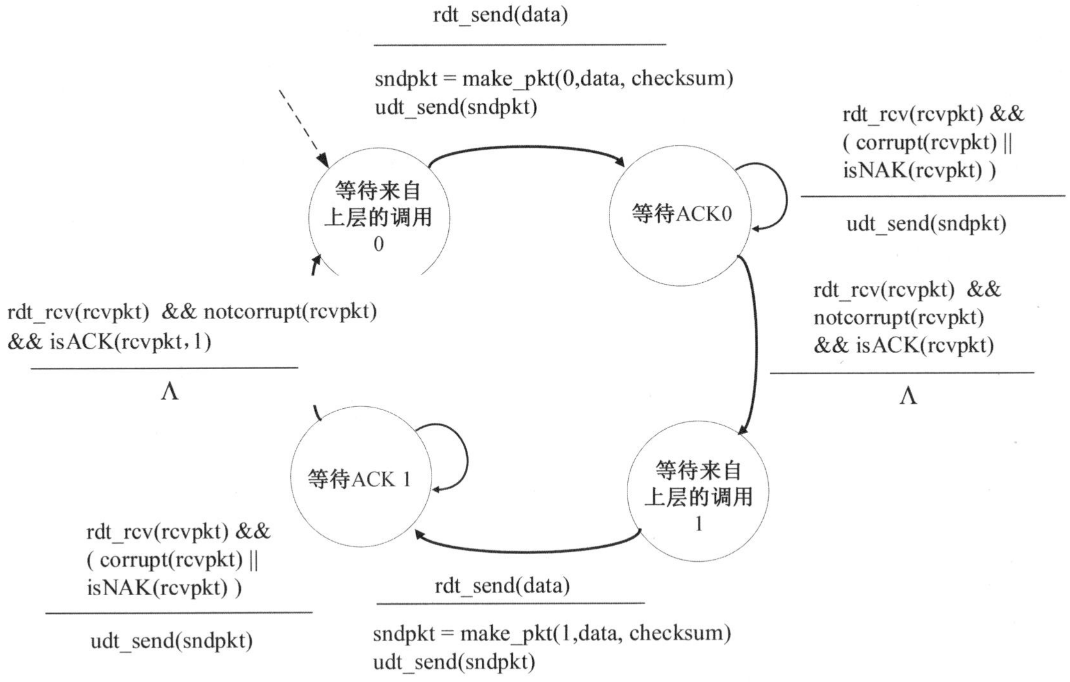

图 3-11 rdt2.2 发送方

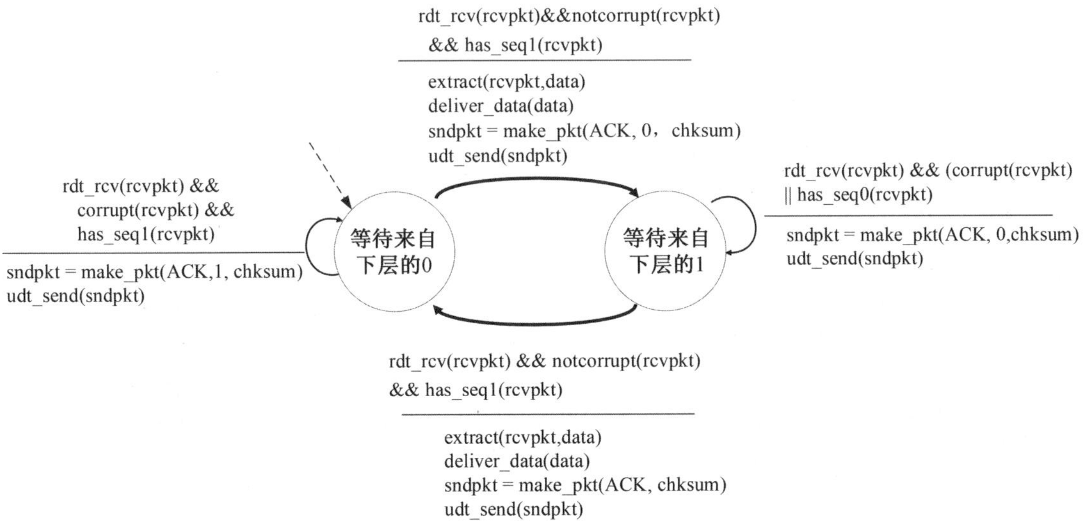

图 3-12 rdt2.2 接收方

3.4.1.3 经具有比特差错的丢包信道的可靠数据传输协议:rdt3.0

现在假定除了比特受损外,底层信道还会丢包。协议现在必须处理另外两个关注的问题:怎样检测丢包以及发生丢包后该做些什么。

由此进入了 rdt3.0 阶段,在此阶段假设:

(1)传输比特会受损(包括普通的01比特,也包括ACK);

(2)底层信道存在丢包。

但是需要注意的是,仍然延续了rdt1.0中,关于数据包按序到达的假。在rdt3.0中引入了计时器机制。

发送方需要等待多久才能确定已丢失了某些东西?实践中采取的方法是发送方明智地选择一个时间值,以判定可能发生了丢包(尽管不能确保)。如果在这个时间内没有收到ACK,则重传该分组。注意到如果一个分组经历了一个特别大的时延,发送方可能会重传该分组,即使该数据分组及其ACK都没有丢失。这就在发送方到接收方的信道中引入了冗余数据分组(duplicate data packet)的可能性。幸运的是,rdt2.2协议已经有足够的功能(即序号)来处理冗余分组情况。

数据传输协议各版本对比如表3-1所示。

表3-1　各版本对比表

版本	特点				重点解决的问题	新引入的机制
	假设		冗余分组	协议类别		
	丢包	比特错误				
rdt1.0	底层信道完全可靠,不会发生丢包	不发生比特错误,接收方不需要向发送方提供反馈信息	无	—	—	—
rdt2.0	不会发生丢包	分组中的比特可能受损	无	ARQ;停等协议	检错检测、接收方反馈、重传	肯定确认ACK、否定确认NAK
rdt2.1	不会发生丢包	分组中的比特可能受损;ACK、NAK分组可能受损	ACK、NAK冗余分组;	ARQ;停等协议	ACK、NAK分组受损;	数据分组序号
rdt2.2	不会发生丢包	分组中的比特可能受损;ACK可能受损	ACK冗余分组	ARQ;停等协议	ACK和NAK统一为ACK	ACK序号
rdt3.0	可能丢包	分组中的比特可能受损;ACK可能受损	ACK冗余分组;冗余数据分组	比特交替协议;ARQ;停等协议	ACK丢包	倒计数计时器

从发送方的观点来看,重传是一剂万能灵药。发送方不知道是一个数据分组丢失,还是一个ACK丢失,或者只是该分组或ACK过度延时。在所有这些情况下,动作是同样的:重传。为了实现基于时间的重传机制,需要一个倒计数计时器(countdown timer),在一个给定的时间量过期后,可中断发送方。因此,发送方需要能做到:

(1)每次发送一个分组(包括第一次分组和重传分组)时,便启动一个计时器;

(2)响应计时器中断(采取适当的动作);

(3)终止计时器。

rdt3.0 的各种情况可以用图 3-13 进行表示。

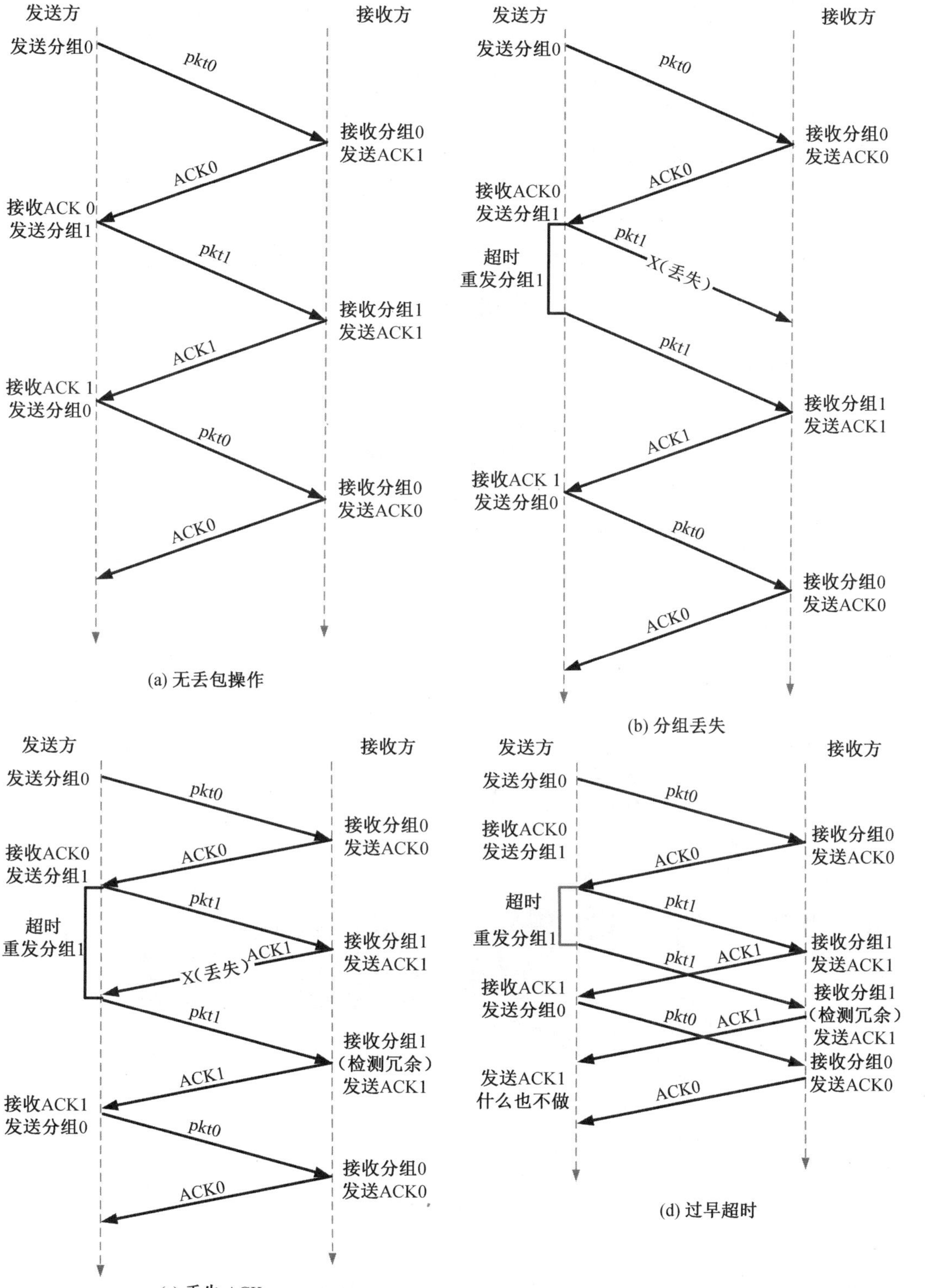

(a) 无丢包操作

(b) 分组丢失

(c) 丢失 ACK

(d) 过早超时

图 3-13 rdt3.0 的运行,比特交替协议

3.4.2 流水线可靠数据传输协议

rdt3.0 是一个功能正确的协议,但并非人人都对它的性能满意,特别是在今天的高速网络中更是如此。rdt3.0 性能问题的核心在于它是一个停等协议。

这种特殊的性能问题的一个简单解决方法是:不以停等方式运行,允许发送方发送多个分组而无须等待确认,如图 3-14(b)所示的那样。图 3-14(b)显示了如果发送方可以在等待确认之前发送 3 个报文,其利用率也基本上提高 3 倍。因为许多从发送方向接收方输送的分组可以被看成是填充到一条流水线中,故这种技术被称为流水线(pipelining)。流水线技术对可靠数据传输协议可带来如下影响:

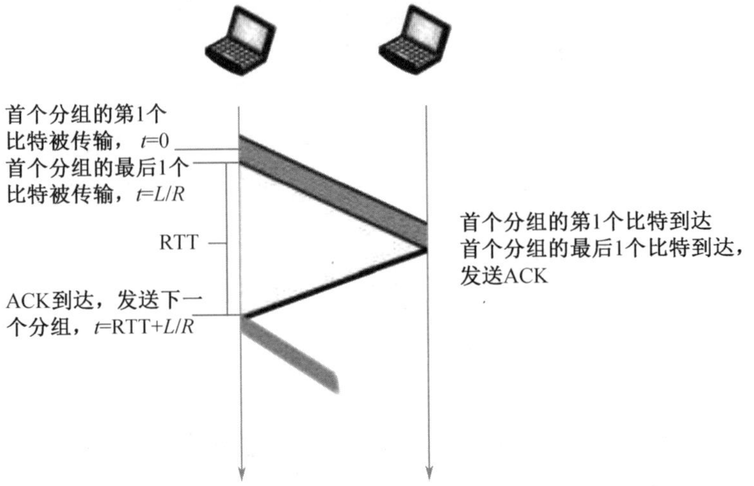

(a) 停等操作

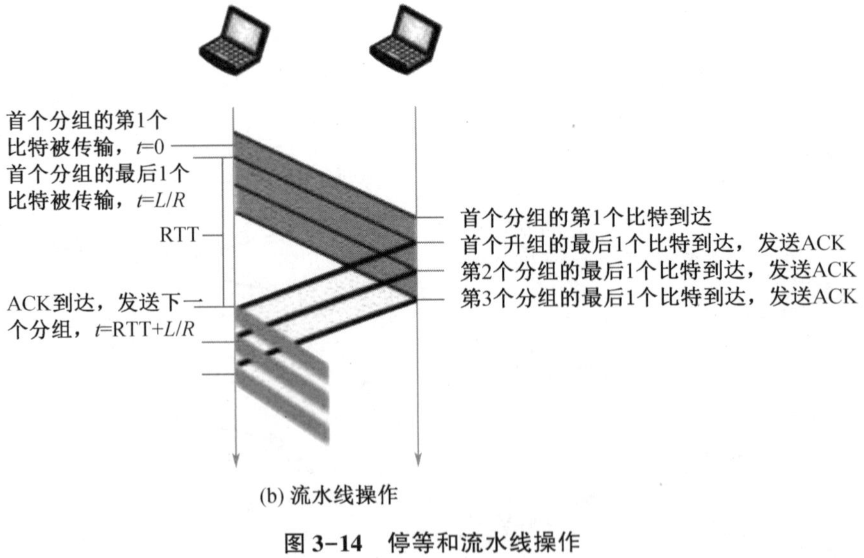

(b) 流水线操作

图 3-14 停等和流水线操作

必须增加序号范围,因为每个输送中的分组(不计算重传的)必须有一个唯一的序号,而且也许有多个在输送中的未确认报文。

协议的发送方和接收方两端也许不得不缓存多个分组。发送方最低限度应当能缓冲那些已发送但没有确认的分组。如下面讨论的那样，接收方或许也需要缓存那些已正确接收的分组。

所需序号范围和对缓冲的要求取决于数据传输协议如何处理丢失、损坏及延时过大的分组。解决流水线的差错恢复有两种基本方法是：回退 *N* 步（Go-Back-N，GBN）和选择重传（Selective Repeat，SR）。

知识点 3.4 习题解析

3-4-01 习题【基础】假定使用连续 ARQ 协议，发送窗口大小是 3，序号范围是[0，20]，传输媒体保证在接收方能够按序收到分组。某一时刻，在接收方，下一个期望收到的序号是 5。试问：在发送方的发送窗口中可能出现的序号组合有哪些？

【答案】可能的序号组合为[2,3,4]、[3,4,5]、[4,5,6]、[5,6,7]。

【解析】接收方下一个期望收到的序号为 5，说明序号为 4 之前的分组已经发送并收到，而序号为 5 的分组还没有收到，这里有两种可能，即序号 5 的分组已经发送或者还没有发送。

3-4-02 习题【基础】为保证数据传输的可靠性，TCP 采用了对什么确认的机制？

【答案】TCP 采用的是对报文段的确认机制。

【解析】TCP 是面向字节的。对每个字节进行编号，但并不是接收到每个字节都要发回确认，是在发送一个报文段的字节后才发回一个确认。

3-4-03 习题【进阶】主机甲向主机乙发送一个（SYN=1，seq=11220）的 TCP 段，期望与主机乙建立 TCP 连接，若主机乙接受该连接请求，则主机乙向主机甲发送的正确的 TCP 段为什么可能是（SYN=1，ACK=I，seq=11221，ack=11221）？

【答案】在确认报文段中，同步位 SYN 和确认位 ACK 必须都是 1，返回的确认号 seq 是甲发送的初始序号 seq = 11220 加 1，即 ack = 11221；同时乙也要选择并消耗一个初始序号 seq，seq 值由乙的 TCP 进程任意给出，它与确认号、请求报文段的序号没有任何关系。

3-4-04 习题【进阶】可靠的传输协议中的“可靠”指的是什么？

【答案】使用确认机制来确保传输的数据不丢失。

3-4-05 习题【进阶】假定主机 A 向 B 发送一个 TCP 报文段。在这个报文段中，序号是 50，而数据共有 8 字节长。试问：在这个报文段中的确认字段是否应当写入 58。

【答案】不应该，无法知道在这个报文段中的确认字段应当写入的数值。

【解析】在这个报文段中的确认字段应当写入的是 A 期望下次收到 B 发送的数据中的第一个字节的编号，而这个数值是 A 已经收到的数据中的最后一个字节的编号加 1。然而这些在题目中并未给出。题目给出的是 A 向 B 发送的数据中第一个字节的编号是 50，并且在这个报文段中共有 8 字节的数据。这些都和此报文段中的确认字段是什么毫无关系。因此，现在我们无法知道在这个报文段中的确认字段应当写入的数值。

3-4-06 习题【综合】rdt3.0 协议中，从接收方向发送方流动的 ACK 分组没有序号（尽管它们具有 ACK 字段，该字段包括了它们正在确认的分组的序号）为什么这些 ACK 分组不需要序号呢？

【答案】重复的 ACK 对于 rdt3.0 接收器来说是显而易见的，因为当它收到原始 ACK 时，它会转换到下一个状态。重复的 ACK 不是发送方需要的 ACK,因此被 rdt3.0 发送方忽略。

【解析】为了最好地回答这个问题,首先考虑为什么我们需要序列号。我们看到发送方需要序列号,以便接收方可以判断数据包是否与已接收的数据包重复。在 ACK 的情况下,发送方不需要此信息(即 ACK 上的序列号)来告诉检测重复的 ACK。

知识点 3.5 回退 *N* 步与选择重传

流水线差错恢复和有两种基本的方法:GBN 和选择重传。

GBN 核心在于发送方会维持一个窗口,发送方能发送的数据量取决于窗口长度,而且当丢失时会重送全部未确认的分组。接收方会丢弃乱序到达的缓存。而在选择重传中收发双方都会维持一个窗口,而且尽力保证窗口的状态是同步的,所以当分包丢失时,发送方只会重送丢失的分组。

3.5.1 GBN

GBN 协议中,允许发送方发送多个分组(当有多个分组可用时)而不需等待确认,但它也受限于在流水线中未确认的分组数不能超过某个最大允许数 *N*。在本节中将详细地描述 GBN。

图 3-15 显示了发送方看到的 GBN 协议的序号范围。

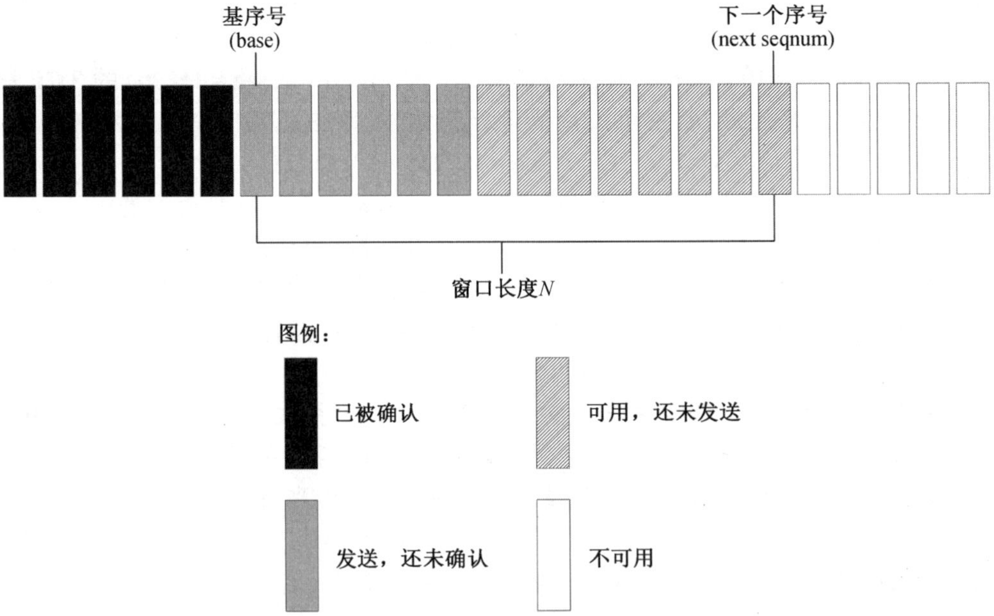

图 3-15 在 GBN 中发送方看到的序号

如果将基序号(base)定义为最早未确认分组的序号,将下一个序号(nextseqnum)定义为最小的未使用序号(即下一个待发分组的序号),则可将序号范围分割成 4 段。在[0,base-1]段内的序号对应于已经发送并被确认的分组。在[base,nextseqnum-1]段内的序号对应已经发送但未被确认的分组。在[nextseqnum,base+*N*-1]段内的序号能用于那些要被立即发送的分组(如果有数据来自上层的话)。最后,大于或等于 base+*N* 的序号是不能使用的，直到当前流水线中未被确认的分组（特别是序号为 base 的分组）已得到确认为止。

如图 3-15 所示的那样，那些已被发送但还未被确认的分组的许可序号范围可以被看成是一个在序号范围内长度为 N 的窗口。随着协议的运行，该窗口在序号空间向前滑动。因此，N 常被称为窗口长度（window size），GBN 协议也常被称为滑动窗口协议（sliding-window protocol）。

图 3-16 和图 3-17 给出了一个基于 ACK、无 NAK 的 GBN 协议的发送方和接收方这两端的扩展 FSM 描述。称该 FSM 描述为扩展 FSM，是因为增加了变量（类似于编程语言中的变量）base 和 nextseqnum，还增加了对这些变量的操作以及与这些变量有关的条件动作。

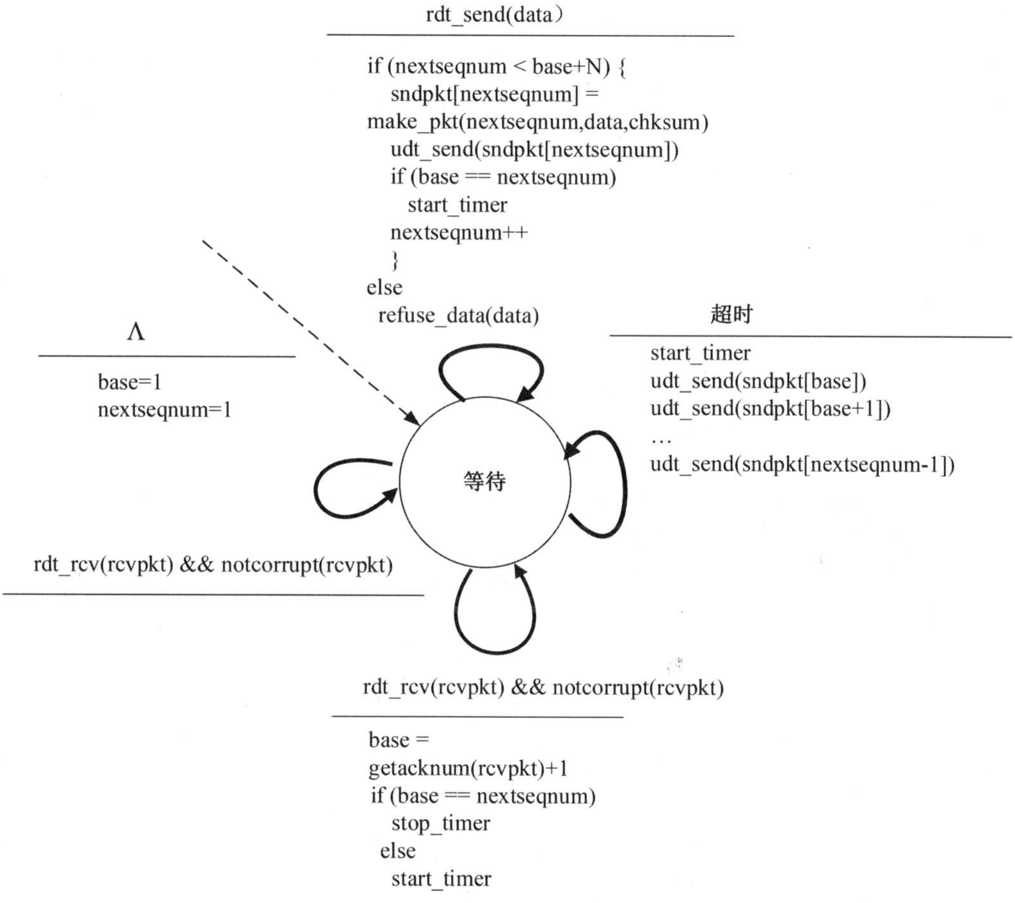

图 3-16　GBN 发送方的扩展 FSM 描述

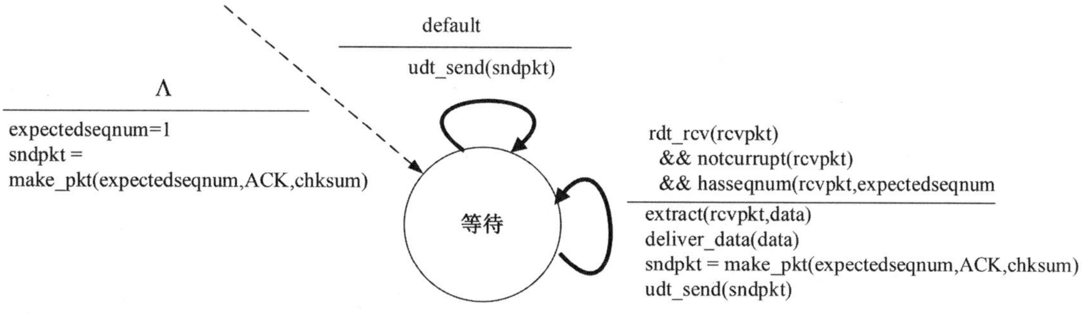

图 3-17　GBN 接收方的扩展 FSM 描述

3.5.2 选择重传

在图 3-17 中,GBN 协议潜在地允许发送方用多个分组“填充流水线”,因此避免了停等协议中所提到的信道利用率问题。然而,GBN 本身也有一些情况存在着性能问题。尤其是当窗口长度和带宽时延积都很大时,在流水线中会有很多分组更是如此。单个分组的差错就能够引起 CBN 重传大量分组,许多分组根本没有必要重传。随着信道差错率的增加,流水线可能会被这些不必要重传的分组所充斥。在口述消息的例子中,如果每次有一个单词含糊不清,其前后 1 000 个单词(例如,窗口长度为 1 000 个单词)不得不被重传的。此次口述会由于这些反复述说的单词而变慢。

顾名思义,选择重传协议通过让发送方仅重传那些它怀疑在接收方出错(即丢失或受损)的分组而避免了不必要的重传。这种个别的、按需的重传要求接收方逐个确认正确接收的分组。再次用窗口长度 N 来限制流水线中未完成、未被确认的分组数。然而,与 GBN 不同的是,SR 发送方已经收到了对窗口中某些分组的 ACK。图 3-18(a)显示了 SR 发送方看到的序号空间。图 3-18(b)详细描述了 SR 发送方所采取的动作。

SR 接收方将确认一个正确接收的分组而不管其是否按序。失序的分组将被缓存直到所有丢失分组(即序号更小的分组)皆被收到为止,这时才可以将一批分组按序交付给上层。

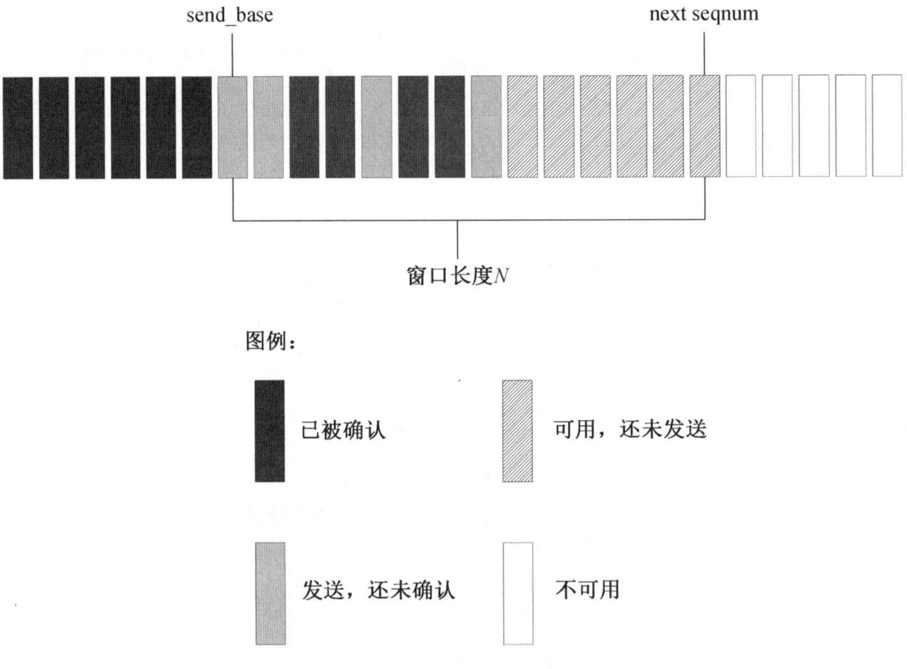

(a) 发送方看到的序号

图 3-18 选择重传发送方与接收方的序号空间

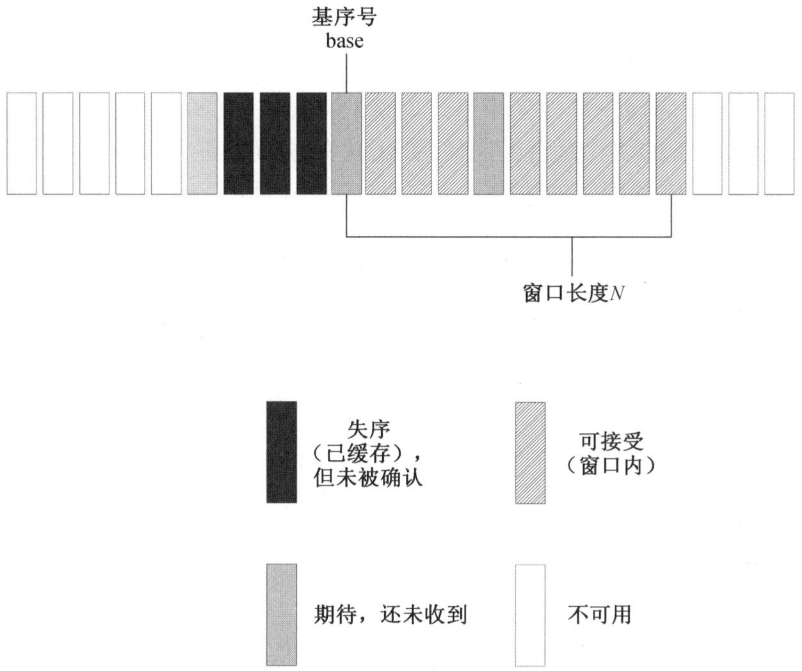

(b) 接收方看到的序号

图 3-18(续)

知识点 3.5 习题解析

3-5-01　习题【基础】在使用 TCP 传输数据时,为什么有一个确认报文段丢失,也不一定会引起与该确认报文段对应的数据的重传?

【答案】这是因为发送方可能还未重传时,就收到了对更高序号的确认。

【解析】主机 A 连续发送两个报文段(SEQ=92,DATA 共 8B)和(SEQ=100,DATA 共 20B),均正确到达主机 B。B 连续发送两个确认(ACK=100 和 ACK=120),但前一个确认帧在传送时丢失。例如 A 在第一个报文段(SEQ=92,DATA 共 8B)超时之前收到了对第一个报文段的确认(ACK=120),此时 A 知道,119 号和在 119 号之前的所有字节(包括第一个报文段中的所有字节)均已被 B 正确接收,因此 A 不会再重传第一个报文段。

3-5-02　习题【进阶】如果收到的报文段无差错,只是未按序号,则 TCP 对此未做明确规定,而是让 TCP 的实现者自行确定。试讨论以下两种可能方法的优劣:

(1)将未按序的报文段丢弃。

(2)先将未按序的报文段暂存于接收缓存内,待所缺序号的报文段收齐后再一起上交应用层。

【答案】第一种方法其实就是 GBN 协议所使用的处理方式,这种方法将未按序的报文段丢弃,会引起被丢弃报文段的重复传送,增加对网络带宽的消耗,但由于用不着将该报文段暂存,可避免对接收方缓冲区的占用。第二种方法就是选择重传协议所使用的处理方式,该方法将未按序的报文段暂存于接收缓存内,待所缺序号的报文段收齐后再一起上交应用层,这样有可能避免发送方对已经被接收方收到的未按序的报文段的重传,减少了对网络带宽的消耗,但增加了接收方缓冲区的开销。

3-5-03 习题【综合】考虑一种仅使用否定确认的可靠数据传输协议。假定发送方只是偶尔发送数据,只用 NAK 的协议是否会比使用 ACK 的协议更好?为什么?我们假设发送方要发送大量数据,并且该端到端连接很少丢包,在第二种情况下,NAK 的协议是否会更好,为什么?

【答案】在仅 NAK 协议中,只有在接收到数据包 x+1 时,接收器才会检测到数据包 x 的丢失。也就是说,接收者先接收 x-1,然后是 x+1,只有当接收到 x+1 时,接收者才意识到 x 丢失了。如果在 x 的传输和 x+1 的传输之间有很长的延迟,那么仅在 NAK 协议下,直到 x 可以恢复到之前将需要很长时间。另一方面,如果经常发送数据,则仅 NAK 方案下的恢复可能会很快发生。此外,如果错误很少发生,则仅偶尔发送 NAK(在需要时),而从不发送 ACK 与仅 ACK 的情况相比,仅 NAK 情况下的反馈显著减少。

3-5-04 习题【综合】考虑一个能够丢失分组但其最大时延已知的信道修改协 rdt2.1,以包括发送方超时和重传机制非正式地论证为什么你的协议能够通过该信道正确通信?

【答案】假设超时是由丢失的数据包引起的,即发送方到接收方通道上的数据包,在这种情况下,接收者从未收到过先前的传输,并且从接收者的角度来看,如果接收到超时重传,它看起来与正在接收原始传输完全相同。假设现在丢失了一个 ACK,接收方最终将在超时重新传输数据包,但是重传与如果 ACK 出现乱码的操作完全相同。因此,发送方的反应与丢失相同,就像收到乱码的 ACK 一样。rdt2.1 接收器已经可以处理乱码 ACK 的情况。

【解析】在这里,我们添加了一个计时器,其值大于已知的往返传播延迟。我们将超时事件添加到“等待 ACK 或 NAK0”和“等待 ACK 或 NAK1”状态。如果发生超时事件,则重新传输最近传输的数据包。此时这个协议仍然适用于 rdt2.1 接收器,原因如上所述。

知识点 3.6 TCP 概 述

3.6.1 TCP 的特点

TCP 被称为是面向连接的,这是因为在一个应用进程可以开始向另一个应用进程发送数据之前,这两个进程必须先相互“握手”,即它们必须相互发送某些预备报文段,以建立确保数据传输的参数。作为 TCP 连接建立的一部分,连接的双方都将初始化与 TCP 连接相关的许多 TCP 状态变量。

TCP 是 TCP/IP 体系中面向连接的运输层协议,它提供全双工的和可靠交付的服务。TCP 协议是建立在不可靠的网络层 IP 协议之上,IP 不能提供任何可靠机制,TCP 的可靠性完全由自身实现。TCP 采用最基本的可靠性技术有确认与超时重传、流量控制等。TCP 与 UDP 最大的区别就是:TCP 是面向连接的,而 UDP 是无连接的。

3.6.2 TCP 连接

这种 TCP“连接”不是一条像在电路交换网络中的端到端 TDM 或 FDM 电路。相反,该“连接”是一条逻辑连接,其共同状态仅保留在两个通信端系统的 TCP 程序中。由于 TCP 协议只在端系统中运行,而不在中间的网络元素(路由器和链路层交换机)中运行,所以中间的网络元素不会维持 TCP 连接状态。事实上,中间路由器对 TCP 连接完全视而不见,它们看到的是数据报,而不是连接。

现在来看看 TCP 连接是怎样建立的。假设运行在某台主机上的一个进程想与另一台主机上的一个进程建立一条连接。前面讲过,发起连接的这个进程被称为客户进程,而另一个进程被称为服务器进程。该客户应用进程首先要通知客户运输层,它想与服务器上的一个进程建立一条连接。客户端上的 TCP 便开始与服务器上的 TCP 建立一条 TCP 连接。现在知道下列事实就可以了:客户端首先发送一个特殊的 TCP 报文段,服务器用另一个特殊的 TCP 报文段来响应,最后,客户端再用第三个特殊报文段作为响应。前两个报文段不承载“有效载荷”,也就是不包含应用层数据;而第三个报文段可以承载有效载荷。由于在这两台主机之间发送了 3 个报文段,所以这种连接建立过程常被称为三次握手。

图 3-19 给出了从发送端到接收端通过 TCP 协议进行数据传输的完整过程。

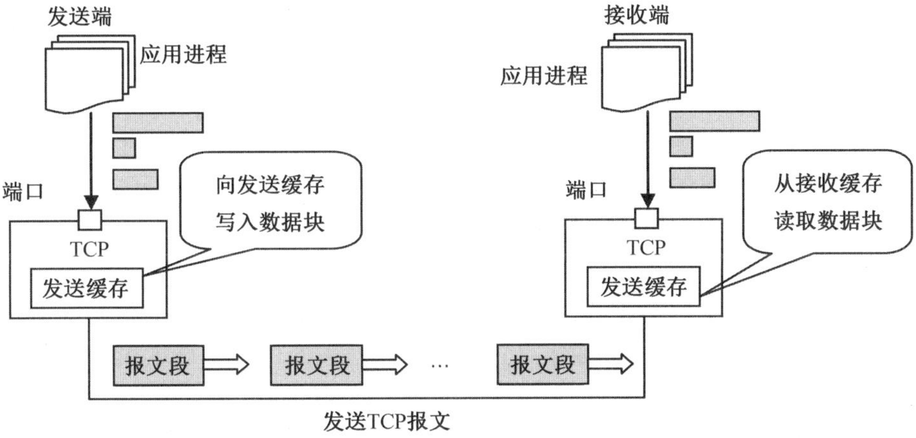

图 3-19 TCP 发送报文段的示意图

为了突出该图的要点,在此只画了一个方向的数据流,实际上只要 TCP 连接建立后,就能支持同时双向通信的数据流,即连接的双方(无论是客户端还是服务器端)均能发送和接收数据。现将该图说明如下:

(1)建立 TCP 连接。连接建立过程通过三次握手来实现。

(2)连接建立之后,发送端的应用进程把数据块写入 TCP 的发送缓存中,TCP 再从发送缓存中取出数据块,将其组成 TCP 报文段(segment)各报文段逐个传送给 IP 层,然后发送出去。TCP 在此可提供的可靠性措施包括超时重传、流量控制、拥塞控制、差错检测等。

(3)接收端从 IP 层收到 TCP 报文段后,先将其暂存于接收缓存中,然后让接收端的应用进程从接收缓存中将数据块逐个读取。

(4)释放 TCP 连接。

3.6.3 TCP 报文段结构

如图 3-20 所示,TCP 报文段首部的前 20 个字节是固定的,后面有 4*N* 是根据需要而增加的选项(*N* 为整数)。因此 TCP 首部的最小长度是 20 字节。

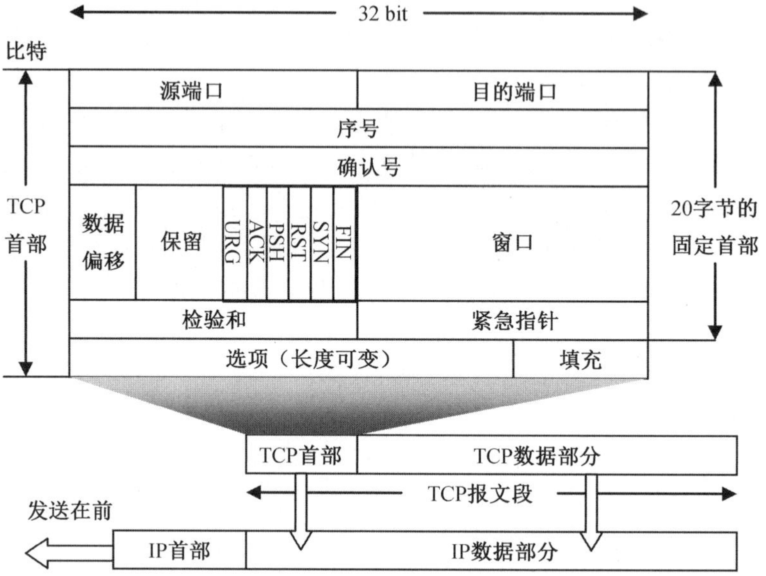

图 3-20 TCP 报文段的首部

首部固定部分各字段的意义如下:

(1)源端口和目的端口,各占 2 字节。端口是运输层与应用层的服务接口,运输层的复用和分解功能都要通过端口才能实现。

(2)序号,占 4 字节。TCP 把在一个 TCP 连接中传输的数据流中的每一字节都编上一个序号,整个数据的起始序号在连接建立时设置。首部中的序号字段的值是指本报文端所发数据的第一个字节的序号。

(3)确认号,占 4 字节。是期望收到对方下一个报文段数据第一个字节的序号,也就是期望收到的下一个报文段首部序号字段的值。

(4)数据偏移,占 4 bit。它指出 TCP 报文段的数据起始处距离 TCP 报文段的起始处有多远。这实际上就是 TCP 报文段首部的长度。“数据偏移”的单位不是字节而是 32 bit 字(即以 4 字节的字为计算单位)。由于 4 bit 能够表示的最大十进制数是 15,因此数据偏移的最大值是 60 字节,这也是 TCP 首部的最大长度。

(5)保留,占 6 bit。保留为今后使用,但目前应置为 0。

(6)紧急比特 URG (URGent),当 URG=1,表示报文段中有紧急数据,应尽快传送,而不要按原来的排队顺序传送,当 URG=0,数据将存储在接收 TCP 缓存的末尾,只有在所有的数据被处理完毕后才被交付到接收应用进程。它与“紧急指针”字段配合使用。紧急指针(urgent pointer)指出在本报文段中的紧急数据的最后一个字节的序号。紧急指针使接收方知道紧急数据共有多少字节。紧急数据到达接收端后,当所有紧急数据都被处理完时,TCP 就告诉应用程序恢复到正常操作。

(7)确认比特 ACK,只有当 ACK=1 时确认号字段才有效。当 ACK=0 时,确认号无效。

(8)推送比特 PSH(PuSH),当发送端 PSH=1 时,立即创建一个报文段发送出去。接收 TCP 收到 PSH 为 1 的报文段后,不再等到整个缓存都填满后再向上交付,而是尽快地交付给接收应用进程。PSH 比特也可叫作急迫比特。

(9)复位比特 RST(ReSeT),复位比特也称重建比特或重置比特。当 RST=1 时,表明 TCP 连接中出现严重差错,必须释放连接,然后再重新建立运输连接。复位比特还可用来拒绝一个非法的报文段或拒绝打开一个连接。

(10)同步比特 SYN,在建立连接时用来同步序号。当 SYN=1 而 ACK=0 时,表明这是一个连接请求报文段,对方同意建立连接。则应在响应的报文段中使 SYN=1 和 ACK=1。因此 SYN=1 表示一个连接请求或连接接受报文。

(11)终止比特 FIN(FINal),用来释放一个连接。当 FIN=1 时,表明此报文段的发送端数据已发送完毕,并要求释放运输连接。

(12)窗口,占 2 字节。窗口字段用来控制对方发送的数据量,单位为字节。TCP 连接的一端根据设置的缓存空间大小确定自己的接收窗口大小,然后通知发方已确定对方的发送窗口的上限。

(13)检验和,占 2 字节。检验和字段检验的范围包括首部和数据这两部分。方法与 UDP 数据报检验和一样,只是将伪首部第四个字段的 17 改为 6,将第五字段中的 UDP 长度改为 TCP 长度。接收端收到此报文段后,仍要加上这个伪首部来计算检验和。若使用 IPv6,则相应的伪首部也要改变。

(14)选项,长度可变。TCP 规定了最大报文段长度 MSS(maximum segment size),使用 MSS 可以告诉对方 TCP 自己能接收报文段数据字段的最大长度是 MSS 个字节。默认值是 TCP 首部长度是 20 字节。注意,MSS 选择必须适当,若 MSS 长度选择较小,网络的利用率就降低;若过大,则相应的开销也增大。因此,一般认为,MSS 应尽可能大,只要在 IP 层传输时不需要再分片就行。若主机未填写这项,则 MSS 的默认值是 536 字节长。注意,MSS 很容易引起误解,MSS 是报文段中数据字段的最大长度。数据字段加上 TCP 首部才等于整个的 TCP 报文段。所以 MSS 并不是 TCP 报文段的最大长度,而是 MSS=TCP 报文段长度-TCP 首部长度。因此,所有在互联网上的主机都应能接受的报文段长度是 536+20(TCP 首部长度)= 556 字节。

知识点 3.6 习题解析

3-6-01　习题【基础】关于 TCP 报头格式的描述中,为什么 TCP 检验和伪首部中分组头的协议字段为 17 是错误的?

【答案】17 代表 UDP,6 代表 TCP,故是错误的。

【解析】TCP 伪首部与 UDP 伪首部一样,包括 IP 分组首部的一部分。IP 首部中有一个协议字段,用于指明上层协议是 TCP 还是 UDP。

3-6-02　习题【基础】某 TCP 分组的选项字段长度为 9 B,则该 TCP 分组的数据偏移字段内容是什么? 试计算。

【答案】由于这里报头的定长(20 B)+不定长的选项字段(10 B)= 30 B,并不是 4 B 的整数倍,所以需要填充 2 B。也就是说,此 TCP 报文首部的长度为 32 B,而数据偏移字段是以 4 B 为基本单位的,所以数据偏移字段为 32/4=8,二进制表示为 1000。

【解析】TCP 分组报头由定长 20 B 与不定长的选项字段和填充字段构成。TCP 分组的数据偏移字段表示 TCP 数据的开始位置,也即 TCP 报头的实际长度,TCP 报文的首部长度必须是 4B 的整数倍。

3-6-03 习题【基础】IP 数据报最大长度时,TCP 报文段的数据部分最多为多少字节?

【答案】65 495 B。

【解析】一个 TCP 报文段的数据部分最多为 65 495 B,此数据部分加上 TCP 首部的 20 B,再加上 IP 首部的 20 B,正好是 IP 数据报的最大长度。当然,若 IP 首部包含了选择,则 IP 首部长度超过 20 B,这时 TCP 报文段的数据部分的长度将小于 65 495 B。

3-6-04 习题【进阶】一个 TCP 连接要发送 3 200 B 的数据。第一个字节的编号为 10110。如果前两个报文各携带 1010 B 的数据,最后一个携带剩下的数据,请写出每个报文段的序号。

【答案】因此第一个报文段的序号为 10110。第二个报文段的序号为 10110+1010=11120,第三个报文段的序号为 11120+1010=12130。

【解析】TCP 为传送的数据流中的每个字节都编上一个序号。报文段的序号指的是本报文段所发送的数据的第一个字节的序号。

3-6-05 习题【进阶】为什么在 TCP 首部比 UDP 的首部多了一个首部长度字段?

【答案】TCP 首部除固定长度部分外,还有选项,因此 TCP 首部长度是可变的。UDP 首部长度是固定的。

3-6-06 习题【进阶】一个 UDP 用户数据报的数据字段为 8 092 B。在链路层要使用以太网来传送。试问,应当划分为几个 IP 数据报片。说明每一个 IP 数据报片的数据字段长度和片偏移字段的值。

【答案】应当划分成 6 个数据报片。数据字段的长度:前 5 个是 1 480 B,最后一个是 700 字节。各个片偏移字段的值分别是:0,1480,2960,4440,5920,7400。

【解析】UDP 用户数据报的长度=8 092+8=8 100 B。在一个以太网上,UDP 用户数据报的最大长度是 1 500 B(包括 20 B 的首部信息和 1 480 B 的数据字段信息)。在此基础上,解答上述问题就非常简单。

3-6-07 习题【综合】一个 UDP 用户数据报的首部的十六进制表示是:06 32 00 45 00 1C E2 17。试求源端口、目的端口、用户数据报的总长度、数据部分长度。这个用户数据报是从客户端发送给服务器还是从服务器发送给客户端?使用 UDP 的这个服务器程序是什么?

【答案】源端口 1586,目的端口 69,UDP 用户数据报总长度 29 B,数据部分长度 21 B。此 UDP 用户数据报是从客户端发给服务器。服务器程序是 TFTP。

【解析】UDP 用户数据报的首部格式我们在相应章节中给出了,06 32 代表的是源端口,00 45 代表的是目的端口,00 1C 代表用户数据报的总长度,E2 17 代表的是检验和字段。06 32 00 45 00 1D E2 17 其二进制表示为 00000110 00110010 00000000 01000101 00000000 00011101 11100010 00010111。此外,数据部分长度=UDP 用户数据报总长度——UDP 用户数据报的首部长度。由于目的端口是熟知端口,因此可知该数据报是从客户端发送给服务器的,同时可知熟知端口 69 对应的服务是 TFTP 服务。

3-6-08 习题【综合】在 TCP 首部中,为什么要把 TCP 的端口号放入最开始的 4 个字节?

【答案】在 ICMP 的差错报文中要包含 IP 首部后面的 8 个字节的内容,而这里面有 TCP 首部中的源端口和目的端口。当 TCP 收到 ICMP 差错报文时需要用这两个窗口来确定是哪条连接出了差错。

【解析】本题考查 TCP 首部中源端口和目的端口设计的原理性问题。

3-6-09 习题【综合】一个 TCP 报文段的数据部分最多为多少个字节?为什么?如果用户要传送的数据的字节长度超过 TCP 报文段中的序号字段可能编出的最大序号,则还能否用 TCP 来传送?

【答案】65 495 B。此数据部分加上 TCP 首部的 20 B,再加上 IP 首部的 20 B,正好是 IP 数据报的最大长度。当然,若 IP 首部包含了选择,则 IP 首部长度超过 20 B,这时 TCP 报文段的数据部分的长度将小于 65 495 B。如果用户要传送的字节长度超过 TCP 报文段中的序号字段可能编出的最大序号,仍可用 TCP 来传送。编号用完后再重复使用,但应设法保证不出现编号的混乱。

3-6-10 习题【综合】下面是以十六进制格式存储的一个 UDP 首部:

CB84000D001D001C

试问:

(1)源端口号是什么?

(2)目的端口号是什么?

(3)这个用户数据报的总长度是多少?

(4)数据长度是多少?

(5)这个分组是从客户端到服务器方向的,还是从服务器到客户端方向的?

(6)客户端进程是什么?

【答案】(1)源端口号是最前面的四位十六进制数字(CB846),算出十进制的源端口号是 $12\times16^3+11\times16^2+8\times16^1+4\times16^0=49152+2816+128+4=52100$。

(2)目的端口号是第二个四位十六进制数字($000D_{16}$),算出十进制的目的端口号是 13。

(3)第三个四位十六进制数字(001C)定义了整个 UDP 分组的长度,算出是 $1\times16^1+13\times16^0=29$ B。

(4)数据的长度是整个分组的长度减去首部的长度,也就是 29−8=21 B。

(5)因为目的端口号是 13 (熟知端口),所以这个分组是从客户端到服务器的。

(6)从 RFC 867 可以得知,这个客户进程是 Daytime。当 Daytime 服务器收到客户端发送的 UDP 用户数据报后,就把现在的日期和时间以 ASCII 码字符串的形式返回给客户端。

知识点 3.7 TCP 可靠传输实现

互联网的网络层服务(IP 服务)是不可靠的。IP 不保证数据报的交付,不保证数据报的按序交付,也不保证数据报中数据的完整性。对于 IP 服务,数据报能够溢出路由器缓存而永远不能到达目的地,数据报也可能是乱序到达,而且数据报中的比特可能损坏(由 0 变为1或者相反)。由于运输层报文段是被IP数据报携带着在网络中传输的,所以运输层的报文段也会遇到这些问题。

TCP在IP不可靠的尽力而为服务之上创建了一种可靠数据传输服务。TCP的可靠数据传输服务确保一个进程从其接收缓存中读出的数据流是无损坏、无间隙、非冗余和按序的数据流,即该字节流与连接的另一方端系统发送出的字节流是完全相同。

3.7.1 超时重传

TCP每发送一个报文段,就对这个报文段设置一次计时器。只要计时器设置的重传时间到但还没有收到确认,就要重传这一报文段。由于数据链路层和运输层的往返时延概率分布存在很大差异,因此有必要选择合适的超时重传时间。

报文段的往返时延是指收到确认报文段的时间与每一个报文段发出的时间之差。报文段的平均往返时延RTT是由各个报文段的往返时延样本加权平均得来的,其计算公式为

$$\text{平均往返时延 RTT}=\alpha\times(\text{旧的 RTT})+(1-\alpha)\times(\text{新的往返时延样本}) \tag{3-1}$$

对于上式,$0<\alpha<1$。典型的α值为7/8。

即使有一个好的RTT,要选择一个合适的超时重传时间RTO(retransmission time-out)仍然不是一件很容易的事情。显然RTO应该略大于RTT,其计算公式为

$$\text{RTO}=\beta\times\text{RTT} \tag{3-2}$$

这里β是一个大于1的系数,通常默认$\beta=2$。

在计算RTT时,由于往返时延的问题会出现三种情况:

(1)考虑往返时延,RTT和重传时间会变得越来越小;

(2)不考虑往返时延,RTT和重传时间比较准确,但会出现在重传时间内未能收到确认报文段的情况;

(3)折中情况,当不再发生报文段的重传时,才根据报文段的往返时延更新平均往返时延RTT和重传时间的数量。实践证明该策略较为合理。

3.7.2 选择确认SACK

TCP协议是面向字节的。TCP将所要传送的整个报文看成是一个个字节组成的数据流,并使每一个字节对应一个序号。连接建立时双方要确定初始序号。TCP每次发送报文段首部中的序号字段数值表示该报文段中数据部分第一个字节的序号。

TCP的确认是对收到的数据流中最后一个序号的确认。但接收端返回的确认号是已收到数据的最高序号加1。即确认号表示接收端期望下次收到的数据第一个数据字节的序号。切记TCP的确认并不保证数据已由应用层交付给了端用户,而只是表明在接收端的TCP收到了对方所发送的报文段。由于TCP连接能提供全双工通信,因此通信中的每一方都不必专门发送确认报文段,而可以在传送数据时顺便把确认信息捎带传送,这样做可以提高传输效率。

在发送端,TCP有三种基本机制控制报文段的发送时机:第一种机制是TCP维持一个变量,它等于最大报文段MSS,就发送出去;第二种机制是发送端的应用进程指明要求发送报文段,即TCP支持的推送操作;第三种机制是发送端的一个计时器时间到了,缓存数据装入报文段发送出去。如何控制TCP发送报文段的时机仍然是一个较为复杂的问题,在TCP

的实现中广泛采用 Nagle 算法，但是有时不宜使用。如在互联网上使用 X-Windows，并将鼠标移动的信息传到远地主机，会使用户感到无法忍受。

3.7.3 快速重传

超时触发重传存在的问题之一是超时周期可能相对较长。当一个报文段丢失时，这种长超时周期迫使发送方延迟重传丢失的分组，因而增加了端到端时延。幸运的是，发送方通常可在超时事件发生之前通过注意所谓冗余 ACK（duplicate ACK）来较好地检测到丢包情况。冗余 ACK 就是再次确认某个报文段的 ACK，而发送方先前已经收到对该报文段的确认。要理解发送方对冗余 ACK 的响应，必须首先看一下接收方为什么会发送冗余 ACK。表 3-2 总结了 TCP 接收方的 ACK 生成策略。当 TCP 接收方收到一个具有这样序号的报文段时，即其序号大于下一个所期望的、按序的报文段，它检测到了数据流中的一个间隔，这就是说有报文段丢失。这个间隔可能是由于在网络中报文段丢失或重新排序造成的。因为 TCP 不使用否定确认，所以接收方不能向发送方发回一个显式的否定确认。相反，它只是对已经接收到的最后一个按序字节数据进行重复确认（即产生一个冗余 ACK）即可。

表 3-2 产生 TCP ACK 的建议

事件	TCP 接收方动作
具有所期望序号的按序报文段到达。所有在期望序号及以前的数据都已经被确认。	延迟的 ACK。对另一个按序报文段的到达最多等待 500 ms。如果下一个按序报文段在这个时间间隔内没有到达，则发送一个 ACK。
具有所期望序号的按序报文段到达。另一个按序报文段等待 ACK 传输。	立即发送单个累积 ACK，以确认两个按序报文段。
比期望序号大的失序报文段到达。检测出间隔。	立即发送冗余 ACK，指示下一个期待字节的序号（其为间隔的低端的序号）。
能部分或完全填充接收数据间隔的报文段到达	倘若该报文段起始于间隔的低端，则立即发送 ACK

因为发送方经常一个接一个地发送大量的报文段，如果一个报文段丢失，就很可能引起一个接一个的冗余 ACK。如果 TCP 发送方接收到对相同数据的 3 个冗余 ACK，它把这当作一种指示，说明跟在这个已被确认过 3 次的报文段之后的报文段已经丢失。一旦收到 3 个冗余 ACK，TCP 就执行快速重传，即在该报文段的计时器过期之前重传丢失的报文段。

知识点 3.7 习题解析

3-7-01 习题【基础】已知当前 TCP 连接的 RTT 值为 35 ms 连续收到 3 个确认报文段，它们比相应的数据报文段的发送时间滞后了 28 ms、32 ms 与 24 ms 设 $\alpha=0.2$。计算第三个确认报文段到达后的新的 RTT 计值？

【答案】$RTT_1=(1-0.2)\times35+0.2\times28=33.6$ ms

$RTT_2=(1-0.2)\times33.6+0.2\times32\approx33.3$ ms

$RTT_3=(1-0.2)\times33.3+0.2\times24\approx31.4$ ms,

所以当第三个确认报文到达后,新的 RTT 估计值是 31.4 ms。

【解析】新估计 $RTT=(1-\alpha)\times$(旧 RTT)$+\alpha\times$(新 RTT 样本)。

3-7-02 习题【基础】主机 A 向主机 B 连续发送了两个 TCP 报文段,其序号分别为 80 和 110。试问:

(1)第一个报文段携带了多少字节的数据?

(2)主机 B 收到第一个报文段后发回的确认中的确认号应当是多少?

(3)如果主机 B 收到第二个报文段后发回的确认中的确认号是 180,试问 A 发送的第二个报文段中的数据有多少字节。

(4)如果 A 发送的第一个报文段丢失了,但第二个报文段到达了 B。B 在第二个报文段到达后向 A 发送确认。试问这个确认号应为多少。

【答案】(1)第二个报文段的开始序号是 110,说明第一个报文段的序号是 80,109,所以第一个报文段携带了 30 B 的信息。

(2)由于主机已经收到第一个报文段,即最后一个字节的序号应该是 109,因此下一次应 当期望收到第 110 号字节,故确认中的确认号是 110。

(3)由于主机 B 收到第二个报文段后发回的确认中的确认号是 180,说明已经收到了第 179 号字节,也就说明第二个报文段的序号是 110,179,因此第二个报文段有 70 B。

(4) 确认的概念就是前面的序号全部收到了,只要有一个没收到,就不能发送更高字节的确认,所以主机 B 应该发送第一个报文段的开始序号,即 80。

3-7-03 习题【基础】主机甲与主机乙之间已建立一个 TCP 连接,主机甲向主机乙发送了 3 个连续的 TCP 段,分别包含 300 B、400 B 和 500 B 的有效载荷,第三个段的序号为 900。若主机乙仅正确接收到第 1 个段和第 3 个段,则主机乙发送给主机甲的确认序号是多少?

【答案】500。

【解析】TCP 首部的序号字段是指本报文段数据部分的第一个字节的序号,而确认号是期待收到对方下一个报文段的第一个字节的序号。第三个段的序号为 900,则第二个段的序号为 900−400=500,现在主机乙期待收到第二个段,因此发给甲的确认号是 500。

3-7-04 习题【基础】主机甲与主机乙之间已建立一个 TCP 连接,主机甲向主机乙发送了两个连续的 TCP 段,分别包含 300 B 和 500 B 的有效载荷,第一个段的序列号为 200,主机乙正确接收到这两个数据段后,发送给主机甲的确认序列号是多少呢?

【答案】1000。

【解析】返回的确认序列号是接收方期待收到对方下一个报文段数据部分的第一个字节的序号,因此乙在正确接收到两个段后,返回给甲的确认序列号是 200+300+500=1000。

3-7-05 习题【基础】一个 TCP 连接的数据传输阶段,如果发送端的发送窗口值由 1000 变为 2000,那么发送端可以发送的数据有什么变化?

【答案】假设发送窗口的大小为 N,这意味着发送端可以在没有收到确认的情况下连续发送 N 个字节。

【解析】TCP 提供的是可靠的字节流传输服务,使用窗口机制进行流量控制与拥塞控制。TCP 的滑动窗口机制是面向字节的,因此窗口大小的单位为字节。

3-7-06 习题【进阶】假定 TCP 在开始建立连接时,发送方设定超时重传时间 RTO=6 s。

(1)当发送方收到对方的连接确认报文段时,测量出 RTT 样本值为 1.5 s。试计算现在的 RTO 值。

(2)当发送方发送数据报文段并收到确认时,测量出 RTT 样本值为 2.5 s。试计算现在的 RTO 值?

【答案】(1)当发送方收到对方的连接确认报文段后,RTTS 值为测量到的 RT 样本值,即 1.5 s,而 RTT_D 则取值为测量到的样本值的一半,即 0.75 s。

$RTO=4RTT_D+RTT_S=1.5+0.75\ 4=4.5$ s。

(2)新的 $RTT_S=1/8$ (旧的 RTT)+7/8 (新的往返时延样本)= 1.625 s;

新的 $RTT_D=3/4$ (旧的 RTT_D)+1/4|RTT_S-新的 RTT 样本|=3.125 s;

$RTO=4RTT_D+RTT_S=4\times0.78125+1.625=4.75$ s。

3-7-07 习题【进阶】已知第一次测得 TCP 的往返时间 RTT 是 30 s,接着收到了三个确认报文段,用它们测量出的往返时间样本 RTT 分别是:26 ms,32 ms 和 24 ms。设 α=0.1。试计算每一次新的加权平均往返时间值 RTTS。讨论所得出的结果。

【答案】新的估计往返时延值分别是 29.6 ms、29.84 ms、29.256 ms。这里需要说明,若 α 选取很接近于零,表示新的 RTTs 值与旧的 RTTs 相比变化不大,RTT 值更新较慢。若 α 选取接近 1,则表示新的 RTTs 受新的 RTT 样本影响较大,RTT 更新较快。

【解析】已知 $\alpha=0.1$,旧的 RTT=30 ms,M1=26 ms,M2=32 ms,M3=24 ms,

所以,$RTT_{s1}=0.9\times30+(1-0.9)\times26=29.6$ ms,

$RTT_{s2}=0.9\times29.6+(1-0.9)\times32=29.84$ ms,

$RTT_{s3}=0.9\times29.84+(1-0.9)\times24=29.256$ ms。

3-7-08 习题【进阶】假设主机 A 通过一条 TCP 连接向主机 B 发送两个紧接着的 TCP 报文段,第一个报文段的序号为 90,第二个报文段序号为 110。

(1)第一个报文段有多少数据?

(2)假设第一个报文段丢失而第二个报文段到达主机 B,那么在主机 A 发往主机 B 的确认报文中,确认号应该是多少?

【答案】(1)20 字节;

(2)ACK 确认号=90。

【解析】110-90=20,丢失就要重传。

3-7-09 习题【进阶】在我们的 rdt 协议中,为什么需要引入序号?

【答案】接收方需要序列号来确定到达的数据包是否包含新数据还是重传。

3-7-10 习题【进阶】假定发送方和接收方之间的往返时延是固定的并且为发送方所知。假设分组能够丢失,在协议 rdt3.0 中,一个计时器仍是必需的吗?试解释。

【答案】在协议 rdt3.0 中仍然需要计时器。如果往返时间是已知的,那么唯一的优势将是,与实际情况相比,发送方确定数据包或数据包的 ACK(或 NACK)已丢失,其中 ACK(或 NACK)可能仍在到达发送方的途中,在计时器到期后。然而,为了检测丢失,对于每个数据包,发送方仍然需要一个持续时间恒定的计时器。

知识点 3.8 TCP 流量控制

TCP 为它的应用程序提供了流量控制服务(flow-control service)以消除发送方使接收方缓存溢出的可能性。流量控制因此是一个速度匹配服务,即发送方的发送速率与接收方应用程序的读取速率相匹配。前面提到过,TCP 发送方也可能因为 IP 网络的拥塞而被遏制,这种形式的发送方的控制被称为拥塞控制(congestion control)。即使流量控制和拥塞控制采取的动作非常相似(对发送方的遏制),但是它们显然是针对完全不同的原因而采取的措施。TCP 通过让发送方维护一个称为接收窗口(receive window)的变量来提供流量控制。通俗地说,接收窗口用于给发送方一个指示——该接收方还有多少可用的缓存空间。因为 TCP 是全双工通信,在连接两端的发送方都各自维护一个接收窗口。

3.8.1 利用滑动窗口实现流量控制

为了提高报文段的传输速率,TCP 采用大小可变的滑动窗口进行流量控制。窗口大小的单位是字节。在 TCP 报文段首部窗口字段写入的数值就是当前给对方设置的发送窗口数值上限。发送窗口在建立连接时由双方商定。在通信过程中,接收方根据自己的资源情况动态地调整发送窗口上限值。

图 3-21 说明了利用可变窗口大小进行流量控制。设主机 A 向主机 B 发送数据。双方确定的窗口值是 400。再设每一个报文段为 100 字节长,序号的初始值为 1。如图可知,主机 B 共进行了三次流量控制。第一次将窗口减小为 300 字节,第二次又减为 200 字节,最后一次减至零。

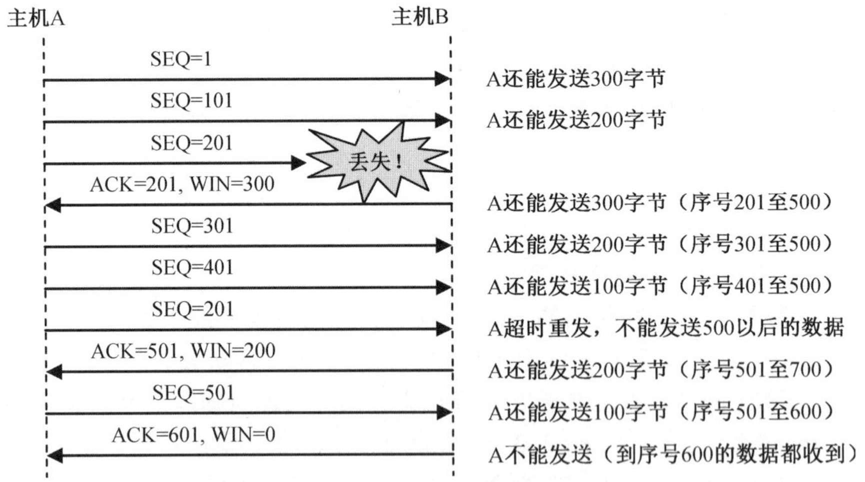

图 3-21 利用可变窗口进行流量控制举例

3.8.2 TCP 传输效率

应用进程把数据传送到 TCP 的发送缓存后,剩下的发送任务就由 TCP 来控制了。可以用不同的机制来控制 TCP 报文段的发送时机。例如,第一种机制是 TCP 维持一个变量,它等于最大报文段长度 MSS。只要缓存中存放的数据达到 MSS 字节时,就组装成一个 TCP 报文段发送出去。第二种机制是由发送方的应用进程指明要求发送报文段,即 TCP 支持的推送操作。第三种机制是发送方的一个计时器期限到了,这时就把当前已有的缓存数据装入报文段(但长度不能超过 MSS)发送出去。

但是,如何控制 TCP 发送报文段的时机仍然是一个较为复杂的问题。

例如,一个交互式用户使用一条 TELNET 连接(运输层为 TCP 协议)。假设用户只发 1 个字符,加上 20 字节的首部后,得到 21 字节长的 TCP 报文段。再加上 20 字节的 P 首部,形成 41 字节长的 P 数据报。在接收方 TCP 立即发出确认,构成的数据报为 40 字节长(假定没有数据发送)。若用户要求远地主机回送这一字符,则又要发回 41 字节长的 IP 数据报和 40 字节长的确认 P 数据报。这样,用户仅发 1 个字符时,线路上就需传送总长度为 162 字节共 4 个报文段。当线路带宽并不富裕时,这种传送方法的效率的确不高。因此应适当推迟发回确认报文,并尽量使用捎带确认的方法。

在 TCP 的实现中广泛使用 Nagle 算法。算法如下:若发送应用进程把要发送的数据逐个字节地送到 TCP 的发送缓存,则发送方就把第一个数据字节先发送出去,把后面到达的数据字节都缓存起来。当发送方收到对第一个数据字符的确认后,再把发送缓存中的所有数据组装成一个报文段发送出去,同时继续对随后到达的数据进行缓存。只有在收到对前一个报文段的确认后才继续发送下一个报文段。当数据到达较快而网络速率较慢时,用这样的方法可明显地减少所用的网络带宽。Nagle 算法还规定,当到达的数据已达到发送窗口大小的一半或已达到报文段的最大长度时,就立即发送一个报文段。这样做可以有效地提高网络的吞吐量。

另一个问题叫作糊涂窗口综合征(silly window syndrome),这个问题有时也会使 TCP 的性能变坏。设想一种情况:TCP 接收方的缓存已满,而交互式的应用进程一次只从接收缓存中读取 1 个字节(这样就使接收缓存空间仅腾出 1 个字节),然后向发送方发送确认,并把窗口设置为 1 个字节(但发送的数据报是 40 字节长)。接着,发送方又发来 1 个字节的数据(请注意,发送方发送的 IP 数据报是 41 字节长)。接收方发回确认,仍然将窗口设置为 1 个字节。这样进行下去,会使网络的效率很低。

要解决这个问题,可以让接收方等待一段时间,使得接收缓存已有足够空间容纳一个最长的报文段,或者等到接收缓存已有一半空闲的空间。只要出现这两种情况之一,接收方就发出确认报文,并向发送方通知当前的窗口大小。此外,发送方也不要发送太小的报文段,而是把数据积累成足够大的报文段,或达到接收方缓存的空间的一半大小。

上述两种方法可配合使用。使得在发送方不发送很小的报文段的同时,接收方也不要在缓存刚刚有了一点小的空间就把这个很小的窗口大小信息通知给发送方。

知识点 3.8 习题解析

3-8-01　习题【基础】在 TCP 协议中，发送方的窗口大小取决于什么？

【答案】接收方允许的窗口和拥塞窗口中的最小值。

【解析】TCP 让每个发送方仅发送正确数量的数据，保持网络资源被利用但又不会过载。为了避免网络拥塞和接收方缓冲区溢出，TCP 发送方在任意时刻可以发送的最大数据流是接收方允许的窗口和拥塞窗口中的最小值。

3-8-02　习题【基础】在 TCP 流量控制时，通常分组丢失会产生拥塞的标志，那么什么情况下，分组丢失与拥塞无关？请举例说明(三个)。

【答案】(1)当 IP 数据报在传输过程中需要分片，但其中的一个数据报未能及时到达终点，而终点组装 IP 数据报已超时，因而只能丢失该数据报；

(2)IP 数据报已经到达终点，但终点的缓存没有足够的空间存放此数据报；

(3)数据报在转发过程中经过一个局域网的网桥，但网桥转发该数据报的帧没有足够的差错空间而只好丢弃。

3-8-03　习题【基础】TCP 中滑动窗口的值设置太小或者太大，会有什么影响？

【答案】如果滑动窗口值设置得太小，那么会产生过多的 ACK（因为窗口大可以累计确认，因此会有更少的 ACK）；如果设置得太大，那么又会由于传送的数据过多而使路由器变得拥挤，导致主机可能丢失分组。

【解析】TCP 使用滑动窗口机制来进行流量控制，其窗口尺寸的设置很重要。

3-8-04　习题【进阶】流量控制和拥塞控制的最主要区别是什么？发送窗口的大小取决于流量控制还是拥塞控制？

【答案】流量控制解决的是发送方和接收方速率不匹配的问题；拥塞控制解决的是避免网络资源被耗尽的问题。流量控制是通过滑动窗口来实现的；拥塞控制是通过拥塞窗口来实现的。

3-8-05　习题【进阶】TCP 的滑动窗口协议中，规定重传分组的数量最多是多少？

【答案】分组重传的最大值也是发送方能发送数据的最大值，因而重传分组的数量最多也不能超过滑动窗口的大小。

【解析】TCP 滑动窗口协议中发送方滑动窗口的大小规定了发送方最多能够传送的分组数量，只有窗口滑动了，才能往后继续发送。

3-8-06　习题【进阶】主机 A 向主机 B 发送一个很长的文件，其长度为 L 字节。假定 TCP 使用的 MSS 为 1 460 字节。

(1)在 TCP 的序号不重复使用的条件下，L 的最大值是多少？

(2)假定使用上面计算的文件长度，而运输层、网络层和数据链路层所用的首部开销共 66 字节，链路的数据率为 10 Mbps。试求这个文件所需的最短发送时间。

【答案】(1)4 GB。

(2)59.85 min。

【解析】(1)TCP 报文段首部中序号占 4 字节，序号范围是$[0,2^{32}-1]$，共 2^{32} 个字号。若 TCP 的序号不重复使用，则 L 最多可以分成 2^{32} 个报文段，但是由于 TCP 建立时需要消耗一个序号，因此 L 最多只能分成$(2^{32}-1)$个报文段。L 的最大值是 $2^{32}-1\approx 4$ GB。

(2)4 GB 的文件可以分成 4 G/1 460 个数据报，加上运输层、网络层和数据链路层所有的首部开销，每个数据报的长度变为(1 460+66)，此时总的文件长度为 4 G/1 460×(1 460+66) = 4 489 123 390 B，传输时间$\frac{8\times 4\ 489\ 123\ 390\ \text{bit}}{10\ \text{Mbps}}=3\ 591.3\ \text{s}=59.85\ \text{min}$。

3-8-07　习题【进阶】一个 TCP 连接下面使用 256 kbps 的链路，其端到端时延为 128 ms。吞量只有 128 kbps。试问发送窗口 F 是多少。(提示：可以有两种答案，取决于接收端发出确认的时机)

【答案】8 192 字节或 4 096 字节。

【解析】已知往返时延 = 128×2 = 256 ms。

第一种情况：设发送窗口为 X 字节，假定一次最大发送量等于窗口值，那么每发送一次都需要停下来等待本窗口的确认，以得到新的发送许可，则$\dfrac{8X}{\dfrac{8X}{256\times 10^3}+256\times 10^{-3}}=128\times 10^3$，解得 X = 8 192 字节。

第二种情况：设发送窗口为 X 字节，对其分片发送，假定每一分片都很小(忽略其发送时延)，当收到对当前最早的一片数据的确认时，窗口前移。$\dfrac{8X}{256\times 10^{-3}}=128\times 10^3$，解得 X = 4 096 字节。

3-8-08　习题【进阶】设 TCP 使用的最大窗口为 65 535 字节，而传输信道不产生差错，带宽也不受限制。若报文段的平均往返时间为 20 ms。问：所能得到的最大吞吐量是多少。

【答案】13.107 Mbps。

【解析】每 40 ms 发送一个窗口大小的数据，那么每秒可发送 1 000/40 = 25 个窗口。则最大吞吐率 = 25 655 358 = 13.107 Mbps。

3-8-09　习题【综合】通信信道带宽为 1 Gbps，若报文段的平均往返时间为 20 ms。TCP 的发送窗口为 65 535 字节。试问：可能达到的最大吞吐量是多少。信道的利用率是多少？

【答案】最大吞吐率为 26.214 Mbps，线路效率为 2.6214%。

【解析】每秒可发送 1 000/20 = 50 个窗口，则最大吞吐率 = 50 655 358 = 26.214 Mbps，其线路效率 = 26.214/1 000 = 2.6214%。

3-8-10　习题【综合】试计算一个包括五段链路的运输连接的单程端到端时延。五段链路中有两段是卫星链路，有三段是广域网链路。每条卫星链路又由上行链路和下行链路两部分组成。取这两部分的传播时延之和为 250 ms。每一个广域网的范围为 1 500 km，其传播时延可按 150 000 km/s 来计算。各数据链路速率为 48 kbps，帧长为 960 bit。

【答案】广域网的传播时延 = (1 500 km)/ (150 000 km/s) = 0.01 s = 10 ms，每个结点的发送时延 = (960 bit)/ (48 000 bps) = 0.02 s = 20 ms。

各网络的传播时延和发送时延如表 3-3 所示。

表 3-3　各网络时延

链路	WAN	WAN	WAN	卫星网	卫星网	合计
传播时延	10 ms	10 ms	10 ms	250 ms	250 ms	530 ms
发送时延	20 ms	20 ms	20 ms	20 ms	20 ms	100 ms

可见总共需要 630 ms。

3-8-11　习题【综合】现在假定使用类似 TCP 的协议(即使用滑动窗口可靠传送字节流),数据传输速率是 1 Gbps,而网络的往返时间 RTT=140 ms。假定报文段的最大生存时间是 60 s。如果要尽可能快地传送数据,在我们的通信协议的首部中,发送窗口和序号字段至少各应当设为多大?

【答案】TCP 的窗口字段为 16 位,TCP 的序号字段为 32 位。

【解析】发送窗口至少应当能够容纳的比特数=往返时间数据率=RTT×1 Gbit=140×10^{-3} s 10^9 bps=140×10^6 bit=17.5×10^6 字节,我们知道,每一个字节的数据需要有一个编号。假定发送窗口一共有 w 位,那么总的号码数应当大于 17.5×10^6 字节。即 $2^w \geqslant 17\ 500\ 000$,那么 $w \geqslant \log_2 17\ 500\ 000 = \lg 1\ 700\ 000/\lg 2 = 24.06$,可见使用 24 位的发送窗口差一点,必须使用 $w=25$ 位的发送窗口才行。TCP 的窗口字段为 16 位。

再看看 60 s 以 1 Gbps 的速率可以发送 60 s×10^9 bps=7.5×10^9 字节的数据。

假定需要 n 位的序号字段,那么总的序号数应当大于 7.5×10^9 字节,即 $2^n \geqslant 7.5\times10^9$,解出 $n \geqslant \log_2(7.5\times10^9) = \lg(7.5\times10^9)/\lg 2 = [(\lg 7.5)+9]\lg 2 = 32.8$。因此取序号字段长度 $n=33$ 位即可保证在报文段的最大生存时间内没有重复的序号。TCP 的序号字段为 32 位。

知识点 3.9　TCP 拥塞控制

3.9.1　拥塞控制原理

拥塞控制是 TCP 为了应对 IP 网络的拥塞情况而对发送方进行发送速率控制的一种服务。都是对发送速率进行控制,但是引发控制的原因不同。流量控制是由于接收速率过慢,而拥塞控制则是因为网络堵塞。

拥塞控制与流量控制的关系密切,它们之间也存在着一些差别。所谓拥塞控制就是防止过多的数据注入网络,这样可以使网络中的路由器或链路不致过载。拥塞控制所要做的都有一个前提,就是网络能够承受现有的网络负荷。拥塞控制是一个全局性的过程,涉及所有的主机、所有的路由器,以及与降低网络传输性能有关的所有因素。但 TCP 连接的端点只要迟迟不能收到对方的确认信息,就猜想在当前网络中的某处很可能发生了拥塞,但这时却无法知道拥塞到底发生在网络的何处,也无法知道发生拥塞的具体原因。

从原理上讲,寻找拥塞控制的方案无非是增大网络的某些可用资源(如业务繁忙时增加一些链路,增大链路的带宽,或使额外的通信量从另外的通路分流),或减少一些用户对某些资源的需求(如拒绝接受新的建立连接的请求,或要求用户减轻其负荷,这属于降低服务质量)。但在采用某种措施时,还必须考虑到该措施所带来的其他影响。

3.9.2 TCP 拥塞控制方法

3.9.2.1 慢开始和拥塞避免

发送报文段速率的确定,既要根据接收端的接收能力,又要从全局考虑不要使网络发生拥塞,这由接收端窗口和拥塞窗口两个状态变量确定。接收端窗口 rwnd(receiver window)又称通知窗口(advertised window),是接收端根据目前的接收缓存大小所许诺的最新窗口值,是来自接收端的流量控制。拥塞窗口 cwnd(congestion window)是发送端根据自己估计的网络拥塞程度而设置的窗口值,是来自发送端的流量控制。

发送端发送窗口的上限值应当取接收端窗口 rwnd 和拥塞窗口 cwnd 之中较小的那一个,即发送窗口的上限值=Min[rwnd,cwnd]。也就是说 TCP 发送端的发送速率是受目的主机或网络中较慢的一个制约。

慢开始原理可归结为三点:

(1)当主机开始发送数据时,如果立即将较大的发送窗口中的全部数据字节都注入网络,那么由于不清楚网络的情况,有可能引起网络拥塞;

(2)比较好的方法是试探一下,即从小到大逐渐增大发送端的拥塞窗口数值;

(3)通常在刚刚开始发送报文段时可先将拥塞窗口 cwnd 设置为一个最大报文段 MSS 的数值。在每收到一个对新报文段的确认后,将拥塞窗口增加至多一个 MSS 的数值。当 rwnd 足够大的时候,为了防止拥塞窗口 cwnd 的增长引起网络拥塞,还需另外一个变量——慢开始门限 ssthresh。

拥塞控制的具体过程为:

(1)TCP 连接初始化,将拥塞窗口 cwnd 值置为 1;

(2)执行慢开始算法,cwnd 按指数规律增长,直到 cwnd=ssthresh,开始执行拥塞避免算法,cwnd 按线性规律增长;

(3)当网络发生拥塞,把 ssthresh 值更新为拥塞前 ssthresh 值的一半,cwnd 重新设置为 1,按步骤(2)执行。

接下来简单介绍两个概念:乘法减少(multiplicative decrease)和加法增大(additive increase)。乘法减少是指不论在慢开始阶段还是在拥塞避免阶段,只要出现一次超时(即一次网络拥塞),就将慢开始门限值 ssthresh 设置为当前的拥塞窗口值的一半。而加法增大是指执行拥塞避免算法后,当收到对所有发送出的报文段的确认就将拥塞窗口 cwnd 增加一个 MSS 大小,使拥塞窗口缓慢增大,以防止网络过早出现拥塞。

最后强调一下,慢开始的“慢”并不是指拥塞窗口 cwnd 的增长速率慢,即使 cwnd 增长得很快,和一开始就将 cwnd 设置为较大的数值相比,使用慢开始算法可以使发送端在开始发送时间时向网络注入的分组数大大减少。慢开始按指数规律增长,拥塞避免按线性规律增长。判断网络发生拥塞的依据是发送方未按时收到 ACK 或收到了重复的 ACK。拥塞避免并非指能够完全避免拥塞,而是说在拥塞避免阶段将拥塞窗口控制为按线性规律增长,使得网络不容易出现拥塞。

3.9.2.2 快重传和快恢复

一条 TCP 连接有时会因等待重传计时器的超时而空闲较长的时间,慢开始和拥塞控制算法又无法很好地解决这类问题,因此提出了快重传和快恢复的拥塞控制算法。快重传算法并非取消了重传机制，只是在某些情况下更早地重传丢失的报文段（如当发送端接连收到三个重复的确认 ACK 时，则断定分组丢失，立即重传丢失的报文段，而不必等待重传计时器超时）。快恢复算法常常与快重传算法配合使用，当不使用快恢复算法时，发送端发现网络出现拥塞就将拥塞窗口降低为 1，然后执行慢开始算法，这样做会导致网络不能很快地恢复到正常工作状态。当使用快恢复算法时，慢开始算法只是在 TCP 建立时才使用。

知识点 3.9 习题解析

3-9-01　习题【基础】主机甲和乙建立了 TCP 连接，甲始终以 MSS＝1 KB 大小的段发送数据，并一直有数据发送；乙每收到一个数据段都会发出一个接收窗口为 10 KB 的确认段。若甲在 *t* 时刻发生超时的时候拥塞窗口为 8 KB，则从 *t* 时刻起，不再发生超时的情况下，经过 10 个 RTT 后，甲的发送窗口是多大？

【答案】10 KB。

【解析】当 *t* 时刻发生超时时，把 ssthresh 设为 8 的一半，即 4，把拥塞窗口设为 1 KB。然后经历 10 个 RTT 后，拥塞窗口的大小依次为 2、4、5、6、7、8、9、10、11、12，而发送窗口取当时的拥塞窗口和接收窗口的最小值，接收窗口始终为 10 KB，所以此时的发送窗口为 10 KB。

3-9-02　习题【基础】假定 TCP 最大报文段的长度是 1 KB，拥塞窗口被置为 20 KB，并且发生了超时事件。如果接着的 5 次并发量传输都是成功的，那么该窗口将是多大？

【答案】11 KB。

【解析】在 TCP 的拥塞控制算法中，除使用慢开始的接收窗口和拥塞窗口外，还使用第 3 个参数，即门槛值，它开始置为 20 KB 发生超时的时候，该门槛值被设置成当前拥塞窗口值的一半 10 KB，而拥塞窗口则重置成一个最大报文段长。然后再使用慢开始的算法决定网络可以接受的并发量，一直增长到阈值为止。从这一点开始，成功的传输线性地增加拥塞窗口，即每次并发传输后只增加一个最大报文段，而不是每个报文段传输后都增加一个最大报文段的窗口值。现在由于发生了超时，下一次传输将是 1 个最大报文段，然后是 2 个、4 个和 8 个、10 个最大报文段，第 5 次发送成功，且门限为 10 KB，所以在 5 次并发量传输后，拥塞窗口将增加 10+1＝11 KB。

3-9-03　习题【基础】设 TCP 的拥塞窗口的慢开始门限值初始为 10（单位为报文段），当拥塞窗口达到 16 时出现超时，再次进入慢开始过程。从此时起若恢复到超时时刻的拥塞窗口大小，需要的往返次数是多少？

【答案】12。

【解析】在慢开始和拥塞避免算法中，拥塞窗口初始为 1，窗口大小开始按指数增长。当拥塞窗口大于慢开始门限后停止使用慢开始算法，改用拥塞避免算法。此处慢开始的门限值初始为 10，当拥塞窗口增大到 12 时改用拥塞避免算法，窗口大小按线性增长，每次增加 1 个报文段，当增加到 16 时，出现超时，重新设门限值为 8（16 的一半），拥塞窗口再重新设为 1，执行慢开始算法，到门限值 8 时执行拥塞避免算法。这样，拥塞窗口的变化就为 1，2，4，8，10，11，12，13，14，15，16，1，2，4，8，9，10，11，12，13，14，15。可见从出现超时时拥塞窗口为 16 到恢复拥塞窗口大小为 16，需要的往返时间次数是 12。

3-9-04 习题【基础】有一个 TCP 连接，当其拥塞窗口为 32 个分组大小时超时。假设网络的 RTT 是固定的 5 s，不考虑比特开销，即分组不丢失，则系统在超时后处于慢启动阶段的时间是多少？

【答案】20 s。

【解析】当超时时，其阈值为 32/2=16。按照慢开始算法，发送窗口的初始值设置为 1，然后依次增大为 2，4，8，16，需要经过 4 次 RTT 的时间达到阈值 16，也即慢开始阶段结束，所以系统在超时后处于慢启动阶段的时间有 4RTT 的时间，即 20 s。

3-9-05 习题【综合】图 3-22 所示为一个 TCP 主机中的拥塞窗口的变化过程，这里最大数据段长度为 1，请回答以下问题：

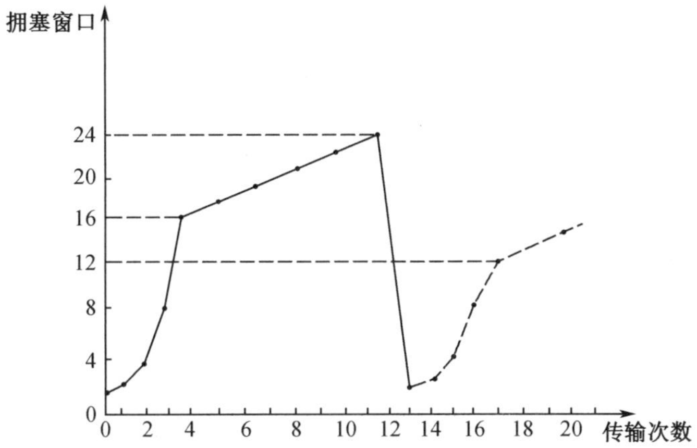

图 3-22 一个 TCP 主机中拥塞窗口变化过程

(1) 该 TCP 的初始阈值是多少，为什么？

(2) 本次传输是否发生超时？如果有，是在哪一次传输超时？

(3) 在本例中，采用了什么拥塞控制算法？

【答案】(1) 该 TCP 的初始阈值为 16。最大数据段长度为 1，可以看出在拥塞窗口达到 16 之后就呈线性增长了，说明初始阈值是 16。

(2) 该 TCP 传输在第 13 次传输时发生了超时，可以看到拥塞窗口在 13 次传输后变为 1。

(3) 采用了慢开始和拥塞避免的算法，因为可以看到在发送失败后拥塞窗口马上变为 1，而且阈值也变为了之前的一半。

3-9-06 习题【进阶】简述慢开始、拥塞避免、快重传和快恢复算法并说明他们的作用，此外乘法减小和加法增大各用在什么情况下？

【答案】慢开始是指发送端按指数规律由小到大逐渐增大拥塞窗口数值，避免发生网络拥塞；拥塞避免是指当网络已经发生拥塞的情况下，发送端按线性规律缓慢增大拥塞窗口值，尽量减少主机发送到网络中的分组数，使得发生拥塞的路由器有足够时间把队列中积压的分组处理完毕；快重传是指在某些情况下可更早地重传丢失的报文段(如发送端一连收到三个重复的 ACK 即可断定有分组丢失，就应立即重传)，并非取消重传计时器；快恢复是指当网络发生拥塞时，为了网络能快速地恢复到正常工作状态而采用的一种机制，常常与快重传配合使用。无论是在慢开始还是在拥塞避免阶段,只要出现一次超时(即出现一次网络拥塞),就执行乘法减小,将慢开始门限值设置为当前的拥塞窗口值的一半。在执行拥塞避免算法后,当收到对所有发出的报文段的确认,执行加法增大,将拥塞窗口增加一个 MSS 大小,使拥塞窗口缓慢增大,以防止网络过早出现拥塞。

3-9-07　习题【进阶】设 TCP 的 ssthresh 的初始值为 8(单位为报文段)。当拥塞窗口上升到 12 时网络发生了超时,TCP 使用慢开始和拥塞避免。试分别求出第 1 轮次到第 15 轮次传输的各拥塞窗口大小。你能说明拥塞窗口每一次变化的原因吗?

【答案】具体见表 3-4。

表 3-4　各轮次传输的拥塞窗口大小及每次变化的原因

轮次	拥塞窗口	拥塞敞口变化的原因
1	1	网络发生了超时,TCP 使用慢开始算法
2	2	拥塞窗口值加倍
3	4	拥塞窗口值加倍
4	8	拥塞窗口值加倍,这是 ssthresh 的初始值
5	9	TCP 使用拥塞避免算法,拥塞窗口值加 1
6	10	TCP 使用拥塞避免算法,拥塞窗口值加 1
7	11	TCP 使用拥塞避免算法,拥塞窗口值加 1
8	12	TCP 使用拥塞避免算法,拥塞窗口值加 1
9	1	网络发生了超时,TCP 使用慢开始算法
10	2	拥塞窗口值加倍
11	4	拥塞窗口值加倍
12	6	拥塞窗口值加倍,但到达 12 的一半时,改为拥塞避免算法
13	7	TCP 使用拥塞避免算法,拥塞窗口值加 1
14	8	TCP 使用拥塞避免算法,拥塞窗口值加 1
15	9	TCP 使用拥塞避免算法,拥塞窗口值加 1

3-9-08　习题【进阶】一个 TCP 连接总以 1 KB 的最大段长发送 TCP 段,发送方有足够多的数据要发送,当拥塞窗口为 16 KB 时发生了超时,如在接下来的 4 个 RTT 时间内的 TCP 段的传输都是成功的,那么当第 4 个 RTT 时间内发送的所有 TCP 段都得到肯定应答时,拥塞窗口大小是多少?

【答案】9 KB。

【解析】发生超时后,慢开始门限 ssthresh 变为 16 KB/2=8 KB,拥塞窗口变为 1 KB。在接下来的 3 个 RTT 内,执行慢开始算法,拥塞窗口大小依次为 2 KB、4 KB、8 KB,由于慢开始门限 ssthresh 为 8 KB,因此之后转而执行拥塞避免算法,即拥塞窗口开始“加法增大”。因此第 4 个 RTT 结束后,拥塞窗口的大小为 9 KB。

3-9-09　习题【进阶】TCP 协议使用慢开始和拥塞避免算法工作时,假定对方接收窗口

rwnd 足够大,本地拥塞窗口 cwnd 值起始为 1(1 个报文段),慢开始门限 ssthresh=8 ,前 5 次传输均收到正常确认,第 6 次发生超时。请写出这个过程中拥塞窗口值随传输次数(假设传输 10 次)的变化情况。

【答案】这个过程中拥塞窗口值随传输次数(假设传输 10 次)的变化情况如下:1,2,4,8,9,10,1,2,4,5。

【解析】本题主要考察了 TCP 慢开始和拥塞避免算法的原理,当发生超时的时候,ssthresh 变为原来的一半,而 cwnd 重新从 1 开始。

3-9-10 习题【综合】考虑从一台主机经一条没有丢包的 TCP 连接向另一台主机发送个大文件。

(1)假定 TCP 使用不具有慢启动的 AIMD 进行拥塞控制,假设每当收到 ACK 时,cwnd 增加一个 MSS,并且假设往返时间大约恒定,cwnd 从 6MSS 增加到 12MSS 要花费多长时间(假设没有丢包事件)?

(2)对于该连接,到时间=6RTT, 其平均吞吐量是多少 (根据 MSS、RTT)?

【答案】(1)7 个 RTT;

(2)7.5MSS/RTT。

【解析】(1)CongWin 增加到 6MSS 需要 1 个 RTT;2 个 RTT 增加到 7 个 MSS;3 个 RTT 增加到 8 个 MSS;4 个 RTT 增加到 9 个 MSS;5 个 RTT 增加到 10 个 MSS;6RTT 增加到 11MSS;和 7 个 RTT 增加到 12MSS。

(2)在第一个 RTT 中发送了 5 个 MSS;在第二个 RTT 中,发送了 6 个 MSS;在第三个 RTT 中,发送了 7 个 MSS; 在第四个 RTT 中发送了 8 个 MSS;在第五次 RTT 中,发送了 9 个 MSS;在第六次 RTT 中,发送了 10 个 MSS。因此,直到时间 6 RTT,5+6+7+8+9+10=45 个 MSS 被发送(并被确认)。因此,我们可以说直到时间 6 RTT 的平均吞吐量为 (45MSS)/(6 RTT)=7.5MSS/RTT。

知识点 3.10 TCP 运输连接管理

TCP 是面向连接的协议。运输连接是用来传送 TCP 报文的。TCP 运输连接的建立和释放是每一次面向连接的通信中必不可少的过程。因此,运输连接就有三个阶段,即:连接建立、数据传送和连接释放。运输连接的管理就是使运输连接的建立和释放都能正常地进行。

3.10.1 TCP 连接建立

TCP 的连接和建立都是采用客户-服务器方式。主动发起连接建立的应用进程叫作客户端,被动等待连接建立的应用进程叫作服务器(server)。

在连接建立过程中要解决 3 个问题:

(1)使每一方能够确定对方的存在;

(2)允许对方协商一些参数(最大报文段长度,最大窗口大小等);

(3)能够对运输实体资源(缓存大小,连接表中的项目等)进行分配。

图 3-23 说明三次握手建立 TCP 连接的过程。设主机 B 运行一个服务器进程,它先发出一个被动打开命令,告诉它的 TCP 要准备接收客户进程的连续请求,然后服务器进程就处于“听”的状态,不断检测是否有客户进程发起连续请求,如有,做出响应。设客户进程运行在主机 A 中,它先向自己的 TCP 发出主动打开的命令,表明要向某个 IP 地址的某个端口建立运输连接。

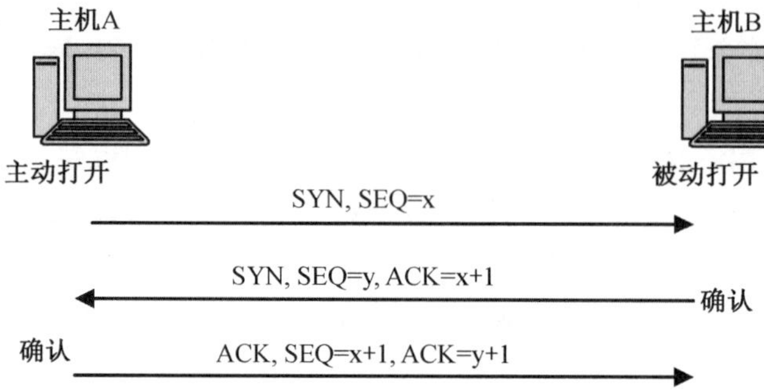

图 3-23　用三次握手建立 TCP 连接

其建立过程解释如下。

第一步:客户端的 TCP 首先向服务器端的 TCP 发送一个特殊的 TCP 报文段。该报文段中不包含应用层数据。但是在报文段的首部中的一个标志位(即 SYN 比特)被置为 1。因此,这个特殊报文段被称为 SYN 报文段。另外,客户端会随机地选择一个初始序号,并将此编号放置于该起始的 TCP SYN 报文段的序号字段中。该报文段会被封装在一个 IP 数据报中,并发送给服务器。

第二步:一旦包含 TCP SYN 报文段的 IP 数据报到达服务器主机,服务器会从该数据报中提取出 TCP SYN 报文段,为该 TCP 连接分配 TCP 缓存和变量,并向该客户端 TCP 发送允许连接的报文段。这个允许连接的报文段也不包含应用层数据。但是,在报文段的首部却包含 3 个重要的信息。首先,SYN 比特被置为 1。其次,该 TCP 报文段首部的确认号字段被置为 client _ isn+1。最后,服务器选择自己的初始序号(server_isn),并将其放置到 TCP 报文段首部的序号字段中。这个允许连接的报文段实际上表明了:“我收到了你发起建立连接的 SYN 分组,该分组带有初始序号 client_isn。我同意建立该连接。我自己的初始序号是 server_isn。”该允许连接的报文段被称为 SYNACK 报文段(SYNACK segment)。

第三步:在收到 SYNACK 报文段后,客户端也要给该连接分配缓存和变量。客户端主机则向服务器发送另外一个报文段;这最后一个报文段对服务器的允许连接的报文段进行了确认(该客户端通过将值 server_isn+1 放置到 TCP 报文段首部的确认字段中来完成此项工作)。因为连接已经建立了,所以该 SYN 比特被置为 0。该三次握手的第三个阶段可以在报文段负载中携带客户端到服务器的数据。

3.10.2 TCP 连接释放

在数据传输完毕之后,通信双方都可以发出释放连接的请求。连接释放过程和连接建立时的三次握手相似。图 3-24 说明了连接释放过程。

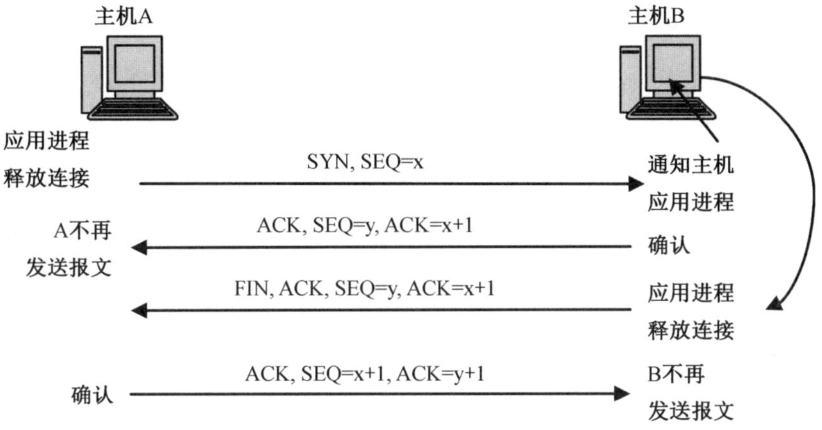

图 3-24 TCP 连接释放的过程

其步骤为:

(1)数据传输结束后,主机 A 的应用进程先向其 TCP 发出释放连接请求,不再发送数据。TCP 通知对方要释放从 A 到 B 的连接,将发往主机 B 的 TCP 报文段首部的终止比特 FIN 置为 1,序号 x 等于已传送数据的最后一个字节的序号加 1。

(2)主机 B 的 TCP 收到释放连接通知后发出确认,其序号为 x+1,同时通知应用进程。这样,从 A 到 B 的连接就释放了,连接处于半关闭状态(half-close)。主机 B 不再接受主机 A 发来的数据,但主机 B 还向 A 发送数据。主机 A 若正确接收数据仍需发送确认。

(3)在主机 B 向主机 A 的数据发送结束后,其应用进程就通知 TCP 释放连接。主机 B 发出的连接释放报文段必须将终止比特 FIN 置为 1,并使其序号 y 等于前面已经传送过的数据的最后一个字节的序号加 1,还必须重复上次已发送过的 ACK=x+1。

(4)主机 A 对主机 B 的连接释放报文段发出确认,将 ACK 置为 1,ACK=y+1,SEQ=x+1。这样才把从 B 到 A 的反方向连接释放掉,主机 A 的 TCP 再向其应用进程报告,整个连接已经全部释放。

在一个 TCP 连接的生命周期内,运行在每台主机中的 TCP 协议在各种 TCP 状态(TCP state)之间变迁。图 3-25 说明了客户端 TCP 会经历的一系列典型 TCP 状态。

客户端 TCP 开始时处于 CLOSED(关闭)状态。客户应用程序发起一个新的 TCP 连接。这引起客户端中的 TCP 向服务器中的 TCP 发送一个 SYN 报文段。在发送过 SYN 报文段后,客户端 TCP 进入了 SYN_SENT 状态。当客户端 TCP 处在 SYN_SENT 状态时,它等待来自服务器 TCP 的对客户端所发报文段进行确认且 SYN 比特被置为 1 的一个报文段。收到这样一个报文段之后,客户端 TCP 进入 ESTABLISHED (已建立)状态。当处在 ESTABLISHED 状态时,TCP 客户端就能发送和接收包含有效载荷数据(即应用层产生的数据)的 TCP 报文段了。

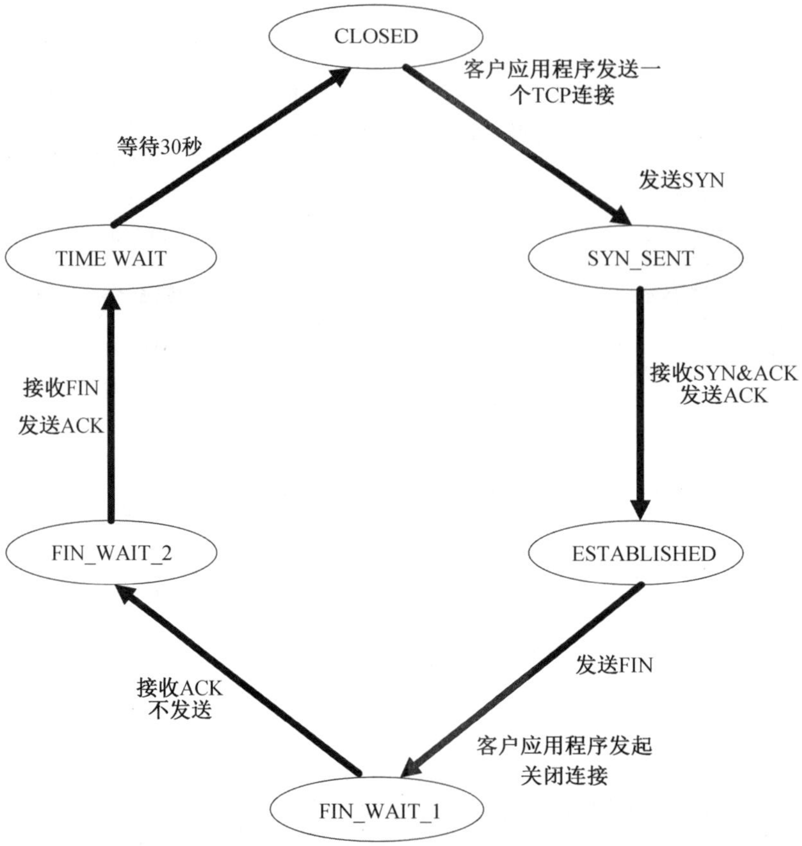

图 3-25　客户端 TCP 经历的典型的 TCP 状态序列

知识点 3.10 习题解析

3-10-01　习题【基础】若主机甲主动发起一个与主机乙的 TCP 连接，甲、乙选择的初始序列号分别为 2018 和 2046，则第三次握手 TCP 段的确认序列号是多少？

【答案】2047。

【解析】根据 TCP 连接建立的三次握手原理，第三次握手时甲发出的确认序列号应为第二次握手时乙发出的序列号+1。

3-10-02　习题【基础】我们知道，在 TCP 的连接建立的三次握手过程中，第三个报文段不需要对方的确认，这是为什么？

【答案】假定 A 是客户端，发起 TCP 连接。现在假定三报文握手过程中的第三个报文段（也就是 A 发送的确认报文段）丢失了，而 A 并不知道。这时，A 以为对方收到了这个报文段，TCP 连接已经建立了，于是就开始发送数据报文段给 B。

B 由于没有收到三次握手中的最后一个报文段（A 发送的确认报文段），因此 B 就不能进入 TCP 的 ESTABLISHED 状态（连接已建立状态）。B 的这种状态可以叫作“半开连接”，即仅仅把 TCP 连接打开了一半。在这种状态下，B 虽然已经初始化了连接变量和缓存，但是不能接收数据。通常,B 在经过一段时间后(例如,1 分钟后),如果还没有收到来自 A 的确认报文段,就终止这个半开连接状态,那么 A 就必须重新建立 TCP 连接。因此在这种情况下,第三个报文段的丢失,会导致了 TCP 连接无法建立,但是不影响文件传输,即第三个报文段不需要确认。

然而,假定 A 在这段时间内,紧接着就发送了数据。我们知道,TCP 具有累积确认的功能。在 A 发送的数据报文段中,自己的序号没有改变,仍然是和丢失的确认帧的序号一样(丢失的那个确认帧不消耗序号),并且确认位 ACK=1,确认号也是 B 选择的初始序号加 1。当 B 收到这个报文段后,从 TCP 的首部就可以知道,A 已确认收到了 B 刚才发送的 SYN+ACK 报文段,于是就进入了 ESTABLISHED 状态。接着,就接收 A 发送的数据。在这种情况下,丢失的 A 发送的确认报文段对 TCP 连接建立就没有影响。因此,第三个报文段的丢失,不需要确认。

我们知道,A 在发送三次握手第三个报文段时,可以有两种选择:

(1)仅确认而不携带数据,数据接着在后面发送。

(2)不仅是确认,而且携带要发送的数据。

在第一种选择时,A 在下一个报文段发送自己的数据。但下一个报文段的首部中仍然包括了对 B 的 SYN+ACK 报文段的确认,即和第二种选择发送的报文段一样。

在第二种选择时,A 省略了单独发送一个确认报文段。从这里也可以看出,A 发送的第三个报文段仅仅是确认的报文段,是可以省略的报文段,即使丢失了也无妨,只要下面紧接着就发送数据报文段即可。

因此综上,第三个报文不需要确认。

【解析】本题主要考察了三次握手的第三个报文的作用,可以结合下一道题【3-10-03】一起理解。

3-10-03　习题【基础】为什么用三次握手建立 TCP 连接时需要发送第三个报文段?

【答案】在采用“三次握手”建立 TCP 连接时,发送端和接收端同时经历了发送端连接请求、接收端对请求的确认、发送端对接收端确认的确认这三个阶段。之所以要对接收端确认再进行确认,是为了防止已失效的连接请求报文段突然又传送到主机 B,因而产生错误。另外从安全性的角度考虑,防止 TCP 欺骗,三次握手相当于验证过程。

3-10-04　习题【进阶】TCP 三次握手过程中,第二次握手时,发送的报文段被置为 1 的标志位是什么?

【答案】1。

【解析】在 TCP 的三次握手中,第二次握手时,SYN 和 ACK 均被置为 1。

3-10-05　习题【进阶】主机甲与主机乙之间已建立一个 TCP 连接,双方持续有数据传输,且数据无差错与丢失。若甲收到一个来自乙的 TCP 段,该段的序号为 1912、确认序号为 2046、有效载荷为 100 B,则甲立即发送给乙的 TCP 段的序号和确认序号分别是多少?试着计算。

【答案】2012。

【解析】确认序号 ACK 是期望收到对方下一个报文段的数据的第一个字节的序号,序号 SEQ 是指本报文段所发送的数据的第一个字节的序号。甲收到一个来自乙的 TCP 段,该段的序号 SEQ=1912、确认序号 ACK=2046、有效载荷为 100 B,表明到序号 1913+100-1=2011 为止的所有数据甲均已收到,而乙期望收到下一个报文段的序号从 2046 开始。因此甲发给乙的 TCP 段的序号 SEQ1＝ACK＝2046 和确认序号 ACK1＝SEQ+100＝2012。

3-10-06　习题【进阶】在运输建立时使用三次握手很重要,这是为什么呢？你能举出例子吗？

【答案】我们知道,三次握手完成两个重要的功能,既要双方做好发送数据的准备工作(双方都知道彼此已准备好),也要允许双方就初始序列号进行协商,这个序列号在握手过程中被发送和确认。现在把三次握手改成仅需要两次握手,可能发生死锁。例如考虑计算机 A 和 B 之间的通信。假定 B 给 A 发送一个连接请求分组,A 收到了这个分组,并发送了确认应答分组。按照两次握手的协定,A 认为连接已经成功地建立了,可以开始发送数据分组。可是,在 A 的应答分组在传输中被丢失的情况下,B 将不知道 A 是否已准备好。在这种情况下,B 认为连接还未建立成功,将忽略 A 发来的任何数据分组,只等待连接确认应答分组,而 A 在发出的分组超时后,重复发送同样的分组,这样就形成了死锁。

第4章 网 络 层

知识点4.1 网络层基础

4.1.1 网络层概述

网络层是OSI参考模型中的第三层,位于数据链路层和运输层之间。它在数据链路层端到端的基础上,进一步管理网络数据的通信,使数据设法经过若干结点到达另一主机,从而向运输层提供数据传送服务。网络层的作用是实现两个端系统之间的数据透明传送,具体功能包括寻址和路由选择,连接的建立、保持和终止等;为运输层提供服务,使运输层不用关心网络的拓扑结构和通信介质等。

转发是指将分组从一个输入链路接口转移到适当的输出链路接口的路由器,本地动作转发发生的时间尺度很短(通常为几纳秒),因此通常用硬件来实现。路由选择是指确定分组从源到目的地所采取的端到端路径的网络范围处理过程,路由选择发生的时间尺度长得多(通常为几秒)。

每台网络路由器中有一个关键元素是它的转发表,路由器检查到达分组首部的一个或多个字段值,进而使用这些首部值在其转发表中索引,通过这种方法来转发分组,这些值对应存储在转发表项中的值,指出了该分组将被转发的路由器的输出链路接口。

当分组从发送方流向接收方时,网络层必须决定这些分组所采用的路由或路径。计算这些路径的算法被称为路由选择算法。

网络层提供了单一的服务,称为尽力而为服务,使用尽力而为服务,传送的分组既不能保证以它们发送的顺序被接收,也不能保证它们最终被交付。既不能保证端到端时延,也不能保证有最小的带宽。尽力而为服务是根本无服务的一种委婉说法,即一个没有向目的地交付分组的网络也符合尽力而为交付服务的定义。

4.1.2 网络服务模型

网络服务模型定义了分组在发送与接收端系统之间的端到端运输特性。这些服务包括如下几个方面:

(1)确保交付

该服务确保分组将最终到达目的地。

(2)具有时延上界的确保交付

该服务不仅确保分组的交付,而且在特定的主机到主机时延上界内交付。

(3)有序分组交付

该服务确保分组以它们发送的顺序到达目的地。

(4)确保最小带宽

该服务模仿在发送和接收主机之间一条特定比特率的传输链路的行为。只要发送主机以低于特定比特率的速率传输比特,则所有分组最终会交付到目的主机。

(5)安全性

网络层能够在源加密所有数据报并在目的地解密这些分组,从而为所有运输层报文段提供机密性。

表 4-1 只是网络层能够提供的服务的部分列表,有无数种可能的服务变种。

表 4-1 网络服务模型对比

网络体系结构	服务模型	带宽保证	丢失保证	排序	定时	拥塞指示
互联网	尽力而为	无	无	任何可能顺序	不维持	无
ATM	恒定码率(CBR)	保证恒定速率	有	有序	维持	拥塞不出现
ATM	恒定平均目标码率(ABR)	保证最小速率	无	有序	维持	有

4.1.3 虚电路和数据报服务对比

4.1.3.1 虚电路

虚电路是逻辑连接,虚电路表示这只是一条逻辑上的连接,分组都沿着这条逻辑连接按照存储-转发方式传送,而并不是真正建立了一条物理连接。电路交换的电话通信是先建立了一条真正的连接。因此分组交换的虚连接和电路交换的连接只是类似,但并不完全一样。

4.1.3.2 数据报服务

互联网的先驱者提出了一种崭新的网络设计思路。网络层向上只提供简单灵活的、无连接的、尽最大努力交付的数据报服务。网络在发送分组时不需要先建立连接。每一个分组(即 IP 数据报)独立发送,与其前后的分组无关(不进行编号)。网络层不提供服务质量的承诺。即所传送的分组可能出错、丢失、重复和失序(不按序到达终点),当然也不保证分组传送的时限。

虚电路与数据报服务对比如表 4-2 所示。

表 4-2 虚电路与数据报服务对比

对比的方面	虚电路服务	数据报服务
思路	可靠通信应当由网络来保证	可靠通信应当由用户主机来保证
连接的建立	必须有	不需要
终点地址	仅在连接建立阶段使用,每个分组使用短的虚电路号	每个分组都有终点的完整地址

表 4-2(续)

对比的方面	虚电路服务	数据报服务
分组的转发	属于同一条虚电路的分组均按照同一路由进行转发	每个分组独立选择路由进行转发
当结点出现故障时	所有通过故障结点的虚电路均不能工作	故障结点可能会丢失分组,一些路由可能会发生变化
分组的顺序	总是按发送顺序到达终点	不一定按发送顺序到达终点
端到端的差错处理和流量控制	可以由网络负责,也可以由用户主机负责	由用户主机负责

知识点 4.1 习题解析

4-1-01 习题【基础】互联网的网络层含有 4 个重要的协议,分别为( )。

A. IP,ICMP,ARP,UDP

B. IP,ICMP,ARP,RARP

C. TCP,ICMP,UDP,RARP

D. UDP,IP,ICMP,RARP

【答案】B。

4-1-02 习题【基础】在 TCP/IP 上层协议与下层协议实体之间的逻辑接口称为服务访问点(SAP)。在互联网中,网络层的服务访问点是( )。

A. IP 地址 B. LLC 地址 C. MAC 地址 D. 端口号

【答案】A。

【解析】在 TCP/IP 模型中,网络接口层的服务访问点是 MAC 地址;在网际层(也可称为网络层)使用的协议主要是 IP,其服务访问点便是 IP 地址;而运输层使用的主要协议为 TCP 和 UDP,TCP 使用的服务访问点为 TCP 的端口号,UDP 使用的服务访问点为 UDP 的端口号。

4-1-03 习题【基础】下列能反映出网络中发生了拥塞现象的是( )。

A. 网络结点接收和发出的分组越来越多

B. 网络结点接收和发出的分组越来越少

C. 随着网络负载的增加,吞吐量也增加

D. 随着网络负载的增加,吞吐量降低

【答案】D。

【解析】拥塞是指在某段时间内,如果对网络中某一资源的需求超过了该资源提供的可用部分,网络的性能将明显变差。当网络中发生拥塞时,网络的性能将急剧下降,整个网络的吞吐量就会随着网络负载的增加而不断下降。在网络正常运行时,网络的吞吐量将随网络负载的增加而线性增加。因此,判断网络是否出现拥塞的依据是网络的吞吐量是否随着负载的增加而不断下降。

4-1-04　习题【基础】路由器转发分组是根据报文的(　　)。

A. IP 地址　B. 端口号　C. MAC 地址　D. LLC 地址

【答案】A。

【解析】因为路由器工作在网络层,所以路由器转发分组是根据报文的 IP 地址。

4-1-05　习题【基础】在路由器进行互连的多个局域网的结构中,要求每个局域网(　　)。

A. 物理层、数据链路层、网络层协议都必须相同,而高层协议可以不同

B. 物理层、数据链路层协议可以不同,而数据链路层以上的高层协议必须相同

C. 物理层、数据链路层、网络层协议可以不同,而网络层以上的高层协议必须相同

D. 物理层、数据链路层、网络层协议及高层协议都可以不同

【答案】C。

【解析】本层及本层以下的协议可以不同,但高层协议必须相同。

4-1-06　习题【基础】下列协议中属于网络层协议的是(　　)。

(1)IP　(2)TCP　(3)FTP　(4)ICMP

A. (1)和(4)　B. (2)和(3)　C. (3)和(4)　D. (1)和(2)

【答案】A。

【解析】TCP 属于运输层协议,FTP 属于应用层协议,IP 和 ICMP 属于网络层协议。

4-1-07　习题【基础】路由器在能够开始向输出链路传输分组的第一位之前,必须接收到整个分组,这种机制称为(　　)。

A. 分组交换机制　B. 碎片隔离机制　C. 存储-转发机制　D. 分组检测机制

【答案】C。

【解析】路由器转发一个分组的过程:先接收整个分组;然后对分组进行错误检查,若出错,则丢弃错误的分组,否则存储正确分组;最后根据路由选择协议将正确的分组转发到合适的端口。这种机制称为存储-转发机制。

4-1-08　习题【基础】下列关于拥塞控制策略的描述中,符合开环控制的是(　　)。

A. 监测网络系统以便检测拥塞在何时何地发生

B. 把拥塞发生的信息传送到可采取行动的地方

C. 调整网络系统的行动以解决出现的问题

D. 根据用户的协议限制进入网络的交通,从而阻止拥塞的发生

【答案】D。

【解析】开环算法和闭环算法的目的是保证由源点产生的交通流不会把网络性能降低到指定的服务质量值之下。开环算法依据用户的协议限制进入网络的交通,从而阻止拥塞的发生,所以 D 选项正确。拥塞控制是很难设计的,因为它是一个动态的问题,许多情况下,甚至正是拥塞控制机制本身成为引起网络性能恶化甚至死锁的原因。从控制理论的角度来看拥塞控制这个问题,可以分为开环控制和闭环控制两种方法。开环控制是在设计网络时事先将有关拥塞发生的所有因素考虑周到,一旦系统运行起来就不能在中途改正。闭环控制是基于反馈环路的概念,包括如下措施:监测网络系统以便检测拥塞在何时何地发生;把拥塞发生的信息传送到可采取行动的地方;调整网络系统的行动以解决出现的问题。

4-1-09　习题【基础】下列关于交换机式网络和路由网络的描述,错误的选项是(　　)。

A. 路由网络中,路由器从帧中提取出分组,然后利用分组中的地址来决定它的目标

去向

B. 交换机主要是完成相同或相似物理介质的网络互联和链路协议,而不会急于在物理层之间进行链路连接

C. 路由器可以应用于任何网络,无论是局域网还是广域网

D. 交换机的应用环境比较简单,主要是简单的局域网

【答案】A。

【解析】路由器处于网络层,应该是从数据包中提取地址,而帧是第二层数据链路的基本处理单元,因此 A 错误。

4-1-10　习题【基础】路由器进行间接交付的对象是(　　)。

A. IP 数据报　　B. 脉冲信号　　C. TCP 字节流　　D. UDP 数据报

【答案】A。

【解析】路由器间接交付是在 IP 层上实行跨网段的交付,所以需要使用 IP 地址,间接交付的对象是 IP 数据报。

4-1-11　习题【基础】在互联网中,一个路由器的路由表通常包含(　　)。

A. 所有目的主机和到达下一个目的主机的完整路径

B. 所有目的主机和到达该目的主机的完整路径

C. 目的网络和到达该目的网络路径上的下一个路由器的 MAC 地址

D. 目的网络和到达该目的网络路径上的下一个路由器的 IP 地址

【答案】D。

【解析】路由器是网络互联的关键设备,其任务是转发分组。每个路由器都维护着一个路由表以决定分组的传输路径。当目的主机与源主机不在同一个网络中时,则应将数据报发送给源主机所在网络上的某个路由器,由该路由器按照转发表(由路由表构造的)指出的路由将数据报转发给下一跳路由器。这种交付方式称为间接交付。为了提高路由器的查询效率和减少路由表的内容,路由表只保留到达目的主机的下一个路由器的地址,而不是保留通向目的主机的传输路径上的所有路由信息。因此,互联网的路由表的表项通常包含目的网络和到达该目的网络的下一个路由器的 IP 地址。

4-1-12　习题【基础】网络层向上提供的服务有哪两种?试比较两者的优缺点。

【答案】(1)虚电路服务:计算机进行通信前应先建立一条虚电路,然后双方沿着已建立的虚电路发送分组。

(2)数据报服务:计算机在发送分组时不需要先建立连接,每一个分组独立发送,与其前后的分组无关。

优缺点比较:从占用通信子网资源方面看,虚电路服务将占用结点交换机的存储空间,而数据报服务对每个分组有其完整的目标地址独立选径,如果传送大量短的分组,数据首部分远大于数据部分,则会浪费带宽。从时间开销方面看,虚电路服务有创建连接的时间开销,对传送小量的短分组,显得很浪费,而数据报服务决定分组的去向过程很复杂,对每个分组都有分析时间的开销。从拥塞避免方面看,虚电路服务因连接起来的资源可以预留下来,一旦分组到达,所需的带宽和结点交换机的容量便已具有,因此有一些避免拥塞的优势,而数据报服务则很困难。从健壮性方面看,通信线路的故障对虚电路服务是致命的因素,但对数据报服务则容易通过调整路由得到补偿,因此虚电路服务更脆弱。

4-1-13　习题【基础】请列举两个适合于使用面向连接服务的计算机应用，再列举两个使用无连接服务的计算机应用的例子。

【答案】文件传送、远程登录和视频点播需要面向连接的服务。另外，信用卡验证和其他的销售点终端、电子资金转移，以及许多形式的远程数据库访问具有无连接的性质，在一个方向上传送查询，在另一个方向上返回应答。

【解析】网络提供的服务分两种：面向连接的服务和无连接的服务。

对于无连接的服务，发送信息的计算机把数据以一定的格式封装在帧中，把目的地址和源地址加在信息头上，然后把帧交给网络进行发送。无连接服务是不可靠的。

对于面向连接的服务，发送信息的源计算机必须首先与接收信息的目的计算机建立连接。这种连接是通过三次握手的方式建立起来的。一旦连接建立起来，相互连接的计算机就可以进行数据交换，与无连接服务不同，面向连接的服务是以连接标识符来表示源地址和目的地址的。面向连接的服务是可靠的，当通信过程中出现问题时，进行通信的计算机可以及时得到通知。

4-1-14　习题【基础】我们对网络层执行的转发功能和路由选择功能进行区别，路由选择和转发的主要区别是什么？

【答案】转发是当一个分组到达路由器的一条输入链路时，该路由器将该分组移动到适当的输出链路。选路是当分组从发送方流向接收方时，网络层必须决定这些分组所采用的路由或路径。

知识点 4.2　IP 地址及分类

4.2.1　IP 地址格式

4.2.1.1　IP 数据报首部的固定部分中的各字段简介

(1)版本：指 IP 协议的版本，通信双方使用的 IP 协议的版本必须一致。目前广泛使用的 IP 协议版本号为 4。

(2)首部长度：当 IP 分组的首部长度不是 4 字节的整数倍时，必须利用最后一个填充字段加以填充。

(3)服务类型：用于获得更好的服务。

(4)总长度：指首部和数据之和的长度。当数据报长度超过网络数据链路层所容许的最大传送单元 MTU 时，就必须将过长的数据报进行分片后才能在网络上传送，这时“总长度”字段指分片后的每片的首部长度与数据长度的总和。

(5)标识：标识是一个计数器，用来产生数据报的标识。当数据报长度超过网络的 MTU 而必须分片时，这个标识字段的值被复制到所有数据报片的标识字段，使具有相同标识字段值的数据报片在最后能正确地重装成原来的数据报。

(6)标志：目前这个字段只有两个比特有意义。标志字段的最低位记为 MF，中间的一位记为 DF。当 MF=1 表示后面“还有分片”的数据报，MF=0 表示这已是若干数据报中的最后一个。当 DF=0 时才能进行分片,否则不能分片。

(7)片偏移:数据报被分片后,片偏移字段指出某片在原分组中的相对位置。片偏移以 8 个字节为偏移单位。

(8)生存时间:生存时间就是数据报在网络中的寿命。

(9)协议:协议字段指出了此数据报携带的数据是使用何种协议,以便使目的主机的 IP 层知道应将数据部分上交给哪个处理过程。

(10)首部检验和:此字段只检验数据报的首部,不包括数据部分。

(11)源地址和目的地址各 4 个字节。

4.2.1.2 IP 数据报首部的可变部分

IP 数据报首部(图 4-1)的可变部分是一个选项字段,用于支持排错、测量以及安全等措施。这个字段增加了 IP 数据报的功能,但同时也使得 IP 数据报首部长度成为可变的,而且增加了每一个路由器处理数据报的开销。实际上,这些选项是很少使用的。

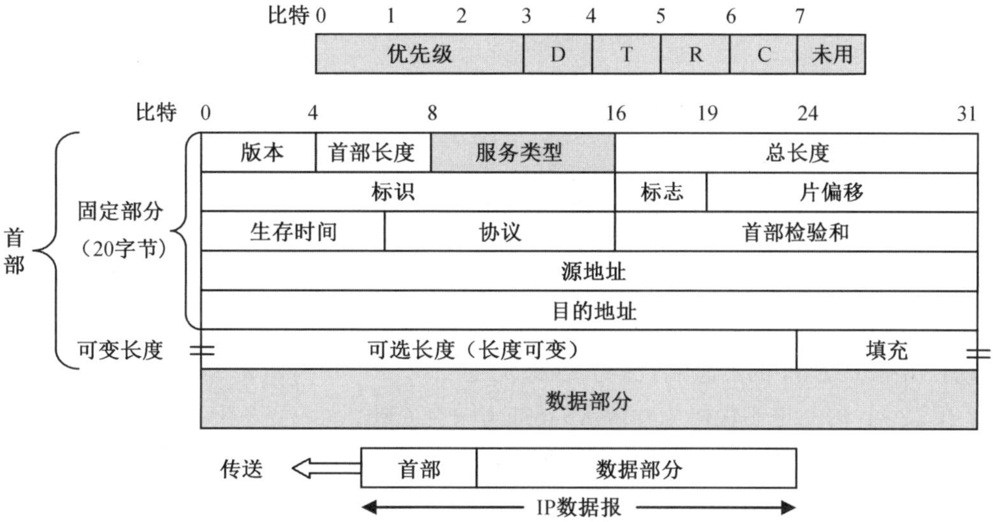

图 4-1 IP 数据报首部

4.2.2 IP 地址分类

4.2.2.1 分类的 IP 地址

(1)地址格式

IP 地址::={<网络号>,<主机号>};

网络号 net-id,标志主机(或路由器)所连接到的网络;

主机号 host-id,标志主机(或路由器);

ICANN 只分配 net-id 号,不管 host-id 的分配。

(2)IP 地址的作用

IP 地址就是给每个连接在互联网上的主机(或路由器)分配一个在全世界范围内唯一的 32 bit 的标识符。

(3)利用 IP 地址进行寻址

IP 地址的结构使得 IP 数据报(或分组)可以在互联网上很方便地进行寻址。路由器利用 IP 地址转发分组的步骤是:

①先按照所要找的 IP 地址中的网络号 net-id 找到目的网络。

②当分组到达目的网络以后,利用主机号 host-id 将数据报直接交付目的主机。

图 4-2 所示为五类 IP 地址。

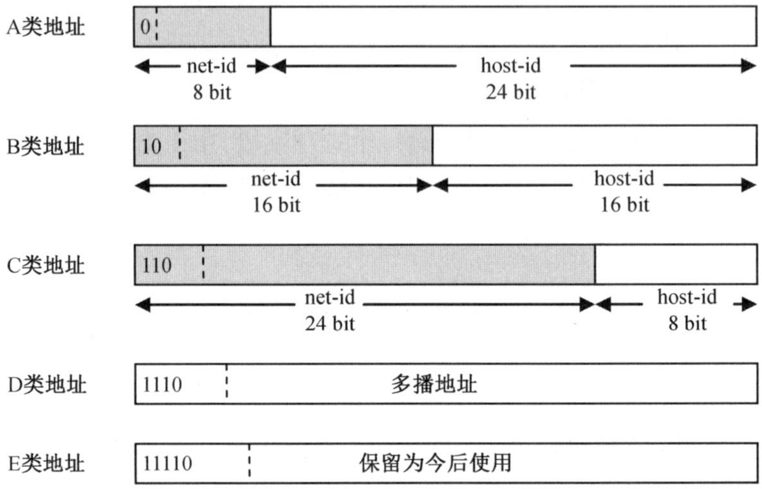

图 4-2　五类 IP 地址

(4)IP 地址的表示方法

①用 01 串(32 bit 的二进制代码)表示。

②在 32 bit 的二进制代码中每隔 8 bit 加上一个空格。

③点分十进制记法(dotted decimal notation):将 32 bit IP 地址中的每 8 bit 用其等价的十进制数字表示,并在这些数字之间加上一个点。

4. 2. 2. 2　常用的三类 IP 地址简介

(1)A 类、B 类、C 类 IP 地址的使用范围(表 4-3)。

表 4-3　A 类、B 类、C 类 IP 地址的使用范围

网络类别	最大网络数	第一个可用的网络号	最后一个可用的网络号	每个网络中的最大主机数
A	126(2^7-2)	1	126	16 777 214
B	16 383($2^{14}-1$)	128. 0	191. 255	65 534
C	2 097 151($2^{21}-1$)	192. 0. 0	223. 255. 255	254

(2)一般不使用的特殊 IP 地址(表 4-4)。

表 4-4 一般不使用的特殊 IP 地址

net-id	host-id	源地址使用	目的地址使用	代表的意思
0	0	可以	不可以	在本网络上的本主机
0	host-id	可以	不可以	在本网络上的某个主机
全 1	全 1	不可以	可以	只在本网络上进行广播(各路由器均不转发)
net-id	全 1	不可以	可以	对 net-id 的所有主机进行广播
127	任何数	可以	可以	用作本地软件环回测之用

4.2.3 IP 数据报分片

并不是所有链路层协议都能承载相同长度的网络层分组,有的协议能承载大数据报,有的协议只能承载一个链路层数据报,能承载的最大数据量称为最大传送单元(MTU)。因为 IP 数据报被封装在链路层数据报中,因此链路层的 MTU 严格地限制着 IP 数据报的长度,而且在 IP 数据报的源与目的地路径上的各段链路可能使用不同的链路层协议,有不同的 MTU。例如,以太网的 MTU 为 1 500 B,而许多广域网 MTU 不超过 576 B。当 IP 数据报的总长度大于链路 MTU 时,就需要将 IP 数据报中的数据分装在两个或多个较小的 IP 数据报中,这些较小的数据报称为片。

片在目的地的网络层被重新组装。目的主机使用 IP 首部中的标识、标志和片偏移字段来完成对片的重组。创建一个 IP 数据报时,源主机为该数据报加上一个标识号。当一个路由器需要将一个数据报分片时,形成的每个数据报(即片)都具有原始数据报的标识号。当目的主机收到来自同一发送主机的一批数据报时,它可以通过检查数据报的标识号来确定哪些数据报属于同一个原始数据报的片。IP 首部中的标志位有 3 bit,但只有后 2 bit 有意义,分别是 MF 位和 DF 位。只有当 DF=0 时,该 IP 数据报才可以被分片。MF 则用来告知目的主机该 IP 数据报是否为原始数据报的最后一个片。当 MF=1 时,表示相应的原始数据报还有后续的片;当 MF=0 时,表示该数据报是相应原始数据报的最后一个片。目的主机在对片进行重组时,使用片偏移字段来确定片应放在原始 IP 数据报的哪个位置。

IP 数据报分片会用到一定的计算。例如,一个长 4 000 B 的 IP 数据报(首部 20 B,数据部分 3 980 B)到达一个路由器,需要转发到一条 MTU 为 1 500 B 的链路上。这意味着原始数据报中的 3 980 B 数据必须被分配到 3 个独立的片中(每片也是一个 IP 数据报)。假定原始数据报的标识号为 777,那么分成的 3 片如图 4-3 所示。可以看出,由于偏移值的单位是 8 B,所以除最后一个片外,其他所有片中的有效数据载荷都是 8 的倍数。

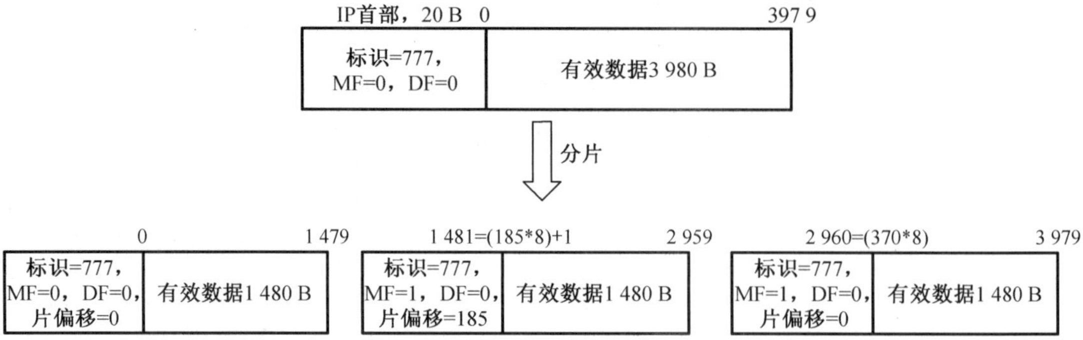

图 4–3　IP 数据报分片

4.2.4　特殊的 IP 地址

4.2.4.1　IP 地址为 0.0.0.0

严格说来，0.0.0.0 已经不是一个真正意义上的 IP 地址了。它表示的是这样一个集合：所有不清楚的主机和目的网络。这里的"不清楚"是指在本机的路由表里没有特定条目指明如何到达。对本机来说，它就是一个"收容所"，所有不认识的"三无"人员，一律送进去。如果你在网络设置中设置了缺省网关，那么 Windows 系统会自动产生一个目的地址为 0.0.0.0 的缺省路由。

4.2.4.2　IP 地址为 255.255.255.255

该地址为限制广播地址。对本机来说，这个地址指本网段内（同一广播域）的所有主机，也就是说这个地址不能被路由器转发。

4.2.4.3　IP 地址为 127.0.0.1

该地址为本机地址，主要用于测试。用汉语表示，就是"我自己"。在 Windows 系统中，这个地址有一个别名"Localhost"。寻址这样一个地址，是不能把它发到网络接口的。除非出错，否则在传输介质上永远不应该出现目的地址为"127.0.0.1"的数据包。

4.2.4.4　IP 地址为 224.0.0.1

该地址为组播地址，注意它和广播地址的区别。从 224.0.0.0 到 239.255.255.255 都是这样的地址。224.0.0.1 特指所有主机，224.0.0.2 特指所有路由器。这样的地址多用于一些特定的程序以及多媒体程序。如果你的主机开启了 IRDP（Internet 路由发现协议，使用组播功能）功能，那么你的主机路由表中应该有这样一条路由。

4.2.4.5　IP 地址为 169.254.X.X

如果主机使用了 DHCP 功能自动获得一个 IP 地址，那么当 DHCP 服务器发生故障，或响应时间太长而超出了一个系统规定的时间时，Windows 系统会分配这样一个地址。如果主机 IP 地址是一个诸如此类的地址，则很可能网络不能正常运行了。

4.2.5 NAT 网络地址转换

4.2.5.1 产生背景

由于 IP 地址紧缺,一个机构能够申请到的 IP 地址数往往远小于本机构所拥有的主机数。如果机构内部的计算机通信也采用 TCP/IP 协议,那么这些主机可以使用仅在本机构内部有效的专用地址,以节省 IP 资源。已分配到专用 IP 地址的内部主机在和互联网上的主机通信时,就必须使用网络地址转换。

4.2.5.2 NAT 技术的定义

NAT 英文全称是 Network Address Translation,即网络地址转换,它是一个 IETF 标准,允许一个机构以一个地址出现在互联网上。NAT 将每个局域网结点的私有地址转换成一个互联网公有 IP 地址,反之亦然。它也可以应用到防火墙技术里,把个别 IP 地址隐藏起来不被外界发现,使外界无法直接访问内部网络设备,同时,它还可以帮助网络超越地址的限制,合理地安排网络中的公有互联网地址和私有 IP 地址的使用。

4.2.5.3 NAT 技术基本原理

NAT 技术能帮助解决令人头痛的 IP 地址紧缺的问题,而且能使得内外网络隔离,提供一定的网络安全保障。它解决问题的办法是:在内部网络中使用内部地址,通过 NAT 把内部地址翻译成合法的 IP 地址在互联网上使用,其具体的做法是把 IP 包内的地址域用合法的 IP 地址来替换。NAT 功能通常被集成到路由器、防火墙、ISDN 路由器或者单独的 NAT 设备中。NAT 设备维护一个状态表,用来把非法的 IP 地址映射到合法的 IP 地址上去。每个包在 NAT 设备中都被翻译成正确的 IP 地址,发往下一级。虽然这意味着给处理器带来了一定的负担,但对于一般的网络来说,这种负担是微不足道的。

知识点 4.2 习题解析

4-2-01 习题【基础】在互联网中(不考虑 NAT),IP 分组从源结点到目的结点可能要经过多个网络和路由器。在传输过程中,IP 分组首部中的( )。

A. 源地址和目的地址都有可能发生变化

B. 源地址不会发生变化而目的地址有可能发生变化

C. 源地址和目的地址都不会发生变化

D. 源地址有可能发生变化而目的地址不会发生变化

【答案】C。

【解析】在互联网中,当一个路由器接收到一个 IP 分组时,路由器根据 IP 分组首部中的目的 IP 地址进行路由选择,并不改变源 IP 地址和目的 IP 地址的值。即使在 IP 分组被分片时,源 IP 分组的源 IP 地址和目的 IP 地址也将复制到每个分片的首部中。因此,在整个传输过程中,IP 分组中的源 IP 地址和目的 IP 地址都不发生变化。

4-2-02 习题【基础】在互联网中,IP 分组的传输需要经过源主机和中间路由器到达目的主机,通常( )。

A. 源主机和中间路由器都不知道 IP 分组到达目的主机需要经过的完整路径

B. 源主机不知道 IP 分组到达目的主机需要经过的完整路径,而中间路由器知道

C. 源主机知道 IP 分组到达目的主机需要经过的完整路径,而中间路由器不知道

D. 源主机和中间路由器都知道 IP 分组到达目的主机要经过的完整路径

【答案】A。

【解析】为了减少路由器的负担,互联网通常采用的是基于下一跳的路由选择方法,发送 IP 数据报的源主机和转发数据报的中间路由器只指定到达目的主机的下一个路由器的 IP 地址,都不知道 IP 数据报需要经过的完整路径。

4-2-03　习题【基础】IP 分组首部中有两个有关长度的字段,一个是首部长度字段,另一个是总长度字段,其中(　　)。

A. 首部长度字段和总长度字段都是以 8 bit 为计数单位

B. 首部长度字段以 32 bit 为计数单位,总长度字段以 8 bit 为计数单位

C. 首部长度字段以 8 bit 为计数单位,总长度字段以 32 bit 为计数单位

D. 首部长度字段和总长度字段都是以 32 bit 为计数单位

【答案】B。

4-2-04　习题【基础】下面地址中,属于本地回路地址的是(　　)。

A. 0. 0. 0. 1　　B. 255. 255. 255. 255　　C. 192. 0. 0. 1　　D. 127. 0. 0. 1

【答案】D。

4-2-05　习题【基础】在 IP 首部的字段中,与分片和重组无关的是(　　)。

注:假设当前已经分片完成。

A. 总长度　B. 标识　C. 标志　D. 片偏移

【答案】A。

【解析】在 IP 首部中,标识域的用途是让目标主机确定一个新到达的分片属于哪一个数据报,用于重新组合分片后的 IP 数据报;而标志域中的 DF(是否不能分片)和 MF(是否后面还有分片)位都与分片有关;片偏移则是标志分片在 IP 数据报中的位置,重新组合分组的时候用到。

4-2-06　习题【进阶】根据 NAT 协议,下列 IP 地址中(　　)不允许出现在互联网上。

A. 192. 167. 56. 23　B. 172. 15. 34. 128　C. 172. 30. 56. 21　D. 192. 128. 45. 34

【答案】C。

【解析】NAT 协议保留了 3 段 IP 地址供内部使用,这 3 段地址见表 4-5。所以只有 C 选项是内部地址,不允许出现在互联网上。

表 4-5　3 段 IP 地址

IP 地址	掩码长度	主机数
10. 0. 0. 0~10. 255. 255. 255	8	16777216
172. 16. 0. 0~172. 31. 255. 255	12	1048576
192. 168. 0. 0~192. 168. 255. 255	16	65536

4-2-07 习题【基础】互联网规定的 B 类私有地址为(　　)。

A. 172. 16. 0. 0/16

B. 172. 16. 0. 0/12

C. 172. 12. 0. 0/16

D. 192. 168. 0. 0/12

【答案】B。

【解析】1 个 A 类私有地址:10. 0. 0. 0~10. 255. 255. 255,即 10. 0. 0. 0/8。

16 个 B 类私有地址:172. 16. 0. 0~172. 31. 255. 255,即 172. 16. 0. 0/12。

256 个 C 类私有地址:192. 168. 0. 0~192. 168. 255. 255,即 192. 168. 0. 0/16。

4-2-08 习题【进阶】如果一台主机的 IP 地址为 160. 70. 20. 10/16,那么当它被移动到了另一个不属于 160. 70/16 子网的网络中时,它将(　　)。

A. 可以直接接收和直接发送分组,没有任何影响

B. 既不可以直接接收分组,也不可以直接发送分组

C. 不可以直接发送分组,但是可以直接接收分组

D. 可以直接发送分组,但是不可以直接接收分组

【答案】B。

【解析】因为所有路由器都是按照子网来安排路由表的,所以所有发往主机 160. 70. 20. 10/16 的分组都会被发送到 160. 70/16 子网中,当主机离开了这个子网的时候,自然就不能直接接收和直接发送分组了,但是可以通过转交地址来间接接收和发送分组。

4-2-09 习题【进阶】某路由器的路由表见表 4-6。

表 4-6 某路由器的路由表

目的网络	下一跳	接口
169. 96. 40. 0/23	176. 1. 1. 1	S1
169. 96. 40. 0/25	176. 2. 2. 2	S2
169. 96. 40. 0/27	176. 3. 3. 3	S3
0. 0. 0. 0/0	176. 4. 4. 4	S4

若路由器收到一个目的地址为 169. 96. 40. 5 的 IP 分组,则转发该 IP 分组的接口是(　　)。

A. S1　　B. S2　　C. S3　　D. S4

【答案】C。

【解析】根据"最长前缀匹配原则",169. 96. 40. 5 与 169. 96. 40. 0 的前 27 位匹配最长,故选 C。选项 D 为默认路由,只有当前面的所有目的地址网络都不能和分组的目的 IP 地址匹配时才使用。

4-2-10 习题【基础】下列 IP 地址中,只能作为 IP 分组的源 IP 地址但不能作为目的 IP 地址的是(　　)。

A. 0. 0. 0. 0　　B. 127. 0. 0. 1　　C. 200. 10. 10. 3　　D. 255. 255. 255. 255

【答案】A。

【解析】根据 RFC 文档描述，0.0.0.0/32 可以作为本主机在本网络上的源地址。127.0.0.1 是回送地址，以它为目的 IP 地址的数据将被立即返回本机。200.10.10.3 是 C 类 IP 地址。255.255.255.255 是广播地址。

4-2-11　习题【基础】IP 规定每个 C 类网络最多可以有(　　)台主机或路由器。

A. 254　B. 255　C. 256　D. 1022

【答案】A。

【解析】在分类的 IP 网络中，C 类地址的前 24 位为网络位，后 8 位为主机位，主机位全“0”表示网络号，主机位全“1”表示广播地址，因此最多可以有 $2^8-2=254$ 台主机或路由器。

4-2-12　习题【基础】访问互联网的每台主机都需要分配 IP 地址(假定采用默认子网掩码)，下列可以分配给主机的 IP 地址是(　　)。

A. 192.10.21.0

B. 127.47.10.0

C. 110.47.10.0

D. 211.256.10.21

【答案】C。

【解析】若是 C 类地址，子网掩码为 255.255.255.0，由此得知 A 选项地址的主机号为全 0(未使用 CIDR)，因此不能作为主机地址。B 选项地址是为回环测试保留的地址。D 选项地址是语法错误的地址，不允许有 256。C 选项地址为 A 类地址，其网络号是 110，主机号是 47.10.0。

4-2-13　习题【基础】一台主机有两个 IP 地址，一个地址是 192.168.11.25，另一个地址可能是(　　)。

A. 192.168.11.0

B. 192.168.11.26

C. 192.168.11.24

D. 192.168.15.25

【答案】D。

【解析】如果一台主机有两个或两个以上的 IP 地址，那么说明这台主机属于两个或两个以上的逻辑网络。值得注意的是，在同一时刻一个合法的 IP 地址只能分配给一台主机，否则就会引起 IP 地址冲突。IP 地址 192.168.11.25 属于 C 类 IP 地址，所以 A、B、C 选项地址同属于一个逻辑网络，只有 D 选项地址中的网络号不同，表明它在不同的逻辑网络中。

4-2-14　习题【进阶】假定一个 NAT 路由器的公网地址为 205.56.79.35，并且有如表 4-7 项：

表 4-7　NAT 转换表

转换端口	源 IP 地址	源端口
2056	192.168.32.56	21
2057	192.168.32.56	20
1892	192.168.48.26	80
2256	192.168.55.106	80

它收到一个源 IP 地址为 192.168.48.56、源端口为 21 的分组,其动作是(　　)。

A. 转换地址,将源 IP 变为 205.56.79.35,端口变为 2056,然后发送到公网

B. 添加一个新的条目,转换 IP 地址及端口然后发送到公网

C. 直接将分组转发到公网

D. 不转发,丢弃该分组

【答案】D。

【解析】NAT 的表项需要管理员添加,这样才能控制一个内网到外网的网络连接。题目中主机发送的分组在 NAT 表项中找不到(端口 21 从源端口而非转换端口找),所以服务器不转发该分组。

4-2-15　习题【基础】试简单说明下列协议的作用:IP,ARP,RARP 和 ICMP。

【答案】IP,网际协议,它是 TCP/IP 体系中两个最重要的协议之一,IP 使互连起来的许多计算机网络能够进行通信。

ARP,地址转换协议,将 IP 地址转换成物理地址。

RARP,反向地址转换协议,将物理地址转换成 IP 地址。

ICMP,Internet 控制消息协议,减少分组的丢失。

注:ICMP 协议帮助主机完成某些网络参数测试,允许主机或路由器报告差错和提供有关异常情况报告,但它没有办法减少分组丢失,这是高层协议应该完成的事情。IP 协议只是尽最大可能交付,至于交付是否成功,它自己无法控制。

4-2-16　习题【基础】IP 地址分为几类?各如何表示?IP 地址的主要特点是什么?

【答案】目前的 IP 地址(IPv4:IP 第 4 版本)由 32 个二进制位表示,每 8 位二进制数为一个整数,中间由小数点间隔,如 159.226.41.98,整个 IP 地址空间有 4 组 8 位二进制数,表示主机所在网络的地址(类似部队的编号)以及主机在该网络中的标识(如同士兵在该部队的编号)共同组成。

为了便于寻址和层次化构造网络,IP 地址被分为 A、B、C、D、E 五类,商业应用中只用到 A、B、C 三类。

A 类地址:A 类地址的网络标识由第一组 8 位二进制数表示,网络中的主机标识占 3 组 8 位二进制数,A 类地址的特点是网络标识的第一位二进制数取值必须为“0”。不难算出,A 类地址允许有 126 个网段,每个网络允许有 1 670 多万台主机,通常分配给拥有大量主机的网络(如主干网)。

B 类地址:B 类地址的网络标识由前两组 8 位二进制数表示,网络中的主机标识占两组 8 位二进制数,B 类地址的特点是网络标识的前两位二进制数取值必须为“10”。B 类地址允许有 16 383 个网段,每个网络允许有 65 534 台主机,适用于结点比较多的网络(如区域网)。

C 类地址:C 类地址的网络标识由前 3 组 8 位二进制数表示,网络中主机标识占 1 组 8 位二进制数,C 类地址的特点是网络标识的前 3 位二进制数取值必须为“110”。具有 C 类地址的网络允许有 254 台主机,适用于结点比较少的网络。

为了便于记忆,通常习惯采用 4 个十进制数来表示一个 IP 地址,十进制数之间采用点“.”予以分隔。这种 IP 地址的表示方法也被称为点分十进制法。如以这种方式表示,A 类网络的 IP 地址范围为 1.0.0.1~127.255.255.254;B 类网络的 IP 地址范围为:128.1.0.1~191.255.255.254;C 类网络的 IP 地址范围为:192.0.1.1~223.255.255.254。

IP 地址共分 5 类，分类情况如图 4-4 所示。

A 类	0	Net-id	Host-id
B 类	10	Net-id	Host-id
C 类	110	Net-id	Host-id
D 类	1110	组播地址	
E 类	11110	保留为今后使用	

图 4-4　IP 地址分类

IP 地址是 32 位地址，其中分为 net-id（网络号），和 host-id（主机号）。特点如下：

（1）IP 地址不能反映任何有关主机位置的物理信息；

（2）一个主机同时连接在多个网络上时，该主机就必须有多个 IP 地址；

（3）由转发器或网桥连接起来的若干个局域网仍为一个网络；

（4）所有分配到网络号（net-id）的网络都是平等的；

（5）IP 地址可用来指明一个网络的地址。

4-2-17　习题【进阶】试根据 IP 地址的规定，计算出表 4-8 中的各项数据。

表 4-8　IP 地址可用数量

网络类别	最大网络数	第一个可用的网络号	最后一个可用的网络号	每个网络中的最大主机数
A				
B				
C				

【答案】详见表 4-3。

（1）A 类地址的网络号字段占一个字节，且第一位已固定为 0，可指派的网络号是 126 个（即 2^7-2）。减 2 的原因有二：其一，IP 地址中网络号字段为全 0 的 IP 地址是保留地支，意义是“本网络”。其二，网络号为 127（即 01111111）的 IP 地址是本地软件环回测试地址，用于测试本主机进程之间的通信。A 类地址的主机号占 3 字节，因此每一个 A 类网络中的最大主机数是 $2^{24}-2$，即 16777214。减 2 的原因是：全 0 的主机号字段表示该 IP 地址是“本主机”所连接到的单个网络地址，而全 1 表示该网络上的所有主机。

（2）B 类地址的网络号字段有 2 字节，但前两位（10）已经固定了。网络号字段的后 14 位无论如何取值，网络号字段都不可能是全 0 或全 1，因此网络总数不用减 2。但实际上 B 类网络地址 128. 0. 0. 0 是不指派的，而可以指派的 B 类最小网络地址是 128. 1. 0. 0。因此 B 类地址可指派的网络数为 $2^{14}-1$，即 16 383。B 类地址的每一个网络上的最大主机数是 $2^{16}-2$，即 65 534，减 2 的原因是要扣除全 0 和全 1 的主机号。

（3）C 类地址有 3 个字节的网络号字段，最前面的 2 为是 110，还有 21 位可以进行分配。C 类网络地址 192. 0. 0. 0 也是不指派的，可以指派的 C 类最小网络地址是 192. 0. 1. 0，因此 C 类地址可指派的网络总数是 $2^{21}-1$，即 2 097 151。每一个 C 类地址的最大主机数是 2^8-2，即 254。

4-2-18 习题【综合】试说明 IP 地址与硬件地址的区别。为什么要使用这两种不同的地址？

【答案】如图 4-5 所示，IP 地址在 IP 数据报的首部，而硬件地址则放在 MAC 帧的首部。在网络层及以上使用的是 IP 地址，而链路层及以下使用的是硬件地址。在 IP 层抽象的互联网上，我们看到的只是 IP 数据报，路由器根据目的站的 IP 地址进行选路。在具体的物理网络的链路层，我们看到的只是 MAC 帧，IP 数据报被封装在 MAC 帧里面。MAC 帧在不同的网络上传送时，其 MAC 帧的首部是不同的。这种变化，在上面的 IP 层上是看不到的。每个路由器都有 IP 地址和硬件地址。使用 IP 地址与硬件地址，尽管连接在一起的网络的硬件地址体系各不相同，但 IP 层抽象的互联网却屏蔽了下层这些很复杂的细节，并使我们能够使用统一的、抽象的 IP 地址进行通信。

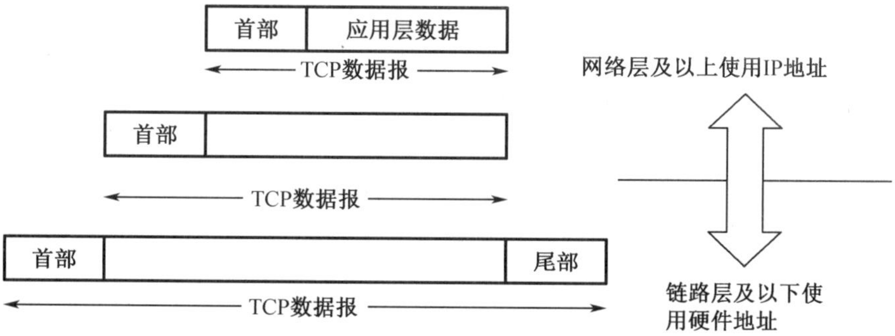

图 4-5 首部示意图

4-2-19 习题【基础】什么是 NAT，优点和缺点有哪些？NAPT 有哪些特点？

【答案】NAT 全称 Network Address Translation，即网络地址转换。

NAT 优点：

（1）通过 NAT，专用网内部主机可使用专用地址与互联网上的主机通信。

（2）通过 NAT，一个全球合法 IP 地址可被多台专用网内部主机分享使用，节省全球 IP 地址资源。

NAT 缺点：通信必须由专用网内的主机发起，专用网内部的主机不能充当服务器。

NAPT 全称 Network Addressand Port Translation，即网络地址与端口号转换，其特点如下：

（1）在路由器转发 IP 数据报时，NAPT 对 IP 地址和端口号都进行转换，转换过程为，对于出专用网的数据，NAPT 把专用网内不同的源 IP 地址转换为同样的全球 IP 地址，把源主机端口号转换为不同的新的端口号；对于入专用网的应答，NAPT 根据不同的目的端口号，从 NAPT 转换表中找到正确的目的主机。

（2）NAPT 工作在网络层和运输层。

4-2-20 习题【基础】试把下列 IPv4 地址从二进制记法转换为点分十进制记法。

（1）10000001 00001011 00001011 11101111

（2）11000101 10000111 00011001 11111111

（3）11100111 11011011 10001011 01101111

(4)11111011 10011111 11111011 00011111

【答案】把每8位一组的二进制数转换成等值的十进制数,并增加分割的点,得到:

(1)129. 11. 11. 239

(2)197. 135. 25. 255

(3)231. 219. 139. 111

(4)251. 159. 251. 47

4-2-21　习题【基础】下列IPv4地址是否有错误?如有,请指出。

(1)121. 56. 042. 78

(2)221. 34. 7. 8. 12

(3)75. 45. 333. 14

(4)11100010. 23. 14. 00011111

【答案】(1)在点分十进制记法中不应当有以0开头的数(042)。

(2)IPv4地址不能超过4个字节。

(3)每个字节必须小于或等于255,而333超过了这个范围。

(4)二进制记法和点分十进制记法混合使用是不允许的。

4-2-22　习题【基础】求下列每个地址的类别。

(1)224. 12. 14. 87

(2)193. 14. 56. 22

(3)124. 23. 120. 8

(4)252. 5. 15. 111

【答案】(1)第一个字节是224(在224~239之间),是D类地址。

(2)第一个字节是193(在192~223之间),是C类地址。

(3)第一个字节是124(在0~127之间),是A类地址。

(4)第一个字节是252(在240~255之间),是E类地址。

知识点4.3　子网与超网

4.3.1　子网划分与子网掩码

4.3.1.1　两级IP和三级IP

(1)传统两级IP地址的不合理之处

IP地址空间利用率有时很低,尤其对于A类和B类地址网络。IP地址的浪费,还会使IP地址空间的资源过早地被用完。而且从网络的吞吐量考虑,将大量主机安装在一个网络中往往会影响网络的吞吐量,容易产生拥塞。给每一个物理网络分配一个网络号会使路由表变得太大而使网络性能变坏。路由表中项目的增多,不仅增加了路由器的成本(需要更多的存储空间),还使查找路由耗费更多的时间,同时也使路由器之间定期交换的路由信息急剧增加,使路由器和互联网的性能下降。

(2)划分子网的方法

划分子网的方法是从网络的主机号借用若干比特作为子网号 subnet-id,而主机号 host-id 相应也就减少若干比特。于是两级 IP 地址在本单位内部就变成三级 IP 地址:网络号 net-id,子网号 subnet-id 和主机号 host-id。记为:

IP 地址::={<网络号>,<子网号>,<主机号>}

(3)使用三级 IP 地址进行寻址的过程

凡是从其他网络发给本单位某个主机的 IP 数据报,仍然根据 IP 数据报的目的网络号 net-id 找到连接在本单位网络上的路由器。但是此路由器在收到 IP 数据报后,再按照目的网络号 net-id 和子网号 subnet-id 找到目的子网,将 IP 数据报交付给目的主机。

(4)划分子网的特点

划分子网纯属一个单位内部的事情,本单位外的网络看不见这个网络是由多个子网组成,这个单位对外仍然表现为一个没有划分子网的网络。

4.3.1.2 子网掩码

因为 32 位的 IP 地址本身以及数据报的首部没有包含任何有关子网划分的信息,所以为了让每一个子网上的主机能通过本子网上的路由器直接和外界通信,就必须使用子网掩码。

(1)子网掩码的概念

①子网掩码:子网掩码长 32 bit,由一串 1 和跟随的一串 0 组成,子网掩码中 1 对应于 IP 地址中的网络号和子网号,子网掩码中的 0 对应于 IP 地址中的主机号。

②子网地址:子网地址是将主机号 host-id 置为 0 的 IP 地址,也是将子网掩码和 IP 地址逐比特相“与”(AND)的结果。

(2)默认子网掩码

默认子网掩码中 1 bit 的位置和 IP 地址中的网络号字段正好相对应。因此,将默认子网掩码和某个不划分子网的 IP 地址逐比特相“与”(AND),就得出该 IP 地址的网络地址。显然:

A 类地址的默认子网掩码是 255.0.0.0,或是 0xFF000000。

B 类地址的默认子网掩码是 255.255.0.0,或是 0xFFFF0000。

C 类地址的默认子网掩码是 255.255.255.0,或是 0xFFFFFF00。

(3)子网掩码的特点

①子网掩码是一个网络或一个子网的重要属性。在成为正式标准后,路由器在和相邻路由器交换信息时,必须将自己所在网络(或子网)的子网掩码告诉相邻路由器。在路由器的路由表中的每个项目中,除给出目的网络地址外,还必须同时给出该网络的子网掩码。所以一个路由器连在两个子网上时就拥有两个网络地址和两个子网掩码。

②划分子网增加了灵活性,但减少了能够连在网络上的主机总数。

4.3.2 CIDR 构造超网

CIDR 的产生背景:1992 年,互联网面临三个必须尽早解决的问题:

(1)B 类地址在 1992 年已经分配了近一半,眼看就要在 1994 年 3 月全部分配完毕。

(2)互联网主干网上的路由表中的项目数急剧增加(从几千增加到几万个)。

(3)整个 IPv4 的地址空间最终将全部耗尽。

当时预计前两个问题将在 1994 年变得非常严重,因此 IETF 当时很快就研究出采用无分类编址的方法来解决前两个问题,即无分类域间路由选择 CIDR(Classless Inter-Domain Routing)。第三个问题属于更长远的问题,由 IETF 的 IPv6 工作组负责研究解决。

4.3.2.1 CIDR 最主要的特点

(1)CIDR 消除了传统的 A 类、B 类和 C 类地址以及划分子网的概念,因而可以更加有效地分配 IPv4 的地址空间,并且可以在新的 IPv6 使用之前容许互联网的规模继续增长。CIDR 使用各种长度的"网络前缀"来代替分类地址中的网络号和子网号,使 IP 地址从三级编址(使用子网掩码)又回到了两级编址,但这已经是无分类的两级。记法是:

IP 地址::={<网络前缀>,<主机号>}

(2)CIDR 使用"斜线记法"(slash notion),又称为 CIDR 记法,即在 IP 地址后面加上一个斜线"/",然后写上网络前缀所占的比特数(这个数值对应于三级编址的子网掩码中比特 1 的个数)。

例如:128.14.46.34/20 表示在这个 32 bit 的 IP 地址中,前 20 bit 表示网络前缀,后面的 12 bit 为主机号。

(3)CIDR 将网络前缀都相同的连续的 IP 地址组成"CIDR 地址块"。一个 CIDR 地址块是由地址块的起始地址(即地址块中地址数最小的一个)和地址块中的地址数来定义的。CIDR 地址块也可以用斜线记法来表示。例如:128.14.32.0/20 表示的地址块共有 212 个地址,该地址块的起始地址是 128.14.32.0,其中斜线后面的 20 是网络前缀的比特数,所以主机号的比特数就为 12,因而地址数为 212。

4.3.2.2 CIDR 的几种记法

(1)在斜线记法中,可将点分十进制中低位连续的 0 省略。例如:10.0.0.0/10 可省略为 10/10。

(2)二进制记法:使用二进制记法时,网络前缀后面的主机号部分用 X 表示。例如:10.0.0.0/10 可写为:00001010 00XXXXXX XXXXXXXX XXXXXXXX。其中 22 个 X 可以是任意值的主机号(但是全 0 和全 1 的主机号一般不使用)。

(3)二进制的简化记法:即使用二进制记法时,在网络前缀后面加上一个星号 * 。用星号代替主机号。例如:0000101000 * 。

(4)分类 IP 地址与 CIDR 地址的相容问题

在配置基于 CIDR 的网络时,使用分类 IP 地址的主机,可能不允许将网络前缀设置成比原来分类地址的子网掩码的 1 bit 长度更短。只有在主机的软件支持 CIDR 时,网络前缀才能比原来的掩码长度短。例如:将网络配置成 200.25.16.0/20 时就可能不行。因为这原来是一个 C 类地址,其子网掩码长度至少是 24 bit,但将 200.25.10.0/20 配置成 16 个/24 地址块就不会有问题,因为不支持 CIDR 的主机会将本地的/24 地址块解释成 C 类网络。

4.3.2.3 最长前缀匹配

(1)路由表的变化

在使用 CIDR 时,因为 IP 地址由网络前缀和主机号这两个部分组成,因此在路由表中的项目也要相应地改变。这时,每个项目由"网络前缀"和"下一跳地址"组成。

(2)路由表的查找方法

使用 CIDR 后,在查找路由表时可能会得到不止一个的匹配结果,应当从匹配结果中选择具有最长网络前缀的路由,这叫作最长前缀匹配。因为网络前缀越长,其地址块就越小,因而路由就越具体。

4.3.2.4　使用二叉线索查找路由表

(1)提出的背景

在使用 CIDR 后,由于要寻找最长前缀匹配,使路由表的查找过程变得更加复杂了。当路由表的项目数很大时,设法减小路由表的查找时间就成为一个非常重要的问题,所以在路由表中,就必须使用很好的数据结构和使用先进的快速查找算法。

(2)使用二叉线索查找路由表的方法

为了进行更有效的查找,通常是将无分类编址的路由表存放在一种层次的数据结构中,然后自上而下地按照层次进行查找。这里最常用的就是二叉线索,IP 地址中从左到右的比特值决定了从根结点逐层向下层延伸的路径,而二叉线索中的各个路径就代表了路由表中的各个地址。

①二叉线索的构成步骤

为了简化二叉线索的结构,可以先找出对应于每一个 IP 地址的唯一前缀(所谓唯一前缀是指在表中所有的 IP 地址中,该前缀是唯一的)。利用这些唯一前缀来构造二叉线索。

从二叉线索的根结点自顶向下的深度最多有 32 层,每一层对应于 IP 地址的一位。一个 IP 地址存入二叉线索的规则为:先检查 IP 地址左边的一位,如为 0,则第一层的结点就在根结点的左下方,如为 1,则在右下方;然后检查地址的第二位,构造出第二层的结点。依此类推,直到唯一前缀的最后一位。

为了将二叉线索用于路由表中,还必须使二叉线索中的每一个叶结点包含所对应的网络前缀和子网掩码。

②路由查找过程

在路由查找的过程中,利用二叉线索搜索到一个叶结点时,就必须将寻找匹配的目的 IP 地址和该叶结点的掩码进行逐比特的“与”运算,看结果是否与对应的网络前缀相匹配,若匹配,就按照下一跳的接口转发该分组,否则,就丢弃该分组。

知识点 4.3 习题解析

4-3-01　习题【基础】以下关于 IP 分组结构的描述中,正确的是(　　)。

A. IPv4 分组头的长度是可变的

B. 协议字段表示 IP 的版本,值为 4 表示 IPv4

C. 分组头长度字段以 8 B 为单位,总长度字段以字节为单位

D. 生存时间字段值每经过一个路由器便增加 1

【答案】A。

【解析】协议字段表示使用 IP 的上层协议,如值为 6 表示 TCP,值为 17 表示 UDP。版本字段表示 IP 的版本,值为 4 表示 IPv4,值为 6 表示 IPv6。分组头长度字段以 4 B 为单位,总长度字段以字节为单位,生存时间字段值每经过一个路由器便减少 1。

4-3-02　习题【基础】IPv4 分组首部中有两个有关长度的字段：首部长度和总长度，其中（　　）。

A. 首部长度字段和总长度字段都以 4 bit 为计数单位

B. 首部长度字段以 32 bit 为计数单位，总长度字段以 8 bit 为计数单位

C. 首部长度字段以 8 bit 为计数单位，总长度字段以 32 bit 为计数单位

D. 首部长度字段和总长度字段都以 32 bit 为计数单位

【答案】B。

【解析】在首部中有三个关于长度的标记：首部长度、总长度和片偏移，基本单位分别为 4 B、1 B 和 8 B。IP 分组的首部长度必须是 4 B 的整数倍，取值范围是 5~15（默认值是 5）。由于 IP 分组的首部长度是可变的，因此首部长度字段必不可少。总长度字段给出 IP 分组的总长度，单位是字节，包括分组首部和数据部分的长度。数据部分的长度可以根据从总长度减去分组首部长度计算。

4-3-03　习题【基础】IP 分组中的检验字段检查范围是（　　）。

A. 仅检查偏移量

B. 仅检查分组首部

C. 仅检查数据部分

D. 以上皆检查

【答案】B。

【解析】分组的校验字段仅检查分组的首部信息，不包括数据部分。

4-3-04　习题【基础】以下关于 IP 分组的分片与组装的描述中，正确的是（　　）。

A. IP 分组头中与分片和组装相关的字段是：标识、标志与协议

B. IP 分组规定的最大长度为 32 767 B

C. 以太网的 MTU 为 256 B

D. 片偏移的单位是 8 B

【答案】D。

【解析】片偏移标识该分片所携带数据在原始分组所携带数据中的相对位置，以 8 B 为单位。以太网的 MTU 为 1 500 B。IP 分组规定的最大长度为 65 535 B。IP 分组头中与分片和组装相关的字段是：标识、标志与片偏移。

4-3-05　习题【进阶】以下关于 IP 分组分片基本方法的描述中，错误的是（　　）。

A. IP 分组长度大于 MTU 时，就必须对其进行分片

B. DF=1，分组的长度又超过 MTU 时，则丢弃该分组，并且要用 ICMP 差错报文向源主机报告

C. 分片的 MF 值为 1 表示接收到的分片是倒数第一个分片

D. 属于同一原始 IP 分组的分片具有相同的标识

【答案】C。

【解析】如果分组长度超过 MTU，那么当 DF=1 时，丢弃该分组，并且要用 ICMP 差错报文向源主机报告；当 DF=0 时，进行分片，MF=1 表示后面还有分片。

4-3-06　习题【基础】假设有一个 B 类地址指定了子网掩码 255. 255. 255. 0，则每个子网可以有的主机数为（　　）。

A. 256　　B. 254　　C. 1 024　　D. 1 022

【答案】B。

【解析】由于 B 类地址的默认子网掩码是 255. 255. 0. 0，而题目给的子网掩码为 255. 255. 255. 0，可以看出从主机位拿了 8 位出来划分子网，最后只剩下 8 位来表示主机位，一共有 256（2^8）种可能，再去掉全“0”和全“1”的地址，所以每个子网可以有的主机数为 254。

4-3-07　习题【基础】为了提供更多的子网，为一个 B 类地址指定了子网掩码 255. 255. 240. 0，则每个子网最多可以有的主机数是（　　）。

A. 14　　B. 4 094　　C. 4 095　　D. 4 096

【答案】B。

【解析】由于 240（十进制）= 11110000（二进制），所以共有 12 bit 位用于主机地址，且主机位全 0 和全 1 不能使用，所以最多可以有的主机数为 $2^{12}-2=4\ 094$。

4-3-08　习题【基础】在子网 192. 168. 4. 0/30 中，能接收目的地址为 192. 168. 4. 3 的 IP 分组的最大主机数是（　　）。

A. 0　B. 1　C. 2　D. 4

【答案】C。

【解析】首先分析 192. 168. 4. 0/30 这个网络，主机号只占 2 位，地址范围为 192. 168. 4. 0～192. 168. 4. 3，主机号全 1 时，即 192. 168. 4. 3 是广播地址，因此可容纳 4－2＝2 台主机。

4-3-09　习题【基础】一个网段的网络号为 198. 90. 10. 0/27，子网掩码固定为 255. 255. 255. 224，最多可以分成（　　）个子网，每个子网最多具有（　　）个有效的 IP 地址。

A. 8，30　　B. 8，62　　C. 16，30　　D. 32，62

【答案】A。

【解析】由题可知，主机号有 5 位，若主机号只占 1 位，则没有有效的 IP 地址可供分配（排除 0 和 1 就没有了），最少 2 位表示主机号，因此还剩 3 位可以表示子网号，所以最多可以分成 8 个子网。而当 5 位都表示主机数，即只有 1 个子网时，每个子网最多具有 30 个有效的 IP 地址（除去了全 0 和全 1）。

4-3-10　习题【进阶】在一条点对点的链路上，为了减少地址的浪费，子网掩码应该指定为（　　）。

A. 255. 255. 255. 252　B. 255. 255. 255. 250　C. 255. 255. 255. 248　D. 255. 255. 255. 10

【答案】A。

【解析】在一条点对点的链路上，存在两台主机，即只需要给这个网络分配 2 位（$2^2-2=2$）主机位，即可以说子网掩码应该为 11111111. 11111111. 11111111. 11111100，即 255. 255. 255. 252。

4-3-11　习题【进阶】如果用户网络需要划分成 5 个子网，每个子网最多 20 台主机，则适用的子网掩码是（　　）。

A. 255. 255. 255. 196　　B. 255. 255. 255. 245

C. 255. 255. 255. 224　　D. 255. 255. 255. 248

【答案】C。

【解析】子网掩码的作用就是对网络进行重新划分，以实现地址资源的灵活应用。由于用户网络需要划分成5个子网,每个子网最多20台,因为$2^2<5<2^3$,$2^4<20<2^5$,所以需要采用3位的子网段和5位的主机段。所以网络段是27位,子网掩码是255.255.255.224。

4-3-12　习题【进阶】以下给出的地址中,属于子网192.168.15.19/28的主机地址是(　　)。

Ⅰ.192.168.15.17　Ⅱ.192.168.15.12　Ⅲ.192.168.15.16　Ⅳ.192.168.15.32

A.仅Ⅰ　B.Ⅰ和Ⅱ　C.Ⅰ、Ⅲ和Ⅳ　D.Ⅰ、Ⅱ、Ⅲ和Ⅳ

【答案】A。

【解析】将IP地址192.168.15.19和28位子网掩码255.255.255.240分别转换为二进制后进行"与"运算,可以得到该子网的网络地址192.168.15.16。由于网络位是28位,所以主机位占4位,$2^4=16$,即该子网段包括16个IP地址。也就是说地址范围是192.168.15.16~192.168.15.31,但16是网络地址,31是广播地址,因此只有192.168.15.17在此范围之内。

4-3-13　习题【基础】下列地址中,属于子网86.32.0.0/12的地址是(　　)。

A.86.79.65.154　B.86.33.224.123　C.86.79.65.216　D.86.79.206.154

【答案】B。

【解析】CIDR地址块86.32.0.0/12的网络前缀为12位,说明第2个字节的前4位在前缀中,第2个字节32的二进制形式为00100000。给出的4个地址的前8位均相词,而第2个字节的前4位分别是0010,0100,0011,0100,所以本题答案为B。

4-3-14　习题【基础】如果IPv4的分组太大,则会在传输中被分片,那么在(　　)对分片后的数据报重组。

A.目的端主机　B.中间路由器　C.下一跳路由器　D.核心路由器

【答案】A。

【解析】数据报被分片后,每个分片都将独立地传输到目的地,其间有可能会经过不同的路径,而最后在目的端主机分组被重组。

4-3-15　习题【基础】主机地址172.16.2.160属于下面哪一个子网?(　　)

A.172.16.2.64/26　B.172.16.2.96/26　C.172.16.2.192/26　D.172.16.2.128/26

【答案】D。

【解析】在这里只详细讲解一个地址块。以选项A为例,172.16.2.64/26,"/26"表示只有6位是主机号,而64的二进制表示是01000000,所以最小地址和最大地址分别是01000000(64)和01111111(127),即172.16.2.64/26的地址范围是172.16.2.64~172.16.2.127。同理可以得出选项B 172.16.2.96/26的地址范围是172.16.2.64~172.16.2.127,选项C 172.16.2.192/26的地址范围是172.16.2.192~172.16.2.255;选项D 172.16.2.128/26的地址范围是172.16.2.128~172.16.2.191。综上所述,地址172.16.2.160在172.16.2.128/26地址块内,即选项D正确。

4-3-16　习题【基础】CIDR技术的作用不包括(　　)。

A.把小的网络汇聚成大的超网

B.把大的网络划分成小的子网

C.减轻互联网路由器的负担

D.解决地址耗尽问题

【答案】B。

【解析】无类域间路由(CIDR)是一种将网络归并的技术。CIDR技术的作用是把小的网络汇聚成大的超网。

4-3-17 习题【进阶】CIDR地址块192.168.10.0/20所包含的IP地址范围是(①)与地址192.16.0.19/28同属于一个子网的主机地址是(②)。

①A. 192.168.0.0~192.168.13.255　　B. 192.168.10.0~192.168.14.255

C. 192.168.10.0~192.168.15.255　　D. 192.168.0.0~192.168.16.255

②A. 192.16.0.17　　B. 192.16.0.32　　C. 192.16.0.15　　D. 192.16.0.14

【答案】C、A。

【解析】CIDR地址由网络前缀和主机号两部分组成,CIDR将网络前缀都相同的连续IP地址组成"CIDR地址块"。网络前缀的长度为20位,主机号为12位,因此192.168.0.0/20地址块中的地址数为2^{12}个。其中,当主机号为全0时,取最小地址192.168.0.0,当主机号全为1时,取最大地址192.168.15.255。注意,这里并不是指可分配的主机地址。对于192.16.0.19/28,表示子网掩码为255.255.255.240。IP地址192.16.0.19与IP地址192.16.0.17所对应的前28位数相同,都是1100000000010000000000000001,所以IP地址192.16.0.17是子网192.16.0.19/28的一台主机地址。注意,主机号全0和全1的地址不使用。

4-3-18 习题【基础】为了解决IP地址耗尽的问题,可以采用以下一些措施,其中"治本"的是(　　)。

A. 动态主机配置协议DHCP　　B. 采用无类比编址CIDR

C. 采用网络地址转换NAT　　D. 采用IPv6

【答案】D。

【解析】最初设计的分类IP地址,由于每类地址所能连接的主机数大大超过一般单位的需求量,从而造成了IP地址的浪费。动态主机配置协议DHCP能使多个工作站共享IP地址。当分配到的IP地址数目远小于一个网络工作站的数目时,如果还为每个设备分配一个固定的IP地址,则显然有一部分设备将无法接入网络。CIDR是比划分子网更为灵活的一种手段,它消除了A、B、C类地址及划分子网的概念。使用各种长度的网络前缀来代替分类地址中的网络号和子网号,将网络前缀都相同的IP地址组成"CIDR地址块"。网络前缀越短,地址块越大。互联网服务提供者再根据客户的具体情况,分配合适大小的CIDR地址块,从而更加有效地利用IPv4的地址空间。采用网络地址转换(NAT),可以使一些使用本地地址的专用网连接到互联网上,进而使得一些机构的内部主机可以使用专用地址,只需给此机构分配一个IP地址即可,并且这些专用地址是可重用的——其他机构也可使用,所以大大节省了IP地址的消耗。尽管以上三种方法可以在一定阶段内有效缓解IP地址耗尽的危机,但无论是从计算机本身发展来看,还是从互联网的规模和传输速率来看,现在的IPv4地址已很不适用,所以"治本"的方法还是使用128 bit编址的IPv6地址。

4-3-19 习题【基础】下列对IP分组的分片和重组的描述中,正确的是(　　)。

A. IP分组可以被源主机分片,并在中间路由器进行重组

B. IP分组可以被路径中的路由器分片,并在下一跳路由器上进行重组

C. IP分组可以被路径中的路由器分片,并在最后一跳的路由器上进行重组

D. IP分组可以被路径中的路由器分片,并在目的主机进行重组

【答案】D。

【解析】当路由器准备将 IP 分组发送到网络上，而该网络又无法将整个分组一次发送时，路由器必须将该分组分片，使其长度能满足这一网络对分组长度的限制。IP 分组可以独立地通过各个路径发送，而且在传输过程中仍然存在分片的可能（不同网络的 MTU 可能不同），因此不能由中间路由器进行重组。分片后的 IP 分组直至到达目的主机后才能汇集在一起，甚至不一定以原先的次序到达。这样，接收的主机都要求支持重组能力。

4-3-20　习题【进阶】一个网络中有几个子网，其中一个已分配了子网号 74.178.247.96/29，则下列网络前缀中不能再分配给其他子网的是(　　)。

A. 74.178.247.64/29　　B. 74.178.247.96/28

C. 74.178.247.121/29　　D. 74.178.247.105/29

【答案】B。

【解析】"/29"表明前 29 位是网络号，4 个选项的前 3 个字节均相同。选项 C 中第 4 个字节 121 为 01111001，前 5 位为 01111；选项 A 中第 4 个字节 64 为 01000000，前 5 位为 01000；选项 B 中第 4 个字节 96 为 01100000，前 4 位为 0110；选项 D 中第 4 个字节 105 为 01101001，前 5 位为 01101。由于已经分配的子网 74.178.247.96/29 的第 4 字节的前 5 位为 01100，这与选项 B 中第 4 字节的前 4 位重叠。因此 B 中的网络前缀不能再分配给其他子网。

4-3-21　习题【基础】主机 A 和主机 B 的 IP 地址分别为 216.12.31.20 和 216.13.32.21，要想让 A 和 B 工作在同一个 IP 子网内，应该给它们分配的子网掩码是(　　)。

A. 255.0.0.0　　B. 255.255.0.0

C. 255.255.255.0　　D. 255.255.255.255

【答案】A。

【解析】本题实际上就是要求找一个子网掩码，使得 A 和 B 的 IP 地址与该子网掩码逐位相"与"之后得到相同的结果。A 选项与主机 A、B 相"与"的结果均为 216.0.0.0。

4-3-22　习题【进阶】某单位分配了 1 个 B 类地址，计划将内部网络划分成 35 个子网，将来可能增加 16 个子网，每个子网的主机数目接近 800 台，则可行的掩码方案是(　　)。

A. 255.255.245.0　　B. 255.255.252.0

C. 255.255.255.0　　D. 255.255.254.0

【答案】B。

【解析】未进行子网划分时，B 类地址有 16 位作为主机位。由于共需要划分 51 个，且 25<51<26，那么需要从主机位划出 6 位作为子网号，剩下的 10 位主机位可容纳的主机数为 1022（即 $2^{10}-2$）台主机，满足题目要求。因此子网掩码为 255.255.252.0。

4-3-23　习题【基础】某主机的 IP 地址为 180.80.77.55，子网掩码为 255.255.252.0。若该主机向其所在子网发送广播分组，则目的地址可以是(　　)。

A. 180.80.76.0　　B. 180.80.76.255

C. 180.80.77.255　　D. 180.80.79.255

【答案】D。

【解析】子网掩码的第 3 个字节为 11111100，可知前 22 位为子网号、后 10 位为主机号。IP 地址的第 3 个字节为 01001101（下划线为子网号的一部分），将主机号（即后 10 位）全置为 1，可以得到广播地址为 180.80.79.255。

4-3-24 习题【基础】某子网的子网掩码为 255.255.255.224,一共给 4 台主机分配了 IP 地址,其中一台因 IP 地址分配不当而存在通信故障。这一台主机的 IP 地址是(　　)。

A. 202.3.1.33　　B. 202.3.1.63　　C. 202.3.1.46　　D. 202.3.1.61

【答案】B。

【解析】在本题的条件下,某主机不能正常通信意味着它的 IP 地址与其他三台主机不在同一个子网。子网掩码 255.255.255.224(表明前 27 位是网络号)可以划分为 $2^3=8$ 个子网,其中前 3 个子网的地址范围为 202.3.1.1~30,33~62,65~94(全 0 或全 1 的不能作为主机地址)。可以看出选项 B 属于子网 202.3.1,64,而其余 3 项属于子网 202.3.1.32

4-3-25 习题【基础】位于不同子网中的主机之间相互通信时,下列说法中正确的是(　　)。

A. 路由器在转发 IP 数据报时,重新封装源 IP 地址和目的 IP 地址

B. 路由器在转发 IP 数据报时,重新封装目的硬件地址和目的 IP 地址

C. 路由器在转发 IP 数据报时,重新封装源硬件地址和目的硬件地址

D. 源站点可以直接进行 ARP 广播得到目的站点的硬件地址

【答案】C。

【解析】数据报的首部既有源 IP 地址,又有目的 IP 地址,但在通信中路由器只根据目的 IP 地址进行路由选择。IP 数据报在通信过程中,首部的源 IP 地址和目的 IP 地址在经过路由器时不会发生改变。由于相互通信的主机不在同一个子网内,因此不可以直接通过 ARP 广播得到目的站点的硬件地址。硬件地址只具有本地意义,因此每当路由器将 IP 数据报转发到一个具体的网络中时,都需要重新封装源硬件地址和目的硬件地址。

4-3-26 习题【综合】若将 101.200.16.0/20 划分为 5 个子网,则可能的最小子网的可分配 IP 地址数是(　　)。

A. 126　　B. 254　　C. 16382　　D. 1022

【答案】B。

【解析】网络前缀为 20 位,将 101.200.16.0/20 划分为 5 个子网,为了保证有子网的可分配 IP 地址数尽可能小,即要让其他子网的可分配 IP 地址数尽可能大,不能采用平均划分的方法,而要采用变长的子网划分方法,也就是最大子网用 1 位子网号,第二大子网用 2 位子网号,以此类推。

子网 1:101.200.00010000.00000001 ~ 101.200.00010111.11111110;地址范围为 101.200.16.1/21~101.200.23.254/21;可分配的 IP 地址数为 2046 个。

子网 2:101.200.00011000.00000001 ~ 101.200.00011011.11111110;地址范围为 101.200.24.1/22~101.200.27.254/22;可分配的 IP 地址数为 1022 个。

子网 3:101.200.00011100.00000001 ~ 101.200.00011101.11111110;地址范围为 101.200.28.1/23~101.200.29.254/23;可分配的 IP 地址数为 510 个。

子网 4:101.200.00011110.00000001 ~ 101.200.00011110.11111110;地址范围为 101.200.30.1/24~101.200.30.254/24;可分配的 IP 地址数为 254 个。

子网 5:101.200.00011111.00000001 ~ 101.200.00011111.11111110;地址范围为 101.200.31.1/24~101.200.31.254/24;可分配的 IP 地址数为 254 个。综上所述,可能的最小子网的可分配 IP 地址数是 254 个。

4-3-27 习题【进阶】设有两个子网 202.118.133.0/24 和 202.118.130.0/24,如果进

行路由汇聚,得到的网络地址是(　　)。

A. 202. 118. 128. 0/20　　B. 202. 118. 128. 0/21

C. 202. 118. 132. 0/20　　D. 202. 118. 135. 0/22

【答案】B。

【解析】前两个字节和最后一个字节不做比较了,只比较第三个字节。129→10000001、130→10000010、132→10000100、133→10000101,显然,这4个数字只有前5位是完全相同的,因此汇聚后的网络的第三个字节应该是10000000→128。汇聚后的网络的掩码中“1”的数量应该有8+8+5=21,因此答案是202. 118. 128. 0/21。

4-3-28　习题【进阶】已知地址块中的一个地址是140. 120. 84. 24/20。试求这个地址块中的最小地址?最大地址?地址掩码是什么?地址块中共有多少个地址?相当于多少个C类地址?

【答案】地址转化为2进制 10001100 01111000 01010100 00011000 140. 120. 84. 24/20

前20位是网络号保持不变,主要对后边的12位主机号进行操作。

最小地址 10001100 01111000 01010000 00000000 140. 120. 80. 0/20

最大地址 10001100 01111000 01011111 11111111 140. 120. 95. 255/20

地址掩码 11111111 11111111 11110000 00000000 255. 255. 240. 0

地址块中共有212=4096个地址。

相当于16个C类地址。

【解析】计算最小地址的方法是将IP地址与地址掩码进行与操作,计算最大地址的方法是将主机号的比特位全置1。

4-3-29　习题【基础】若将网络21. 3. 0. 0/16划分为128个规模相同的子网,则每个子网可分配的最大IP地址个数是(　　)。

A. 254　　B. 256　　C. 510　　D. 512

【答案】C。

【解析】这个网络有16位的主机号,平均分成128个规模相同的子网,每个子网有7位子网号,9位主机号。除去一个网络地址和广播地址,可分配的最大IP地址个数是$2^9-2=512-2=510$,选C。

4-3-30　习题【进阶】在互联网上的一个B类网络具有子网掩码255. 255. 240. 0,则每一个子网中的最大主机数目是多少?

【答案】存在4096个主机地址,但由于全0和全1是特别地址,因此最大主机数目应该是4094。

【解析】对于一个B类网络,高端16位形成网络号,低端16位是子网或主机域。在子网掩码的低端16位中,最高有效4位是1111,因此剩下12位(第3字节低四位和第4字节)用于主机号。

4-3-31　习题【综合】在互联网中某主机的地址是11001010. 01100000. 00101100. 01011000,请回答下列问题:

(1)用十进制数表示上述IP地址?

(2)该IP地址是属于A类、B类,还是C类地址?

(3)写出该IP地址在没有划分子网时的子网掩码。

(4)写出该IP地址在没有划分子网时计算机的主机号。

(5)将该 IP 地址划分为四个子网，写出子网掩码。

【答案】(1)202.96.44.88。

(2)C 类。

(3)255.255.255.0。

(4)88。

(5)255.255.255.192。

4-3-32 习题【进阶】假定最初的时候 B 类地址的网络部分并不是 16 位，而是 20 位。请问那将有多少个 B 类网络。

【答案】262142 个可供分配。

【解析】除去 2 位作为前缀，将剩下 18 位表示网络。概念上，网络数目可以有 262144 个。然而，全 0 和全 1 是特别地址，所以只有 262142 个可供分配。

4-3-33 习题【进阶】一个单位有一个 C 类地址 200.1.1。考虑到共有四个部门，准备划分子网。这四个部门内的主机数目分别是：A——72 台，B——35 台，C——20 台，D——18 台，即共有 145 台主机。给出一种可能的子网掩码安排来完成划分任务。

【答案】显然这里采用可变长子网掩码，涉及 3 种子网掩码，分别是：

255.255.255.128

255.255.255.192

255.255.255.224

【解析】每个部门分配一个子网，名义上部门 A、B、C、D 的子网大小分别是 27(128)，26(64)，25(32)，25(32)，IP 地址的最高位是 0 表示子网 A，最高两位是 10 表示子网 B，最高 3 位是 110 表示子网 C，最高 3 位是 111 表示子网 D。

4-3-34 习题【基础】从 198.16.0.0 起有大量相继的 IP 地址可以提供。假定 4 个单位 A、B、C、D 分别请求 4000，2000，4000 和 8000 个地址，并且就按照所请求的顺序分配。对于这些单位中的每一个，请给出分配的第一个 IP 地址，分配的最后一个 IP 地址，以及用 w.x.y.z/s 形式表示的掩码。

【答案】	开始地址	结束地址	掩码
A：	198.16.0.0	198.16.15.255	198.16.0.0/20
B：	198.16.16.0	198.23.15.255	198.16.16.0/21
C：	198.16.32.0	198.47.15.255	198.16.32.0/20
D：	198.16.64.0	198.95.15.255	198.16.64.0/19

【解析】从 A 到 D 分别需要 4096、2048、4096 和 8192 个地址，所以分别需要 12、11、12 和 13 位主机号。

4-3-35 习题【进阶】一个 IP 分组报头中的首部长度字段值为 101(二进制)，而总长度字段值为 101100(二进制)。请问：该分组携带了多少字节的数据。

【答案】要求出分组所携带数据的长度，就需要分别知道首部的长度和分组的总长度。解题的关键在于弄清首部长度字段和总长度字段的单位。由于首部长度字段的单位是 4 B，101 的十进制为 5，所以首部长度 = 5×4 = 20 B。而总长度字段的单位是字节，101000 的十进制为 44，所以总长度为 44 B，因此分组携带的数据长度为 44-20 = 24 B。

4-3-36 习题【进阶】如果到达的分组的片偏移值为 100，分组首部中的首部长度字段值为 6，总长度字段值为 100，那么数据部分第一个字节的编号是多少？能够确定数据部分

最后一个字节的编号吗？

【答案】分片的片偏移值表示其数据部分首字节在原始分组的数据部分中的相对位置，单位为 8 字节。首部长度字段以 4 字节为单位，总长度字段以字节为单位。题目中，分组的片偏移值为 100，因此其数据部分第一个字节的编号是 800。因为分组的总长度为 100 字节，首部长度为 4×6＝24 字节，所以数据部分长度为 76 字节。因此该分组的数据部分的最后一个字节的编号是 875。

4-3-37　习题【进阶】设目的地址为 221.220.35.56，子网掩码为 255.255.241.0。试求子网地址。

【答案】通过将目的地址和子网掩码换算成二进制，并进行逐位“与”就可得到子网地址。但是通常在目的地址中，子网掩码为 255 所对应的部分在子网地址中不变，子网掩码为 0 所对应的部分在子网地址中为 0，其他部分按二进制逐位“与”求得（也可直接截取）。本题中，子网掩码的前两部分为 255.255，因此子网地址的前两部分为 221.220；子网掩码最后一部分为 0，因此子网地址的最后一部分为 0；子网地址的第三部分为 240，进行换算有 $241=(11110001)_2$，$35=(00100011)_2$，逐位相“与”得 $(00100001)_2=33$。因此子网地址为 221.220.33.0。

4-3-38　习题【基础】为什么要划分子网？子网掩码的作用是什么？

【答案】由于互联网的每台主机都要分配一个唯一的 IP 地址，所以分配的 IP 地址很多，这将使路由器的路由表变得很大，进而影响了路由器在进行路由选择时的工作效率。解决这个问题的方法就是将一个大的网络划分为几个较小的网络，每个小的网络称为一个子网。当一个分组到达一个路由器时，路由器应该能够判断出地址的网络号。子网掩码用来判断 IP 地址的哪一部分是网络号与子网号，哪一部分是主机号。为了完成这种分离，路由器将对 IP 地址和子网掩码进行“与”运算。

4-3-39　习题【综合】一个 IPv4 分组到达一个结点时，其首部信息（以十六进制表示）为 0x4500054003 58502006FFF07C4E0302B40E0F02。请回答：

（1）分组的源 IP 地址和目的 IP 地址各是什么（点分十进制表示法）？

（2）该分组数据部分的长度是多少？

（3）该分组是否已经分片？如果有分片，那么偏移量是多少？

【答案】（1）由图 4-1 可知，源 IP 地址为 IP 首部的第 13、14、15、16 字节，即 7C4E0302，转换为点分十进制表示可得源 IP 地址为 124.78.3.2。目的 IP 地址为 IP 首部的第 17、18、19、20 字节，即 B40E0F02，转换为点分十进制表示可得目的 IP 地址为 180.14.15.2。

（2）分组总长度是 IP 首部的第 3、4 字节，即 0054，转换为十进制得该分组总长度为 84，单位为字节。而首部长度是 IP 首部的第 58 位，值为 5，单位为 4 B，因此首部长度为 4 B×5＝20 B。数据部分长度＝总长度－首部长度＝84－20＝64 B。

（3）该分组首部的片偏移字段为第 7、8 字节（除去第 7 字节的前 3 位），不等于 0，而是二进制值 1100001010000，即十进制数 6224，单位是 8 B。另外，分组的标志字段为第 7 字节的前 3 位，即 010，中间位 DF＝1 表示不可分片，最后位 MF＝0 表示后面没有分片。IP 规范规定，所有主机和网关至少能支持 576 B 的分组长度。在 576 B 的数据报中，512 B 用于存放数据，64 B 用作分组头。由于本报片的数据部分的长度只有 64 B，所以不会再次被分割。

4-3-40　习题【基础】一个数据报长度为 4 000 B（固定首部长度，即 20 B）。现在经过一个网络传送，但此网络能够传送的最大数据报长度为 1 500 B。应该划分为几个短些的数

据报片？各数据报片的数据字段长度、片偏移字段和 MF 标志应为什么数值？

【答案】数据报去头为 4 000 B−20 B=3 980 B，1 500 B 去头为 1 500 B−20 B=1 480 B，2<3，所以应该划分为 3 个数据报片，长度分别为 1 480 B、1 480 B、1 020 B；片偏移字段分别为 0、1480/8=185、2960/8=370；MF 标志位（表示后面是否还有分片）分别为 1、1、0。详细答案见表 4−9。

表 4−9 各数据报片的数据字段长度、片偏移字段和 MF 标志

数据报	总长度/B	数据长度/B	MF	片偏移
原始数据报	4 000	3 980	0	0
数据报片 1	1 500	1 480	1	0
数据报片 2	1 500	1 480	1	185
数据报片 3	1 040	1 020	0	370

4−3−41 习题【综合】现有一个公司需要创建内部网络，该公司包括工程技术部、市场部、财务部和办公室 4 个部门，每个部门有 20 台−30 台计算机。

（1）要将几个部门从网络上分开，如果分配给该公司使用的地址为一个 C 类地址，网络地址为 192. 168. 161. 0，那么如何划分网络？可以将几个部门分开？

（2）确定各部门的网络地址和子网掩码，并写出分配给每个部门网络中的主机 IP 地址范围。

【答案】（1）可以采用划分子网的方法对该公司的网络进行划分。由于该公司包括 4 个部门，共需要划分为 4 个子网。

（2）已知网络地址 192. 168. 161. 0 是一个 C 类地址，所需的子网数为 4，每个子网的主机数为 2 030，由于子网号和主机号不允许为全 0 或全 1，因此子网号的比特数为 3，即最多有 $2^3-2=6$ 个可分配的子网，主机号的比特数为 5，即每个子网最多有 $2^5-2=30$ 个可分配的 IP 地址。4 个部门子网的子网掩码均为 255. 255. 255. 224，各部门的网络地址与部门主机的 IP 地址范围可分配如表 4−10。

表 4−10 IP 地址划分

部门	部门网络地址	主机 IP 地址范围
工程技术部	192. 168. 161. 32	192. 168. 161. 33～192. 168. 161. 62
市场部	192. 168. 161. 64	192. 168. 161. 65～192. 168. 161. 94
财务部	192. 168. 161. 96	192. 168. 161. 97～192. 168. 161. 126
办公室	192. 168. 161. 128	192. 168. 161. 129～192. 168. 161. 158

4−3−42 习题【综合】表 4−11 中 20 个字节为一个 IPv4 数据报的首部，请分析该首部并回答之后的问题（可对照 IPv4 首部图做题，如果题中考查这种形式，一定会给出相应的首部图，不必死背）。

表 4-11　IPv4 数据报首部

编号	1	2	3	4	5	6	7	8	9	10
数据	45	00	00	30	52	52	40	00	80	06
编号	11	12	13	14	15	16	17	18	19	20
数据	2C	23	C0	A8	01	01	D8	03	E2	15

(1)该 IP 数据报的发送主机和接收主机的地址分别是什么？

(2)该 IP 数据报的总长度是多少？首部长度是多少？

(3)该 IP 分组有分片吗？如果有分片它的分片偏移量是多少？

(4)该 IP 数据报是由什么运输层协议发出的？

【答案】首先列出 IP 首部的格式，然后按照这个格式来解析题目给出的首部数据。IPv4 的首部格式如图 4-6 所示。

(1)根据以上的分析，可以得出源 IP 地址是第 13、14、15、16 字节，也就是 C0A80101，转换为十进制表示得到源 IP 地址为 192.168.1.1。目标 IP 地址是第 17、18、19、20 字节，即 D803E215，转换为十进制表示得到目标 IP 地址为 216.3.226.21。

(2)IP 数据报的总长度域是正首部的第 3、4 字节，即 0030，转换为十进制表示得到该 IP 数据报的长度是 48。而首部长度为 IHL 域，是第 1 字节的后 4 个位表示，根据题目的数据 IHL 值是 5，再将 IHL 的值乘以 4 即得到首部的长度为 20。

(3)是否分片的标识在 IP 数据报头的第 7 字节的第 7 位表示，那么该分组的第 7 字节为 40，对应第 7 位是“1”，即 DF 位置为“1”，表示没有分片。

(4)是第 10 字节，值为 06，用于表示运输层的协议，根据 RFC 标准“6”表示的是 TCP。

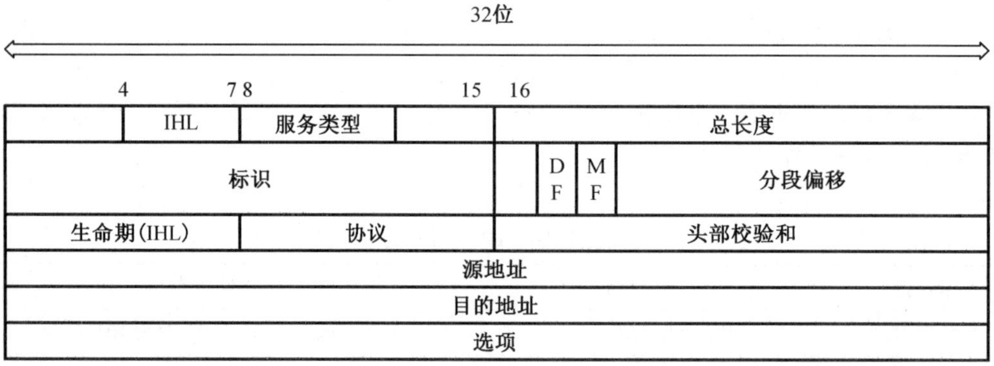

图 4-6　IP 数据报首部格式

4-3-43　习题【综合】试回答以下问题。

(1)子网掩码为 255.255.255.0，代表什么意思？

(2)有一个网络的掩码为 255.255.255.252，该网络能够连接多少个主机？

(3)一个 A 类网络和一个 B 类网络的子网号分别为 16 bit 和 8 bit，这两个网络的子网掩码有什么不同？

(4)一个 B 类地址的子网掩码是 255.255.240.0，在其中每一个子网上的主机数最多是多少？

(5)一个 A 类网络的子网掩码为 255. 255. 0. 255,它是否为一个有效的子网掩码?

(6)某个 IP 地址的十六进制表示是 C22F1484,试将其转换为点分十进制的形式。这个地址是哪一类网络?

【答案】(1)可以代表 C 类地址对应的默认子网掩码,当然也可以代表 A 类和 B 类地址的掩码(划分子网后的),前 24 位决定网络号和子网号(如果是 C 类就不存在子网号了),后 8 位决定主机号。

(2)255. 255. 255. 252 转化成二进制序列为 11111111111111111111111111111100,根据掩码的定义,后 2 位是主机号,一共可以表示 4 个主机号,千万别忘记了除去全"0"和全"1"的两个,所以该网络可以连接 2 台主机。

(3)子网掩码的形式是一样的,都是 255. 255. 255. 0,但是子网数目不一样,前者为 65 534($2^{16}-2$),后者为 254($2^{8}-2$)。

(4)255. 255. 240. 0 转化为二进制是 11111111111111111111000000000000,它是 B 类地址的子网掩码,主机地址域为 12 bit,所以每个子网的主机数最多为 $2^{12}-2=4\ 094$。

(5)子网掩码 255. 255. 0. 255 的意思是使用前面 16 位和后面 8 位作为网络号。

(6)用点分十进制表示该 IP 地址是 194. 47. 20. 132,所以为 C 类地址。

【解析】子网掩码由一连串"1"和一连串"0"组成,"1"代表网络号和子网号,"0"对应主机号。解答时,将点分十进制记法的地址转化成二进制的记法,结合子网掩码的定义和 IP 地址的分类方法,最后还要注意全"0"和全"1"的情况。

4-3-44　习题【进阶】某单位分配到一个 B 类地址,其网络地址为 129. 250. 0. 0,该单位有 4 000 台机器,平均分布在 16 个不同的地点。如果选用子网掩码为 255. 255. 255. 0,试给每一个地点分配一个子网号码,并计算出每个地点主机号码的最小值和最大值。

【答案】本题考查子网划分的具体应用。这是一个 B 类地址,而子网掩码为 255. 255. 255. 0,说明在主机位拿出了 8 位来划分子网可以划分 $2^{8}-2=254$ 个子网。可以在这 254 个里面随机挑选 16 个作为子网号,而每个子网可以拥有 254 台主机,254×16>4 000,所以可以满足要求,分配情况见表 4-12。

表 4-12　子网划分情况表

子网号	主机号码最小值	主机号码最大值
1(000000001)	192. 250. 1. 1	192. 250. 1. 254
2(000000010)	192. 250. 2. 1	192. 250. 2. 254
3(000000011)	192. 250. 3. 1	192. 250. 3. 254
4(000000100)	192. 250. 4. 1	192. 250. 4. 254
5(000000101)	192. 250. 5. 1	192. 250. 5. 254
6(000000110)	192. 250. 6. 1	192. 250. 6. 254
7(000000111)	192. 250. 7. 1	192. 250. 7. 254
8(000001000)	192. 250. 8. 1	192. 250. 8. 254
9(000001001)	192. 250. 9. 1	192. 250. 9. 254
10(000001010)	192. 250. 10. 1	192. 250. 10. 254

表 4-12（续）

子网号	主机号码最小值	主机号码最大值
11(000001011)	192. 250. 11. 1	192. 250. 11. 254
12(000001100)	192. 250. 12. 1	192. 250. 12. 254
13(000001101)	192. 250. 13. 1	192. 250. 13. 254
14(000001110)	192. 250. 14. 1	192. 250. 14. 254
15(000001111)	192. 250. 15. 1	192. 250. 15. 254
16(000010000)	192. 250. 16. 1	192. 250. 16. 254

4-3-45 习题【进阶】有如下的 4 个/24 地址块：

212. 56. 132. 0/24,212. 56. 133. 0/24,212. 56. 134. 0/24,212. 56. 135. 0/24

试进行最大可能的聚合。

【答案】已知有 212. 56. 132. 0/24,212. 56. 133. 0/24,212. 56. 134. 0/24,212. 56. 135. 0/24 地址块,$212=(11010100)_2$,$56=(00111000)_2$。由于这 4 个地址块的第 1、2 字节相同,考虑它们的第 3 字节：$132=(10000100)_2$,$133=(10000101)_2$,$134=(10000110)_2$,$135=(10000111)_2$ 所以共同的前缀有 22 位,即 1101010000111000100001,聚合的 CIDR 地址块是 212. 56. 132. 0/22。

4-3-46 习题【基础】有两个 CIDR 地址块 208. 192/11 和 208. 195. 30/22。是否有哪一个地址块包含了另一个地址块？如果有,请指出,并说明理由。

【答案】这种题目的做法就是先将地址转化成二进制表示,然后看前缀是否有重复的地方。208. 192/11 的前缀为 11010000 110,208. 195. 30/22 的前缀为 11010000 11000011 000111。208. 195. 30/22 前缀的前 11 位与 208. 192/11 的前缀是一致的,所以 208. 192/11 包含了 208. 195. 30/22 这一地址块。

4-3-47 习题【进阶】某个网络地址块 192. 168. 75. 0 中有 5 台主机 A、B、C、D 和 E,主机 A 的 IP 地址为 192. 168. 75. 18,主机 B 的 IP 地址为 192. 168. 75. 146,主机 C 的 IP 地址为 192. 168. 75. 158,主机 D 的 IP 地址为 192. 168. 75. 161,主机 E 的 IP 地址为 192. 168. 75. 173,共同的子网掩码是 255,255. 25. 240。

(1)5 台主机 A、B、C、D、E 分属几个网段？哪些主机位于同一网段？主机 D 的网络地址为多少？

(2)若要加入第 6 台主机 F,使它能与主机 A 属于同一网段,其 IP 地址范围是多少？

(3)若在网络中另加入一台主机,其 IP 地址为 192. 168. 75. 164,它的广播地址是多少？哪些主机能够收到？

【答案】(1)共同的子网掩码为 255. 255. 255. 240,表示前 28 位为网络号,同一网段内的 IP 地址具有相同的网络号。主机 A 的网络号 192. 168. 75. 16；主机 B 的网络号为 192. 168. 75. 144；主机 C 的网络号为 192. 168. 75. 144；主机 D 的网络号为 192. 168. 75. 160；主机 E 的网络号为 192. 168. 75. 160。因此 5 台主机 A、B、C、D、E 分属 3 个网段,主机 B 和 C 在一个网段,主机 D 和 E 在一个网段,主机 A 在一个网段。主机 D 的网络号为 192. 168. 75. 160。

(2)主机 F 与主机 A 同在一个网段,所以主机 F 所在的网段为 192.168.75.16,第 4 个字节 16 的二进制表示为 00010000,最后边的 4 位为主机位,去掉全 0 和全 1,则其 IP 地址范围为 192.168.75.17~192.168.75.30,并且不能为 192.168.75.18。

(3)由于 164 的二进制为 10100100,将最右边的 4 位全置为 1,即 10101111,则广播地址为 192.168.75.175。主机 D 和主机 E 可以收到。

4-3-48 习题【基础】以下地址中,哪一个和 86.32/12 匹配?

(1)86.33.224.123;

(2)86.79.65.216;

(3)86.58.119.74;

(4)86.68.206.154。

【答案】观察地址的第二个字节,其二进制表示为 00100000,前缀 12 位,说明第二个字节的前 4 位在前缀中,给出 4 个地址的第二个字节的前 4 位分别是 0010、0100、0011 和 0100,因此只有(1)和 86.32/12 匹配。

知识点 4.4 IP 层其他协议

4.4.1 ARP

4.4.1.1 概念

无论网络层使用什么协议,在实际网络的链路上传送数据帧时,都必须使用硬件地址。所以需要一种方法来完成 IP 地址到 MAC 地址的映射,这就是地址解析协议。每台主机都设有一个 ARP 高速缓存,用来存放本局域网上各主机和路由器的 IP 地址到 MAC 地址的映射表,称 ARP 表。ARP 用来动态维护此 ARP 表。

ARP 工作在网络层,其工作原理如下:主机 A 欲向本局域网上的某台主机 B 发送 IP 数据报时,先在其 ARP 高速缓存中查看有无主机 B 的 IP 地址。如有,就可查出其对应的硬件地址,再将此硬件地址写入 MAC 帧,然后通过局域网将该 MAC 帧发往此硬件地址。如果没有,那么就通过使用目的 MAC 地址为 FF-FF-FF-FF-FF-FF 的帧来封装并广播 ARP 请求分组,使同一个局域网里的所有主机收到 ARP 请求。主机 B 收到该 ARP 请求后,向主机 A 发出响应 ARP 分组,分组中包含主机 B 的 IP 与 MAC 地址的映射关系,主机 A 在收到后将此映射写入 ARP 缓存,然后按查询到的硬件地址发送 MAC 帧。ARP 由于“看到了”IP 地址,所以它工作在网络层,而 NAT 路由器由于“看到了”端口,所以它工作在运输层。对于某个协议工作在哪个层次,读者应该能通过协议的工作原理进行猜测。

4.4.1.2 ARP 高速缓存

每个主机都设有 ARP 高速缓存,用于存放其所在局域网上各个主机和路由器 IP 地址到硬件地址的映射表。

(1)高速缓存的形成

假设主机(设为 A)的 ARP 高速缓存为空,则按照以下步骤建立 ARP 高速缓存。

①主机 A 中的 ARP 进程在本局域网上广播发送一个 ARP 请求分组,ARP 请求分组包括:本主机 IP 地址和硬件地址,欲查找其硬件地址主机(设为 B)的 IP 地址。

②在本局域网上的所有主机上运行的 ARP 进程都收到此 ARP 请求分组。

③主机 B 在 ARP 请求分组中见到自己的 IP 地址后,就向发送此 ARP 请求分组的主机 A 发送 ARP 响应分组,并写入自己的硬件地址。同时将 A 的 IP 地址到 A 的硬件地址的映射写入自己的 ARP 高速缓存中。

④发送 ARP 请求分组的主机 A 收到 ARP 响应分组后,就在其 ARP 高速缓存中写入 B 的 IP 地址到硬件地址的映射。

(2)高速缓存的作用

①存放最近获得的 IP 地址到 MAC 地址的绑定,以减少 ARP 广播的数量。

②为了减少网络上的通信量,主机 A 在发送其 ARP 请求分组时,就将自己 IP 地址到硬件地址的映射写入 ARP 请求分组。

③当主机 B 收到 A 的 ARP 请求分组时,就将主机 A 的这一地址映射写入主机 B 自己的 ARP 高速缓存中。这样主机 B 以后向 A 发送数据报时就更方便了。

(3)应注意的问题

①ARP 是解决同一个局域网上的主机或路由器的 IP 地址和硬件地址的映射问题。

②如果所要找的主机和源主机不在同一个局域网上,那么就要通过 ARP 找到一个位于本局域网上的某个路由器的硬件地址,然后把分组发送给这个路由器,让这个路由器把分组转发给下一个网络。剩下的工作就由下一个网络来做。

③从 IP 地址到硬件地址的解析是自动进行的,主机的用户对这种地址解析过程是不知道的。

④只要主机或路由器要和本网络上的另一个已知 IP 地址的主机或路由器进行通信,ARP 协议就会自动地将该 IP 地址解析为链路层所需要的硬件地址。

(4)使用 ARP 的四种情况

①发送方是主机,要把 IP 数据报发送到本网络上的另一个主机。这时用 ARP 找到目的主机的硬件地址。

②发送方是主机,要把 IP 数据报发送到另一个网络上的一个主机。这时用 ARP 找到本网络上的一个路由器的硬件地址。剩下的工作由这个路由器来完成。

③发送方是路由器,要把 IP 数据报转发到本网络上的一个主机。这时用 ARP 找到目的主机的硬件地址。

④发送方是路由器,要把 IP 数据报转发到另一个网络上的一个主机。这时用 ARP 找到本网络上另一个路由器的硬件地址。剩下的工作由这个路由器来完成。

4.4.2 DHCP

4.4.2.1 简介

动态主机配置协议(DHCP)是一个局域网的网络协议,常用于给主机动态地分配 IP 地址。它提供了即插即用联网的机制,这种机制允许一台计算机加入新的网络和获取 IP 地址而不用手工参与。DHCP 是应用层协议,DHCP 报文使用 UDP 传输。例如,现在有一台主机需要 IP 地址,该主机启动时就可以向 DHCP 服务器广播发送报文,将源地址设置为 0.0.0.0,目的地址设置为 255.255.255.255,这时该主机就成为 DHCP 的客户。发送广播报文主要是因为现在该主机还不知道 DHCP 在哪里,这样在本网络上的所有主机都能够收到这个广播报文,但是只有 DHCP 服务器才应答。DHCP 服务器先在其数据库中查找该计算机的配置信息,若找到,则返回找到的信息;若找不到,则从服务器的 IP 地址池中取一个地址分配给该计算机。DHCP 服务器的回答报文叫作提供报文。

DHCP 服务器分配给 DHCP 客户的 IP 地址是临时的,因此 DHCP 客户只能在一段有限的时间内使用这个分配到的 IP 地址。DHCP 称这段时间为租用期。DHCP 服务器和 DHCP 客户端的交换过程如下:

(1)DHCP 客户机广播"DHCP 发现"消息,试图找到网络中的 DHCP 服务器,服务器获得一个 IP 地址。

(2)DHCP 服务器收到"DHCP 发现"消息,就向网络中广播"DHCP 提供"消息,其中包括提供 DHCP 客户机的 IP 地址和相关配置信息。

(3)DHCP 客户机收到"DHCP 提供"消息,如果接受 DHCP 服务器所提供的相关参数,则通过广播"DHCP 请求"消息向 DHCP 服务器请求提供 IP 地址。

(4)DHCP 服务器广播"DHCP 确认"消息,将 IP 地址分配给 DHCP 客户机。DHCP 允许网络上配置多台 DHCP 服务器,当 DHCP 客户发出 DHCP 请求时,就有可能收到多个应答信息时,DHCP 客户只会挑选其中的一个,通常是"最先到达的信息"。

4.4.2.2 用途

(1)给内部网络或网络服务供应商自动分配 IP 地址。

(2)作为用户或者内部网络管理员对所有计算机作中央管理的手段。

4.4.2.3 原理

(1)客户端通过广播发送 DHCP Disccover 报文寻找服务器端。

(2)服务器通过单播发送 DHCP offer 报文向客户端提供 IP 地址等信息。

(3)客户端通过广播发送 DHCP Request 报文告知服务端本地选择使用哪个 IP。

(4)服务器通过单播发送 DHCP Ack 报文告知客户端 IP 地址是合法可用的。

4.4.2.4 优点

(1)IP 地址方便管理。

(2)网络客户端集中配置。

(3)支持 Bootp 客户端。

(4)支持本地客户端和远程客户端。

(5)网络引导。

(6)大型网络支持。

4.4.3 ICMP

4.4.3.1 设计目的

主机在发送数据报时,经常会由于各种原因发送错误,如路由器拥塞丢弃了或者传输过程中出现错误丢弃了(注意:如果是首部出错,当然可以发,但是一般都不发,因为首部出错很有可能源 IP 地址都错了,所以即使发了源主机也不一定收到)如果检测出错误的路由器或主机都能把这些错误报告通过一些控制消息告诉发送数据的主机,那么发送数据的主机就可根据 ICMP 报文确定发生错误的类型,并确定如何才能更好地重发失败的数据报(比如 ICMP 报文发过来的是改变路由,那么主机就不能继续按照这个路由线路发送了,需要用另外一条路由线路发送数据)。尽管这些控制消息并不传输用户数据,但是对于用户数据的传递 起着重要的作用。

在网际层使用 ICMP 是为了提高 IP 数据报交付成功的机会。ICMP 允许主机或路由器报告差错情况和提供有关异常情况的报告。

4.4.3.2 报文格式

ICMP 是 IP 层协议,它的报文作为 IP 层数据报的数据,加上数据报首部,组成数据报发送出去。其报文格式如图 4-7 所示。

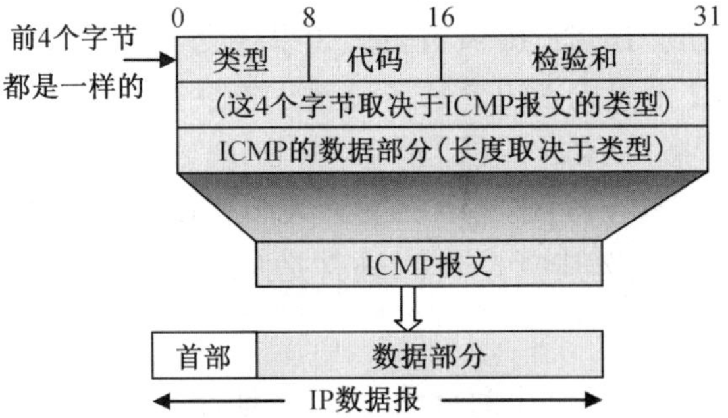

图 4-7 ICMP 报文格式

4.4.3.3 ICMP 报文的种类

ICMP 报文的种类有两种,即 ICMP 差错报告报文和 ICMP 询问报文。

(1)ICMP 差错报告报文

①ICMP 差错报告报文共 5 种,即终点不可达报文、源站抑制报文、时间超过报文、参数问题报文、改变路由报文。

②不应当发送 ICMP 差错报告报文的几种情况:

a. 对 ICMP 差错报告报文不再发送差错报告报文。

b. 对第一个分片的数据报片的所有后续数据报片都不发送 ICMP 差错报告报文。

c. 对具有多播地址的数据报都不用发送 ICMP 差错报告报文。

d. 对具有特殊地址(如 127.0.0.0 或者 0.0.0.0)的数据报不发送 ICMP 差错报告报文。

(2)ICMP 询问报文

ICMP 询问报文有四种:回送请求和回答报文、时间戳请求和回答报文、地址掩码请求和回答报文、路由器询问和通告报文。

①ICMP 回送请求报文是由主机或路由器向一个特定的目的主机发出的询问。收到此报文的机器必须给源主机发送 ICMP 回送回答报文。这种询问报文用来测试目的站是否可达到以及了解其有关状态。

②ICMP 时间戳请求报文是请某个主机或路由器回答当前的日期和时间。

③主机使用 ICMP 地址掩码请求和回答报文可向子网掩码服务器得到某个接口的地址掩码。

④主机使用 ICMP 路由器询问和通告报文可了解连接在本网络上的路由器是否正常工作。主机将路由器询问报文进行广播(或多播)。收到询问报文的一个或几个路由器就使用路由器通告报文广播其路由选择信息。

知识点 4.4 习题解析

4-4-01 习题【基础】可以动态为主机配置 IP 地址的协议是( )。

A. ARP B. TCP/IP C. NAT D. DHCP

【答案】D。

【解析】动态主机配置协议(DynamicHostConfigurationProtocol,DHCP)提供了一种机制,使得使用 DHCP 自动获得 IP 的配置信息而不需要手工干预。

4-4-02 习题【基础】为了使互联网中的路由器报告差错或提供有关意外情况的信息,在 TCP/IP 中设计了一个特殊用途的报文机制,称为( )。

A. NAT B. DHCP C. ICMP D. IGMP

【答案】C。

4-4-03 习题【基础】ICMP 报文的传输方式是( )。

A. 无连接的 UDP 数据报形式

B. 面向连接的 TCP 报文形式

C. 放在 IP 数据报的首部字段中

D. 放在 IP 数据报的数据字段中

【答案】D。

【解析】网际报文控制协议(ICMP)属于 IP 层协议。ICMP 报文作为 IP 层数据报的数据,加上 IP 数据报的首部,组成 IP 数据报发送出去。

4-4-04 习题【基础】下列关于 ICMP 报文的说法中,正确的是( )。

A. ICMP 报文封装在 IP 数据报中发送

B. ICMP 报文用于报告 IP 数据报发送成功

C. ICMP 报文封装在 TCP 报文中发送

D. ICMP 报文本身出错将退回处理

【答案】A。

【解析】ICMP 属于 IP 层协议,ICMP 报文作为 IP 层数据报的数据,加上 IP 数据报的首部,组成 IP 数据报发送出去。

4-4-05 习题【基础】以下关于 ICMP 的描述中,错误的是( )。

A. IP 缺乏差错控制机制

B. IP 缺乏主机和网络管理查询机制

C. ICMP 报文分为差错报告和询问两类

D. 作为 IP 的补充,ICMP 报文将直接封装在以太帧中

【答案】D。

【解析】ICMP 是一个网络层协议,但是其报文仍然要封装在 IP 分组中发送。

4-4-06　习题【基础】若路由器 R 因为拥塞丢弃 IP 分组,则此时 R 可向发出该 IP 分组的源主机发送的 ICMP 报文类型是(　　)。

A. 路由重定向　B. 目的不可达　C. 源点抑制　D. 超时

【答案】C。

【解析】ICMP 差错报告报文有 5 种:终点不可达、源点抑制、时间超过、参数问题、改变路由(重定向),其中源点抑制是指在路由器或主机由于拥塞而丢弃数据报时,向源点发送源点抑制报文,使源点知道应当把数据报的发送速率放慢。

4-4-07　习题【基础】以下关于 ICMP 差错报文的描述中,正确的是(　　)。

A. 对于已经携带 ICMP 差错报文的分组,也会产生 ICMP 差错报文

B. 对于已经分片的分组,对每一个分片产生 ICMP 差错报文

C. PING 使用了 ICMP 询问报文

D. 组播的分组会产生 ICMP 差错报文

【答案】C。

【解析】PING 使用了 ICMP 的询问报文中的回送请求和回答报文。

4-4-08　习题【基础】在 TCP/IP 体系结构中,直接为 ICMP 提供服务的协议是(　　)。

A. PPP　B. IP　C. ARP　D. TCP

【答案】B。

【解析】ICMP 报文作为数据字段封装在 IP 分组中,因此 IP 直接为 ICMP 提供服务。UDP 和 TCP 都是运输层协议,为应用层提供服务。PPP 是链路层协议,为网络层提供服务。

4-4-09　习题【基础】下列情况需要启动 ARP 请求的是(　　)。

A. 主机需要接收信息,但 ARP 表中已有源 IP 地址与 MAC 地址的映射关系

B. 主机需要接收信息,但 ARP 表中没有源 IP 地址与 MAC 地址的映射关系

C. 主要需要发送信息,但 ARP 表中已有目的 IP 地址与 MAC 地址的映射关系

D. 主机需要发送信息,但 ARP 表中没有目的 IP 地址与 MAC 地址的映射关系

【答案】D。

【解析】当源主机要向本地局域网上的某主机发送 IP 数据报时,先在其 ARP 高速缓存中查看有无目的 IP 地址与 MAC 地址的映射。若有,就把这个硬件地址写入 MAC 帧,然后通过局域网把该 MAC 帧发往此硬件地址;若没有,则先通过广播 ARP 请求分组,在获得目的主机的 ARP 响应分组后,将目的主机的 IP 地址与硬件地址的映射写入 ARP 高速缓存。如果目的主机不在本局域网上,那么将 IP 分组发送给本局域网上的路由器,当然要先通过同样的方法获得路由器的 IP 地址和硬件地址的映射关系。

4-4-10　习题【基础】ARP 的功能是(　　)。

A. 根据 MAC 地址查询 IP 地址

B. 根据 IP 地址查询 MAC 地址

C. 根据域名查询 IP 地址

D. 根据 IP 地址查询域名

【答案】B。

【解析】在实际网络的数据链路层上传送数据时,最终必须使用硬件地址,ARP 将网络层的 IP 地址解析为数据链路层的 MAC 地址。

4-4-11 习题【基础】ARP 的工作过程中,ARP 请求由( )发送,ARP 响应由( )发送。

A. 单播 B. 组播 C. 广播

【答案】C、A。

【解析】由于不知道目标设备在哪里,所以 ARP 请求必须使用广播方式。但是 ARP 请求包中包含有发送方的 MAC 地址,因此应答时应该使用单播方式。

4-4-12 习题【基础】主机 A 发送 IP 数据报给主机 B,途中经过了 5 个路由器。请问在此过程中总共使用了( )次 ARP。

A. 5 B. 6 C. 10 D. 11

【答案】B。

【解析】主机先使用 ARP 来查询本网络路由器的地址,然后每个路由器使用 ARP 来寻找下一跳路由的地址,总共使用了 4 次 ARP 从主机 A 网络的路由器到达主机 B 网络的路由器。然后,主机 B 网络的路由器使用 ARP 找到主机 B,所以总共使用了 1+4+1=6 次 ARP。

4-4-13 习题【基础】(1)有人认为:"ARP 协议向网络层提供了转换地址的服务,因此 ARP 应当属于数据链路层。"这种说法为什么是错误的?(2)试解释为什么 ARP 高速缓存每存入一个项目就要设置 10~ 20 分钟的超时计时器。这个时间设置得太大或太小会出现什么问题?

【答案】(1)ARP 不是向网络层提供服务,它本身就是网络层的一部分,帮助向运输层提供服务。在数据链路层不存在 IP 地址的问题。数据链路层协议是像 HDLC 和 PPP 这样的协议,它们把比特串从线路的一端传送到另一端。

(2)ARP 将保存在高速缓存中的每一个映射地址项目都设置生存时间(例如,10~20 分钟)。凡超过生存时间的项目就从高速缓存中删除掉。设置这种地址映射项目的生存时间是很重要的。设想有一种情况。主机 A 和 B 通信。A 的 ARP 高速缓存里保存有 B 的物理地址。但 B 的网卡突然坏了,B 立即更换了一块,因此 B 的硬件地址就改变了。A 还要和 B 继续通信。A 在其 ARP 高速缓存中查找到 B 原先的硬件地址,并使用该硬件地址向 B 发送数据帧。但 B 原先的硬件地址已经失效了,因此 A 无法找到主机 B。过了一段时间,A 的 ARP 高速缓存中已经删除了 B 原先的硬件地址(因为它的生存时间到了),于是 A 重新广播发送 ARP 请求分组,又找到了 B。时间设置太长,造成 A 一直空等,通信时延,网络传输缓慢。若太短,有可能网络状况不好时,B 暂时没有应答 A,使 A 认为 B 的地址失效,A 便重新发送 ARP 请求分组,造成通信时延。

(3)主机 A 和 B 通信,A 的 ARP 高速缓存里保存有 B 的物理地址,此时不需要发送 ARP 请求分组。

当主机 A 向 B 发送数据报时,很可能不久后主机 B 还要向 A 发送数据报,因而主机 B 也可能要向 A 发送 ARP 请求分组。为了减少网络上的通信量,主机 A 在发送其 ARP 请求分组时,就将自己 IP 地址到硬件地址的映射写入 ARP 请求分组。当主机 B 收到 A 的 ARP 请求分组时,就将主机 A 的这一地址映射写入主机 B 自己的 ARP 高速缓存中。这对主机 B 以后向 A 发送数据报时就更方便了。

知识点 4.5　新一代 IP 标准(IPv6)

4.5.1　简介

由于 IPv4 地址即将耗尽,因此必须采取相应的办法去解决。通过采用网络地址转换(NAT)方法以节省全球 IP 地址和采用无分类编址(CIDR)使 IP 地址的分配更加合理。这两种方法仅是优化了 IPv4 地址的使用方法,并没有从根本上解决地址的耗尽问题,而采用具有更大地址空间的新版本的 IPv6 才能在真正意义上解决问题。

虽然 IPv6 与 IPv4 不兼容,但总的来说它跟所有其他的网络协议兼容,包括 TCP、UDP、ICMP、DNS 等,只是在少数地方做了必要的修改(大部分是为了处理长的地址)。IPv6 相当好地满足了预定的目标,主要体现在以下 3 个方面。

(1)IPv6 第一个主要改进也是最重要的,即 IPv6 比 IPv4 有大得多的地址空间。IPv6 的地址用 128 位表示,地址空间是 IPv4 的 2^{96} 倍。

(2)IPv6 第二个主要改进是简化了 IP 分组的基本首部,它包含 8 个段(IPv4 是 12 个段)。这一改变使得路由器能够更快地处理分组,从而可以改善吞吐率。

(3)IPv6 第三个主要改进是更好地支持选项。这一改变对新的分组首部很重要,因为一些从前是必要的段现在变成可选的,此外,表示选项的方式也有所不同,使得路由器能够简单地跳过与它们无关的选项。这一特征加快了分组处理速度。

4.5.2　特点

(1)更大的地址空间:地址长度从 32 位增大到 128 位,使地址空间增大了 2^{96} 倍;

(2)简化了首部格式:首部长度变为固定,取消了首部的检验和字段,加快了路由器处理速度;

(3)协议的灵活性:将选项功能放在可选的扩展首部中,路由器不处理扩展首部,提高了路由器的处理效率;

(4)允许对网络资源的预分配:支持实时的视频传输等带宽和时延要求高的应用;

(5)允许协议增加新的功能,使之适应未来技术的发展——可选的扩展首部与数据合起来构成有效载荷。

图 4-8 所示 IPv6 首部格式。

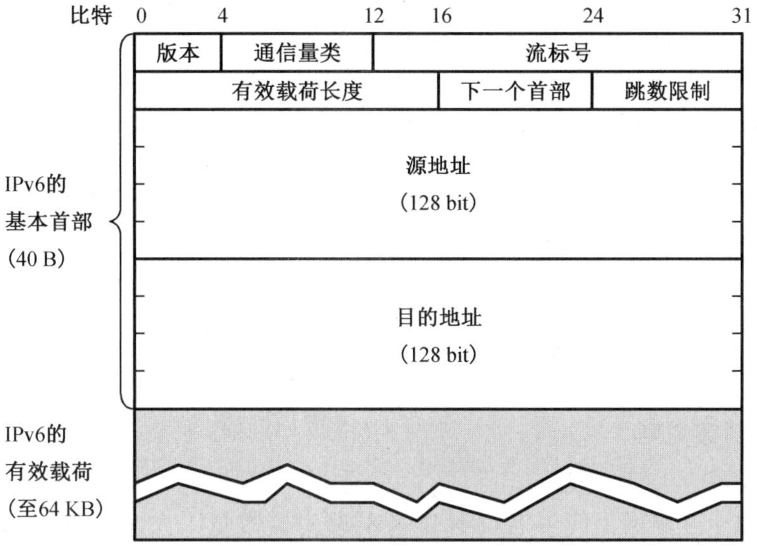

图 4-8 IPv6 首部格式

4.5.3 IPv6 格式

(1)版本(Version):占 4 位;它指明了协议的版本,对于 IPv6,该字段总是 6。

(2)通信量类(Traffic Class):占 8 位,这是为了区分不同的 IPv6 数据报的类别或优先级。已经定义了 0~15 共 16 个优先级,0 的优先级最低。0~7 表示允许延迟,8~15 表示高优先级,需要固定速率传输。

(3)流标号(Flow Label):占 20 位,"流"是互联网上从特定源点到特定终点的一系列数据报,"流"所经过的路径上的路由器都保证指明的服务质量。所有属于同一个流的数据报都具有同样的流标号。

(4)有效载荷长(Payload Length):占 16 位,它指明 IPv6 数据报除基本首部以外的字节数(所有扩展首部都算在有效载荷之内),其最大值是 64 KB。

(5)下一个首部(Next Header):占 8 位,它相当于 IPv4 的协议字段或可选字段。

(6)跳数限制(Hop Limit):占 8 位,源站在数据报发出时即设定跳数限制,路由器在转发数据报时将跳数限制字段中的值减 1。当跳数限制的值为 0 时,就要将此数据报丢弃。

(7)源地址:占 128 位,数据报的发送站的 IP 地址。

(8)目的地址:占 128 位,数据报的接收站的 IP 地址。

IPv6 定义了以下三种地址类型。

(1)单播:传统的点对点通信。

(2)组播:数据报交付到一组计算机中的每一个广播可看作是组播的一个特例。

(3)任播:其目的站是一组主机,但数据报在交付时只交付给其中一个,通常是距离最近的那个。

为了使地址简洁,通常采用冒号十六进制记法表示 IPv6 地址。它把每 16 bit 用一个十六进制数表示,各值之间用冒号分隔,如 68E6:8C64:FFFF:FFFF:0111:1180:960A:FFFF。

通常可以把 IPv6 地址缩写成更紧凑的形式。当 16 位域的开头有连续的 0 时,可以采用缩写法表示，但在域中必至少有一个数字，如可以把地址 5ED4:0000:0000:0000:EBCD:045A:000A:7654 缩写成 5ED4:0:0:0:EBCD:45A:A:7654。

冒号十六进制记法还包含：

(1)零压缩，即一连串的零可以用一对冒号所取代。例如：FF05:0:0:0:0:0:0:B3，可以写成：FF05::B3。

(2)冒号十六进制记法可结合有点分十进制记法的后缀。这种结合在 IPv4 向 IPv6 的转换阶段特别有用。例如：0:0:0:0:0:0:128.10.2.1。

(3)CIDR 的斜线记法仍然有效。

4.5.4 IPv4 到 IPv6 的过渡

4.5.4.1 过渡原则

(1)逐步演化

由于现在整个互联网上使用老版本 IPv4 的路由器数量太大，所以向 IPv6 过渡只能采用逐步演进的办法。

(2)向后兼容

由于 IPv6 和 IPv4 的同时存在，所以必须使新安装的 IPv6 系统能够向后兼容，使 IPv6 系统必须能够接收和转发 IPv4 分组，并且能够为 IPv4 分组选择路由。

4.5.4.2 策略办法

向 IPv6 过渡有两种策略，即使用双协议栈和使用隧道技术。在介绍这两种策略之前，先来介绍“双协议栈”的概念。

双协议栈是指在完全过渡到 IPv6 之前，使一部分主机(或路由器)装有两个协议栈，即一个 IPv4 和一个 IPv6。因此双协议栈主机(或路由器)既能够和 IPv6 的系统通信，又能够和 IPv4 的系统进行通信。双协议栈的主机(或路由器)记为 IPv4/IPv6，表明它具有两种 IP 地址：一个 IPv6 地址和一个 IPv4 地址。

(1)使用双协议栈通信

使用双协议栈技术时，双协议栈主机在和 IPv6 主机通信时使用 IPv6 地址，和 IPv4 主机通信时使用 IPv4 地址。双协议栈主机使用域名系统 DNS 来查询。若 DNS 返回的是 IPv4 的地址，双协议栈的源主机就使用 IPv4 地址。若 DNS 返回的是 IPv6 地址，双协议栈的源主机就使用 IPv6 地址。

(2)使用隧道技术通信

这种方法的要点就是在 IPv6 数据报要进入 IPv4 网络时，将 IPv6 数据报封装成为 IPv4 数据报(整个的 IPv6 数据报变成了 IPv4 数据报的数据部分)。然后 IPv6 数据报就在 IPv4 网络的隧道中传输。当 IPv4 数据报离开 IPv4 网络中的隧道时再将其数据部分(即原来的 IPv6 数据报)交给主机的 IPv6 协议栈。

4.5.4.3 双协议栈技术

IPv4 和 IPv6 有功能相近的网络层协议，都是基于相同的硬件平台，同一个主机同时运行 IPv4 和 IPv6 两套协议栈，具有 IPv4/IPv6 双协议栈的结点称为双栈结点，这些结点既可以收发 IPv4 报文，也可以收发 IPv6 报文。它们可以使用 IPv4 与 IPv4 结点互通，也可以直接使用 IPv6 与 IPv6 结点互通。双栈结点同时包含 IPv4 和 IPv6 的网络层，但运输层协议

(如 TCP 和 UDP)的使用仍然是单一的。

优点:

(1)处理效率高、无信息丢失;

(2)互通性好、网络规划简单;

(3)充分发挥 IPv6 协议的所有优点,更小的路由表、更高的安全性等。

缺点:

(1)无法实现 IPv4 和 IPv6 互通;

(2)对网络设备要求较高,内部网络改造牵扯比较大,周期性相较长;

(3)资源占用多,运维复杂。

图 4-9 所示为使用双协议栈进行从 IPv4 到 IPv6 的过渡。

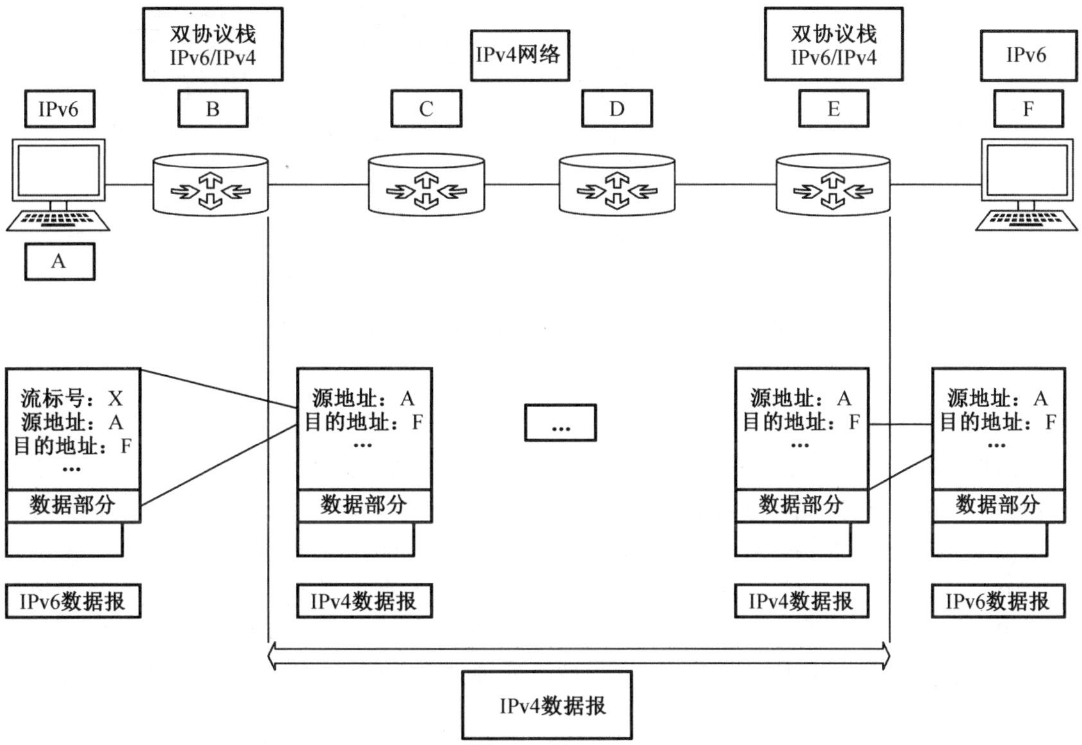

图 4-9 使用双协议栈进行从 IPv4 到 IPv6 的过渡

4.5.4.4 隧道技术

隧道技术指将另外一个协议数据包的报头直接封装在原数据包报头前,从而可以实现在不同协议的网络上直接进行传输,这种机制用来在 IPv4 网络之上连接 IPv6 的站点,站点可以是一台主机,也可以是多台主机。隧道技术将 IPv6 的分组封装到 IPv4 的分组中,或者把 IPv4 的分组封装到 IPv6 的分组中,封装后的 IPv4 分组将通过 IPv4 的路由体系传输或者通过 IPv6 的分组进行传输。

优点:

(1)无信息丢失;

(2)网络运维相对较简单;

(3)容易实现,只要在隧道的入口和出口进行修改。

缺点:

(1)隧道需要进行封装解封装,转发效率低;

(2)无法实现 IPv4 和 IPv6 互通;

(3)无法解决 IPv4 地址短缺问题;

(4)NAT 兼容性不好。

图 4-10 所示为使用隧道技术进行从 IPv4 到 IPv6 的过渡。

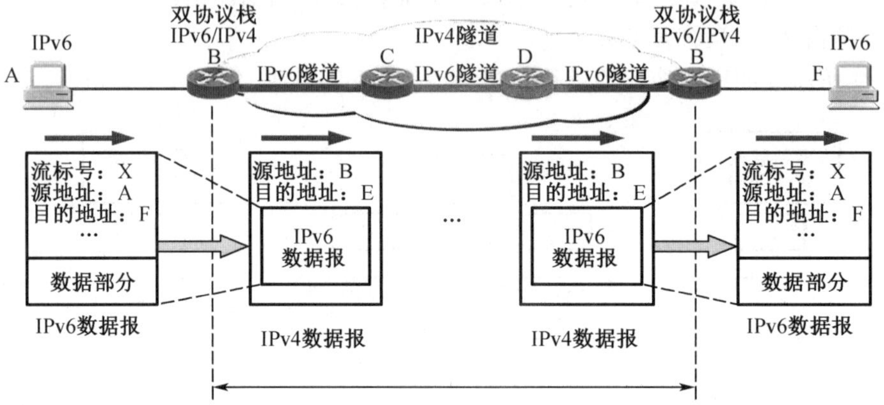

图 4-10 使用隧道技术进行从 IPv4 到 IPv6 的过渡

4.5.4.5 NAT-PT 技术

NAT-PT 技术附带协议转换器的网络地址转换器。是一种纯 IPv6 结点和 IPv4 结点间的互通方式,所有包括地址、协议在内的转换工作都由网络设备来完成。NAT-PT 包括静态和动态两种,两者都提供一对一的 IPv6 地址和 IPv4 地址的映射,只不过动态 NAT-PT 需要一个 IPv4 的地址池进行动态的地址转换。NAT-PT 技术有个最大的优点就是不需要进行 IPv4、IPv6 结点的升级改造。但缺点也是十分明显的:IPv4 结点访问 IPv6 结点的实现方法比较复杂,网络设备进行协议转换、地址转换的处理开销较大,一般在其他互通方式无法使用的情况下使用。

知识点 4.5 习题解析

4-5-01 习题【基础】如果一台路由器接收到的 IPv6 数据报因太大而不能转发到输出链路上,则路由器将把该数据报(　　)。

A. 分片　　B. 退回　　C. 丢弃　　D. 转发

【答案】C。

【解析】在 IPv6 中不允许分片,因此如果路由器发现到来的数据报太大而不能转发到链路上,则丢弃该数据报,并向发送方发送一个分组太大的 ICMP 报文。

4-5-02 习题【基础】下列关于 IPv6 的表述中正确的是(　　)。

A. IPv6 的首部长度是可变的

B. IPv6 不允许路由设备来进行分片

C. IPv6 采用了 16 B 的地址号，理论上可能用完

D. IPv6 使用了首部检验和来保证传输的正确性

【答案】B。

【解析】IPv6 去掉了检验和域，它不会计算首部的检验和，因为计算检验和会极大地降低性能。而现在往往使用了可靠的网络层 IPv6 的首部长度是固定的，因此不需要首部长度域。IPv6 允许在源结点分片，不允许由报文传递路径上的路由设备来进行分片。

4-5-03 习题【基础】一个 IPv6 的简化写法为 8::D0:123:CDEF:89A，那么它的完整地址应该是( )。

A. 8000:0000:0000:0000:00D0:1230:CDEF:89A0

B. 0008:00D0:0000:0000:0000:0123:CDEF:089A

C. 0008:0000:0000:0000:00D0:0123:CDEF:089A

D. 8000:0000:0000:0000:D000:1230:CDEF:89A0

【答案】C。

【解析】IPv6 的表示法为分成 8 组来表示，每个组含有 4 个十六进制的数字，组之间使用冒号隔开。IPv6 简化写法的规则是 16 个“0”位构成的一个或者多个组可以用一对冒号来代替；每个组的前导的“0”可以省略。题目中给出的简化写法中只有 5 组，所以在一对冒号处省略了 3 组全“0”。然后将不满 4 个十六进制数字的组的前导“0”补上就可以得到原来的 IPv6 地址了。

4-5-04 习题【基础】建议的 IPv6 协议没有首部检验和。这样做的优缺点是什么?

【答案】这样做的优点是对首部的处理更简单。数据链路层已经将有差错的帧丢弃了，因此网络层可省去这一步骤。但其缺点是可能遇到数据链路层检测不出来的差错（此概率极小）。

4-5-05 习题【基础】在 IPv4 首部中有一个“协议”字段，但在 IPv6 的固定首部中却没有，这是为什么?

【答案】在 IP 数据报传送的路径上的所有路由器都不需要这一字段的信息。只有目的主机才需要协议字段。IPv6 使用“下一个首部”字段代替了 IPv4 中的“协议”字段的功能。

4-5-06 习题【基础】IPv6 只允许在源点进行分片，这样做有什么好处?

【答案】分片与重装是非常耗时的操作。IPv6 把这一功能从路由器中删除，并移到网络边缘的主机中，这就可以大大加快网络中 IP 数据报的转发速度。

4-5-07 习题【基础】试写出以下零压缩 IPv6 地址的原来形式:

(1)0::0 (2)0:AA::0 (3)0:1234::3 (4)123::1:2

【答案】(1)0000:0000:0000:0000:0000:0000:0000:0000。

(2)0000:00AA:0000:0000:0000:0000:0000:0000，最前面的 0000 简写时用一个 0 表示，而 00AA 被简写为 AA。

(3)0000:1234:0000:0000:0000:0000:0000:0003，最前面的 0000 简写时用一个 0 表示。

(4)0123:0000:0000:0000:0000:0000:0001:0002，最前面 0123 简写时为 123，而最后的 0002 简写时为 2。

4-5-08　习题【基础】从 IPv4 过渡到 IPv6 的方法有哪些?

【解析】由于现在整个互联网上使用 IPv4 的路由器数量太大,因此,"规定一个日期",这一天起所有的路由器一律都改用 IPv6,显然是不可行的。这样,向 IPv6 过渡只能采用逐步演进的办法,同时,还必须使新安装的 IPv6 系统能够向后兼容。这就是说,IPv6 系统必须能够接收和转发 IPv4 分组,并且能够为 IPv4 分组选择路由。有两种向 IPv6 过渡的策略,即使用双协议栈技术和隧道技术。

(1)双协议栈技术是指在完全过渡到 IPv6 之前,使一部分主机(或路由器)装有两个协议栈,IPv4 和 IPv6。因此双协议栈主机(或路由器)既能够和 IPv6 的系统通信,又能够和 IPv4 的系统通信。双协议栈的主机(或路由器)记为 IPv6/IPv4,表明它具有两种地址,一个 IPv6 地址,一个 IPv4 地址。双协议栈主机在和 IPv6 主机通信时采用 IPv6 地址,而和 IPv4 主机通信时则采用 IPv4 地址。但双协议栈主机如何知道目的主机是采用哪一种地址的呢?它是使用域名系统 DNS 来查询的。若 DNS 返回的是 IPv4 地址,双协议栈的源主机就使用 IPv4 地址;当 DNS 返回的是 IPv6 地址,双协议栈的源主机就使用 IPv6 地址。

(2)向 IPv6 过渡的另一种方法是隧道技术。这种方法的要点就是在 IPv6 数据报要进入 IPv4 网络时,把 IPv6 数据报封装成为 IPv4 数据报(整个的 IPv6 数据报变成了 IPv4 数据报的数据部分)。然后 IPv6 数据报就在 IPv4 网络的隧道中传输。当 IPv4 数据报离开 IPv4 网络中的隧道时再把数据部分(即原来的 IPv6 数据报)交给主机的 IPv6 协议。要使双协议栈的主机知道 IPv4 数据报里面封装的数据是一个 IPv6 数据报,就必须把 IPv4 首部的协议字段的值设置为 41(41 表示数据报的数据部分是 IPv6 数据报)。

4-5-09　习题【基础】IPv6 的地址长度为(　　)位。

A. 16　　B. 32　　C. 64　　D. 128

【答案】D。

【解析】IPv6 地址使用了 16 B,即 128 bit,其地址空间是 2^{128},从根本上解决了 IPv4 地址耗尽的问题。

知识点 4.6　路由方法概述

4.6.1　路由选择协议基本概念

4.6.1.1　路由选择算法的准则

路由选择算法用于获得路由表中的路由项目。它是路由选择协议的核心。一个理想的路由算法应具有如下一些特点:

(1)算法必须是正确和完整的

这里"正确"是指沿各路由表所指引的路由,分组一定能够最终达到目的网络和目的主机。

(2)算法在计算上应简单

进行路由选择的计算必然要增加分组的时延。因此,路由选择的计算不应使网络通信量增加太多的额外开销。

(3)算法应能适应通信量和网络拓扑的变化

即算法要有适应性,有时也称为“稳健性”。当网络中的通信量发生变化时,算法能够自适应地改变路由以均衡各链路的负载。当某个或某些网络结点、链路发生故障不能工作或修理好了再投入工作时,算法也能及时地改变路由。

(4)算法应是公平的

即算法应对所有用户(除少数优先级高的用户)都是平等的。

(5)算法应是最佳的

即以最低的代价来实现路由算法。这里“代价”指的是由一个或几个因素综合决定的一种度量。如链路长度、数据率、链路容量、是否要保密、传播时延等。可以根据用户的具体情况来设置每一条链路的“代价”。所谓“最佳”只能是相对于某一种特定要求下得出的较为合理的选择。

4.6.1.2 路由选择算法的分类

从路由算法能否随网络的通信量或拓扑自适应地进行调整变化来划分,可以划分为两大类,即静态路由选择策略与动态路由选择策略。

(1)静态路由选择策略

静态路由选择也叫非自适应路由选择,其特点是简单和开销较小,但不能及时适应网络状态的变化。

(2)动态路由选择策略

动态路由选择也叫自适应路由选择,其特点是能较好地适应网络状态的变化,但实现起来较为复杂,开销也比较大。

4.6.1.3 分层次的路由选择协议

(1)互联网采用分层次的路由选择协议的原因

①互联网的规模非常大,互连在一起的路由器数目非常多。如果让所有的路由器知道所有的网络应当怎样到达,则这种路由表将非常大,处理起来也花时间。而所有这些路由器之间交换路由信息所需要的带宽也会使互联网的通信链路饱和。

②许多单位不愿意外界了解自己单位网络的布局细节和本部门所采用的路由选择协议,但同时还希望连接到互联网上。

(2)自治系统(autonomous system)

互联网将整个互联网划分成许多较小的自治系统,一般简称为AS。其特征表现为:

①一个自治系统是一个互联网,其重要特点就是自治系统有权自主决定在本系统内应采用何种路由选择协议。

②一个自治系统内的所有网络都由一个行政单位来管辖。

③一个自治系统的所有路由器在本自治系统内都必须是连通的。

(3)路由选择协议的分类

①内部网关协议IGP(Interior Gateway Protocol)

即在一个自治系统内部使用的路由选择协议,而这与在互联网中的其他自治系统选用什么路由选择协议无关。目前这类路由选择协议使用最多,如RIP和OSPF协议。

②外部网关协议EGP(External Gateway Protocol)

若源站和目的站处在不相同的自治系统中,当数据报传到一个自治系统的边界时,就需要使用一种协议将路由选择信息传递到另一个自治系统中。这样的协议就是外部网关协议 EGP。在外部网关协议中目前使用最多的是 BGP-4。

4.6.2 链路状态路由算法

链路状态路由算法要求每个参与该算法的结点都具有完全的网络拓扑信息,它们执行下述两项任务。第一,主动测试所有邻接结点的状态。两个共享一条链接的结点是相邻结点,它们连接到同一条链路,或者连接到同一广播型物理网络。第二,定期将链路状态传播给所有其他结点(或称路由结点)。典型的链路状态算法是开放最短路径优先(OSPF)算法。

在一个链路状态路由选择中,一个结点检查所有直接链路的状态,并将所得的状态信息发送给网上的所有其他结点,而不是仅发送给那些直接相连的结点。每个结点都用这种方式从网上所有其他的结点接收包含直接链路状态的路由选择信息。

每当链路状态报文到达时,路由结点便使用这些状态信息去更新自己的网络拓扑和状态"视野图",一旦链路状态发生变化,结点就对更新的网络图利用 Dijsktra 最短路径算法重新计算路由,从单一的源出发计算到达所有目的结点的最短路径。

链路状态路由算法主要有三个特征:

(1)向本自治系统中所有路由器发送信息,这里使用的方法是泛洪法,即路由器通过所有端口向所有相邻的路由器发送信息。而每个相邻路由器又将此信息发往其所有相邻路由器(但不再发送给刚刚发来信息的那个路由器)。

(2)发送的信息是与路由器相邻的所有路由器的链路状态,但这只是路由器所知道的部分信息。所谓"链路状态",是指说明本路由器与哪些路由器相邻及该链路的"度量"。对于 OSPF 算法,链路状态的"度量"主要用来表示费用、距离、时延、带宽等。

(3)只有当链路状态发生变化时,路由器才向所有路由器发送此消息。

由于一个路由器的链路状态只涉及相邻路由器的连通状态,而与整个互联网的规模并无直接关系,因此链路状态路由算法可以用于大型的或路由信息变化聚敛的互联网环境。

链路状态路由算法的主要优点是,每个路由结点都使用同样的原始状态数据独立地计算路径,而不依赖中间结点的计算;链路状态报文不加改变地传播,因此采用该算法易于查找故障。当一个结点从所有其他结点接收到报文时,它可以在本地立即计算正确的通路,保证一步汇聚。最后,由于链路状态报文仅运载来自单个结点关于直接链路的信息,其大小与网络中的路由结点数目无关,因此链路状态算法比距离-向量算法有更好的规模可伸展性。

4.6.3 距离-向量路由算法

距离-向量算法是一种分布式的、迭代的、异步的算法。它是分布式的,是因为每个结点都要从一个或多个直接相连邻居接收某些信息,执行计算,然后将其计算结果分发给邻居。它是迭代的,是因为此过程一直要持续到邻居之间无更多信息要交换为止。它是异步的,是因为它不要求所有结点相互之间步伐一致地操作。

(1)在距离-向量路由算法中,所有结点都定期地将它们的整个路由选择表传送给所有与之直接相邻的结点。这种路由选择表包含:

①目的地址(另一结点)。

②代价(也称距离)。

(2)在这种算法中,所有结点都必须参与距离-向量交换,以保证路由的有效性和一致性,也就是说,所有的结点都监听从其他结点传来的路由选择更新信息,并在下列情况下更新它们的路由选择表:

①被通告一条新的路由,该路由在本结点的路由表中不存在,此时本地系统加入这条新的路由。

②发来的路由信息中有一条到达某个目的地的路由,该路由与当前使用的路由相比,有较短的距离(较小的代价),此种情况下,就用经过发送路由信息的结点的新路由替换路由表中到达那个目的地的现有路由。

(3)距离-向量路由算法的实质是,迭代计算一条路由中的站段数或延迟时间,从而得到到达一个目标的最短(最小代价)通路。它要求每个结点在每次更新时都将它的全部路由表发送给所有相邻的结点。显然,更新报文的大小与通信子网的结点个数成正比,大的通信子网将导致很大的更新报文。由于更新报文发给直接邻接的结点,所以所有结点都将参加路由选择信息交换。基于这些原因,在通信子网上传送的路由选择信息的数量很容易变得非常大。

(4)下面给出距离-向量算法:

```
1 Initialization:
2   for all destinations y in N:
3       Dx(y)= c(x,y) / * if y is not a neighbor then c(x,y)= ∞  * /
4   for each neighbor w
5       send distance vector Dx(w) =[Dx(y):y in N] to w
6
7 loop
8   wait (until I see a link cost change to some neighbor w or
9            until I receive a distance vecor from some neighbor w)
10
11   for each yin N:
12       Dx(y) = minv{c(x,v)+Dv(y)}
13
14 if Dx(y) changed for any destination y
15       send distance vector Dx = [Dx(Y): y in N] to all neighbors
16
17 forever
```

在该算法中,当结点 x 发现它的直接相连的链路开销变化或从某个邻居接收到一个距离-向量的更新时,它就更新其距离-向量估计值。但是为了一个给定的目的地 y 而更新它的转发表,结点 x 真正需要知道的不是到 y 的最短路径距离,而是沿着最短路径到 y 的下一跳路由器邻居结点 $D_v(y)$。如你可能期望的那样,下一跳路由器 $D_v(y)$ 是在算法第 12 行中取得最小值的邻居 v。(如果有多个取得最小值的邻居 v,则 $D_v(y)$ 能够是其中任何一个有最小值的邻居。)因此,对于每个目的地 y,在第 11~12 行中,结点 x 也决定 $D_v(y)$ 并更新它对目的地 y 的转发表。

LS 算法是一种全局算法,它要求每个结点在运行 Dijkstra 算法之前,首先获得该网络的完整信息。DV 算法是分布式的,它不使用这样的全局信息。实际上,结点具有的唯一信息是它到直接相连邻居的链路开销和它从这些邻居接收到的信息。每个结点等待来自任何邻居的更新(第 8~9 行),当接收到一个更新时计算它的新距离-向量(第 12 行)并向它的邻居分布其新距离-向量(第 14~15 行)。在实践中许多类似 DV 的算法被用于多种路由选择协议中,包括互联网的 RIP 和 BGP、ISO IDRP、Novell IPX 和早期的 ARPAnet。

4.6.4 RIP 协议

4.6.4.1 RIP 协议中的"距离"

IP 协议要求在网络中的每一个路由器都要维护从它自己到其他每一个目的网络的距离记录(因此,这是一组距离,即"距离-向量")。RIP 协议将"距离"定义如下:从一路由器到直接连接的网络的距离定义为 1。从一路由器到非直接连接的网络的距离定义为所经过的路由器加 1。"加 1"是因为到达目的网络后就进行直接交付,而直接连接的网络的距离已经定义为 1。RIP 认为一个好的路由就是它通过的路由器的数目少,即"距离短"。RIP 允许一条路径最多只能包含 15 个路由器。因此"距离"的最大值为 16,即相当于不可达。可见 RIP 只适用于小型互联网。

4.6.4.2 RIP 协议的三个要点

RIP 协议是分布式路由选择协议。分布式路由选择协议的共同特点是每一个路由器都要不断地和其他一些路由器交换路由信息。

(1)仅和相邻路由器交换信息,不相邻的路由器不交换信息。

(2)交换的信息是当前本路由器所知道的全部信息,即自己的路由表。因此,交换的信息就是:"到本自治系统中所有网络的(最短)距离,以及到每个网络应经过的下一跳路由器"。

(3)按照固定的时间间隔交换路由信息,然后路由器根据收到的路由信息更新路由表。当网络拓扑发生变化时,路由器也及时向相邻路由器通告拓扑变化后的路由信息。

4.6.4.3 距离-向量算法

每个路由表项目都有三个关键数据:<目的网络 N,距离 d,下一跳路由器 X>。对于每个相邻路由器发送过来的 RIP 报文,执行如下步骤。

(1)对地址为 X 的相邻路由器发来的 RIP 报文,先修改此报文中的所有项目:把"下一跳"字段中的地址都改为 X 并把所有"距离"字段的值加 1。

(2)对修改后的 RIP 报文中的每个项目,执行如下步骤:

①当原来的路由表中没有目的网络 N 时,把该项目添加到路由表中。

②当原来的路由表中有目的网络 N,且下一跳路由器的地址是 X 时,用收到的项目替换原路由表中的项目。

③当原来的路由表中有目的网络且下一跳路由器的地址不是 X 时,如果收到的项目中的距离 d 小于路由表中距离,那么就用收到的项目替换原路由表中的项目;否则什么也不做。

(3)如果180秒(RIP默认超时时间为180秒)还没有收到相邻路由器的更新路由表,那么把此相邻路由器记为不可达路由器,即把距离设置为16(距离为16表示不可达)。

(4)返回。

4.6.4.4 RIP协议的优缺点

(1)优点

RIP协议的最大优点就是实现简单,开销较小。

(2)缺点

①坏消息传播得慢。

RIP存在的一个问题是当网络出现故障时,要经过比较长的时间才能将此信息传送到所有的路由器。为了使坏消息传播得更快些,可以采取多种措施。例如:让路由器记录收到某特定路由信息的接口,而不让同一路由信息再通过此接口向反方向传播。

②规模限制。

RIP协议能使用的最大距离为15(16表示不可达),因此限制了网络的规模。

③开销大。

路由器之间交换的路由信息是路由器中的完整路由表,因而随着网络规模的扩大,开销也就增加。

④RIP不能在两个网络之间同时使用多条路由,也不能选出更高速的路由。

4.6.5 OSPF协议

为了克服RIP协议的缺点,在1989年开发出了OSPF。OSPF使用了Dijkstra提出的最短路径算法,而且OSPF协议不受某一家厂商控制,是公开发表的。

4.6.5.1 OSPF的主要特征

OSPF最主要的特征就是使用分布式的链路状态协议(link state protocol),而不是像RIP那样的距离-向量协议。和同是分布式路由选择协议的RIP相比,OSPF的主要特征表现在三个方面:

(1)向本自治系统中所有路由器发送信息。这里使用的方法是洪泛法,就是路由器通过所有输出端口向所有相邻的路由器发送信息。而每一个相邻路由器又再将此信息发往其所有的相邻路由器。这样,最终整个区域中所有路由器都得到了这个信息的一个副本。

(2)发送的信息就是与本路由器相邻的所有路由器的链路状态,但是这只是路由器所知道的部分信息。所谓"链路状态"就是说明本路由器都和哪些路由器相邻,以及这条链路的"度量"。OSPF将这个"度量"用来表示费用、距离、时延、带宽等。这些都由网络管理人员来决定,因此较为灵活。

(3)只有当链路状态发生变化时,路由器才用洪泛法向所有路由器发送此信息。

4.6.5.2 OSPF协议使用层次结构的区域划分

为了使OSPF协议能够用于大规模的网络,OSPF进一步将一个自治系统划分为若干个更小的区域,并且采用的是层次结构的区域划分,以便使每一个区域能够和本区域以外的区域进行通信。每一个区域都有一个32 bit的区域标识符(用点分十进制表示)。

采用分层划分区域的方法虽然使交换信息的种类增加了,同时也使OSPF协议更加复杂了。但是,这种划分方法不但将利用洪泛法交换链路状态信息的范围局限在每一个区域而不是整个的自治系统，而且使每一个区域内部交换路由信息的通信量大大减少。因此OSPF 协议能够在规模很大的自治系统中使用（与 RIP 的不同之处之一）。

4.6.5.3 OSPF 分组的格式

OSPF 的位置在网络层，直接用 IP 数据报传送，OSPF 分组的格式如图 4-11 所示。

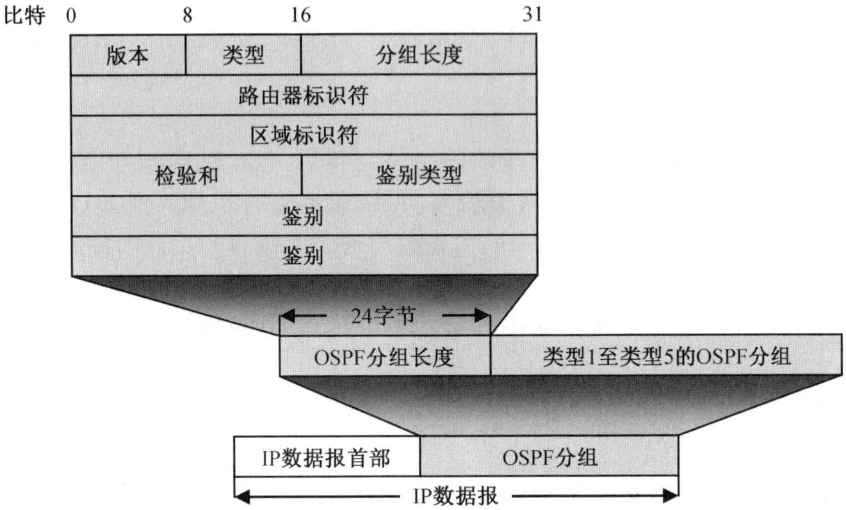

图 4-11 OSPF 分组的格式

OSPF 分组首部各字段的意义如下：

（1）版本：当前的版本号为 2。

（2）类型：可以是 5 种类型分组中的一种。

（3）分组长度：包括 OSPF 首部在内的分组长度，以字节为单位。

（4）路由器标识符：标志发送该分组的路由器的接口的 IP 地址。

（5）区域标识符：分组属于的区域的标识符。

（6）检验和：用来检测分组中的差错。

（7）鉴别类型：目前只有两种 0（不用）和 1（口令）。鉴别类型为 0 时就填入 0，鉴别类型为 1 则填入 8 个字符的口令。

4.6.5.4 OSPF 协议的其他特点

（1）OSPF 对不同的链路可根据 IP 分组的不同服务类型 TOS 而设置成不同的代价。因此，OSPF 对于不同类型的业务可计算出不同的路由。

（2）如果到同一个目的网络有多条相同代价的路径，那么可以将通信量分配给这几条路径，称为多路径间负载平衡（load balancing）。

（3）所有在 OSPF 路由器之间交换的分组（例如，链路状态更新分组）都具有鉴别的功能，因而保证了仅在可信赖的路由器之间交换链路状态信息。

（4）OSPF 支持可变长度的子网划分和无分类的编址 CIDR。

（5）由于网络中的链路状态可能经常发生变化，因此 OSPF 让每一个链路状态都带有一个 32 bit 的序号，用来表示状态的新旧程度，序号越大状态就越新。

4.6.5.5 OSPF 的 5 种分类类型

(1)问候(Hello)分组,用来发现和维持邻站的可达性。

(2)数据库描述(Database Description)分组,向邻站给出自己的链路状态数据库中的所有链路状态项目的摘要信息。

(3)链路状态请求(Link State Request)分组,向对方请求发送某些链路状态项目的详细信息。

(4)链路状态更新(Link State Update)分组,用洪泛法对全网更新链路状态。这是 OSPF 协议最核心的部分。路由器使用这种分组将其链路状态通知给邻站。

(5)链路状态确认(Link State Acknowledgment)分组,对链路状态更新分组进行确认。

问候分组是用于确定哪些邻站是可达的。每两个相邻路由器每隔 10 秒钟要交换一次问候分组。若 40 秒钟没有收到某个相邻路由器发来的问候分组,则可以认为该相邻路由器是不可达的,应当修改链路状态数据库,并重新计算路由表。

其他四种分组是用来进行链路状态数据库的同步。所谓同步就是指不同路由器的链路状态数据库的内容是相同的。两个同步的路由器叫作“完全邻接的”路由器。不是完全邻接的路由器表明它们虽然在物理位置上是相邻的,但其链路状态数据库并没有达到一致。

4.6.6 BGP 协议

4.6.6.1 设置 BGP 的必要性

(1)互联网的规模太大,使得自治系统之间路由选择非常困难。这些网络的性能差异很大。如果使用最短距离(即最小跳数)找出路径,则因为有的路径很不安全或代价太大而可能并不是应当选用的路径。如果使用链路状态协议,则每个路由器必须维持一个很大的链路状态数据库。利用 Dijkstra 算法计算最短路径时花费的时间也长。

(2)对于自治系统之间的路由选择,要寻找最佳路由是很不现实的。

由于各自治系统是运行自己选定的内部路由选择协议,使用本自治系统指明的路径代价。因此,当一条路径通过几个不同的自治系统时,要想对这样的路径计算出有意义的代价是不可能的。也是同样的原因,自治系统之间的路由选择只可能交换“可达性”信息。

(3)自治系统之间的路由选择必须考虑有关策略。

自治系统之间的路由选择协议应当允许使用多种路由选择策略。这些策略包括政治、经济或安全方面的考虑。这些策略都是由网络管理人员对每一个路由器进行设置实现的,而不是自治系统之间的路由选择协议本身。这些策略是为了找出较好的路径而不是最佳路径(目标:有合适的路可走即可)。

4.6.6.2 BGP 的特点

(1)BGP 协议是建立在 TCP 上,使用 TCP 提供的服务

不同自治系统的 BGP 发言人要交换信息,就要先建立 TCP 连接(端口号为 179)。然后在此连接上交换 BGP 报文以建立 BGP 会话,利用 BGP 会话交换路由信息,如增加新的路由,或撤销过时的路由,以及报告出差错的情况等。

(2)BGP 采用路径向量(path vector)路由选择协议

BGP 所交换的网络可达性的信息就是要到达某网络(用网络前缀表示)所要经过的一系列的自治系统(路径向量),当 BGP 发言人互相交换了网络可达性信息后,各 BGP 发言人就根据所采用的策略从收到的路由信息中找出到达各自治系统的比较好的路由。

4.6.6.3 BGP 使用的 4 种报文

(1)打开(Open)报文,用来与相邻的另一个 BGP 发言人建立关系。

(2)更新(Update)报文,用来发送某一路由的信息,以及列出要撤销的多条路由。

(3)保活(Keepalive)报文,用来确认打开报文和周期性地证实邻站关系。

(4)通知(Notification)报文,用来发送检测到的差错。

4.6.6.4 BGP 报文格式

四种类型的 BGP 报文的首部都是一样的。BGP 报文格式如图 4-12 所示。

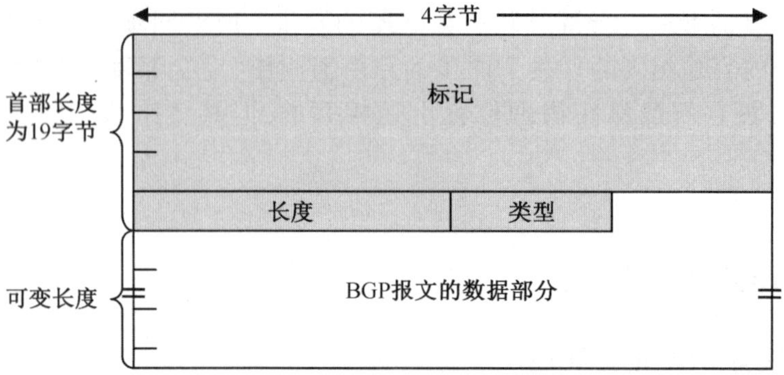

图 4-12　BGP 报文的格式

(1)标记(marker)字段

该字段为 16 字节长,用来鉴别收到的 BGP 报文。当不使用鉴别时,标记字段要置为全 1。

(2)长度字段

该字段指出了包括首部在内的整个 BGP 报文以字节为单位的长度,最小值为 19,最大值为 4 096。

(3)类型字段

该字段的值为 1 到 4,分别对应于上述 4 种 BGP 报文中的一种。

BGP 报文的数据部分对四种报文都不相同,现介绍如下:

(1)打开报文

打开报文共有 6 个字段,分别为:

①版本:1 字节,现在的值是 4。

②本自治系统编号:2 字节,使用全球唯一的 16 bit AS 代码。

③保持时间:2 字节,以秒计算的保持为邻站关系的时间。

④BGP 标识符:4 字节,通常就是该路由器的 IP 地址。

⑤可选参数长度:1 字节。

(2)更新报文

更新报文共有5个字段：

①不可行路由长度：2字节，指明下一字段的长度。

②撤销的路由：列出所有要撤销的路由。

③路径属性总长度：2字节，指明下一字段的长度。

④路径属性：定义在这个报文中增加的路径的属性。

⑤网络可达性信息：定义发出此报文的网络，包括网络前缀的比特数、IP地址前缀。

(3)保活报文

保活报文只有BGP的19字节长的首部，没有数据部分。

(4)通知报文

通知报文有3个字段：

①差错代码：1字节。

②差错子代码：1字节。

③差错数据：给出有关差错的诊断信息。

(5)BGP边界路由器初始化过程

在BGP刚刚运行时，BGP边界路由器与相邻的边界路由器交换整个BGP路由表。更新有变化的部分。

知识点4.6 习题解析

4-6-01　习题【基础】下列关于路由算法的描述中错误的是(　　)。

A. 静态路由有时也称为非自适应的算法

B. 动态路由也称为自适应算法，会根据网络的拓扑变化和流量变化改变路由决策

C. 静态路由所使用的路由选择一旦启动就不能修改

D. 动态路由算法需要实时获得网络的状态

【答案】C。

【解析】静态路由又称为非自适应的算法，它不会根据流量和结构来调整它们的路由决策，但是这并不说明路由选择是不能够改变的，事实上用户可以随时配置路由表。动态路由称为自适应的算法，需要实时获得网络的状态，并且根据网络的状态适时地改变路由决策。

4-6-02　习题【基础】RIP、OSPF协议、BGP分别使用了什么路由选择算法(　　)。

(1)路径-向量路由选择协议　　(2)链路状态协议　　(3)距离-向量路由选择协议

A. (1)(2)(3)　　B. (2)(3)(1)

C. (2)(1)(3)　　D. (3)(2)(1)

【答案】D。

【解析】RIP即路由信息协议，OSPF即开放最短路径优先协议，BGP即边界网关协议。RIP和OSPF协议属于内部网关协议，主要处理自治系统内部的路由选择问题；BGP属于外部网关协议，主要处理自治系统之间的路由选择问题。RIP是一种分布式的基于距离-向量的路由选择协议。RIP的距离也称为"跳数"，跳数越少，距离越短。RIP优先选择距离短的

路径。OSPF 最主要的特征是使用分布式的链路状态协议，在 OSPF 协议中，路由器间彼此交换的信息是与本路由器相邻的所有路由器的链路状态，最终各自建立一个链路数据库，这个链路数据库实际上就是全网拓扑结构图。每个路由器使用链路状态数据库中的数据来构造自己的路由表。由于 BGP 只是力求寻找一条能够到达目的网络且比较好的路由，而并非要寻找一条最佳路由，所以它采用的是路径-向量路由选择协议。在 BGP 中，每个自治系统选出一个 BGP 发言人，这些发言人通过相互交换自己的路径向量（网络可达性的信息）后，就可找出到达各自治系统的比较好的路由。

4-6-03　习题【基础】下列哪一项不属于路由选择协议的功能？（　　）

A. 获取网络拓扑结构的信息　　B. 选择到达每个目的网络的最优路径

C. 发现下一跳的物理地址　　D. 构建路由表

【答案】C。

【解析】路由选择协议是一些规定和过程的组合，使得在互联网中的各个路由器能够彼此互相共享路由信息。路由选择协议的功能包括获取网络拓扑结构的信息、构建路由表、在网络中更新路由信息、选择到达每个目的网络的最优路径、识别一个通过网络的无环通路等。发现下一跳的物理地址不属于路由选择协议的功能，一般通过其他方式来完成，如使用 ARP。

4-6-04　习题【进阶】在链路状态路由算法中，每个路由器得到了网络的完整拓扑结构后，使用（　　）算法来找出从它到其他路由器的路径长度。

A. Prim 最小生成树算法　　B. Kruskal 最小生成树算法

C. Dijkstra 最短路径算法　　D. 贪心算法

【答案】C。

【解析】在链路状态路由算法中，路由器通过交换每个结点到邻居结点的延迟或开销来构建一个网络的完整拓扑结构。得到完整的拓扑结构后，路由器就使用 Dijkstra 最短路径算法来计算到所有结点的最短路径。

4-6-05　习题【基础】下列关于分层路由的描述中错误的是（　　）。

A. 采用了分层路由之后，路由器被划分成区域

B. 采用了分层路由后，可以将不同的网络连接起来

C. 每个路由器不仅知道如何将分组转发到自己区域的目标地址，而且知道如何转发到其他区域

D. 对于大型网络，可能需要多级的分层路由来管理

【答案】C。

【解析】采用了分层路由之后，路由器被划分为区域，每个路由器知道如何将分组转发到自己所在区域内的目标地址，但是对于其他区域内部结构毫不知情。当不同的网络被相互连接起来的时候，可以将每个网络当作一个独立的区域，这样做的好处是一个网络中的路由器不必知道其他网络的拓扑结构。

4-6-06　习题【基础】动态路由选择和静态路由选择的主要区别是（　　）。

A. 动态路由选择需要使用路由选择协议去发现和维护路由信息，而静态路由选择只需要手动配置路由信息

B. 动态路由选择需要维护整个网络的拓扑结构信息，而静态路由选择只需要维护有限的拓扑结构信息

C. 动态路由选择的可扩展性要大大优于静态路由选择,因为在网络拓扑结构发生了变化时,路由选择不需要手动配置去通知路由器

D. 动态路由选择使用路由表,而静态路由选择不使用路由表

【答案】A。

【解析】从路由算法能否随网络的通信量或拓扑自适应地进行调整变化来划分,可分为两类:静态路由选择策略和动态路由选择策略。前者使用手动配置的路由信息,不能及时适应网络状态的变化。后者通过路由选择协议自动发现并维护路由信息,能及时适应网络状态的变化。

4-6-07 习题【基础】对路由选择协议的一个要求是必须能够快速收敛,所谓"路由收敛"是指( )。

A. 路由器能把分组发送到预定的目标

B. 网络设备的路由表与网络拓扑结构保持一致

C. 路由器处理分组的速度足够快

D. 能把多个子网汇聚成一个超网

【答案】B。

【解析】收敛,就是当路由环境发生变化后,各路由器调整自己的路由表以适应网络拓扑结构的变化,最终达到稳定的状态。"收敛"得越快,路由器就越快适应网络拓扑结构的变化。

4-6-08 习题【基础】用于域间选路的协议是( )。

A. RIP B. BGP C. DCHP D. ARP

【答案】B。

【解析】属于不同域之间的路由器交换信息需要使用 BGP,本题属于记忆性的题目。

4-6-09 习题【基础】RIP 规定,( )跳为一条不可达路径。

A. 1 024 B. 512 C. 32 D. 16

【答案】D。

【解析】16 这个数字在计算机网络出现的次数很多,如处理冲突的退避算法也是达到 16 次还没成功就丢弃该帧,并向高层报告等,在复习的过程中还会碰到其他关于 16 的规定。

4-6-10 习题【基础】以下选项中错误的是( )。

A. OSPF 协议根据链路状态法计算最佳路由

B. RIP 规定的最大跳数为 16

C. RIP 默认的路由更新周期为 30 s

D. OSPF 是一种内部网关协议

【答案】B。

【解析】OSPF 是一种内部网关协议,OSPF 协议根据链路状态法计算最佳路由,RIP 使用距离-矢量算法计算最佳路由,RIP 规定要使得一条路径是可达的,最大的跳数就是 15(也就是说一条路径上最多只能包含 15 个路由器),一旦到了 16 就认为是不可达,所以 B 选项是错误的。

4-6-11 习题【基础】运行 OSPF 协议的路由器每 10 s 向它的各个接口发送 Hello 分组,接收到 Hello 分组的路由器就知道了邻居的存在。如果在( )秒内没有从特定的邻

居接收到这种分组，路由器就认为那个邻居不存在了。

A. 20　　B. 35　　C. 40　　D. 60

【答案】C。

4-6-12　习题【基础】以下关于 OSPF 协议的描述中，最准确的是(　　)。

A. OSPF 协议是用于自治系统之间的外部网关协议

B. OSPF 协议根据链路状态法计算最佳路由

C. OSPF 协议不能根据网络通信情况动态地改变路由

D. OSPF 协议只能适用于小型网络

【答案】B。

【解析】开放最短路径优先(OSPF)协议是一种用于自治系统内的路由器之间的协议(A 选项错误)。它是一种基于链路状态路由选择算法的协议(B 选项正确)，能够适应大型全局 IP 网络的扩展，支持可变长子网掩码，所以 OSPF 协议可以用于管理一个受限地址域的中大型网络(D 选项错误)。OSPF 协议维护它所连接的所有链路状态信息的邻居表和拓扑数据库，使用组播链路状态更新(Link State Update，LSU)报文实现路由更新，并且只有当网络已经发生变化时才传送 LSU(C 选项错误)。OSPF 协议不是传送整个路由表，而是传送受影响的路由更新报文。

4-6-13　习题【基础】BGP 交换的网络可达性信息是(　　)。

A. 到达某个网络的链路状态的摘要信息

B. 到达某个网络的最短距离以及下一跳路由器

C. 到达某个网络所经过的路径

D. 到达某个网络的下一跳路由器

【答案】C。

【解析】边界网关协议(BGP)是一个自治系统之间(或域间)的路由协议，它用来在 BGP 路由器间交换网络可达性信息。BGP 是一个通路向量协议，它通告前往目的地的一条完整路径信息，如 10. 11. 21. 1/24 可以通过 AS2、AS4、AS5 到达。

4-6-14　习题【基础】BGP 报文封装在(　　)中传送。

A. 以太帧　　B. TCP 报文　　C. UDP 报文　　D. IP 数据报

【答案】B。

【解析】BGP 的实现中使用 TCP 来传输信息，所以 BGP 报文封装在 TCP 报文中传送。

4-6-15　习题【基础】下面有关 BGP4 的描述中，正确的是(　　)。

A. BGP4 是自治系统之间的路由协议

B. BGP4 不支持 CIDR 技术

C. BGP4 加入路由表的路由一定是最佳路由

D. BGP4 封装在 IP 报文中传送

【答案】A。

【解析】互联网由很多自治系统组成，在自治系统之间进行路由就要用到 BGP。BGP 的产生和完善经历了较长的时间，最初的 BGP 出现在 1989 年，称为 BGP1，这是一个不支持 CIDR 技术的协议。经过多年发展到现在 BGP4 版本，目前的 BGP 已经支持 CIDR 技术，并且支持路由汇聚，是一个很完善的网关协议，所以选项 B 错误。BGP 路由器使用 TCP 端口 179 相互建立对等会话，进行邻居协商成为对等实体，然后利用对等信息创建所涉及的所有自治系统的无环路地图,也可以称为 BGP 树。一旦创建了 BGP 树,它们就开始交换路由信息,对等实体会首先交换它们的整张路由表,网络产生变化后交换路由表中新增的反映网络变化的更新路由,并且随时交换 Keepalive 消息确定对方是否还是活动的。边界网关协议 BGP 只能是力求寻找一条能够到达目的网络且比较好的路由(只要不转圈就可以),而并非要寻找一条最佳路由,所以选项 C 错误。

4-6-16 习题【基础】直接封装 RIP、OSPF、BGP 报文的协议分别是( )。

A. TCP、UDP、IP B. TCP、IP、UDP C. UDP、TCP、IP D. UDP、IP、TCP

【答案】D。

【解析】RIP 是一种分布式的基于距离-向量的路由选择协议,通过广播 UDP 报文来交换路由信息。OSPF 是一个内部网关协议,不适用传输协议,如 UDP 或 TCP,而是直接用 IP 包封装它的数据。BGP 是一个外部网关协议,用 TCP 封装它的数据。故选 D。

4-6-17 习题【进阶】设有 4 条路由 172. 18. 129. 0/24、172. 1. 130. 0/24、172. 18. 132. 0/24 和 172. 18. 133. 0/24,如果进行路由聚合,那么能覆盖这 4 条路由的地址是( )。

A. 172. 18. 128. 0/21 B. 172. 18. 128. 0/23

C. 172. 18. 132. 0/22 D. 172. 18. 132. 0/23

【答案】A。

【解析】4 条路由的前 24 位(3 个字节)为网络前缀,前 2 个字节都一样,因此只需要比较第 3 个字节即可,129=10000001,130=10000010,132=10000100,133=10000101。前 5 位是完全相同的,因此聚合后的网络的掩码中,1 的数量应该是 8+8+5=21,聚合后的网络的第 3 个字节应该是 10000000=128,因此答案为 172. 18. 128. 0/21。

4-6-18 习题【进阶】某路由表中有转发接口相同的 4 条路由表项,其目的网络地址分别为 35. 230. 32. 0/21、35. 230. 40. 0/21、35. 230. 48. 0/21 和 35. 230. 56. 0/21,将该 4 条路由聚合后的目的网络地址为( )。

A. 35. 230. 0. 0/19 B. 35. 230. 0. 0/20

C. 35. 230. 32. 0/19 D. 35. 230. 32. 0/20

【答案】C。

【解析】对于此类题目,先分析需要聚合的 IP 地址。观察发现,题中的四个路由地址,前 16 位完全相同,不同之处在于第 3 段的 8 位中,将这 8 位展开写成二进制,如表 4-13 所示。

表 4-13 路由地址第 3 段中 8 位对应的二进制

	7	6	5	4	3	2	1	0
32	0	0	1	0	0	0	0	0
40	0	0	1	0	1	0	0	0
48	0	0	1	1	0	0	0	0
56	0	0	1	1	1	0	0	0

观察发现,4 个地址的第 3 段中,从前向后最多有 3 位相同,因此这 3 位是能聚合的最大位数。将这些相同的位都保留,将第 3 段第 3 位之后的所有位都置 0,就得到了聚合后的

IP 地址:35.230.32.0,其网络前缀为 16+3,也即前 19 位,因此聚合后的网络地址为 35.230.32.0/19。

4-6-19　习题【进阶】路由器 R 通过以太网交换机 S1 和 S2 连接两个网络,R 的接口、主机 H1 和 H2 的 IP 地址与 MAC 地址如图 4-13 所示。若 H1 向 H2 发送一个 IP 分组 P,则 H1 发出的封装 P 的以太网帧的目的 MAC 地址、H2 收到的封装 P 的以太网帧的源 MAC 地址分别是(　　)。

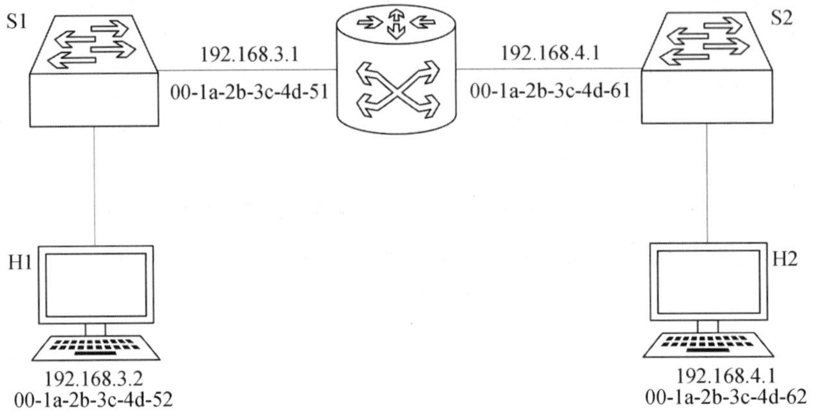

图 4-13　拓扑图

A. 00-a1-b2-c3-d4-62,00-1a-2b-3c-4d-52

B. 00-al-b2-c3-d4-62,00-a1-b2-c3-d4-61

C. 00-1a-2b-3c-4d-51,00-1a-2b-3c-4d-52

D. 00-1a-2b-3c-4d-51,00-a1-b2-c3-d4-61

【答案】D。

【解析】在网络的信息传递中,会经常用到两个地址:MAC 地址和 IP 地址。其中,MAC 地址会随着信息被发往不同的网络而改变,但是 IP 地址当且仅当信息在经过 NAT 设备传递时才会改变。分组 P 在如题图所示的网络中传递时,首先由主机 H1 将分组发往路由器 R,此时源 MAC 地址为 H1 主机本身的 MAC 地址,即 00-1a-2b-3c-4d-51,目的 MAC 地址为路由器 R 的 MAC 地址,即 00-1a-2b-3c-4d-51。路由器收到 R 分组 P 后,根据分组 P 的目的 IP 地址,得知应将分组从另一个端口转发出去,于是会给分组 IP 更换新的 MAC 地址,此时由于从另外的端口转发出去,因此 P 的新源 MAC 地址变为负责转发的端口 MAC 地址,即 00-a1-b2-c3-d4-61,目的 MAC 地址应为主机 H2 的 MAC 地址,即 00-a1-b2-c3-d4-61 根据分析过程,题目所问的 MAC 地址应为路由器 R 两个端口的 MAC 地址,因此选 D。

4-6-20　习题【基础】大多数 IP 路由选择协议都使用跳段数作为在做路由计算时设法使其取值最小的一种度量。而对于 ATM 网络而言,跳段数不是很重要,为什么? ATM 网络也使用存储-转发机制吗?

【答案】ATM 交换机使用虫孔路由选择,即在得到 5 个字节的头之后,他们就开始发送。因此,在每个交换机中仅有很少的延迟。在这种情况下,减少所跨越的交换机数目就显得不是那么关键。

【解析】IP 使用存储-转发的分组交换机制。分组在被完全存储后,才能进行转发。存储的一个分组以及之后在发送的时间通常都超过在线路上的传输时间。因此,存储-转发网络试图通过减少跳段数来避免这一操作。

4-6-21　习题【进阶】表 4-14 是使用无类别域间路由选择(CIDR)的路由选择表,地址字节是用 16 进制表示的。试指出具有下列目标地址的 IP 分组将被投递到哪一个下一站地?

表 4-14　路由选择

网络/掩码长度	下一站地
C4. 50. 0. 0/12	A
C4. 5E. 10. 0/20	B
C4. 60. 0. 0/12	C
C4. 68. 0. 0/14	D
80. 0. 0. 0/1	E
40. 0. 0. 0/2	F
00. 0. 0. 0/2	G

(1)C4. 5E. 13. 87　　(2)C4. 5E. 22. 09　　(3)C3. 41. 80. 02　　(4)5E. 43. 91. 12

【答案】(1)B;(2)A;(3)E;(4)F。

(1)网络号 C4. 5E. 10. 0/20(下一站地是 B)的第三字节可以用二进制表示成 0001 0000。目的地址 C4. 5E. 13. 87 的第三字节可以用二进制表示成 0101 0011,显然取 20 位掩码与网络号 C4. 5E. 10. 0/20 相匹配,所以具有该目标地址的 IP 分组将被投递到下站地 B。

(2)网络号 C4. 50. 0. 0/12(下一站地是 A)的第 2 字节可以用二进制表示成 0101 0000。目标地址 C4. 5E. 22. 09 的第 2 字节可以用二进制表示成 0101 1110,显然取 12 位掩码与网络号 C4. 50. 0. 0/12 相匹配,所以具有该目标地址的 IP 分组将被投递到下站地 A。

(3)网络号 80. 0. 0. 0/1(下一站地是 E)的第 1 字节可以用二进制表示成 1000 0000。目标地址 C3. 41. 80. 02 的第 1 字节可以用二进制表示成 1100 0011,显然取 1 位掩码与网络号 80. 0. 0. 0/01 相匹配,所以具有该目标地址的 IP 分组将被投递到下站地 E。

(4)网络号 40. 0. 0. 0/2(下一站地是 F)的第 1 字节可以用二进制表示成 0100 0000。目标地址 5E. 43. 91. 12 的第 1 字节可以用二进制表示成 0101 1110,显然取 2 位掩码与网络号 40. 0. 0. 0/2 相匹配,所以具有该目标地址的 IP 分组将被投递到下站地 F。

【解析】在使用 CIDR 时,因为 IP 地址由网络前缀和主机号这两个部分组成,因此在路由表中的项目也要相应地改变。这时,每个项目由“网络前缀”和“下一跳地址”组成。使用 CIDR 后,在查找路由表时可能会得到不止一个匹配的结果,应当从匹配结果中选择具有最长网络前缀的路由。这叫作最长前缀匹配。因为网络前缀越长,其地址块就越小,因而路由就越具体。

知识点 4.7 路 由 器

4.7.1 路由器的作用

现实世界中使用的计算机网络往往由许多不同类型的网络互连而成,而这些不同类型的网络又正是通过路由器连接起来的,路由器起到路由选择、数据报转发或交付的作用。

数据报在从源主机发送到目的主机的过程中,如果源主机与目的主机在同一个网络上,源主机则可以直接把数据报发送给目的主机。若目的主机与源主机不在同一网络上,则由源主机按照数据报目的地址把数据报发送给本网络上某个路由器,由该路由器按照转发表指出的路由将数据报转发给下一个路由器,这就叫间接交付。在数据报传输路径上的最后一个路由器与目的主机在同一个网络上,由该路由器把数据报直接交付给目的主机。

路由器主要完成两个功能:一是分组转发,二是路由计算。前者处理通过路由器的数据流,关键操作是转发表查询、转发及相关的队列管理;后者通过和其他路由器进行基于路由协议的交互,完成路由表的计算。

路由器和网桥的重要区别是:网桥与高层协议无关,而路由器是面向协议的,它依据网络地址进行操作,并进行路径选择、分段、帧格式转换、对数据报的生存时间和流量进行控制等。现今的路由器一般都提供多种协议的支持,包括 OSI、TCP/IP、IPX 等。

4.7.2 路由器的构成

4.7.2.1 路由选择部分:又叫控制部分,其核心构件是路由选择处理机

(1)路由选择处理机

路由选择处理机的任务是根据所选定的路由选择协议构造出路由表,同时经常或定期地和相邻路由器交换路由信息而不断地更新和维护路由表。

(2)路由选择协议

路由选择协议可分为两类,即内部网关协议 IGP(Internet Gateway Protocol)和外部网关协议 EGP(External Gateway Protocol)。IGP 包括 RIP 和 OSPF 协议,而目前使用最多的 EGP 是 EGP-4。

(3)路由表

路由表是根据路由选择算法得出的,一般仅包括从目的网络到下一跳(以 IP 地址表示)的映射。路由表总是用软件实现,以便对网络拓扑变化的计算最优化。

4.7.2.2 分组转发部分由三部分组成:交换结构,一组输入端口和一组输出端口

(1)交换结构

交换结构又称为交换组织,作用是根据转发表对分组进行处理,将从某个输入端口进入的分组从一个合适的输出端口转发出去。交换结构本身就是一种完全包含在路由器中的网络。

(2)转发表

转发表属于交换结构的一部分,是从路由表得出的。转发表包含了完成转发功能所必

需的信息。转发表的每一行必须包含从要到达的目的网络到输出端口和某些 MAC 地址信息(如下一跳的以太网地址)的映射。转发表的结构应该使查找过程最优化,可用特殊的硬件来实现。

(3)输入端口

输入端口包括物理层、数据链路层和网络层的处理模块。输入端口做在路由器的线路接口卡上。物理层处理模块进行比特接收。数据链路层处理模块按照链路层协议接收传送分组的帧。在将帧的首部和尾部剥去后,分组就被送入网络层的处理模块。若接收到的分组是在路由器之间交换路由信息的分组(如 RIP 或 OSPF 分组等),则将这种分组送交路由器的路由选择部分中的路由选择处理机。若接收的是数据分组,则就按照分组首部中的目的地址查找转发表,根据得出的结果,分组经交换结构到达合适的输出端口。为了使交换功能分散化,避免在路由器中的某一点上出现瓶颈,往往将复制的转发表放在每一个输入端口中,由输入端口来进行查找和转发。路由选择处理机负责对各转发表的副本进行更新,这些副本称为"影子副本"。

(4)输出端口

输出端口从交换结构接收分组,然后将它们发送到路由器外面的线路上。在网络层的处理模块中设有一个缓存(实际上是一个队列)。当交换结构传送过来的分组速率超过输出链路的发送速率时,来不及发送的分组就必须暂时放在这个队列中。数据链路层处理模块将分组加上链路层的首部和尾部,交给物理层后发送到外部线路上。在输入端口和输出端口中,若分组的处理速率赶不上分组进入队列的速率,则队列的存储空间最终必定减少到零,使后面再进入的分组由于没有存储空间而被丢弃。

路由器的结构如图 4-14 所示。

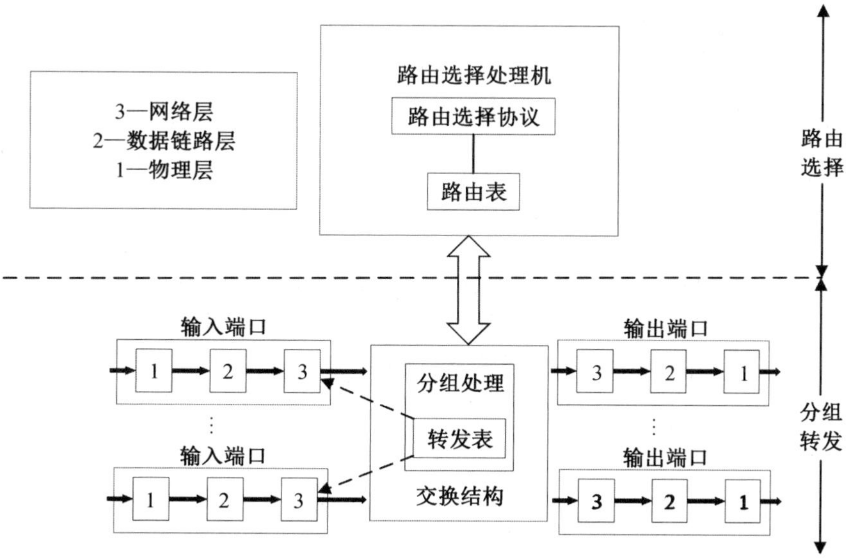

图 4-14 路由器的结构

4.7.3 交换结构

交换结构是路由器的关键构件,它将分组从一个输入端口转移到某个合适的输出端口。

4.7.3.1 通过存储器进行交换

最早使用的路由器就是利用了普通的计算机，用计算机的 CPU 作为路由器的路由选择处理机。路由器的输入和输出端口的功能和传统的操作系统中的 I/O 设备一样。当路由器的某个端口收到一个分组时，就用中断方式通知路由选择处理机，然后分组就从输入端口复制到存储器（内存）。路由器处理机从分组首部提取目的地址，查找路由表，再将分组复制到合适的输出端口缓存中。但是使用这种方法时，路由器的交换速率小于存储器带宽的一半（读写各占一半）。

通过存储器进行交换的现代路由器与早期路由器的一个主要差别是：目的地址的查找和将分组存储（交换）进适当的存储位置（即输出端口的存储器）都是在输入端口中进行的。

4.7.3.2 通过总线进行交换

采用这种方法时，数据报从输入端口通过共享的总线直接传送到合适的输出端口，而不需要路由选择处理机的干预。

但是利用总线进行交换时，因为总线是共享的，因此在同一时间只能有一个分组在总线上传送。当分组到达输入端口时若发现总线忙（因总线正在传送另一分组）则被阻塞而不能通过交换结构，并在输入端口排队等待。因此，路由器的转发带宽就受总线速率的限制。

4.7.3.3 通过互联网络进行交换

这种方法是通过纵横交换结构的互联网络进行交换的。

这种交换结构有 2*N* 条总线，可以使 *N* 个输入端口和 *N* 个输出端口相连接，这取决于相应的交叉结点是使水平总线和垂直总线接通还是断开。当输入端口收到了一个分组时，就将它发送到与该输入端口相连的水平总线上。如果通向所要转发的输出端口的垂直总线是空闲的，则就在这个结点将垂直总线与水平总线接通，然后将分组转发到这个输出端口。但是若该垂直总线已被占用（有另一分组正在转发到同一输出端口），则后到达的分组就被阻塞，必须在输入端口排队。

4.7.4 路由表与路由转发

路由表是根据路由选择算法得出的，主要用途是路由选择。标准的路由表有 4 个项目：目的网络 IP 地址、子网掩码、下一跳 IP 地址、接口。在图 4-15 所示的网络拓扑中，R1 的路由表见表 4-15，该路由表包含到互联网的默认路由。

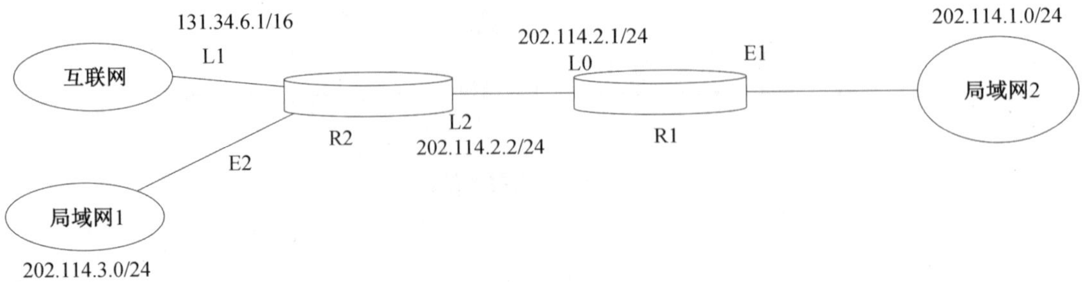

图 4-15 网络拓扑连接图

表 4-15　路由表示意图

到目的网络 IP 地址	子网掩码	下一跳 IP 地址	接口
202. 114. 1. 0	255. 255. 255. 0	直接	E1
202. 114. 2. 0	255. 255. 255. 0	直接	L0
202. 114. 3. 0	255. 255. 255. 0	202. 114. 2. 2	L0
0. 0. 0. 0	0. 0. 0. 0	202. 114. 2. 2	L0

转发表是从路由表得出的,其表项和路由表项有直接的对应关系。但转发表的格式和路由表的格式不同,其结构应使查找过程最优化(而路由表则需对网络拓扑变化的计算最优化)。转发表中含有一个分组将要发往的目的地址,以及分组的下一跳(即下一步接收者的目的地址,实际为 MAC 地址),如表 4-16 所示。为了减少转发表的重复项目,可以使用一个默认路由代替所有具有相同“下一跳”的项目,并将默认路由设置得比其他项目的优先级低,如表 4-17 所示总是用软件来实现的;转发表可以用软件来实现,也可以用特殊的硬件来实现。

表 4-16　未使用默认路由

目的站	下一跳
1	直接
2	3
3	2
4	3

表 4-17　使用了默认路由

目的站	下一跳
1	直接
3	2
默认	3

注意转发和路由选择的区别:“转发”是由路由器根据转发表把收到的 IP 数据报从合适的端口转发出去,它仅涉及一个路由器。而“路由选择”则涉及很多路由器,路由表是许多路由器协同工作的结果。这些路由器按照复杂的路由算法,根据从各相邻路由器的关于网络拓扑的变化情况,动态地改变所选择的路由,并由此构造出整个路由表。

知识点 4.7 习题解析

4-7-01　习题【基础】关于路由器,下列说法中不正确的是(　　)。

A. 路由器处理的信息量比交换机少,因而转发速度比交换机慢

B. 对于同一目标,路由器只提供延迟最小的最佳路由

C. 通常的路由器可以支持多种网络层协议,并提供不同协议之间的分组转换

D. 路由器不但能够根据 IP 地址进行转发,而且可以根据 IP 地址进行转发

【答案】B。

【解析】路由器是第三层设备,要处理的内容比第二层设备交换机要多,因而转发速度比交换机慢,所以选项 A 正确;虽然一些路由协议可以将延迟作为参数进行路由选择,但路由协议使用最多的参数是传输距离,此外还有其他的一些参数,所以选项 B 错误;路由器只

能够根据 IP 地址进行转发,所以选项 D 正确。

4-7-02　习题【基础】路由器主要实现了(　　)的功能。

A. 物理层、网络层与应用层的功能

B. 物理层、数据链路层与网络层的功能

C. 网络层与运输层的功能

D. 物理层与网络层的功能

【答案】B。

【解析】路由器是网络层的设备,所以它也必须要实现网络层以下的功能,也就是物理层与数据链路层的功能。而运输层和应用层是在网络层之上的,它们使用网络层的接口,路由器不实现它们的功能。

4-7-03　习题【基础】路由器的分组转发部分由(　　)组成。

A. 交换结构　　B. 输入端口　　C. 输出端口　　D. 以上都是

【答案】D。

【解析】分组转发部分由 3 部分组成:

(1)交换结构,用来根据转发表对分组进行处理,将从某个输入端口进入的分组从一个合适的输出端口转发出去;

(2)输入端口,包括物理层、数据链路层和网络层的处理模块;

(3)输出端口,它负责从交换结构接收分组,然后将它们发送到路由器外面的线路上。

4-7-04　习题【综合】设某路由器建立了路由表,这 3 列分别是目的网络、子网掩码和下一跳路由器,若直接交付则最后一列表示应当从哪个接口转发出去,见表 4-18。现在共收到 5 个分组,其目的站 IP 地址分别为:

(1)128. 96. 39. 10

(2)128. 96. 40. 12

(3)128. 96. 40. 151

(4)192. 4. 153. 17

(5)192. 4. 153. 90

试分别计算下一跳。

表 4-18　路由表

128. 96. 39. 0	255. 255. 255. 128	接口 0
128. 96. 39. 128	255. 255. 255. 128	接口 1
128. 96. 40. 0	255. 255. 255. 128	R2
192. 4. 153. 0	255. 255. 255. 192	R3
默认		R4

【答案】(1)先将 128. 96. 39. 10 转换成二进制分别和各个子网掩码进行“与”操作。128. 96. 39. 10 转换成二进制 10000000011000000010011100001010,将其和子网掩码 11111111111111111111111110000000(255. 255. 255. 128)进行“与”操作(同时为“1”才为 1),可以得出最后的结果为 128. 96. 39. 0,与第一行的网络号一样,所以从接口 0 转发出去。

(2)和(1)的方法一样,先转成二进制,再和 11111111111111111111111110000000 进行"与"操作,得到的结果是 128.96.40.0,所以下一跳为路由器 R2。

(3)和(1)的方法一样,先转成二进制,再和 11111111111111111111111110000000 进行"与"操作,得到的结果是 128.96.40.128,发现前 3 行没有一个匹配。然后再和 11111111111111111111111111000000(255.255.255.192)进行"与"操作,其结果为 128.96.40.128,仍然没有匹配的,所以应该选择默认路由,即下一跳为路由器 R4。

(4)和(1)的方法一样,最后发现和 11111111111111111111111111000000(255.255.255.192)进行"与"操作的结果为 192.4.153.0,匹配了,说明下一跳为路由器 R3。

(5)和(3)的情况一样,同两个子网掩码相与之后都不匹配,所以下一跳为路由器 R4。

4-7-05 习题【综合】某路由器具有下表所示的路由表项:

(1)假设路由器收到两个分组:分组 A 的目的地址为 131.128.55.3,分组 B 的目的地址为 131.128.5.38。确定路由器为这两个分组选择的下一跳,并加以说明。

(2)在路由表中增加一个路由表项,它使以 131.128.55.33 为目的地址的 IP 分组选择"A"作为下一跳,而不影响其他目的地的转发。

(3)在路由表中增加一个路由表项,使所有目的地址与该路由表中任何路由表项都不匹配的 IP 分组被转发到下一跳"E"。

(4)将 131.128.56.0/24 划分为 4 个规模尽可能大的等长子网,给出子网掩码及每个子网的可分配地址范围,见表 4-19。

表 4-19 路由转发表

网络前缀	下一跳
131.128.56.0/24	A
131.128.55.32/28	B
131.128.55.32/30	C
131.128.0.0/16	D

【答案】(1)使用 CIDR 时,可能会导致有多个匹配结果,应当从当前匹配结果中选择具有最长网络前缀的路由。下面来一一分析分组 A 与表中这四项的匹配性:

①131.128.56.0/24 和 31.128.55.33 不匹配,因为前 24 位不同。

②131.128.55.32/28 与 131.128.55.33 的前 24 位匹配,只需看后面 4 位是否匹配,32 转换为二进制为 00100000,33 转换为二进制为 00100001,匹配,且匹配了 28 位。

③131.128.55.32/30 与 131.128.55.33 的前 24 位匹配,只需看后面 6 位是否匹配,32 转换为二进制为 00100000,33 转换为二进制为 00100001,匹配,且匹配了 30 位。

④131.128.0.0/16 与 131.128.55.33 匹配,且匹配了 6 位。

综上,对于分组 A 与,第 2、3、4 项都能与之匹配,但根据最长网络前缀匹配原则,应该选择网络前缀为 131.128.55.32/30 的表项进行转发,下一跳路由器为 C。

同理,对于分组 B,路由表中第 2 和 4 项都能与之匹配,但是根据最长网络前缀匹配原则,应该选择第 2 个路由表项转发,下一跳路由器为 B。

(2)要想该路由表项使得以131.128.55.33为目的地址的IP分组选择“A”作为下一跳,而不影响其他目的地址的IP分组转发,只需构造1条网络前缀和该地址匹配32位的项即可。增加的表项为:网络前缀131.128.55.33/32;下一跳A。

(3)增加1条默认路由:网络前缀0.0.0.0/0;下一跳E。

(4)要划分成4个规模尽可能大的子网,需要从主机位中划出2位作为子网位($2^2=4$,CIDR广泛使用之后允许子网位可以全0和全1)。子网掩码均为11111111111111111111111111000000,即255.255.255.192。而地址范围中不能包含主机位全0或全1的地址,见表4-20。

表4-20 子网划分方法

子网	子网掩码	可分配地址范围
131.128.56.0/26	255.255.255.192	131.128.56.1~131.128.56.62
131.128.56.64/26	255.255.255.192	131.128.56.65~131.128.56.126
131.128.56.128/26	255.255.255.192	131.128.56.129~131.128.56.190
131.128.56.192/26	255.255.255.192	131.128.56.193~131.128.56.254

4-7-06 习题【综合】假定网络中的路由器B的路由表有如下的项目(这三列分别表示“目的网络”“距离”和“下一跳路由器”):

N1 5 A

N2 2 C

N5 3 F

N6 5 E

现在B收到从C发来的路由信息(这两列分别表示“目的网络”“距离”):

N2 4

N3 6

N5 2

N6 3

N8 6

试求出路由器B更新后的路由表(详细说明每一个步骤)。

【答案】(1)首先,将收到的来自C的路由信息的距离一列加1:

N2 5

N3 7

N5 3

N6 4

N8 7

(2)路由器B更新后的路由表信息如下:

N1 5 A 无更新信息不改变

N2 5 C 相同的下一跳,更新

N3 7 C 新的项目,添加进来

N5 3 F 不同的下一跳,距离相同,不更新

N6 4 C 不同的下一跳,距离更短,更新

N8 7 C 新的项目,添加进来

4-7-07 习题【综合】设路由器 R 的不完整的路由表见表 4-21(其中下一跳给出的是路由器的端口)。

表 4-21 路由器 R 的不完整的路由表

序号	目的网络	子网掩码	下一跳	转发接口
1	166. 111. 64. 0	255. 255. 240. 0	R1 端口 1	端口 2
2	166. 111. 16. 0	255. 255. 240. 0	直接交付	端口 1
3	166. 111. 32. 0	255. 255. 240. 0	直接交付	端口 2
4	166. 111. 48. 0	255. 255. 240. 0	直接交付	端口 3
5	0. 0. 0. 0	0. 0. 0. 0	R2 端口 2	端口 1

路由器 R 收到下述分别发往 6 个目的主机的数据报:

H1:20. 134. 245. 78

H2:166. 111. 35. 72

H3:166. 111. 31. 168

H4:166. 111. 60. 239

H5:192. 36. 8. 73

试回答以下问题:

(1)表 4-21 中序号 1~4 的目的网络属于哪类网络?它们是由什么网络划分来的?

(2)假如路由器 R1 端口 1 和路由器 R2 端口 2 的 IP 地址的主机号均为 5(十进制),请给出它们的 IP 地址。

(3)基于(2),试问到目的主机 H1~H5 的下一跳 IP 地址是什么?(如果是直接交付,则请写出转发端口)

【答案】(1)表 4-21 中序号 1~4 的目的网络属于 B 类网络。因为 B 类网络的默认子网掩码为 255. 255. 0. 0,所以序号 1~4 的目的网络是由网络 166. 111. 0. 0 划分的子网。

(2)从表 4-21 中第二行和第四行可以看出,分组都是从端口 2 转发出去,并且第四行是直接交付到网络 166. 111. 32. 0,所以 R1 端口 1 连接在网络 166. 111. 32. 0 上。又由于主机号为 5,所以 R1 端口 1 的 IP 地址为 166. 111. 32. 5。同理可得,R2 端口 2 连接在网络 166. 111. 16. 0 上,所以 R2 端口 2 的 IP 地址为 166. 111. 16. 5。

(3)首先,应该清楚一个默认知识点,即目的网络为 0. 0. 0. 0 和子网掩码为 0. 0. 0. 0 表示一条默认路由。

H1:数据报要发往目的地址为 20. 134. 245. 78 的主机 H1。很明显,表 4-21 中并不存在该目的网络,所以应该选择默认路由,下一跳为 R2 端口 2,下一跳的 IP 地址为 166. 111. 16. 5。

H2:166. 111. 35. 72 的第三字节为 35,35 转换成二进制为 00100011。由表 4-21 可知,子网掩码为 255. 255. 240. 0,所以第三字节的前 4 位属于子网号。所以主机 H3 属于子网 166. 111. 32. 0,下一跳通过 R 端口 2 直接交付。

H3:166.111.31.168 第三字节为 31,31 转换成二进制为 00011111,所以主机 H4 属于子网 166.111.16.0,下一跳通过 R 端口 1 直接交付。

H4:166.111.60.239 的第三字节为 60,60 转换成二进制为 00111100,所以主机 H5 属于子网 166.111.48.0,下一跳通过 R 端口 3 直接交付。

H5:192.36.8/73 仍然应该选择默认路由,下一跳为 R2 端口 2,所以下一跳的 IP 地址为 166.111.16.5。

第 5 章　数据链路层与物理层

知识点 5.1　数据链路层基础

5.1.1　链路层提供的服务

链路:沿着通信路径连接相邻结点的通信信道称为链路。

链路层所提供的服务细节能够随着链路层协议的不同而变化。链路层协议可能提供的服务包括:

(1)封装成帧(Framing)

在每个网络层数据报经链路传送之前,几乎所有的链路层协议都要将其用链路层帧封装起来。一个帧由一个数据字段和若干首部字段组成,其中网络层数据报就插在数据字段中。帧的结构由链路层协议规定。

(2)链路接入

媒体访问控制(Medium Access Control,MAC)协议规定了帧在链路上传输的规则。对于在链路的一端仅有一个发送方、链路的另一端仅有一个接收方的点对点链路,MAC 协议比较简单(或者不存在),即无论何时链路空闲,发送方都能够发送帧。当多个结点共享单个广播链路时,即所谓多路访问问题。这里 MAC 协议用于协调多个结点的帧传输。

(3)可靠交付

当链路层协议提供可靠交付服务时,它保证无差错地经链路层移动每个网络层数据报。链路层的可靠交付服务通常是通过确认和重传取得的。链路层可靠交付服务通常用于易于产生高差错率的链路,例如无线链路,其目的是本地(也就是在差错发生的链路上)纠正一个差错,而不是通过运输层或应用层协议迫使进行端到端的数据重传。然而,对于低比特差错的链路,包括光纤、同轴电缆和许多双绞铜线链路,链路层可靠交付可能会被认为是一种不必要的开销。由于这个原因,许多有线的链路层协议不提供可靠交付服务。

(4)差错检测和出错处理

当帧中的一个比特作为 1 传输时,接收方结点中的链路层硬件可能不正确地将其判断为 0,反之亦然。这种比特差错是由信号衰减和电磁噪声导致的。因为没有必要转发一个有差错的数据报,所以许多链路层协议提供一种机制来检测这样的比特差错。通过让发送结点在帧中包括差错检测比特,让接收结点进行差错检查,以此来完成这项工作。运输层和网络层也提供了有限形式的差错检测,即检验和。链路层的差错检测通常更复杂,并且用硬件实现。差错纠正类似于差错检测,区别在于接收方不仅能检测帧中出现的比特差错,而且能够准确地确定帧中的差错出现的位置(并因此纠正这些差错)。

差错检测纠正技术主要分为以下三种:

①奇偶校验。单个奇偶校验位的实现方法:假设发送的信息 D 有 d 比特。在偶校验方

案中,发送方只需包含一个附加的比特,选择它的值,使得这 d+1 比特(初始信息加上一个校验比特)中 1 的总数是偶数。对于奇校验方案,选择校验比特值使得有奇数个 1。

采用单个奇偶校验位方式,接收方的操作也很简单。接收方只需要数一数接收的 d+1 比特中 1 的数目即可。如果在采用偶校验方案中发现了奇数个值为 1 的比特,接收方知道至少出现了一个比特差错。更精确的说法是,出现了奇数个比特差错。

但是如果出现了偶数个比特差错,将导致一个未检出的差错。如果比特差错的概率小,而且比特之间的差错可以被看作是独立发生的,在一个分组中多个比特同时出错的概率将是极小的。在这种情况下,单个奇偶校验位可能是足够判断的。但是往往这样出错的概率很高,所以需要另一种更为健壮的差错检测方案。

为了解决以上问题,人们提出了二维奇偶校验方案,该方案将 D 中的 d 个比特划分为 i 行 j 列,对每行和每列计算奇偶值,产生的 i+j+1 奇偶比特构成了链路层帧的差错检测。若信息中出现了单个比特的差错,包含比特值改变的列和行的校验值都会出现差错,因此接收方不仅可以检测到出现了单个比特差错的事实,而且还可以利用存在奇偶校验差错的列和行的索引来实际识别发生差错的比特并纠正它！尽管讨论是针对初始 d 比特信息的,但校验比特本身的单个比特差错也是可检测和可纠正的。二维奇偶校验也能够检测一个分组中两个比特差错的任何组合。这种接收方可以检测和纠正差错的能力被称为前向纠错(forward error correction,FEC)。

②检验和方法。在检验和技术中,d 比特数据会被作为一个 k 比特整数的序列处理。一个简单检验和方法就是将这 k 比特整数加起来,并且用得到的和作为差错检测比特。检验和就基于这种方法,即数据的字节作为 16 比特的整数对待并求和。这个和的反码形成了携带在报文段首部的检验和。接收方通过对接收的数据(包括检验和)的和取反码,并且检测其结果是否为全 1 比特来检测检验和。如果这些比特中有任何比特是 0,就可以指示出差错。检验和方法需要较少的分组开销,例如 TCP 和 UDP 协议中的检验和只用 16 比特,所以与链路层的 CRC 相比,它们提供相对弱的差错保护。

运输层使用检验和而链路层使用 CRC 的原因:一方面,运输层通常是在主机作为用户操作系统的部分用软件实现的,因为运输层差错检测通过软件实现,采用简单而快速如检验和这样的差错检测方案是重要的;在另一方面,链路层的差错检测在适配器中用专用的硬件实现,它能够快速执行更复杂的 CRC 操作。

③循环冗余检测。循环冗余检测(cyelic redundancy check,CRC)编码:也称为多项式编码(polynomial code),因为该编码能够将要发送的比特串看作为系数是 0 和 1 的一个多项式,对比特串的操作被解释为多项式算术。

CRC 编码操作如下:考虑 d 比特的数据 D,发送结点要将它发送给接收结点。发送方和接收方首先必须协商一个 r+1 比特模式,称为生成多项式(generator),可以将其表示为 C。并且将要求 C 的最高有效位的比特(最左边)是 1。C 对于一个给定的数据段 D,发送方要选择 r 个附加比特 R,并将它们附加到 D 上,使得得到的 d+r 比特模式(被解释为一个二进制数)用模 2 算术恰好能被 C 整除(即没有余数)。用 CRC 进行差错检测的过程:接收方用 C 去除接收到的 d+r 比特。如果余数为非零,接收方知道出现了差错;否则认为数据正确而被接收。所有 CRC 计算采用模 2 算术来做,在加法中不进位,在减法中不借位。这意味着加法和减法是相同的,而且这两种操作等价于操作数的按位异或(XOR)。

总之,使用循环冗余检验 CRC 差错检测技术只能做到无差错接收,即"凡是接收的帧

(不包括丢弃的帧),都能以非常接近于 1 的概率认为这些帧在传输的过程中没有产生差错",或者指"凡是接收的帧均没有传输差错"。而要做到"可靠传输"(即发送什么就收到什么)就必须再加上确认和重传机制。

(5)透明传输

用户不受协议中的任何限制,可以随机传输任意比特编码的信息。

5.1.2 链路层功能的实现

链路层的主体部分是在网络适配器(network adapter)中实现的,网络适配器有时也称为网络接口卡(network interface card,NIC)。位于网络适配器核心的是链路层控制器,该控制器通常是个实现了许多链路层服务(成帧、链路接入、差错检测等)的专用芯片。因此,链路层控制器的许多功能是用硬件实现的。

在发送端,控制器取得了由协议栈较高层生成并存储在主机内存中的数据报,在链路层帧中封装该数据报(填写该帧的各个字段),然后遵循链路接入协议将该帧传进通信链路中。在接收端,控制器接收了整个帧,抽取出网络层数据报。如果链路层执行差错检测,则需要发送控制器在该帧的首部设置差错检测比特,由接收控制器执行差错检测。

尽管大部分链路层是在硬件中实现的,但部分链路层是在运行于主机 CPU 上的软件中实现的。链路层的软件组件实现了高层链路层功能,如组装链路层寻址信息和激活控制器硬件。在接收端,链路层软件响应控制器中断(例如,由于一个或多个帧的到达),处理差错条件和将数据报向上传递给网络层。所以,链路层是硬件和软件的结合体,即此处是协议栈中软件与硬件交接的地方。

知识点 5.1 习题解析

5-1-01 习题【基础】数据链路层的主要功能包括什么?

【答案】(1)封装成帧;(2)差错控制;(3)流量控制;(4)链路控制;(5)MAC 寻址;(6)区分数据和控制信息;(7)透明传输。

5-1-02 习题【基础】数据链路层的三个基本问题是什么?为什么都必须加以解决?

【答案】数据链路层的三个基本问题:封装成帧、透明传输、差错检测。

(1)封装成帧就是在一段数据前后分别添加首部和尾部,以便接收端从收到的比特流中识别帧的开始与结束,帧定界是分组交换的必然要求;

(2)透明传输避免消息符号与帧定界符号相混淆;

(3)差错检测防止差错的无效数据帧,浪费网络资源。

5-1-03 习题【基础】如果在数据链路层不进行封装成帧,会发生什么问题?

【答案】如果在数据链路层不进行封装成帧,那么数据链路层在收到一些数据时,就无法知道对方传送的数据中哪些是数据,哪些是信息,甚至数据中有没有差错也不清楚(因为无法进行差错检测)。数据链路层也无法知道数据传送结束了没有,因此不知道应当什么时候把收到的数据交给上一层。

5-1-04 习题【基础】什么是差错检测和出错处理?有哪几种?

【答案】现实环境中,数据的传输很有可能受到干扰而出现错误,为了确保数据传递的正确,就需要有差错检测和出错处理技术。要实现差错检错,就要具备两种能力,其一是发现错误,其二是纠正错误。常用的差错控制有奇偶校验,检验和方法和循环冗余检测。

5-1-05　习题【基础】待发送的信息为 101001,生成多项式为 $G(x)=x^4+x^2+x+1$,判断传输是否误码。

【答案】构造被除数:在要发送信息后面添加生成多项式最高次数个 0 为 101001000

构造除数:生成多项式各项系数构成的比特串 1101;

mod 运算:101001000 mod 1101=1;

补全位数添加到待发送信息后面 101001001。

5-1-06　习题【基础】接收到的信息为 101001011,生成多项式为 x^4+x^2+x+1,判断传输是否误码?

【答案】生成多项式构成的比特串为 10111,

101001011 mod 10111=10

可以看到余数不为 0,表明传输过程中产生误码。

5-1-07　习题【进阶】如果使用位填充,是否会出现错误,而检验和没有查出?如果可能,为什么?如果不可能,为什么?

【答案】可能。假定原来的正文包含位序列 0111 1110 作为数据。位填充之后,这个序列将变成 0111 1101 0。如果由于传输错误第二个 0 丢失了,收到的位串又变成 0111 1110,被接收方看成是帧尾。然后接收方在该串的前面寻找检验和,并对它进行验证。如果检验和是 16 位,那么被错误检验和碰巧经过验证后仍然正确的概率是 1/216。如果这种概率的条件成立了,就会导致不正确的帧被接收。显然,检验和越长,传输错误不被发现的概率就会越低,但是这种概率永远不等于零。

5-1-08　习题【进阶】数据链路层协议几乎总是把 CRC 放在尾部,而不是首部,这是为什么?

【答案】CRC 是在发送期间进行计算。一旦把最后一位数据发送到传输接口,就立即把 CRC 编码附加在输出流的后面发出。如果把 CRC 放在帧的首部,那么就要在发送之前把整个帧先检查了一遍再来计算 CRC。这样每个字节都要处理两遍,第一遍是为了计算检验码,第二遍是为了发送。把 CRC 放在尾部就可以把处理时间减半。

5-1-09　习题【综合】数据链路(即逻辑链路)与链路(即物理链路)有何区别?"电路接通了"与"数据链路接通了"有何区别?

【答案】(1)数据链路与链路的区别在于数据链路除本身是一条链路外,还必须有一些必要的规程来控制数据的传输。因此,数据链路比链路多了实现通信规程所需要的硬件和软件。

(2)"电路接通了"表示链路两端的结点交换机已经开机,物理连接已经能够传送比特流了。但是,数据传输并不可靠。在物理连接基础上,再建立数据链路连接,才是"数据链路接通了"。此后,由于数据链路连接具有检测、确认和重传等功能,才使不太可靠的物理链路变成可靠的数据链路,进行可靠的数据传输。当数据链路断开连接时,物理电路连接不一定跟着断开连接。

5-1-10　习题【综合】某循环冗余码(CRC)的生成多项式 $G(x)=x^3+x^2+1$,用此 $G(x)$ 多项式产生的冗余位,加在信息位后形成 CRC 码。若发送信息位 1111 和 1100,则它的 CRC 码分别为__A__和__B__。由于某种原因,使接收端收到了按某种规律可判断为出

错的 CRC 码,例如码字 __C__ 、 __D__ 和 __E__ 。

A:① 11111100 ② 1111101 ③ 1111110 ④ 1111111

B:① 1100100 ② 1100101 ③ 1100110 ④ 1100111

C~E:① 0000000 ② 0001100 ③ 0010111 ④ 0011010 ⑤ 1000110 ⑥ 1001111 ⑦ 1010001 ⑧ 1011000

【答案】A:$G(x)$= 1101,$C(x)$= 1111 $C(x)\times 2^3 \div G(x)$ = 1111000÷1101 = 1011 余 111 得到的 CRC 码为 1111111;

B:$G(x)$= 1101,$C(x)$= 1100 $C(x)\times 2^3 \div G(x)$ = 1100000÷1101 = 1001 余 101;

得到的 CRC 码为 1100101;

C~E:分别用 $G(x)$= 1101 对①~⑧作模 2 除:①0000000÷1101 余 000 ②1111101÷1101 余 001 ③0010111÷1101 余 000 ④0011010÷1101 余 000 ⑤1000110÷1101 余 000 ⑥1001111÷1101 余 100 ⑦1010001÷1101 余 000 ⑧1011000÷1101 余 100。

所以 C、D 和 E 的答案是②⑥⑧。

【解析】①将 x 的最高幂次为 R 的生成多项式 $G(x)$ 转换成对应的 R+1 位二进制数。

②将信息码左移 R 位,相当于对应的信息多项式 $C(x)\times 2R$。

③用生成多项式(二进制数)对信息码做模 2 除,得到 R 位的余数。

④将余数拼到信息码左移后空出的位置,得到完整的 CRC 码。

知识点 5.2　网络复用技术

5.2.1　网络接入的复用

网络接入的复用分为静态复用和动态复用。

5.2.1.1　静态复用

时分复用(TDM):又称同步时分复用,按时间划分不同的信道。时分复用的所有用户是在不同的时间占用同样的频带宽度。TDM 的优点:消除了碰撞而且非常公平,每个结点在每个帧时间内得到了专用的传输速率 R/N bps。TDM 的缺点:首先,结点被限制于 R/N bps 的平均速率,即使当它是唯一有分组要发送的结点时。其次,结点必须总是等待它在传输序列中的轮次,如果仅存在唯一一个有帧要发送的结点,TDM 将不再合适。

频分复用(FDM):按频率划分不同的信道。频分复用的所有用户在同样的时间占用不同的带宽资源。FDM 也有与 TDM 同样的优点和缺点。它避免了碰撞,在 N 个结点之间公平地划分了带宽。然而,FDM 也有 TDM 所具有的主要缺点,也就是限制一个结点只能使用 R/N 的带宽。

波分复用(WDM):即光的频分复用,指人们在一根光纤上复用两路光载波信号的复用方式。

码分复用(CDM):常用码分多址(Code Division Multiple Access,CDMA)。每一个用户可以在同样的时间使用同样的频带进行通信。各用户使用经过特殊挑选的不同码型,因此各用户之间不会造成干扰。应用这种系统发送的信号有很强的抗干扰能力,其频谱类似于白噪声,不易被敌人发现,该方法具有一种特性,即不同的结点能够同时传输,并且它们各自相应的接收方仍能正确接收发送方编码的数据比特而不在乎其他结点的干扰传输。

5.2.1.2 动态复用

统计时分复用(STDM):又称异步时分复用。一种改进的时分复用,它能明显地提高信道的利用率。集中器常使用这种统计时分复用。其工作原理为:使用 STDM 帧来传送复用的数据,其中的时隙数小于连接在集中器上的用户数。各用户有了数据就发往集中器的输入缓存,然后集中器按顺序依次扫描输入缓存,将缓存中的输入数据放入 STDM 帧,帧装满时就发送出去。STDM 帧不是固定分配时隙,而是按需动态地分配时隙,因此可以提高线路的利用率。

5.2.2 信道共享

信道共享技术分为有序接入技术和随机接入技术。

5.2.2.1 有序接入协议

(1)轮询协议(polling protocol)

轮询协议要求结点之一要被指定为主结点。主结点以循环的方式轮询(poll)每个结点。特别是,主结点首先向结点 1 发送一个报文,告诉它(结点 1)能够传输的帧的最多数量。在结点 1 传输了某些帧后,主结点告诉结点 2 能够传输的帧的最多数量。(主结点能够通过观察在信道上是否缺乏信号,来决定一个结点何时完成了帧的发送。上述过程以这种方式继续进行,主结点以循环的方式轮询了每个结点。

轮询协议的优点:消除了困扰随机接入协议的碰撞和空时隙,这使得轮询取得高得多的效率。

轮询协议的缺点:第一个缺点是该协议引入了轮询时延,即通知一个结点"它可以传输"所需的时间。第二个缺点是如果主结点有故障,整个信道都变得不可操作。

(2)令牌传递协议(token-passing protocol)

令牌传递协议中没有主结点。一个称为令牌(token)的小的特殊帧在结点之间以某种固定的次序进行交换。例如,结点 1 可能总是把令牌发送给结点 2,结点 2 可能总是把令牌发送给结点 3,而结点 N 可能总是把令牌发送给结点 1。当一个结点收到令牌时,仅当它有一些帧要发送时,它才持有这个令牌;否则,它立即向下一个结点转发该令牌。当一个结点收到令牌时,如果它确实有帧要传输,它发送最大数目的帧数,然后把令牌转发给下一个结点。

令牌传递协议的优点:由于令牌传递是分散的,所以有很高的效率。

令牌传递协议的缺点:当一个结点的故障可能会使整个信道崩溃,或者如果一个结点偶然忘记了释放令牌时,则必须调用某些恢复步骤使令牌返回到循环中来。

5.2.2.2 随机接入协议

随机接入协议将在下一个知识点详细介绍。

知识点 5.2 习题解析

5-2-01　习题【基础】为什么要采用多路复用技术？它的主要作用是什么？

【答案】采用多路复用技术的最简单的原因就是节省通信线路，充分利用信道带宽，提高信道利用率。其主要作用就是把单条物理信道划分为多条连接多对发送端和接收端的传输信道。

5-2-02　习题【基础】简述多路复用的种类及特点。

【答案】(1)频分多路复用，特点是把电路或空间的频带资源分为多个频段，并将其分配给多个用户，每个用户终端的数据通过分配给它的子通路传输。主要用于电话和电缆电视系统。

(2)时分多路复用，特点是按传输的时间进行分割，将不同信号在不同时间内传送。又包含同步时分复用和异步时分复用两种方式。

(3)波分多路复用，特点是对于光的频分复用。做到用一根光纤来同时传输多个频率很接近的光波信号。

(4)码分多路复用，特点是每个用户可在同一时间使用同样的频带进行通信，是一种共享信道的方法。通信各方面之间不会相互干扰，且抗干扰能力强。

5-2-03　习题【基础】信通带宽与信道容量的区别是什么，增加带宽是否一定能增加信息容量？

【答案】信道的发送和接收两端传输比特信号的最大速率称为该信道的带宽。信道容量是指单位时间内信道上所能传输的最大比特数。从理论上看，增加信道带宽是可以增加信道容量的，但实际上，信道带宽的无限增加并不能使信道容量无限增加，其原因是在一些实际情况下，信道中存在噪声和干扰，并且收发双方产生相应高低电平形成的波形也不是理想的方波，这就制约了带宽的增加。

5-2-04　习题【进阶】假定有一条通带为 200 kHz 的信道，每路信号的带宽为 4.3 kHz，各路信号间的防护带宽为 0.7 kHz。若采用频分多路复用，那么最多可以同时传输几路信号？

【答案】每个用户需要的带宽=4.3 kHz+0.7 kHz=5 kHz，而信道总带宽为 200 kHz，所以复用信号的路数最多为 200/5=40 路。

【解析】频分复用指的是用户占用信道中不同的频带，计算最多可以同时传输几路信号只需计算每个用户需要的带宽，用信道总带宽除以每个用户需要的带宽得出。

5-2-05　习题【进阶】共有四个站进行 CDMA 通信。四个站的码片序列为

A：(−1+1−1+1+1+1−1−1)

B：(+1+1−1−1−1+1+1−1)

C：(+1+1−1−1+1−1+1−1)

D：(−1−1+1−1+1+1−1+1)

现收到这样的码片序列：(−3+1−1+3−1−1+1−3)。问哪个站发送了数据？发送数据的站发送的是 1 还是 0？

【答案】判断 A 站：(−1+1−1+1+1+1−1−1)×(−3+1−1+3−1−1+1−3)=1

判断 B 站：(+1+1−1−1−1+1+1−1)×(−3+1−1+3−1−1+1−3)=0

判断 C 站：(+1+1−1−1+1−1+1−1)×(−3+1−1+3−1−1+1−3)=0

判断 D 站：(−1−1+1−1+1+1−1+1)×(−3+1−1+3−1−1+1−3)=−1

综上所述：A 站发送了比特 1，B 站 C 站没有发送数据，D 站发送了比特 0。

【解析】用收到的码片序列分别与各站的码片序列进行求内积运算。若计算结果为数值 1，则被判断的站发送了比特 1；若计算结果为数值−1，则被判断的站发送了比特 0；若计算结果为数值 0，则被判断的站未发送数据。

5−2−06　习题【进阶】站点 A、B、C 通过 CDMA 共享链路 A、B、C 的码片序列分别是 (−1,1,−1,1)、(−1,−1,+1,+1) 和 (+1,−1,+1,−1)。若 C 从链路上接收到的数据是 (−2,0,0,2,0,−2,0,−2,0,0,−2,2)，则 C 收到 A 发送的数据是什么？

【答案】(−1,1,−1,1)×(−2,0,0,2)=((−1)×(−2)+1×0+(−1)×0+1×2)÷4=1 发送比特 1；

(−1,1,−1,1)×(0,−2,0,−2)=(−1×0+1×(−2)+(−1)×0+1×(−2))÷4=−1 发送比特 0；

(−1,1,−1,1)×(0,0,−2,2)=(−1×0+1×0+(−1)×(−2)+1×2)÷4=1 发送比特 1。

综上所述，C 收到 A 发送的数据是 101。

【解析】由于题目所给各站的码片序列为 4 位，因此将站点 C 收到的序列分为 3 部分，每部分也由 4 位组成：

(−2,0,0,2)、(0,−2,0,−2)、(0,0,−2,2)

将站点 A 的码片序列(−1,1,−1,1)分别与上述 3 个部分进行内积运算，根据结果可判断出 A 发送的数据。

5−2−07　习题【综合】CDMA 为什么可以使所有用户在同样的时间使用同样的频带进行通信而不会互相干扰，这种复用方法有何优缺点？

【答案】因为用户在使用 CDMA 通信时，各用户使用经过特殊挑选的不同码型传送信息时，用一个带宽远大于信号带宽的高速伪随机码进行调制，使原数据信号的带宽被扩展，再经载波调制并发送出去。接收端由使用完全相同的伪随机码，与接收的带宽信号作相关处理，把宽带信号换成原信息数据的窄带信号，即解扩，以实现信息通信。各用户之间不会造成干扰。

这种复用方法的优点是：频谱利用率高，容量大；覆盖范围大；有很强的抗干扰能力，其频谱高到类似于白噪声，传送的信号不易被敌人发现；可提高通信的话音质量和数据传输的可靠性，减少对通信的影响；网络成本低；降低手机的平均发射功率等等。

缺点是：需要为各站分配不同互相正交的码片序列；地域受线路影响，不是每个地方都能用，安装时间长等。

知识点 5.3　随机接入协议

5.3.1　时隙 ALOHA

(1)时隙 ALOHA 的实现

当结点有一个新帧要发送时,它等到下一个时隙开始并在该时隙传输整个帧。如果没有碰撞,该结点成功地传输它的帧,从而不需要考虑重传该帧。如果有碰撞,该结点在时隙结束之前检测到这次碰撞。该结点以概率 p 在后续的每个时隙中重传它的帧,直到该帧被无碰撞地传输出去。(p 为 0~1 之间的数)

(2)时隙 ALOHA 的优点

与信道划分不同,当某结点是唯一活跃的结点时,时隙 ALOHA 允许该结点以全速 R 连续传输。时隙 ALOHA 也是高度分散的,因为每个结点检测碰撞并独立地决定什么时候重传。时隙 ALOHA 也是一个极为简单的协议。

(3)时隙 ALOHA 的缺点

当有多个活跃结点时效率会显著降低。因为当有多个活跃结点时,一部分时隙将有碰撞,这些时隙将不会发挥作用。

(4)时隙 ALOHA 的 N 活跃结点的最大传输效率

假设有 N 个结点。则一个给定时隙是成功时隙的概率为结点之一传输而余下的 $N-1$ 个结点不传输的概率。一个给定结点传输的概率是 p;剩余结点不传输的概率是 $(1-p)$^$(N-1)$。因此,一个给定结点成功传送的概率是 $p(1-p)$^$(N-1)$。因为有 N 个结点,任意一个结点成功传送的概率是 $Np(1-p)$^$(N-1)$。为了获得最大效率,当 N 趋于无穷时,取 $Np(1-p)$^$(N-1)$ 的极限。通过计算会发现这个协议的最大效率为 1/e = 0.37。这就是说,当有大量结点有很多帧要传输时,则(最多)仅有 37%的时隙做有用的工作。因此该信道有效传输速率仅为 0.37R bps。

5.3.2　ALOHA

(1)ALOHA 的实现

当一帧首次到达,结点立刻将该帧完整地传输进广播信道。如果一个传输的帧与一个或多个传输经历了碰撞,这个结点将立即以概率 p 重传该帧。否则,该结点等待一个帧传输时间。在此等待之后,它则以概率 p 传输该帧,或者以概率 $1-p$ 在另一个帧时间等待。

(2)ALOHA 的最大传输效率

假设与在时隙 ALOHA 分析中所做的相同,取帧传输时间为时间单元。在任何给定时间,某结点传输一个帧的概率是 p。假设该帧在时刻 t。开始传输为了使该帧能成功地传输,在时间间隔 $[t_0-1, t_0]$ 中不能有其他结点开始传输。这种传输将与结点 i 的帧传输起始部分相重叠。所有其他结点在这个时间间隔不开始传输的概率是 $(1-p)$^$(N-1)$。类似地,当结点 i 在传输时,其他结点不能开始传输,因为这种传输将与结点 i 传输的后面部分相重叠。所有其他结点在这个时间间隔不开始传输的概率也是 $(1-p)$^$(N-1)$。因此,一个给定的结点成功传输一次的概率是 $p(1-p)^{2(N-1)}$。通过与时隙 ALOHA 情况同样来取极限，我们求得纯 ALOHA 协议的最大效率仅为 1/(2e)，这仅是时隙 ALOHA 的一半。

5.3.3 载波侦听多路访问

(1)载波侦听

一个结点在传输前先听信道。如果来自另一个结点的帧正向信道上发送，结点则等待直到检测到一小段时间没有传输，然后开始传输。

(2)碰撞检测(collision detection)

当一个传输结点在传输时一直在侦听此信道。如果它检测到另一个结点正在传输干扰帧，它就停止传输，在重复"侦听-当空闲时传输"循环之前等待一段随机时间。

以上规则包含在载波侦听多路访问(Carrier Sense Multiple Access，CSMA)和具有碰撞检测的 CSMA(CSMA with Collision Detection，CSMA/CD)协议族中。

广播信道的端到端信道传播时延(channel propagation delay)(信号从一个结点传播到另一个结点所花费的时间)在决定其性能方面起着关键的作用。该传播时延越长，载波侦听结点不能侦听到网络中另一个结点已经开始传输的机会就越大。

5.3.4 具有碰撞检测的载波侦听多路访问

从与广播信道相连的适配器(在结点中)的角度总结 CSMA/CD 协议的运行：首先，适配器从网络层一条获得数据报，准备链路层帧，并将其放入帧适配器缓存中。如果适配器侦听到信道空闲(即无信号能量从信道进入适配器)，它开始传输帧。一方面，如果适配器侦听到信道正在忙，它将等待，直到侦听到没有信号能量时才开始传输帧。在传输过程中，适配器监视来自其他使用该广播信道的适配器的信号能量的存在。如果适配器传输整个帧而未检测到来自其他适配器的信号能量，该适配器就完成了该帧。另一方面，如果适配器在传输时检测到来自其他适配器的信号能量，它中止传输(即它停止了传输帧)。中止传输后，适配器等待一个随机时间量，然后重新通过适配器侦听信道。

等待一个随机的时间量的需求是明确的，但选择随机回退时间的时间间隔需要考虑，一方面，如果时间间隔大而碰撞结点数量小，在重复"侦听-当空闲时传输"的步骤前，结点很可能等待较长的时间(使信道保持空闲)。另一方面，如果时间间隔小而碰撞结点数量大，很可能选择的随机值将几乎相同，传输结点将再次碰撞。我们希望时间间隔应该满足当碰撞结点数量较少时，时间间隔较短；当碰撞结点数量较大时，时间间隔较长。为此提出了用于以太网以及 DOCSIS 电缆网络多路访问协议[DOCSIS 2011]中的截断二进制指数后退(truncated binary exponential backoff)算法，特别是，当传输一个给定帧时，在该帧经历了一连串的 n 次碰撞后，结点随机地从$[0,1,2,\cdots,2^n-1]$中选择一个 K 值。因此，一个帧经历的碰撞越多，K 选择的间隔越大。对于以太网，一个结点等待的实际时间量是 $K \cdot 512$ 比特时间，n 能够取的最大值在 10 以内。

并且每次适配器准备传输一个新的帧时，它要运行 CSMA/CD 算法。不考虑近期过去的时间内可能已经发生的任何碰撞。因此，当几个其他适配器处于指数后退状态时，有可能一个具有新帧的结点能够立刻插入一次成功的传输。

知识点 5.3 习题解析

5-3-01　习题【基础】多址协议有几种？简单介绍一下。

【答案】(1)随机多址接入协议

随机多址协议又叫有竞争的多址接入协议。网络中的结点在网络中的地位是等同的，各结点通过竞争获得信道的使用权。随机多址接入协议又可细分为完全随机多址接入协议(ALOHA 协议)和载波侦听型多址接入协议。不论是哪种随机多址接入协议，主要关心两个方面的问题：一个是稳态情况下系统的通过率和时延性能；另一个是系统的稳定性。

(2)静态多址接入协议

静态多址接入协议又称为无竞争的多址接入协议或静态分配的多址接入协议。静态多址接入为每个用户固定分配一定的系统资源，这样当用户有数据发送时，就能不受干扰地独享已分配的信道资源。固定多址接入的优点在于可以保证每个用户之间的公平性(每个用户都分配了固定的资源)以及数据的平均时延。典型的静态多址接入协议有频分多址(FDMA)、时分多址(TDMA)、码分多址(CDMA)及窄分多址(SDMA)等。

(3)基于预约方式的多址接入协议

基于预约方式选择多址接入协议。

5-3-02　习题【基础】简述 ALOHA 协议和时隙 ALOHA 协议的思想

【答案】ALOHA 协议：若一个空闲的结点有一个分组到达，则立即发送该分组，并期望不会和其他结点发生碰撞。

时隙 ALOHA 系统将时间轴划分为若干个时隙，所有结点同步，各结点只能在时隙的开始时刻才能够发送分组，时隙宽度等于一个分组的传输时间。当一个分组到达某时隙后，它将在下一时隙开始传输，并期望不会与其他结点发生碰撞。

5-3-03　习题【基础】纯 ALOHA 协议工作原理

【答案】任何一个站都可以在帧生成后立即发送(可能冲突)，并通过信号的反馈检测信道，以确定是否发送成功。

如发送失败，则经随机延时后再发送。

每个站点可在任意时间发送数据(不关心信道是否已被占用)。

两个以上站点都在发送数据时就会发生冲突。

5-3-04　习题【基础】分隙 ALOHA 工作原理

【答案】分隙 ALOHA 是把时间分成时隙(时间片)，时隙的长度对应一帧的传输时间。

新帧的产生是随机的，但分隙 ALOHA 不允许随机发送，凡帧的发送必须在时隙的起点。

冲突只发生在时隙的起点，冲突发生时只浪费一个时隙，一旦某个站占用时隙并发送成功，则在该时隙内不会出现冲突。

所以在 T 的时间内发送成功的概率 = T 的时间内都没有其他帧生成的概率。

5-3-05　习题【基础】比较纯 ALOHA 协议和时隙 ALOHA 协议

【答案】纯 ALOHA 系统和时隙 ALOHA 系统。在纯 ALOHA 系统中，用户可以在任意时间发送数据。通过监听信道来了解发送是否成功。如不成功，则重新发送。通过一系列的分析和计算,最后得出信道的最大利用率为 18.4%。在时隙 ALOHA 中,其基本思想是将时间分成时间片,每个时间片可以用来发送一个帧;用户有数据要发送时,必须等到下一个时间片的开始才能发送。通过分析其信道的最大利用率可达到 36.8%。综上,纯 ALOHA 协议比时隙 ALOHA 协议吞吐量更低,效率更低。

5-3-06　习题【进阶】假定 1 km 长的 CSMA/CD 网络的数据率为 1 Gbps。设信号在网络上的传播速率为 200 000 km/s。求能够使用此协议的最短帧长。

【答案】对于 1 km 电缆,单程传播时间为 1/200 000 = 5 μs,来回路程传播时间为 10 μs,为了能够按照 CSMA/CD 工作,最小帧的发射时间不能小于 10 μs,以 1 Gbps 速率工作,10 μs 可以发送的比特数等于 $10\times10^{-6}\times1\times10^{9}=10\ 000$,因此最短帧是 10 000 bit 或 1 250 B。

【解析】先计算来回路程传播时间,再根据计算公式:比特数(时延带宽积)= 传播时延 * 带宽计算最短帧长。

5-3-07　习题【进阶】信道速率为 4 kbps。采用停止等待协议。传播时延 $t_p=20$ ms。确认帧长度和处理时间均可忽略。问帧长为多少才能使信道利用率至少达到 50%?

【答案】当发送一帧的时间等于信道的传播时延的 2 倍时,信道利用率是 50%,或者说当发送一帧的时间等于来回路程的传播时延时,效率将是 50%。即 20 ms×2 = 40 ms。现在发送速率是每秒 4 000 bit,即发送一位需 0.25 ms。则帧长 40/0.25 = 160 bit。

【解析】直接采用停止等待协议的相关公式,算出发送 Td 的时间,然后用这个时间去除以发送速率,得到的长度就是停止等待协议发送的帧长。由于停止等待协议只发送一个,所以这个帧长就是单个消息的长度。

5-3-08　习题【进阶】假设使用海明码来传输 16 位的报文。请问,需要多少个检查位才能确保接收方可以检测并纠正单个位错误?对于报文 11101,请给出所传输的位模式。假设在海明码中使用了偶数位。

【答案】奇偶校验位需要在位置 1、2、4、8 和 16,所以不超过位 31(包括奇偶校验位)的消息。因此,五个奇偶校验位是足够的。比特传输模式是 1001110101,奇偶校验位需要在位置 1、2、4、8 和 16,所以不超过位 31(包括奇偶校验位)的消息。因此,五个奇偶校验位是足够的。比特传输模式是 1001110101。

知识点 5.4　交换局域网

5.4.1　链路层交换机

5.4.1.1　交换机转发与过滤

过滤(filtering):是决定一个帧应该转发到某个接口还是应当将其丢弃的交换机功能。

转发(forwarding):是决定一个帧应该被导向哪个接口,并把该帧移动到那些接口的交换机功能。交换机的过滤和转发借助交换机表(switch table)完成。该交换机表包含某局域网上某些主机和路由器的但不必是全部的表项。交换机表中的一个表项包含:一个 MAC 地址;通向该 MAC 地址的交换机接口;表项放置在表中的时间。

5.4.1.2　自学习

交换机的表是自动、动态和自治地建立的，即没有来自网络管理员或来自配置协议的任何干预。换句话说，交换机是自学习(self-learning)的。这种能力是以如下方式实现的：

交换机表初始为空。

对于在每个接口接收到的每个输入帧，该交换机在其表中存储(该帧源地址字段中的MAC 地址；该帧到达的接口；当前时间)。交换机以这种方式在它的表中记录了发送结点所在的局域网网段。如果在局域网上的每个主机最终都发送了一个帧，则每个主机最终将在这张表中留有记录。

如果在一段时间(称为老化期(aging time))后，交换机没有接收到以该地址作为源地址的帧，就在表中删除这个地址。以这种方式，如果一台 PC 被另一台 PC(具有不同的适配器)，代替，原来 PC 的 MAC 地址将最终从该交换机表中被清除掉。

5.4.1.3　链路交换机的性质

交换机具有如下优点：

(1)消除碰撞

在使用交换机(不使用集线器)构建的局域网中，没有因碰撞而浪费的带宽。交换机缓存帧并且绝不会在网段上同时传输多于一个帧。就像使用路由器一样，交换机的最大聚合带宽是该交换机所有接口速率之和。因此，交换机提供了比使用广播链路的局域网高得多的性能改善。

(2)异质的链路

交换机将链路彼此隔离，因此局域网中的不同链路能够以不同的速率运行并且能够在不同的媒体上运行。因此，对于原有的设备与新设备混用，交换机是理想的。

(3)管理

除了提供强化的安全性(参见插入材料“关注安全性”)，交换机也易于进行网络管理。例如，如果一个适配器工作异常并持续发送以太网帧(称为快而含糊的(jabbering)适配器)，交换机能够检测到该问题，并在内部断开异常适配器。

5.4.2　以太网

以太网具有如下帧结构：

(1)数据字段(46~1 500 字节)

这个字段承载了 IP 数据报。以太网的最大传输单元(MTU)是 1 500 字节。这意味着如果 IP 数据报超过了 1 500 字节，则主机必须将该数据报分片，数据字段的最小长度是 46 字节。如果 IP 数据报小于 46 字节，数据报需要被填充到 46 字节。当采用填充时，传递到网络层的数据包括 IP 数据报和填充部分。网络层使用 IP 数据报首部中的长度字段来去除填充部分。

(2)目的地址(6 字节)

这个字段包含目的适配器的 MAC 地址，当适配器 B 收到一个以太网帧，帧的目的地址无论是 BB-BB-BB-BB-BB-BB，还是 MAC 广播地址，它都将该帧的数据字段的内容传递给网络层；如果它收到了具有任何其他 MAC 地址的帧，则丢弃之。

(3)源地址(6 字节)

这个字段包含了传输该帧到局域网上的适配器的 MAC 地址。

(4)类型字段(2 字节)

类型字段允许以太网复用多种网络层协议。

(5)CRC (4 字节)

CRC(循环冗余检测)字段的目的是使得接收适配器(适配器 B)检测帧中是否引入了差错。

(6)前同步码(8 字节)

以太网帧以一个 8 字节的前同步码(preamble)字段开始。该前同步码的前 7 字节的值都是 10101010;最后一个字节是 10101011。前同步码字段的前 7 字节用于“唤醒”接收适配器,并且将它们的时钟和发送方的时钟同步。为什么这些时钟会不同步呢?记住适配器 A 的目的是根据以太局域网类型的不同,分别以 10 Mbps、100 Mbps 或者 1 Gbps 的速率传输帧。但是适配器 A 不会以精确的额定速率传输帧;相对于额定速率会出现一些漂移,局域网上的其他适配器并不会预先知道这种漂移的。接收适配器只能通过锁定前同步码的前 7 字节的比特,就能够锁定适配器 A 的时钟。前同步码的第 8 个字节的最后两个比特(第一个出现的两个连续的 1)警告适配器 B。

图 5-1 所示为以太网帧结构。

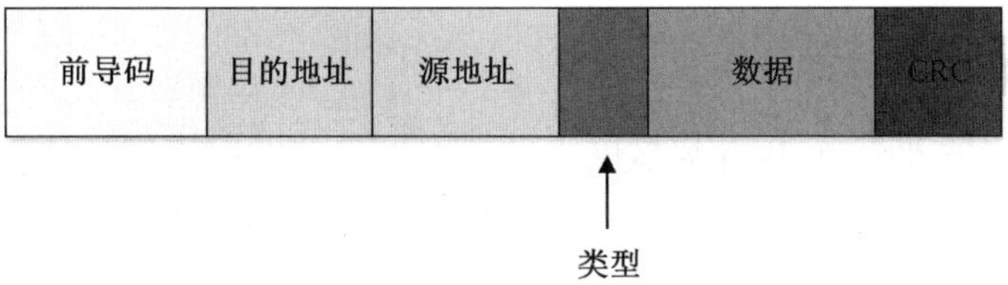

图 5-1　以太网帧结构图

5.4.3　链路层寻址和 ARP

5.4.3.1　MAC 地址

链路层地址也称为 MAC 地址。对于大多数局域网(包括以太网和 802.11 无线局域网)而言,MAC 地址长度为 6 字节,共有 2^{48} 个可能的 MAC 地址。6 个字节地址通常用十六进制表示法,地址的每个字节被表示为一对十六进制数。尽管 MAC 地址被设计为永久的,但用软件改变一块适配器的 MAC 地址现在是可能的。

MAC 地址的性质之一是没有两块适配器具有相同的地址。由于 IEEE 在管理着该 MAC 地址空间,当一个公司要生产适配器时,它支付象征性的费用购买组成 2^{24} 个地址的一块地址空间。IEEE 分配这块 2^{24} 个地址的方式是:固定一个 MAC 地址的前 24 比特,让公司自己为每个适配器生成后 24 比特的唯一组合。通过该方案可以保证不同国家不同的公司使用不同的地址。

5.4.3.2　地址解析协议(Address Resolution Protocol,ARP)

地址解析协议的作用是将网络层地址(例如,互联网的 IP 地址)与链路层地址(即 MAC

地址)进行互相转换。

主机会通过 ARP 将一个 IP 地址解析为一个 MAC 地址。并且 ARP 只为在同一个子网上的主机和路由器接口解析 IP 地址。如果美国加利福尼亚州的一个结点试图用 ARP 为美国密西西比州的一个结点解析 IP 地址,ARP 将返回一个错误。

每台主机或路由器在其内存中具有一个 ARP 表(ARP table),这张表包含 IP 地址到 MAC 地址的映射关系。该 ARP 表也包含一个寿命(TTL)值,它指示了从表中删除每个映射的时间。并且该表不必为该子网上的每台主机和路由器都包含一个表项;某些可能从来没有进入到该表中,某些可能已经过期。从一个表项放置到某 ARP 表中开始,一个表项通常的过期时间是 20 分钟。

5.4.4 虚拟局域网

5.4.4.1 局域网互联的缺点

缺乏流量隔离:尽管该等级结构把组流量局域化到一个单一交换机中,但广播流量仍然必须跨越整个机构网络。限制这些广播流量的范围将改善局域网的性能。更为重要的是,为了安全/隐私的目的也可能希望限制局域网广播流量。

交换机的无效使用:如果该机构有不止 3 个组,而是有 10 个组,则将要求有 10 个第一级交换机。如果每个组都较小,比如说少于 10 个人,则单台 96 端口的交换机将足以容纳每个人,但这台单一的交换机将不能提供流量隔离。

管理用户:如果一个雇员在不同组间移动,必须改变物理布线,以将该雇员连接到不同的交换机上。属于两个组的雇员将使问题更为困难。

以上问题都需要通过支持虚拟局域网(Virtula Local Network,VLAN)的交换机来解决。顾名思义,支持 VLAN 的交换机允许经一个单一的物理局域网基础设施定义多个虚拟局域网。在一个 VLAN 内的主机彼此通信,仿佛它们与交换机连接。在一个基于端口的 VLAN 中,交换机的端口(接口)由网络管理员划分为组。每个组构成一个 VLAN,在每个 VLAN 中的端口形成一个广播域。

5.4.4.2 VLAN 干线连接(VLAN trunking)

VLAN 干线连接是一种更具扩展性互联 VLAN 交换机的方法,在该方法中,每台交换机上的一个特殊端口被配置为干线端口,以互联这两台 VLAN 交换机。该干线端口属于所有 VLAN,发送到任何 VLAN 的帧经过干线链路转发到其他交换机。IEEE 定义了一种扩展的以太网帧格式——802.1Q,用于跨越 VLAN 干线的帧,用来让一个交换机知道到达干线端口的帧属于某个特定的 VLAN,802.1Q 帧由标准以太网帧与加进首部的 4 字节 VLAN 标签(VLAN tag)组成,而 VLAN 标签承载着该帧所属的 VLAN 标识符。VLAN 标签由在 VLAN 干线发送侧的交换机加进帧中,解析后由在 VLAN 干线接收侧的交换机删除。VLAN 标签自身由一个 2 字节的标签协议标识符(Tag Protocol Identifier,TPID)字段、一个 2 字节的标签控制信息字段和一个 3 比特优先权字段组成。

知识点 5.4 习题解析

5-4-01　习题【基础】常用的局域网的网络拓扑有哪些种类？为什么早期的以太网选择总线拓扑结构而不是星形拓扑结构，但现在却改为使用星形拓扑结构？

【答案】星形网、总线网、环形网、树形网。当时很可靠的星形拓扑结构较贵，人们都认为无源的总线结构更加可靠，但实践证明，连接有大量站点的总线式以太网很容易出现故障，而现在专用的 ASIC 芯片的使用可以将星形结构的集线器做得非常可靠，因此现在的以太网一般都使用星形结构的拓扑。

5-4-02　习题【基础】什么叫作传统以太网？以太网有哪两个主要标准？

【答案】以太网是当今现有局域网采用的最通用的通信协议标准，组建于 20 世纪 70 年代早期。Ethernet（以太网）是一种传输速率为 10 Mbps 的常用局域网（LAN）标准。在以太网中，所有计算机被连接一条同轴电缆上，采用具有冲突检测的载波感应多处访问（CSMA/CD）方法，采用竞争机制和总线拓扑结构。基本上，以太网由共享传输媒体，如双绞线电缆或同轴电缆和多端口集线器、网桥或交换机构成。在星形或总线形配置结构中，集线器/交换机/网桥通过电缆使得计算机、打印机和工作站彼此之间相互连接。以太网有 DIX Ethernet V2 标准和 802.3 标准。

5-4-03　习题【基础】一个专门为了用于快速以太网而设计的交换机有一块可以传送 10 Gbps 的背板。请问在最差情况下，它每秒钟可以处理多少帧？

【答案】最坏的情况是 64 字节（512 位）帧的无限流。如果底板可以处理 10^9 个比特，它可以处理的帧的数目是 $10^9/512=1953125$。这是 1953125 帧/秒。

5-4-04　习题【进阶】数据率为 10 Mbps 的以太网在物理媒体上的码元传输速率是多少码元/秒？

【答案】数据率为 10 Mbps 的以太网在物理媒体上的码元传输速率 $=10\times10^6\times2=2\times10^7$ 码元/秒。

【解析】码元传输速率即为波特率。以太网使用曼彻斯特编码，这就意味着发送的每一位都有两个信号周期。标准以太网的数据速率是 10 Mb/s，因此波特率是数据率的两倍。

5-4-05　习题【进阶】已知第一次测得 TCP 的往返时延的当前值 RTT 是 30 ms。现在收到了三个接连的确认报文段，它们比相应的数据报文段的发送时间分别滞后的时间是：26 ms、32 ms 和 24 ms。设 α=0.9。试计算每一次的新的加权平均往返时间值 RTTs。讨论所得出的结果。

【答案】$a=0.1$，RTT = 30 ms，M1 = 26 ms，M2 = 32 ms，M3 = 24 ms

$$\text{RTTS1}=\text{RTT}\times(1-a)+26\times a=29.6\ \text{ms}$$

$$\text{RTTS2}=\text{RTT1}\times a+32(1-a)=29.84\ \text{ms}$$

$$\text{RTTS3}=\text{RTT2}\times a+24(1-a)=29.256\ \text{ms}$$

所以算出新的加权平均往返时间值分别为 29.6 ms、29.84 ms 和 29.256 ms。

5-4-06　习题【进阶】以太网交换机有何特点？用它怎样组成虚拟局域网？

【答案】特点：以太网交换机实质就是一个多端口的网桥，它工作在数据链路层上。每一个端口都直接与一个主机或一个集线器相连，并且是全双工工作。它能同时连通多对端口，使每一对通信能进行无碰撞地传输数据。在通信时是独占而不是和其他网络用户共享传输媒体的带宽。

以太网交换机支持存储-转发方式，而有些交换机还支持直通方式。但要注意的是：用以太网交换机互联的网络只是隔离了网段（减少了冲突域），但同一台交换机的各个网段仍属于同一个广播域。因此，在需要时，应采用具有 VLAN 能力的交换机划分虚拟网，以减少广播域（802.1Q 协议）。

5-4-07　习题【综合】局域网的主要特点是什么？为什么局域网采用广播通信方式而广域网不采用呢？

【答案】(1)局域网 LAN 是指在较小的地理范围内，将有限的通信设备互联起来的计算机通信网络，从功能的角度来看，局域网具有以下几个特点：

①共享传输信道，在局域网中，多个系统连接到一个共享的通信媒体上。

②地理范围有限，用户个数有限。通常局域网仅为一个单位服务，只在一个相对独立的局部范围内连网，如一座楼或集中的建筑群内，一般来说，局域网的覆盖范围为 10 m~10 km 内或更大一些。

③一般为某个单位私有。

从网络的体系结构和传输检测来看，局域网也有自己的特点：

①低层协议简单。

②不单独设立网络层，局域网的体系结构仅相当于 OSI/RM 的最低两层。

③采用两种媒体访问控制技术，由于采用共享广播信道，而信道又可用不同的传输媒体，所以局域网面对的问题是多源，多目的的连接管理，由此引发出多种媒体访问控制技术。

(2)在局域网中各站通常进行一对多访问，随机使用信道，共享通信媒体，采用广播通信方式是最合适的，且 LAN 中站点较少，带宽相对较大，也适宜于使用广播方式通信。在广域网中用户数较多，若采取广播通信，会造成广播风暴，使得整个网络无法使用。

5-4-08　习题【综合】假定在使用 CSMA/CD 协议的 10 Mbps 以太网中某个站在发送数据时检测到碰撞，执行退避算法时选择了随机数 $r=100$。试问这个站需要等待多长时间后才能再次发送数据？如果是 100 Mbps 的以太网呢？

【答案】以太网最小帧长度为 64 B，也就是 $64\times8=512$ bit。

(1)当以太网为 10 Mbit 时，争用期为

$$512/(10\times1000000)=0.0000512\ \text{s}=51.2\ \mu\text{s}$$

现在碰撞算法 $R=100$，则退后 100 个争用期，等待时间为

$$51.2\ \mu\text{s}\times100=5\ 120\ \mu\text{s}=5.12\ \text{ms}$$

(2)100 Mbps 以太网，争用期为

$$512/(100\times1000000)=0.00000512\ \text{s}=5.12\ \mu\text{s}$$

现在碰撞算法 $R=100$，则退后 100 个争用期，等待时间为

$$5.12\ \mu\text{s}\times100=512\ \mu\text{s}$$

知识点 5.5　物理层基础

5.5.1　数据通信系统模型

(1)物理层的主要任务描述为确定与传输媒体的接口有关的一些特性

①机械特性:接口所用接线器的形状和尺寸、引线数目和排列、固定和锁定装置等;

②电气特性:接口上各线的电平、电流、逻辑等定义(常用串行传输);

③功能特性:各线的功能定义(有关应答信号等);

④规程特性:各功能的时序等。

(2)数据通信系统组成

一个数据通信系统可划分为三大部分,即源系统(或发送端)、传输系统(或传输网络)和目的系统(或接收端)。

①源系统包括两部分:

源点:源点设备产生要传输的数据,又称为源站;

发送器:源点生成的数据通过发送器编码后才能够在传输系统中进行传输。

②目的系统包括两部分:

接收器:接收传输系统传送过来的信号,并将其转换为能够被目的设备处理的信息;

终点:终点设备从接收器获取传送来的信息,又称为目的站。

③在源系统和目的系统之间的传输系统可能是简单的传输线,也可以是连接在源系统和目的系统之间的复杂网络系统。

(3)常见术语

①数据:运送信息的实体;

②信号:数据的电气的或电磁的表现;

③模拟数据:取值为连续变化数值的数据;

④数字数据:取值为不连续数值的数据;

⑤调制:将数字数据转换为模拟信号的过程;

⑥解调:将模拟数据转换为数字信号的过程。

通信的目的是传送消息(message)。如话音、文字、图像、视频等都是消息。数据(data)是传送消息的实体。

5.5.2　有关信道的基本概念

5.5.2.1　通信的方式

从通信的双方信息交互的方式来看,可以有以下三种基本方式:

(1)单向通信,又称为单工通信,即只能有一个方向的通信而没有反方向的交互。

(2)双向交替通信:又称为半双工通信,即通信的双方都可以发送信息,但不能双方同时发送(当然也就不能同时接收)。

(3)双向同时通信,又称为全双工通信,即通信的双方可以同时发送和接收信息。

单向通信只需要一条信道,而双向交替通信或双向同时通信则都需要两条信道(每个方向各一条)。显然,双向同时通信的传输效率最高。

5.5.2.2　调制的分类

(1)基带调制:该类仅仅对基带信号的波形进行变换,使它能够与信道特性相适应。变换后的信号仍然是基带信号。该过程也被称为编码。

(2)带通调制:该类调制则需要使用载波(carrier)进行调制,把基带信号的频率范围搬移到较高的频段,并转换为模拟信号,这样就能够更好地在模拟信道中传输。经过载波调制后的信号称为带通信号。

5.5.2.3　常用编码方式

(1)不归零制:正电平代表1,负电平代表0。

(2)归零制:正脉冲代表1,负脉冲代表0。

(3)曼彻斯特编码:将每一个码元分成两个相等的间隔。码元1是在前一个间隔为高电平而后一个间隔为低电平;码元0则正好相反,从低电平变到高电平。这种编码的好处就是可以保证在每一个码元的正中间时刻出现一次电平的转换,这对接收端的提取位同步信号是非常有利的。但是它所占的频带宽度比原始的基带信号增加了一倍。

(4)差分曼彻斯特编码:若码元为1,则其前半个码元的电平与上一个码元的后半个码元的电平一样;若码元为0,则其前半个码元的电平与上一个码元的后半个码元的电平相反。不论码元是1或0,在每个码元正中间的时刻,一定要有一次电平的转换。差分曼彻斯特编码需要较复杂的技术,但可以获得较好的抗干扰性能。

5.5.3　信道的极限容量

5.5.3.1　奈氏准则

1924年,奈奎斯特(Nyquist)就推导出在理想低通信道下的最高码元传输速率公式:

$$\text{理想低通信道的最高码元传输速率} = 2W(\text{Baud})$$

式中　W——理想低通信道的带宽(单位Hz);

Baud——波特,码元传输速率单位。

奈氏准则:每赫兹带宽的理想低通信道最高码元传输速率是每秒2个码元。若码元的传输速率超过了奈氏准则给出的数值,则将出现码元之间的相互干扰,以致接收端无法正确判定在发送方所发送的码元是0还是1。

需注意的两点:

(1)理想低通特性的信道,即理想化信道,与实际使用的信道有很大差别。

(2)波特和比特的概念是不相同的。波特是码元传输的速率单位,它表示的是每秒传多少个码元。码元传输速率也称为调制速率、波形速率或符号速率。比特是信息量的单位,与码元的传输速率“波特”是两个完全不同的概念。

但是,信息的传输速率“比特/秒”与码元的传输速率“波特”在数量上却有一定的关系。若1个码元只携带1比特的信息量,则“比特/秒”和“波特”在数值上是相等的。但若使1个码元携带n比特的信息量,则M波特的码元传输速率所对应的信息传输速率为$M \times n$比特/秒。

5.5.3.2 香农公式

香农(Shannon)用信息论的理论推导出了带宽受限且有高斯白噪声干扰的信道的极限信息传输速率。

信道的极限信息传输速率 C 可表达为

$$C = W\log_2(1 + S/N)\ \text{bps}$$

式中 W——信道的带宽(以 Hz 为单位);

S——为信道内所传信号的平均功率;

N——为信道内部的高斯噪声功率。

香农公式表明,信道的带宽或信道中的信噪比越大,则信息的极限传输速率就越高。并且香农公式也表明:只要信息传输速率低于信道的极限信息传输速率,就一定可以找到某种办法来实现无差错的传输。若信道带宽 W 或信噪比 S/N 没有上限,那么信道的极限信息传输速率 C 也就没有上限。

码元的传输速率受奈氏准则的制约,所以要提高信息的传输速率,就必须设法使每一个码元能携带更多个比特的信息量。通常可以采用多元制(又称为多进制)的调制方法。

知识点 5.5 习题解析

5-5-01　习题【基础】物理层要解决哪些问题? 物理层的主要任务是什么?

【答案】物理层考虑的是怎样才能在连接各种计算机的传输媒体上传输数据比特流,尽可能地屏蔽掉传输媒体和通信手段的差异,使物理层上面的数据链路层感觉不到这些差异。

物理层的主要任务就是确定与传输媒体的接口有关的一些特性,如机械特性、电气特性、功能特性和过程特性。

5-5-02　习题【基础】物理层的接口有哪几个方面的特性? 各包含些什么内容?

【答案】物理层的接口主要有四个方面的特性。

(1)机械特性:说明接口所用的接线器的形状和尺寸、引线数目和排列、固定和锁定装置等。

(2)电气特性:指明在接口电缆的各条线上出现的电压的范围。

(3)功能特性:指明某条线上出现的某一电平的电压表示何意。

(4)规程特性:说明对于不同功能的各种可能事件的出现顺序。

5-5-03　习题【基础】什么是曼彻斯特编码和差分曼彻斯特编码? 其特点是什么?

【答案】曼彻斯特编码是将每一个码元再分成两个相等的间隔。码元 1 是处于前一个间隔为高电平而后一个间隔为低电平。码元 0 则正好相反,从低电平变到高电平。这种编码的好处是可以保证在每一个码元的正中间出现一次电平的转换,这对接收端的提取位同步信号是非常有利的。缺点是它所占的频带宽度比原始的基带信号增加了一倍。差分曼彻斯特编码的规则是若码元为 1,则其前半个码元的电平与上一个码元的后半个码元的电平相同;但若码元为 0,则其前半个码元的电平与上一个码元的后半个码元的电平相反。不论码元是 1 或 0,在每个码元的正中间时刻,一定要有一次电平的转换。差分曼彻斯特编码需要较复杂的技术作为支持,但可以获得较好的抗干扰性能。

5-5-04 习题【基础】规程与协议有什么区别?

【答案】用于物理层的协议也常称为规程。其实物理层规程就是物理层协议,只是在“协议”这个名词出现之前人们就先使用了“规程”这一名词。

5-5-05 习题【进阶】若 R1 链路和 R3 链路的频率带宽为 6 kHz,信噪比为 40 dB,该链路实际数据传输速率约为理论最大数据传输速率的 60%,则该链路的实际数据传输速率约是多少?

【答案】$40(\mathrm{dB})=10\times\lg(S/N)(\mathrm{dB})$

解得:$S/N=10000$,

理论最大数据传输速率 :$C=W\times\log2(1+S/N)=6\ \mathrm{k}\times\log_2(1+10000)$,

实际数据传输速率:$C\times60\% \approx 48$ kbps。

【解析】信噪比的计算公式为:信噪比 = $10\lg(S/N)$,信道的极限信息传输速率 $C = W\log_2(1 + S/N)$ bps;

其中,W 为信道的带宽(以 Hz 为单位);S 为信道内所传信号的平均功率。

5-5-06 习题【进阶】在无噪声的情况下,若某通信链路的带宽为 4 kHz,采用 2 个相位,每个相位 4 种振幅的 QAM 调制技术,则该通信链路的最大数据传输率是多少?

【答案】理想低通信道下的极限数据传输率$=2\mathrm{W}\times\log_2 v$,

信号有 $2\times4=8$ 种变化,故 $v=8$,

最大传输速率为 $2\times4\mathrm{k}\times\log_2 8=24$ kbps。

【解析】理想低通信道的最高码元传输速率$=2\ W$ Baud$=2\ W$ 码元/秒,

理想带通信道的最高码元传输速率$=W$ Baud$=W$ 码元/秒,

W 为信道带宽(单位是 Hz),Baud 为波特,码元传输速率的单位,即码元/秒。

理想低通信道:信号的所有低频分量,只要其频率不超过某个上限值,都能够不失真地通过此信道。而频率超过该上限值的所有高频分量都不能通过该信道。

理想带通信道:只允许上下限之间的信号频率成分不失真地通过,其他频率成分不能通过,不管采用何种信号调制技术,对于解题我们只关心可以调制出的不同基本波形(码元)的数量 X;则每个码元可携带的比特数量为 $\log_2 x$ 。

最大数据传输速率(比特/秒)=最高码元传输速率(码元/秒)x 每个码元可携带的比特数量(比特/码元)。

5-5-07 习题【进阶】若某通信链路的数据传输速率为 3 600 bps,采用 8 相位调制,则该链路的波特率是?

【答案】有 8 种相位,故一个码元需要 $\log_2 8=3$ 个 bit 表示,

因为比特率=波特率$\times\log_2 N$,

故该链路的波特率=比特率/3=1 200 波特。

【解析】比特率=波特率$\times\log_2 N$,每个码元可携带的比特数量为 $\log_2 x$ 。

5-5-08 习题【综合】用香农公式计算一下,假定信道带宽为 3 100 Hz,最大信息传输速率为 35 kb/s,那若想使最大信息传输速率增加 60%,问信噪比 S/N 应增大到多少倍?如果在刚才计算出的基础上将信噪比 S/N 再增大到 10 倍,问最大信息速率能否再增加 20%?

【答案】根据上面给出的公式,我们可以计算出,信噪比 S/N 应增大到约 100 倍如果在此基础上将信噪比 S/N 再增大到 10 倍,最大信息速率只能再增加 18.5%左右。

【解析】此题考查香农公式与奈氏准则的共同使用。奈氏准则:每赫兹带宽的理想低

通信道的最高码元传输速率是每秒 2 个码元。香农公式则表明了信道的带宽或信道中的信噪比越大,则信息的极限传输速率就越高。根据香农公式,计算信道的极限信息传输速率 C 为:$C = W\log_2(1 + S / N)$ bps;奈氏准则给出了理想低通信道的最高码元传输速率 = $2W$ Bud。说明了即使信道比较理想,码元的传输速率也不是不受限制的。

知识点 5.6　物理层传输媒体

5.6.1　导引型传输媒体

5.6.1.1　双绞线

双绞线也称为双扭线,是最古老但又最常用的传输媒体。把两根互相绝缘的铜导线并排放在一起,然后用规则的方法绞合(twist)起来就构成了双绞线。绞合可减少对相邻导线的电磁干扰。使用双绞线最多的地方就是电话系统。双绞线可以分为两种:屏蔽双绞线(Shielded Twisted Pair,STP)和无屏蔽双绞线(Unshielded Twisted Pair,UTP)。

美国电子工业协会 EIA 和电信工业协会 TIA 在 1991 年联合发布了一个标准 EIA/TIA-568(商用建筑物电信布线标准)。1995 年又将此标准更新为 EIA/TIA-568-A。此标准规定了 5 个种类的 UTP 标准。对于传送数据来说,现在最常用的 5 类 UTP 线。EIA/TIA-568-A 有 3 种 UTP 电缆。

3 类:UTP 电缆及其端接设备的传输特性定义为 16 MHz;

4 类:UTP 电缆及其端接设备的传输特性定义为 20 MHz;

5 类:UTP 电缆及其端接设备的传输特性定义为 100 MHz,应用于 100BASE-T 以太网;

5E 类(超 6 类):UTP 电缆及其端接设备的传输特性定义为 100 MHz,应用于 100BASE-T 快速以太网;

6 类:UTP 电缆及其端接设备的传输特性定义为 250 MHz;

7 类:UTP 电缆及其端接设备的传输特性定义为 600 MHz;只使用 STP。

5 类线与 3 类线的区别:首先是增加了每单位长度的绞合次数。其次 5 类线在线对间的绞合度和线对内两根导线的绞合度都经过了精心的设计,并在生产中加以严格的控制,使干扰在一定程度上得以抵消,从而提高了线路的传输特性。

近端串扰(Near-End crossTalk,通常记为 NEXT)是双绞线性能中的一个重要指标,它是指来自一对导体的信号在另一对导体上发生的耦合现象。

5.6.1.2　同轴电缆

同轴电缆由绕在同一轴线的两个导体所组成。它以硬铜芯为芯,外裹一层绝缘材料,这层绝缘体外面又被密集的网状导体所环绕,网外又覆盖一个保护性塑料层。同轴电缆的这种结构,使它具有比双绞线更好的抗干扰性能。它可以传输比双绞线更长的距离,连接更多的工作站。同轴电缆的带宽取决于电缆的长度。同轴电缆具有很好的抗干扰特性。

有两种广泛使用的同轴电缆。一种是 50 Ω 电缆,用于基带数字传输,另一种是 75 Ω 电缆,用于宽带模拟传输。“宽带”这个词来源于电话业,指比 4 kHz 宽的频带,然而在计算机通信中,“宽带系统”是指采用了频分复用和模拟传输技术的同轴电缆网络。

基带同轴电缆使用数字信号，在这种情况下，信号占据整个频宽，电缆上只有一个信道。基带电缆主要用于局域以太网，并使用曼彻斯特编码，数据速率一般是 10 Mbps。在传输基带数字信号时，常用的有两种编码方法，即曼彻斯特编码和差分曼彻斯特编码。

在宽带电缆的双工传输中，要有数据发送和数据接收两条分开的数据通路。双电缆系统和单电缆系统都可以达到这个目的。双电缆系统的拓扑一般为树形。两套电缆是一样的，分别供计算机发送和接收信号之用。

电缆头端的作用是将各计算机从发送电缆发过来的信息转换到接收电缆，使得各计算机能从接收电缆上收到发送给它们的信息。

5.6.1.3 光缆

人们发现可以利用光脉冲来传输数据。光脉冲的出现表示其位为 1，不出现表示为 0。可见光的频率大约是 10^{14} Hz。因而，光传输系统可使用的带宽范围极大。光纤是光纤通信的传输媒体。在发送端有光源，可以采用发光二极管或半导体激光器，它们在电脉冲的作用下能产生出光脉冲。在接收端利用光电二极管做成光检测器，在检测到光脉冲时可还原出电脉冲。

光导纤维是一种能够传导光信号的极细而柔软的通信介质，可以通过多种玻璃或者塑料材料制作光导纤维。其横截面为圆形，由纤芯和包层两部分构成，二者由两种光学性能不同的介质构成。光纤是利用全反射来传输经信号编码的光束。

在光纤通信中常用的三个波段的中心分别位于 0.85 μm、1.30 μm 和 1.55 μm。光纤通信容量非常大。除此之外，光纤还有其他的一些特点：

(1)传输损耗小，中继距离长，对远距离传输特别经济。

(2)抗雷电和电磁干扰性能好。这在有大电流脉冲干扰的环境下尤为重要。

(3)无串音干扰，保密性好，也不易被窃听或截取数据。

(4)体积和质量小。这在电缆管道已拥塞不堪的情况下特别有利。

光纤的缺点：光纤连网时，需通过 T 形头连接到计算机。T 形接头有两种：无源的和有源的。无源 T 形头非常可靠，出现故障后，只会使计算机处于脱机状态，整个光纤网还是连通的。但是每个接头处光线会有所损失，整个光纤环路长度会受到限制。有源 T 形头，相当于一个有源转发器，使得每两个计算机之间的距离可长达数公里。缺点是一旦 T 形接头出了故障，整个光纤环路即断开不能工作。现在纯光的信号再生器也已经开始使用，不再要进行光电和电光转换，因此其工作带宽大大增加。

5.6.2 非导引型传输媒体

无线传输介质不需要架设或铺埋电缆或光纤，通过大气传输，人们现在已经利用了无线电、微波、红外线和激光进行通信。无线传输使用的频段很广，但紫外线和更高的波段目前还不能用于通信。

短波通信主要是靠电离层的反射。但电离层的不稳定所产生的衰落现象和电离层反射所产生的多径效应，使得短波信道的通信质量较差。使用短波无线电台传送数据时，一般都是低速传输。

无线电微波通信在数据通信中占有重要地位。微波频率范围为 300 Mz～300 GHz，但主要是使用 2～40 GHz 的频率范围。微波在空间主要是直线传播。微波通信有两种主要的方式:地面微波接力通信和卫星通信。

接力指使用微波通信时,为实现远距离通信必须在一条无线电通信信道的两个终端之间建立若干个中继站。中继站把前一站送来的信号经过放大后再发送到下一站,故称为“接力”。

接力的主要特点是:微波波段频率很高,频段范围很宽,通信信道容量很大;微波传输质量较高;微波通信建设投资少,见效快。但是微波通信也存在一定的缺点:相邻站之间必须直视,不能有障碍物;微波的传播有时会受恶劣气候的影响;微波通信的隐蔽性和保密性较差;对大量中继站的使用和维护要耗费一定的人力和物力。

卫星通信是微波通信的另一种方式。它的主要优缺点大体上和地面微波通信差不多。卫星通信最大特点是通信距离远,且通信费用与通信距离无关;卫星通信的频带很宽,通信容量很大,信号所受到的干扰也较小,通信比较稳定;卫星通信具有较大的传播时延。卫星通信非常适合于广播通信,因为它的覆盖面很广。但其安全性和保密性较差。通信卫星本身和发射卫星的火箭造价很高,且同步卫星使用寿命有限,卫星地球站技术较复杂,价格较贵。红外通信也是使用非导向媒体。可用于近距离的笔记本电脑的相互传送数据。

知识点 5.6 习题解析

5-6-01　习题【基础】常用的传输介质中,带宽最宽、信号传输衰减最小、抗干扰能力最强的一类传输介质是(　　)。

A. 双绞线　　B. 光纤　　C. 无线信道　　D. 同轴电缆

【答案】A。

5-6-02　习题【基础】下面关于多模光纤说法正确的是(　　)。

A. 光纤越粗,数据传输率越高

B. 如果光纤的直径减少到只有光的一个波长大小,那么光沿直线传播

C. 多模光纤传输光信号的原理是光的全反射特性

D. 光纤是中空的

【答案】C。

【解析】光纤的直径减小到与光纤的一个波长相同时,光纤就如同一个波导,光在其中没有反射,而沿直线传播,这就是单模光纤。

5-6-03　习题【基础】当描述一个物理层接口引脚处于高电平时的含义时,该描述属于(　　)。

A. 机械特性　　B. 电气特性　　C. 功能特性　　D. 规程特性

【答案】C。

【解析】物理层的功能特性指明某条线上出现的某一电平的电压表示何种意义。

5-6-04　习题【基础】在图 5-2 网络中先后发送了 5 个数据帧,其顺序是 A→B;B→C;C→D;A→E;E→B;填写网桥桥接表(表 5-1)。

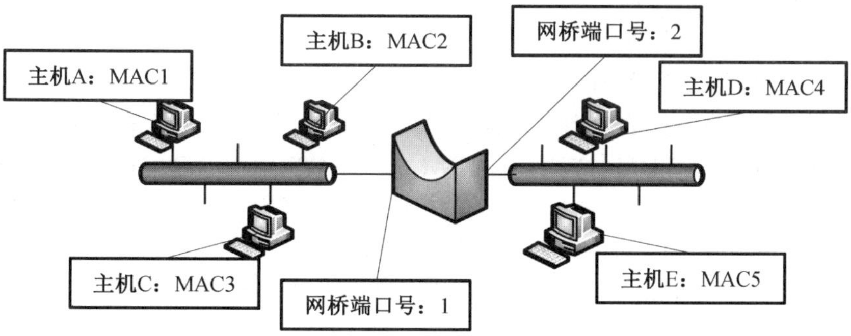

图 5-2 网络图

表 5-1 网桥桥接表

发送的帧	地址(MAC)	端口	处理动作(转发方式、登记、丢弃)
A→B	MAC1		登记、转发
B→C	MAC2		登记、转发
C→D	MAC3		登记、转发
A→E	MAC1		登记、转发
E→B	MAC5		登记、转发

【答案】1;1;1;1;2。

5-6-05 习题【基础】导引型传输媒体和非导引型传输媒体的区别是什么？

【答案】在导引型传输媒体中，电磁波被导引沿着固体媒体(铜线或光纤)传播。而非导引型传输媒体就是指自由空间。在非导引型传输媒体中，电磁波的传输常称为无线传输。

5-6-06 习题【进阶】假定有一种双绞线的衰减是 0.7 dB/km(在 1 kHz 时)，若容许有 20dB 的衰减，试问使用这种双绞线的链路的工作距离有多长？如果要使这种双绞线的工作距离增大到 100 km，问应当使衰减降低到多少？

【答案】使用这种双绞线的链路的工作距离为 = 20/0.7 = 28.6 km，衰减应降低到 20/100 = 0.2 dB/km。

【解析】解析本题主要考查对衰减定义为分贝(dB)的理解，分贝用于计算两种信号之间或同一信号在不同的位置之间的相对强度。若信号被衰减了，则分贝为负值，若信号被放大，则分贝为正值。

5-6-07 习题【进阶】计算工作在 1 200 nm 到 1 400 nm 之间以及工作在 1 400 nm 到 1 600 nm 之间的光波的频带宽度。假定光在光纤中的传播速率为 2×10^8 m/s。

【答案】1 200~1 400 nm：

$1/(1\ 200\ \text{nm}/2\times10^8) = 166.67\ \text{THz}$

$1/(1\ 400\ \text{nm}/2\times10^8) = 142.86\ \text{THz}$

带宽：166.67-142.86=23.81 THz

1 400~1 600 nm：

$1/(1\ 400\ \text{nm}/2\times10^8) = 142.86\ \text{THz}$

$1/(1\ 600\ nm/2\times10^8)=125$ THz

带宽:142.86-125=17.86 THz

【解析】主要考查公式:光速=频率×波长。

5-6-08　习题【综合】试写出下列英文缩写的全文,并进行简单的解释:

FDM,TDMSTDM,WDM,DWDM,CDMA,SONET,SDH,STM-1,OC-48。

【答案】FDM(Frequency Division Multiplexing)频分复用,同一时间同时发送多路信号。所有的用户可以在同样的时间占用不同的带宽资源。

TDM(Time Division Multiplexing)时分复用,将一条物理倍道按时间分成若干时间片轮流地给多个用户使用,每一个时间片由复用的一个用户占用,所有用户在不同时间占用同样的频率宽度。

STDM(Statistie Time Division Multiplexing)统计时分复用,一种改进的时分复用。不像时分复用那样采取固定方式分配时隙,而是按需动态地分配时隙。

WDM(Wave Division Multiplexing)波分复用,在光信道上采用的一种频分多路复用的变种即光的频分复用。不同光纤上的光波信号(常常是两种光波信号)复用到一根长距离传输的光纤上的复用方式。

DWDM(Dense Wave Division Multiplexing)使用可见光频谱的宽带特征在单个光纤上同时传输多种光波信号的技术。DWDM 可以利用一根光纤同时传输多个波长,多路高速信号可以在光纤介质中同时传输,每路信号占用不同波长。

CDMA(Code Division Multiple Access)码分多址,是采用扩频的码分多址技术。用户可以在同一时间、同一频段上根据不同的编码获得业务信道。

SONET(Synchronous Optical Network)SONET 是以分级速率从 155 Mbps 到 40 Gps 的光纤数字化传输的美国标准,它支持多媒体多路复用,允许声音、视频和数据格式与不同的传输协议。

SDH(Synchronous Digital Hierarchy)国际标准同步数字系列。SDH 简化了复用和分用技术,需要时可直接接入到低速支路,而不经过高速到低速的逐级分用,上下电路方便。

SM-1(Synchronous Transfer Module)第 1 级同步传递模块,SDH 的基本速率,相当于 SONET 体系中的 OC-3 速率。

OC-48 是 SONET 体系中的速率表示,对应于 SDH 的 STM-16 速率,常用近似值为 2.5 Gbps。

第6章　无线网络与移动网络

知识点6.1　无线网络基础

6.1.1　无线网络组成和分类

6.1.1.1　无线网络的主要组成部分

图6-1显示了无线网络的主要组成部分。

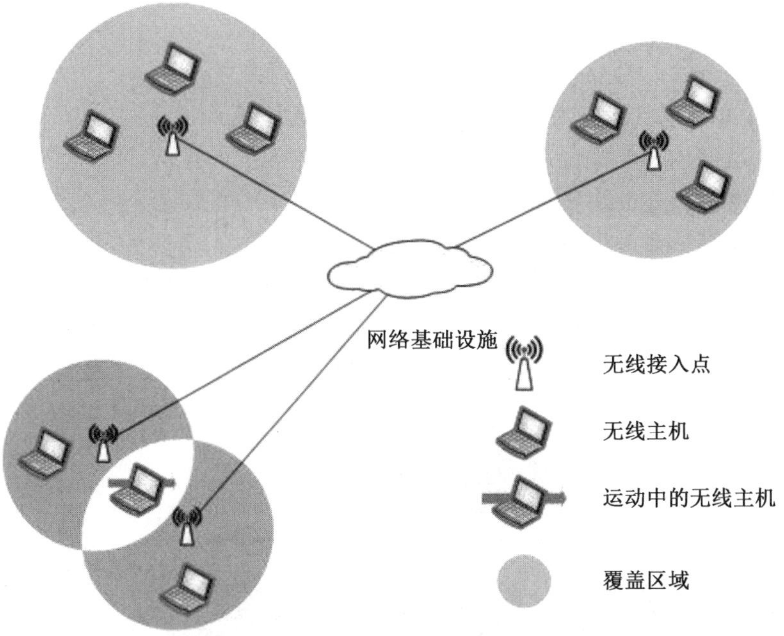

图6-1　无线网络的主要组成部分

(1)无线主机:运行应用程序的端系统设备。

(2)无线链路:将网络边缘的主机连接到更大的网络基础设施中。主机通过无线通信链路(wireless communication link)连接到一个基站或者另一台无线主机。

(3)基站:负责向与之关联的无线主机发送数据和接收来自主机的数据。在没有基础设施的情况下,基站须提供诸如路由选择、地址分配、类似于DNS的名字转换等服务。当一台移动主机的移动超出一个基站的覆盖范围而到达另一个基站的覆盖范围后,它将接入更大网络的连接点(即改变与之相关联的基站),即进行切换(handoff)。

(4)网络基础设施:与无线主机进行通信的其他网络。

6.1.1.2 无线网络分类

上述构件以多种不同方式组合形成不同类型的无线网络。根据以下两个准则来对无线网络分类：

(1)在该无线网络中的分组是否跨越了一个无线跳或多个无线跳；

(2)网络中是否有诸如基站这样的基础设施。

根据有无基础设施,又可分为以下四类：

(1)单跳,基于基础设施:具有与较大的有线网络(如互联网)连接的基站。此外,该基站与无线主机之间的所有通信都经过一个无线跳。

(2)单跳,无基础设施:不存在与无线网络相连的基站。在这种单跳网络中的一个结点可以协调其他结点的传输。

(3)多跳,基于基础设施:基站表现为以有线方式与较大网络相连。无线结点想要经该基站通信,需要通过其他无线中继结点实现。

(4)多跳,无基础设施:没有基站,结点想要到达目的地必须在几个其他无线结点之间中继报文。

6.1.2 无线网络的模型

无线网络标准根据其涉及范围可以分为三个主要类型：

(1)无线个域网(wireless personal area network,WPAN)；

(2)无线局域网(wireless local area network,WLAN)；

(3)无线城域网(wireless metropolitan area Network,WMAN)。

传统的技术分类方式是根据地理覆盖范围来划分的。WPAN 通常能覆盖数十米的范围。WLAN 通常能覆盖数百米到几千米的范围。WMAN 通常能覆盖几百千米的范围。如图 6-2 所示,这些类型的作用范围会随着所采用技术的标准和环境的变化而改变。

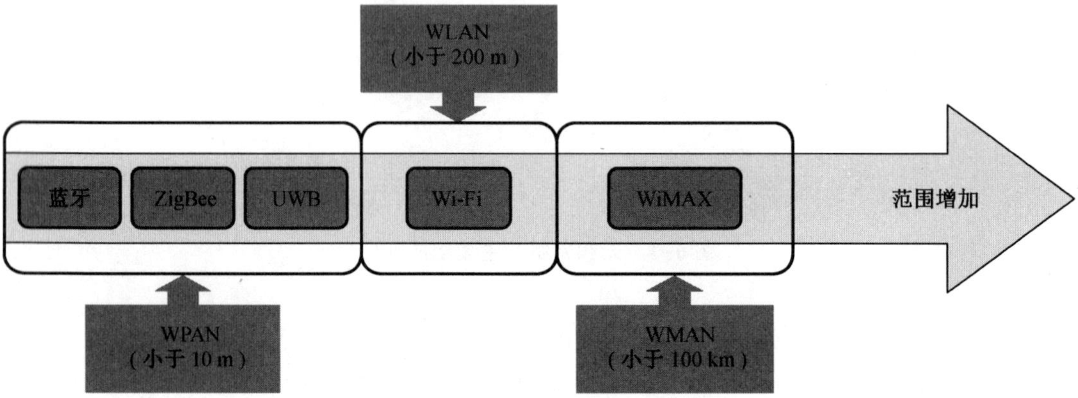

图 6-2 无线网络技术层次

6.1.3 无线数据网技术概述

无线网络标准的演进主要包括以下三个特点：

(1)随着时间推移,协议标准不断地增量更新,且快速地演进发展。

(2)随着协议标准增量更新,无线网络技术的复杂度不断提高。

(3)随着协议标准增量更新,无线网络技术的系统功能不断提升。

如图 6-3 所示显示了主要的无线网络技术。

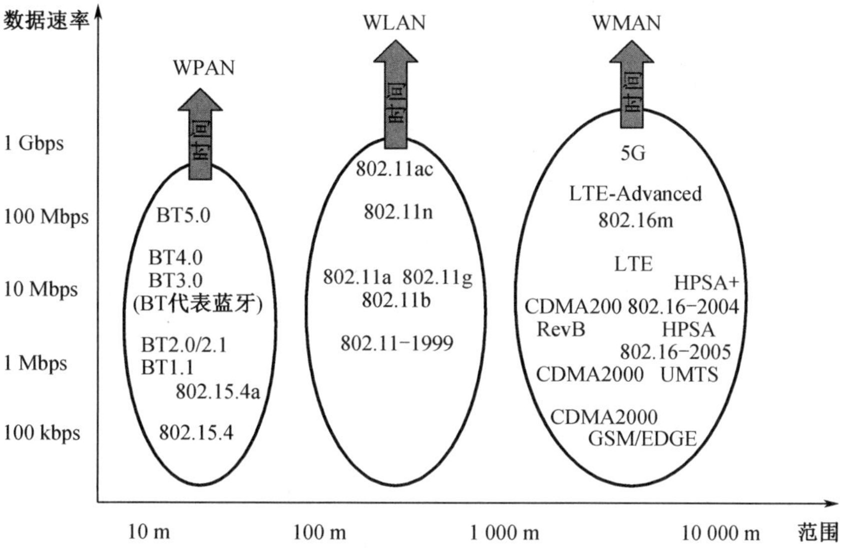

图 6-3 无线网络技术

6.1.4 无线链路和网络特征

6.1.4.1 无线链路与有线链路的区别

当使用无线 802.11 网络代替有线以太网,用无线网络接口代替主机的有线以太网接口,用接入点代替以太网交换机,在网络层及其以上层次中不需要有任何变化,主要变化在于链路层。

(1)递减的信号强度

电磁波在穿过物体时强度将减弱,即使在自由空间中,信号仍将扩散,这使得信号强度随着发送方和接收方距离的增加而减弱(也称其为路径损耗(pathloss))。

(2)来自其他源的干扰

在同一个频段发送信号的电波源将相互干扰。除了来自发送源的干扰,环境中的电磁噪声(如附近的电动机、微波)也能形成干扰。

(3)多径传播

当电磁波的一部分因受物体和地面反射,而在发送方和接收方之间走了不同长度的路径时,则会出现多径传播(multipath propagation)。这使得接收方收到的信号变得模糊。

因此,无线链路协议不仅采用有效的 CRC 错误检测码,还采用了链路层 ARQ 协议来重传受损的帧。

6.1.4.2 无线链路存在的问题

(1)信噪比(signal-to-noise ratio,SNR)

所收到的信号和噪声强度的相对测量。当主机接收到一个电磁信号,而该信号是发送方传输的初始信号的退化形式和环境中的背景噪声的结合,其中的信号退化是由于衰减和我们前面讨论过的多径传播以及其他一些因素所引起的。较大的 SNR 使接收方更容易从背景噪声中提取传输的信号。

(2)比特差错率(BER)

无线链路的特性决定了传输的数据容易出现比特差错,BER 用于衡量这一差错。

(3)干扰、隐藏终端和裸露终端

在广播媒介中的无约束的传输,可能导致两个或更多的接收包在时间上的重叠,称为碰撞或干扰。其中碰撞能被检测到。然而,在无线媒介中,隐藏终端现象会阻碍碰撞的检测,即一个终端的传输可能被另一个不能被检测到的终端干扰。一个可能干扰但是不能被检测到的终端称为隐藏终端(hidden terminal)。例如,源 a 和源 b 传输的数据在目的地互相干扰,如图 6-4 所示。但是,没有一个源结点可以感知到对方在传输数据,因为它们互相隐藏,即它们在对方能感知的范围之外。

另一种影响到自组织协议(尤其对于媒介访问控制)的现象称为裸露终端(exposed terminal)。为了避免和源 b 传输数据给目的地 d 产生碰撞,源 a 可能不会传输数据给目的地 c,尽管在这种情况下,在各自的目的地两个发送方传输的数据都不会产生干扰。这里,源 a 就是一个裸露终端,如图 6-5 所示。

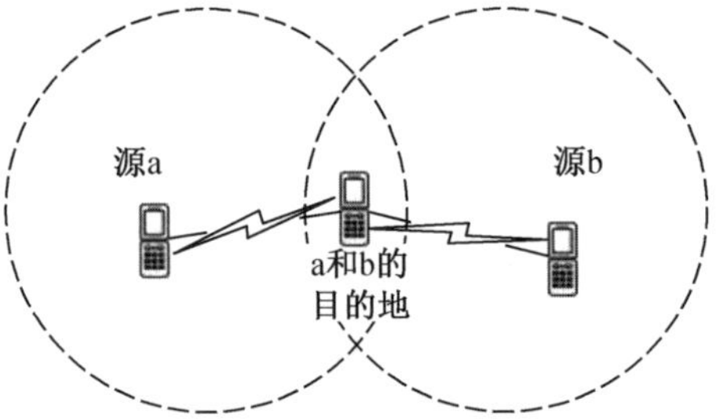

图 6-4 隐藏终端

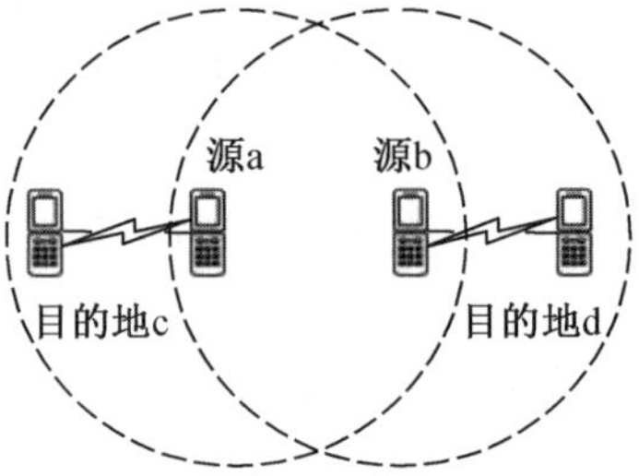

图 6-5 裸露终端

6.1.5 CDMA

CDMA 是当不同主机使用一个共享媒体通信时,来保证多个发送方发送的信号不在接收方互相干扰的一个协议。

在 CDMA 协议中,要发送的每个比特都通过乘以一个信号(码片)的比特来进行编码,这个信号的变化速率(通常称为码片速率(chipping rate))比初始数据比特序列的变化速率快得多。图 6-6 表示一个简单的、理想化的 CDMA 编码/解码情形。假设初始数据比特到达 CDMA 编码器的速率定义了时间单元,每个要发送的初始数据比特需要 1 比特时隙时间。设 d_i 为第 i 个比特时隙中的数据比特值。我们把具有 0 值的数据比特表示为-1。每个比特时隙又进一步细分为 M 个微时隙;在图 6-6 中, $M=8$。发送方使用的 CDMA 码片由 M 个值的一个序列 C_m 组成, $m=1,2,\cdots,M$,每个取值为+1 或者-1。被发送方使用的 M 比特的 CDMA 码片是(1,1,1,-1,1,-1,-1,-1)。

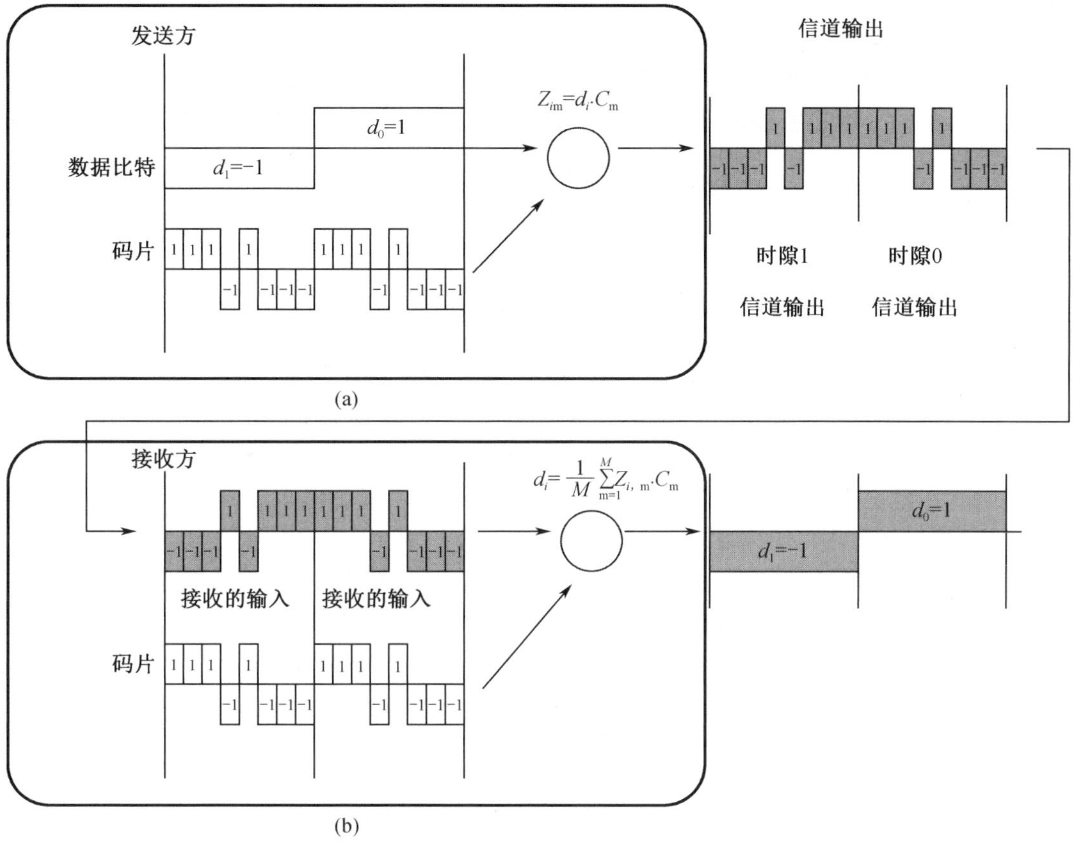

图 6-6　CDMA:发送方编码,接收方解码

CDMA 的工作原理:第 i 个数据比特 d_i 。对于 d_i 比特传输时间的第 m 个微时隙,CDMA 编码器的输出 $Z_{i,m}$ 是 d_i 乘以分配的 CDMA 码片的第 m 比特 C_m :

$$Z_{i,m} = d_i \cdot C_m \tag{6-1}$$

对没有干扰的发送方,接收方将收到编码的比特 $Z_{i,m}$,并且恢复初始的数据比特 d_i ,计算如下:

$$d_i = \frac{1}{M}\sum_{m=1}^{M} Z_{i,m} \cdot C_m \tag{6-2}$$

知识点 6.1 习题解析

6-1-01　习题【基础】(1)请简要回答无线局域网的组成部分,以及无线局域网中的固定基础设施对网络的性能产生的影响。(2)为什么接入点(AP)不是无线局域网中的固定具体设施?

【答案】(1)无线局域网由无线网卡、无线接入点(AP)、计算机和有关设备组成,采用单元结构,将整个系统分成许多单元,每个单元称为一个基本服务组。所谓"固定基础设施”是指预先建立起来的、能够覆盖一定地理范围的一批固定基站，直接影响无线局域网的性能。(2)接入点 AP 是星形拓扑的中心点，它不是固定基础设施。

【解析】该题考查的是无线网络的基本内容以及一些基本名词的概念。

6-1-02　习题【基础】在最高层次，我们能够根据两个准则来对无线网络分类：(1)在该无线网络中的分组是否跨越了一个无线跳或者多个无线跳；(2)网络中是否有诸如基站这样的基础设施。在这种分类法中，所能确定的四种无线网络类型各是什么？

【答案】单跳，基于基础设施；单跳，无基础设施；多跳，基于基础设施；多跳，无基础设施。

【解析】该题考查的是无线网络的类型，我们学习时涉及的大多数是基于基础设施的网络。

6-1-03　习题【基础】简述无线局域网的主要优点及其不足之处。

【答案】(1)无线局域网的主要优点：安装便捷，免去或减少了网络布线的工作量；使用灵活，在有效信号覆盖范围内站点可以在任何位置接入网络；经济节约；易于扩展。(2)无线局域网的不足之处是：数据传输率相对较低，有时会存在通信盲点等问题。

【解析】该题考查的是对无线局域网的整体了解与掌握。

6-1-04　习题【基础】Wi-Fi 与无线局域网 WLAN 是同义词吗？为什么？

【答案】Wi-Fi 在许多文献中与无线局域网 WLAN 是同义词。802.11 是个相当复杂的标准。但简单说，802.11 是无线以太网的标准，它使用星形拓扑，其中心叫作接入点 AP (Access Point)，在 MAC 层使用 CSMA/CA 协议。在许多文献中，Wi-Fi 几乎成为无线局域网 WLAN 的同义词。

【解析】该题考查了 Wi-Fi 和无线局域网 WLAN 的概念辨析。

6-1-05　习题【基础】无线局域网的站点在发送数据帧时，即使检测到信道空闲也仍然要等待一小段时间，这是为什么？在发送数据帧的过程中为什么不像以太网那样继续对信道进行检测？

【答案】因为电磁波在总线上总是以有限的速率传播的。无线局域网的站点在传送数据帧时，检测到信道空闲，其实并不空闲。数据在线路上还会出现碰撞，一旦出现碰撞，在这个帧的发送时间内信道资源都被浪费了，所以要等待一小段时间。因此无线局域网上发送数据帧后要求对方必须放回确认帧，以太网就不需要对方发回确认帧。

6-1-06　习题【基础】CDMA 相对于扩频技术的优势在于什么？

【答案】CDMA 能够把不同用户扩频后的数字信号进行叠加与混合，然后进行统一的射频调制。而接收端通过解扩，居然还能够把各个用户的数字信号从混合在一起的数字信号中进行分离处理。

【解析】本题需要学生 CDMA 和扩频技术做一个比较，更深刻地掌握 CDMA 技术。

6-1-07　习题【基础】CDMA 具有扩频通信的哪些特点。

【答案】抗干扰能力强，这是扩频通信的基本特点，是所有通信方式无法比拟的；宽带传输，抗衰落能力强，这是由于采用宽带传输，在信道中传输的有用信号的功率比干扰信号的功率低得多，因此信号好像隐蔽在噪声中，即功率谱密度比较低，有利于信号隐蔽。利用扩频码的相关性来获取用户的信息，抗截获的能力强。多个用户同时接收，同时发送。

【解析】本题考查的是 CDMA 码分多址技术的特点。

6-1-08　习题【基础】与有线链路相比，无线链路的特点是什么？

【答案】无线链路具有如下的独有特点：（1）在递减的信号强度上，随着阻碍物和距离的增加，信号的强度会有相当大的损失；（2）在来自其他源的干扰方面，无线信号会被其他源的无线信号干扰，比如电磁炉；（3）多径传播，同一个信号可能会经过多种物质的反射从而在不同时间点传播到同一接收点中。

【解析】本题通过将无线链路与有线链路进行对比，对无线链路有一个更清晰、深刻地认识。

6-1-09　习题【基础】一个无线网络运行在"基础设施模式"下是什么含义？如果某网络没有运行在基础设施模式下，那么它运行在什么模式下？这种运行模式与基础设施模式之间有什么不同？

【答案】（1）"基础设施模式"是指主机和基站关联的模式。（2）如果没有运行在基础设施模式下，就运行在自组织模式下。（3）自组织模式没有基站，结点仅能传输到在链路覆盖的范围内另外的结点。

6-1-10　习题【进阶】CDMA 如何实现多用户同时通信而不产生冲突的呢？

【答案】CDMA 是一种共享信道的方法，每一个用户可以在同样的时间使用同样的频带进行通信。CDMA 能实现多用户同时通信而不产生冲突的原因在于，多个用户在发送数据时，所采用的码片序列都是正交的。

6-1-11　习题【基础】简述码分多址的工作原理。

【答案】CDMA/CA 技术的原理是基于扩频技术，即将需传送的具有一定信号带宽的信息数据，用一个带宽远大于信号带宽的高速伪随机码进行调制，使原数据信号的带宽被扩展，再经载波调制并发送出去。接收端使用完全相同的伪随机码，与接收的带宽信号做相关处理，把宽带信号换成原信息数据的窄带信号，即解扩，以实现信息通信。

6-1-12　习题【综合】下列类型的无线信道损伤之间有什么区别：路径损耗、多径传播、来自其他源的干扰？

【答案】路径损耗指电磁波穿过物体和在空间中减弱和扩散；多径传播指电磁波由于反射产生了不同长度的路径，使得接收信号变模糊；来自其他源的干扰指来自发送源和其他源的电波干扰。

6-1-13　习题【进阶】随着移动结点离开基站越来越远，为了保证传送的帧的丢失概率不增加，基站可以采取的两种策略是什么？

【答案】发送方增加传输功率；使用更低比特传输率的调制技术。

6-1-14　习题【进阶】在两个发送方、两个接收方的场合，给出一个包括 1 和−1 值的两个 CDMA 编码的例子，不允许两个接收方从两个 CDMA 发送方提取出初始传输的比特。

【答案】Sender1：(1,1,1,−1,1,−1,−1,−1)。

Sender2：(1,−1,1,1,1,1,1,1)。

6-1-15　习题【进阶】共有 4 个站进行 CDMA 通信，4 个站的码片序列为：A(−1,−1,−1,+1,+1,−1,+1,+1)，B(−1,−1,+1,−1,+1,+1,+1,−1)，C(−1,+1,−1,+1,+1,+1,−1,−1)，D(−1,+1,−1,−1,−1,−1,+1,−1)。现收到这样的码片序列：(−1,+1,−3,+1,−1,−3,+1,+1)。哪个站发送了数据？发送数据的站发送的是 1，还是 0？

【答案】A，D 发送了 1，B 发送了 0，C 没有发送数据。

【解析】下面给出两种解法。

解法一:这个问题其实是一个解方程的问题。

$k_1(-1,-1,-1,1,1,-1,1,1)+k_2(-1,-1,1,-1,1,1,1,-1)+k_3(-1,1,-1,1,1,1,-1,-1)+k_4(-1,1,-1,-1,-1,1,-1)=(-1,1,-3,1,-1,-3,1,1)$

这里 k_1,k_2,k_3,k_4 可以从集合$\{-1,0,1\}$中取值。

可以得到 8 个方程,然后解出方程组,就可获得需要的结果。事实上,我们只需要几个方程就可以解出来了。

第一个数字:$-k_1-k_2-k_3-k_4=-1$,

第二个数字:$-k_1-k_2+k_3+k_4=-1$,

两式相加,得:$-2k_1-2k_2=0\rightarrow k_1=-k_2,k_3+k_4=1$,

第三个数字:$-k_1+k_2-k_3-k_4=-3\rightarrow-(-k_2)+k_2-(k_3+k_4)=-3\rightarrow 2k_2-1=-3\rightarrow k_2=-1$,

所以 $k_1=1$。

第 4 个数字:$k_1-k_2+k_3-k_4=1\rightarrow 1-(-1)+(1-k_4)-k_4=1,k_4=1$,因此,$k_3=0$。

所以不需要解出所有 8 个方程,我们已经知道了 $k_1=k_4=1,k_2=-1,k_3=0$。

这就说明 A、D 发送了源码,B 发送了反码,C 没有发送任何代码。

解法二:这个问题也可以不通过上面的解方程的办法,而直接从这 5 个码片看出:因为每个码片或者是 1,或者是-1。而我们看到最后收到的码片的第 3,第 6 个数字为 3,这说明信号一定是通过叠加而成,就是说不止一个站发送了信息。如果是 2 个或者 4 个站参与了发送信息,不管是源码或者反码,得到的数字一定是偶数。因此可以推出,有 3 个站参与了发送。我们先来看 4 个站码片的第 3 个和第 6 个数字,A、B、C、D 分别为-1,1,-1,-1 和-1,1,1,-1。除了 C 的数字从-1 变为 1 外,其他三个数字都没有变,而收到的码片相应的数字都是-3,这就说明 C 站没有参与发送信息。否则收到的码片第 3 个第 6 个数字会不同。因此 A、B、D 参与了发送信息,再看第 3 个数字,A、B、D 的第 3 个数字分别为-1,1,-1,而收到的叠加的码片的第 3 个数字为-3,因此只有 A、D 发送源代码,B 发送反代码才能获得。结论:A、D 发送了 1,B 发送了 0,C 没有发送数据。

6-1-16　习题【综合】站点 A、B、C 通过 CDMA 共享数据链路,它们的码片序列如下:A(1 1 1 1),B(1-1 1-1),C(1 1-1-1)。若 C 从数据链路上收到的序列是:(2,0,2,0,0,-2,0,-2,0,2,0,2),则 C 收到 A 发送的数据是什么?

【答案】发送的数据是 101。

【解析】这道题是求 A 的数据,可以看到 C 的接收序列比 A 的码片序列长,这表明 A 发送了不止一个数据,因为 C 的接收序列的个数是 12 个,是 A 的 4 个的 3 倍,所以说明 A 发送了 3 个数据。将序列分成 3 个部分(2,0,2,0),(0,-2,0,-2),(0,2,0,2)。各部分分别和 A 内积然后除以其码片个数即可。

知识点 6.2　无线局域网 802.11

6.2.1　802.11 无线网络概述

6.2.1.1　802.11 常用协议族版本

目前,802.11 常用协议如表 6-1 所示。

表 6-1　IEEE 802.11 常用协议族

标准	频率范围	数据率
802.11b	2.4 GHz	最高为 11 Mbps
802.11g	2.4 GHz	最高为 54 Mbps
802.11n	2.5~5 GHz	最高为 450 Mbps
802.11ac	5 GHz	最高为 1 300 Mbps

6.2.1.2　802.11 体系结构

802.11 无线网络主要由 4 部分组成:分布式系统、接入点、无线媒体和移动台(Mobile Station,MS)。当多个接入点连接在一起形成一个大覆盖区域时,分布式系统作为 802.11 的组成部分之一负责帧转发。

基础服务集(Basic Service Set,BSS)是 802.11 无线网络的基础。从基础设施模式角度来看,802.11 无线网络的基本网络架构如图 6-7 所示。当 802.11 无线网络以自组织网方式运行时,其基本结构如图 6-8 所示。

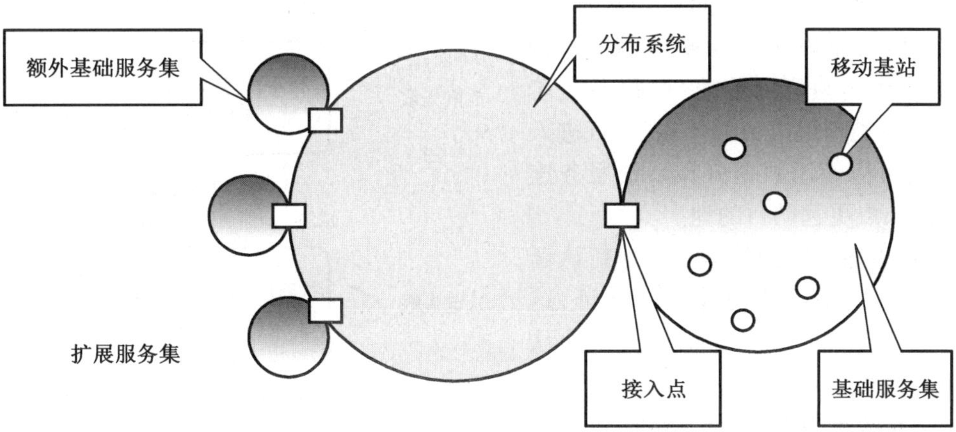

图 6-7　802.11 基本网络架构图

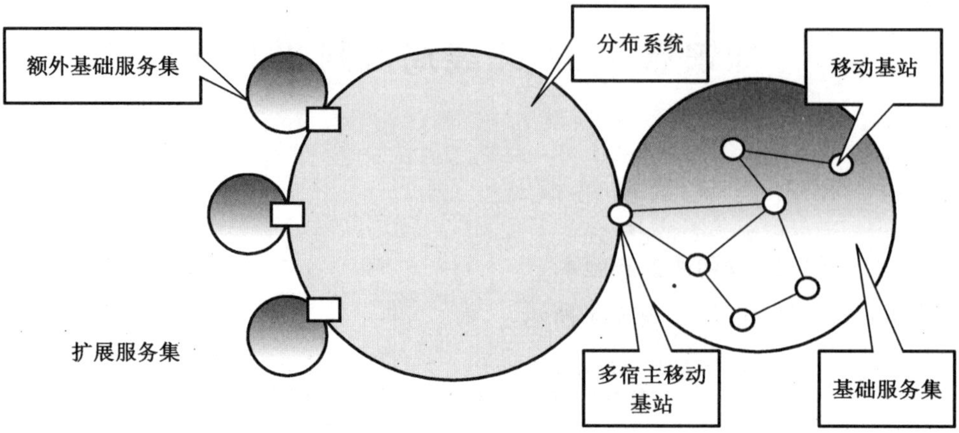

图 6-8　802.11 网络(自组织网)

6.2.2　IEEE 802.11MAC

IEEE 802.11MAC 主要由 4 部分组成:

(1)认证和关联过程;

(2)信道接入过程;

(3)数据链路控制(Data Link Control,DLC);

(4)帧机制。

6.2.2.1　认证和关联过程

MS 在使用数据服务(即接入网络)之前,必须执行认证和关联。如图 6-9 所示,MS 的状态决定了网络接入和帧传输特权类型。状态 1 是 MS 的初始状态,在状态 1 阶段,1 类帧可以传输;在状态 2 阶段,1 类和 2 类帧可以传输;在状态 3 阶段,1、2 和 3 类帧可以传输。MS 一旦进入状态 3,就可以使用数据分布系统服务连接到比接入点更远的目的地。

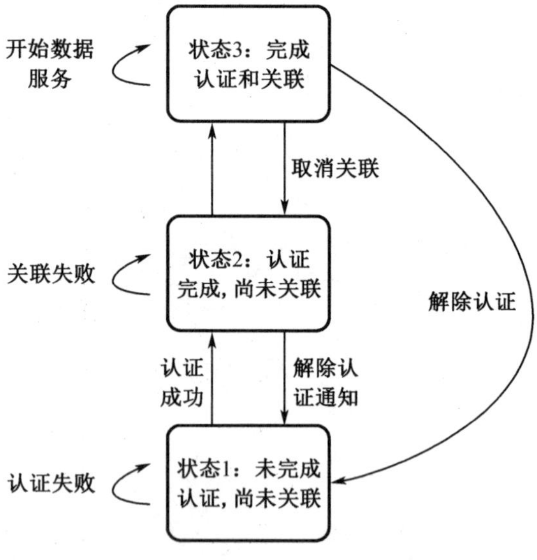

图 6-9　IEEE 802.11 高层状态机

MS 可以通过两种基本方法执行认证过程:开放系统认证和共享密钥认证,这两种方法都是由 MS 发起认证。成功认证后,MS 就可以与一个接入点关联来获得对网络和数据服务的完全访问。

MS 发送关联请求来启动关联过程,该请求包括请求结点的 MAC 地址、AP 的 MAC 地址和 SSID 值。然后,AP 用关联响应消息进行响应,其中包括关联的结果和关联标识符(association Identifier,AID)。在生成的 MAC 层数据帧传输到更高的网络层之前,必须成功完成该关联过程。

6.2.2.2 信道接入过程

MS 有两种方式接入无线 802.11 信道:基于竞争接入或非竞争接入。控制接入无线媒体的协调功能分别是分布式协调功能(distributed coordination function,DCF)和点协调功能(point coordination function,PCF)。PCF 建立在 DCF 之上,只在基础设施网络中使用,如图 6-10 所示。

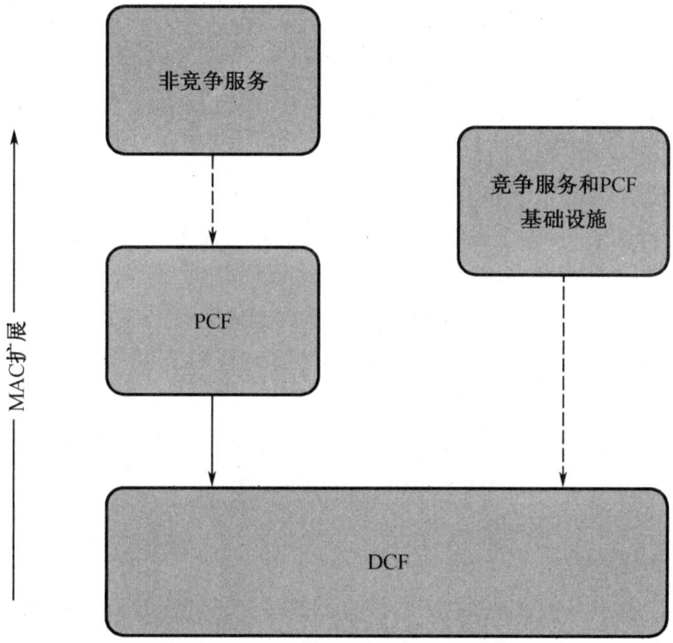

图 6-10 IEEE 802.11 信道接入

IEEE 802.11 分布式协调功能提出了载波监听多路接入/冲突避免(carrier sensing multiple access/collision avoidance,CSMA/CA)。

带碰撞避免的 CSMA (CSMA with collision avoidance)(简称 CSMA/CA)是一种随机访问协议,CSMA 代表载波侦听多路访问,CA 表示碰撞避免(collision avoidance)。

图 6-11 描述了 802.11 的 CSMA/CA 协议。假设一个站点(无线站点或者 AP)有一个帧要发送。

(1)如果某站点最初监听到信道空闲,它将在一个被称作分布式帧间隔(distributed inter frame space,DIFS)的短时间段后发送该帧,如图 6-11 所示。

(2)否则,该站点选取一个随机回退值并且在侦听信道空闲时递减该值。当侦听到信道忙时,计数值保持不变。

(3)当计数值减为 0 时(注意到这只可能发生在信道被侦听为空闲时),该站点发送整个数据帧并等待确认。

(4)如果收到确认,发送站点知道它的帧已被目的站正确接收了。如果该站点要发送另一帧,它将从第二步开始 CSMA/CA 协议。如果未收到确认,发送站点将重新进入第(2)步中的回退阶段,并从一个更大的范围内选取随机值。

DCF 允许多个相互独立的 MS 在没有中心管控的情况下相互通信。在传输数据帧之前,DCF 首先检查以确保无线媒体的可用性。为了避免冲突,在第一个用户占用信道期间,其他 MS 在每一帧传输之后生成随机的回退时间。在 802.11 中采用两种载波监听功能来判断传输媒体的可用性:物理载波监听和虚拟载波监听。如果两种监听功能中的任何一个判断出传输媒体不可用,MAC 就会向其更高层发送此不可用性报告。虚拟载波监听通过利用网络分配矢量(network allocation vector,NAV)来进行。大部分 802.11 帧类型都包含一个持续时间字段,它用于指示在一段时间内占有无线媒体。NAV 是一个用来指示媒体占用时间大小的计时器。MS 将 NAV 设定为信道预期使用时间,即当前所有帧完成处理的总时间。其他 MS 会将 NAV 值倒计时至零。当 NAV 不为零时,虚拟载波监听功能判断媒体处于正在使用状态,其他 MS 不会试图竞争该媒体;当 NAV 为零时,虚拟载波监听功能判断媒体处于空闲状态,其他 MS 可以竞争使用该媒体。

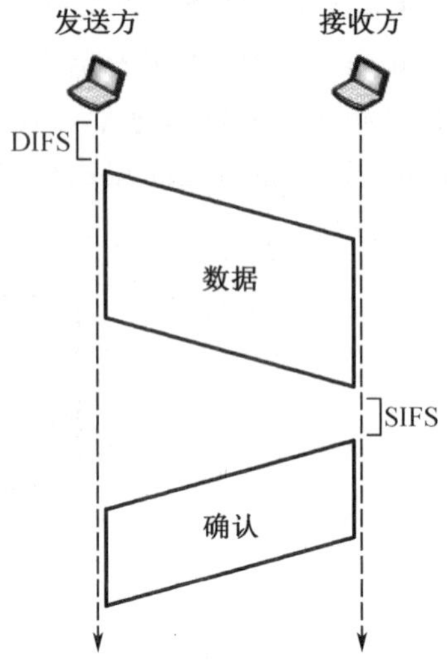

图 6-11　CSMA/CA 协议

协调接入过程的一个重要机制是引入帧间隔。IEEE802.11 采用 4 种不同的帧间隔:短帧间隔(short inter frame space,SIFS)、PCF 帧间隔(PIFS)、DCF 帧间隔(DIFS)和扩展帧间隔(EIFS)。这些不同的帧间隔使得 802.11 针对不同类型的信息流能够提供不同的优先级。如图 6-12 所示,帧间隔与 CSMA 竞争协议一起使用。一旦发现存在空闲媒体,MS 在等待一段规定时间之后开始竞争信道接入,MS 等待的时间由帧间隔定义。SIFS 被用作最高优先级信息传输,因为它的时间长度在所有帧间隔里是最短的,这使得一个拥有高优先级帧的 MS 可以在其他 MS 有机会接入信道之前占用信道,它们可以在更长的 PIFS、DIFS 或 EIFS 后被发送。PCF 在非竞争操作阶段使用 PIFS。在非竞争阶段传输数据的 MS 能够在 PIFS 结束并且已经有效抢占基于竞争的通信量之后进行发送,对于 802.11b 物理层来说,PIFS 为 30 μs。对于基于竞争的服务来说,DIFS 是最小的媒体空闲时间,对于 802.11b 来说,DIFS 为 50 μs。如果媒体在比 DIFS 长的期间内是空闲的,那么运行在基于竞争模式的 MS 可能会接入该媒体。如图 6-12 所示,EIFS 不是一个固定的间隔,EIFS 仅在帧传输过程中出现错误时才被使用(在接收帧中检测出错误)。

在帧间隔之后,有一段被称为"竞争窗口"或者"回避窗口"的间隔。这个窗口被分成多个时隙,时隙的长度与物理层相关,并且对于更高速数据速率的物理层来说,这个时隙更小。MS 随机选择一个时隙,在等待该时隙后开始尝试接入媒体。所有时隙被选择的概率基本相同。如以太网一样,一旦发生传输错误,就从更大的范围内选择回避时间(也就是时隙的数量)。竞争窗口大小通常为 $2n-1$,$n \geq 1$。每发生一次传输错误,n 值增加 1。每个物理层有一个最大的回避时间:直接序列扩频(DSSS)物理层的最大回避时间为 1 023 个时隙。当 MS 的等待时间达到所选择的回避时间时,MS 将判定媒体是否使用。如果媒体没有空闲,MS 推迟接入,等待媒体空闲之后采用指数回避过程。如果媒体在帧间隔之后依然空闲,可以立即开始传输。如果前一帧无错误接收,那么媒体至少在帧间隔内为空闲态。如果前一帧传输出错,那么媒体必须在 EIFS 内为空闲态。

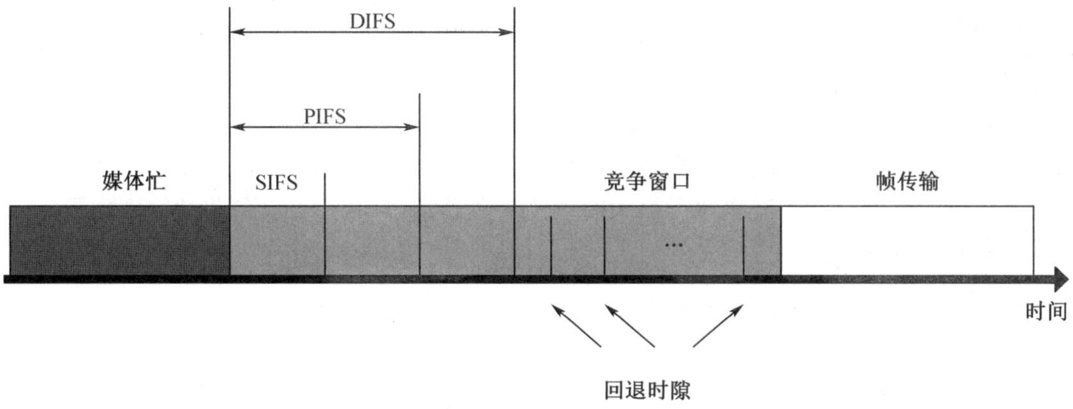

图 6-12　IEEE 802.11 信道接入

在 CSMA/CD 协议中，IEEE 802.3 网络依靠传输接收实现载波监听功能。然而，由于有线网络中的信息分布在线缆上的所有结点中，有线网络比无线网络简单很多。在无线网络中，不是每一个结点都能够与其他所有结点通信。因为 MS 间可能存在物理障碍或者相距极远，从而导致"隐藏结点问题"。

为了解决隐藏结点问题，802.11 允许基站使用请求发送（RTS）和清除发送（CTS）来有效清空传送区域。发送方 MS 将会首先发送一个 RTS 帧。然后目标接收方通过发送一个 CTS 帧作为响应。RTS 和 CTS 用来对接收 MS 的 NAV 进行设置。通过这种方式，基站可以在信道竞争期内实现资源预留。使用 RTS/CTS 时，所有帧必须得到确认。RTS/CTS 消息交换如图 6-13 所示。参数"RTS 阈值"用于控制 RTS/CTS 过程，该参数通常通过 802.11 设备驱动进行配置。该阈值以字节为单位并且与传输的帧的大小不同。如果帧的大小比 RTS 阈值大，那么就采用 RTS/CTS 过程；否则，采用标准的 DCF 接入过程。

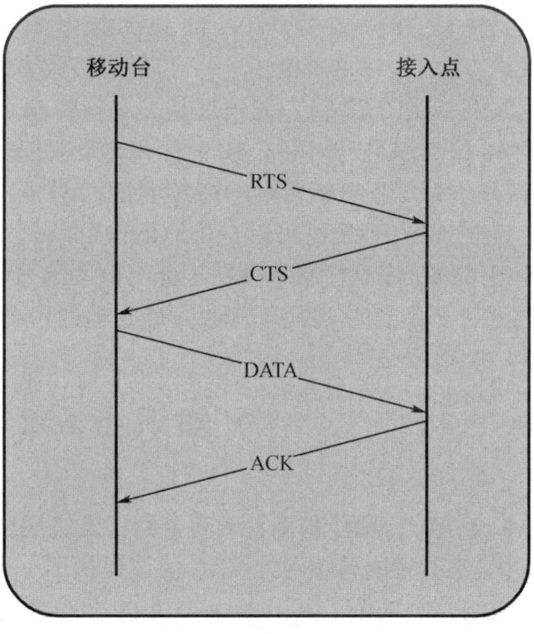

图 6-13　请求发送/清除发送

6.2.2.3　数据流控制

IEEE 802.11 通过数据重传机制提供点对点通信的可靠性。IEEE 802.11 只有肯定确认机制。802.11 中错误检测和纠错完全是发送方的责任。发送方必须通过肯定确认的接收来确定传输是否成功。如果传输失败，发送方必须采取合适的措施。

作为"原子过程"（指多帧交换过程，而不是一个单帧，使用整个帧交换来决定成功与否）的一部分，任何传输都必须得到确认。关联是原子过程的一个例子，认证是另一个例子。RTS/CTS 过程也是一个原子过程。原子操作的成功由整个操作的完成来决定，而不是单一数据包。在此过程中,如果任何一个帧没有成功接收并且未得到肯定确认,那么整个过程就需要重新进行。通过采用 NAV,MS 能够确保原子操作不被中断,只要原子过程还在进行,基本上都可以“占据”媒体。

另外,所有的单播数据必须得到确认。如果发送方在一定时间内没有收到肯定确认,则发送方认为传输发生错误并且重新发送帧。发送方维护重传计数器,并且重新传输帧的次数不超过配置的最大传输次数。最大帧重传次数通常由 802. 11 设备驱动软件配置。

6. 2. 2. 4　帧机制

802. 11 通用帧结构如图 6-14 所示。

大小(字节)

2	2	6	6	6	2	6	0~2312	4
帧控制	帧控制/ID	地址1	地址2	地址3	序列控制	地址4	帧主体	FCS

←————————— MAC报头 —————————→(帧控制至地址4)

图 6-14　802. 11 通用帧格式

802. 11 MAC 帧不包括任何长度类型的字段,也没有携带任何类型的前导码,这里的前导码是物理层的一部分。802. 11 MAC 帧包括 4 个地址字段:目的地址、源地址,接收方地址和发送方地址。目的地址是一个与最终接收方对应的 48 位 MAC 标识符(即处理帧和转发数据到网络层的基站)。源地址是一个与传输源对应的 48 位 MAC 标识符。接收方地址是一个 48 位的 MAC 标识符,用于标识应该处理该帧的无线基站。持续时间/ID 字段或者 NAV,用于标识下一帧传输的持续时间。网络中的基站用这个字段来进行虚拟载波监听。802. 11 的 MAC 地址既可以是单地址也可以是组地址,其中组地址可以是多播组地址或者广播组地址。序列控制字段用于标明分段编号和 MSDU 标识。FCS 字段包括一个 CRC-32 错误检测字段,该字段用于接收方确定帧的正确接收。

知识点 6. 2 习题解析

6-2-01　习题【基础】请简要回答无线局域网的 MAC 协议的特点。

【答案】无线局域网的 MAC 协议提供了一个名为分布式协调功能(DCF)的分布式接入控制机制以及工作于其上的一个可选的集中式控制,该集中式控制算法称为点协调功能(PCF)。DCF 采用争用算法为所有通信量提供接入;PCF 提供无争用的服务,并利用了 DCF 特性来保证它的用户可靠接入。PCF 采用类似轮询的方法将发送权轮流交给各站,从而避免了冲突的产生,对于分组语音这种对时间敏感的业务,就应提供 PCF 服务。

【解析】该题考查了无线局域网 MAC 协议的特点。

6-2-02　习题【基础】在无线局域网上发送数据帧后,要求对方必须发回确认帧,而以太网就不需要对方发回确认帧,这是为什么?

【答案】无线局域网可能出现检测错误的情况:检测到信道空闲,其实并不空闲,而检测到信道忙,其实并不忙,因此需要接收方发回确认帧来确定信道是否空闲。

6-2-03　习题【基础】请简要回答无线局域网的 MAC 协议中的 SIFS,PIFS 和 DIFS 的作用。

【答案】(1)SIFS,即短帧间间隔。SIFS 是最短的帧间间隔,用来分隔开属于一次对话的各帧;(2)PIFS,即点协调功能帧间间隔(比 SIFS 长),是为了在开始使用 PCF 方式时(在 PCF 方式下使用,没有争用)优先获得接入媒体中;(3)DIFS,即分布协调功能帧间间隔(最长的 IFS),在 DCF 方式中用来发送数据帧和管理帧。

6-2-04　习题【基础】简述无线路由器和无线 AP 的异同点。

【答案】(1)无线 AP:无线访问结点,主要提供无线工作端对有线局域网到无线工作站的访问,是无线网与有线网间的传输桥梁。(2)无线路由器:是单纯型 AP 与宽带路由器的结合体,它借助路由功能可实现家庭无线网络中的 Internet 连接共享。

【解析】该题考查了无线路由器和无线 AP 的异同点。

6-2-05　习题【基础】在无线局域网标准 802.11 体系中物理层的关键技术不包括(　　)。

A. BPSK　　B. CDMA　　C. OFDM　　D. MIMO

【答案】A。

【解析】BPSK 是二相相移键控,CDMA 是码分多址技术,OFDM 是正交频分复用技术,MIMO 是指在无线通信领域使用多天线发送和接收信号的技术。

6-2-06　习题【基础】802.11 无线局域网标准中所应用的调制方式不包括(　　)。

A. DSSS　　B. QAM　　C. BPSK　　D. OFDM

【答案】B。

【解析】DSSS 是直接序列扩频技术,QAM 是正交幅度调制,BPSK 是二进制相移键控,OFDM 是正交频分复用。

6-2-07　习题【基础】IEEE 802.11 支持的网络类型是(　　)。

A. 光纤传感网　　B. 无线 VPN　　C. 无线局域网　　D. 无线广域网

【答案】C。

6-2-08　习题【基础】下列关于 IEEE 802.11 标准的描述中错误的是(　　)。

A. IEEE 802.11 无线传输的频道定义在 UNI 波段

B. IEEE 802.11 在 MAC 子层引入了 RTS/CTS 机制

C. IEEE 80211 在物理层定义了两个扩频技术和一个红外传播规范

D. IEEE 802.11 定义了传输速率 1 Mbps 和 2 Mbps

【答案】B。

6-2-09　习题【进阶】IEEE 802.11 无线局域网中信标帧协议的主要作用是什么?

【答案】APS 周期性的发送信标帧,AP 的一个信标帧通过 11 个信道中的一个发送。信标帧允许附近的无线基站发现和识别 AP。

6-2-10　习题【进阶】简述 CSMA/CA 工作原理。

【答案】CSMA/CD 是带有冲突检测、载波侦听、多路访问的技术。其基本思想是:先听后发,边听边发,冲突停止,随即延迟后重发。当一个结点要发送数据时,首先监听信道:如果信道空闲就发送数据,并继续监听;如果在数据发送过程中监听到了冲突,则立刻停止数据发送,随机等待后再重新发送。

6-2-11　习题【进阶】为什么在无线局域网中必须使用 CSMA/CA 协议而不能使用

CSMA/CD 协议?

【答案】由于无线信道信号强度随传播距离动态变化范围很大,不能根据信号强度来判断是否发生冲突,因此不适用有线局域网的冲突检测协议 CSMA/CD。802.11 采用了 CSMA/CA 技术,CA 表示冲突避免。这种协议实际上是在发送数据帧前需对信道进行预约。这种 CSMA/CA 协议通过 RTS(请求发送)帧和 CTS(允许发送)帧来实现。源站在发送数据前,先向目的站发送一个称为 RTS 的短帧,目的站收到 RTS 后向源站响应一个 CTS 短帧,发送站收到 CTS 后就可向目的站发送数据帧。

6-2-12　习题【进阶】以太网使用的 CSMA/CD 协议以争用方式接入共享信道,这与传统的时分复用 TDM 相比优缺点如何?

【答案】CSMA/CD 是一种动态的介质随机接入共享信道方式,而 TDM 是一种静态的划分信道方式,所以从对信道的利用率来讲,CSMA/CD 用户共享信道更灵活,信道利用率更高。TDM 为用户按时隙固定分配信道,当用户没有数据传送时,用户时隙就浪费了,也因为 CDMA/CD 是用户共享信道,所以当同时有多个用户需要使用信道时,会发生碰撞,降低了信道利用率;而 TDM 中用户在分配的时隙中不会与别的用户发生冲突。对局域网来说,接入信道的是相距较近的用户,因此通常信道带宽较大,如果使用 TDM 方式,用户在自己的时隙没有发送的情况会更多,不利于信道的充分利用。对于计算机通信来讲,突发式的数据更不宜使用 TDM 方式。

6-2-13　习题【进阶】请简要回答无线局域网中关联(association)的作用。

【答案】802.11 标准并没有定义如何实现漫游,但定义了一些基本的工具。例如,一个移动站若要加入一个基本服务及 BSS,就必须先选择一个接入点 AP,并与此接入点建立关联(association)。建立关联就表示这个移动站加入了选定的 AP 所属子网,并和这个接入点 AP 之间建立了一个虚拟线路。只有关联的 AP 才能在这个移动站发送数据帧,而这个移动站也只有通过关联的 AP 才能向其他站点发送数据帧。这和手机开机之后必须和某个基站建立关联的概念是相似的。

6-2-14　习题【综合】假设 IEEE 802.11 RTS 和 CTS 帧与标准的 DATA 和 ACK 帧一样长,使用 CTS 和 RTS 帧还会有好处吗?为什么?

【答案】不会,没有任何优势。假设有两个电台想同时传输,并且他们都使用 RTS/CTS。如果 RTS 帧与 DATA 帧一样长,那么信道的浪费时间将与两个冲突的 DATA 帧的浪费时间相同。因此,只有当 RTS/CTS 帧明显小于 DATA 帧时,RTS/CTS 交换才有用。

6-2-15　习题【基础】试解释无线局域网中的名词:BSS,ESS,AP,BSA,DCF,PCF 和 NAV。

【答案】BSS,一种非凡的 Ad-hoc LAN 的应用,称为 basic service set(BSS),一群计算机设定相同的 BSS 名称,即可组成一个 group,而此 BSS 名称,即所谓 BSSID。

ESS,一种 infrastructure 的应用,一个或多个以上的 BSS,即可被定义成一个 extended service set(ESS),使用者可于 ESS 上 roaming 及存取 BSS 中的任何资料,其中 access points 必须设定相同的 ESSID 及 channel 才能允许 roaming。

AP,接入点,用于无线网络的无线 HUB,是无线网络的核心。它是移动计算机用户进入有线以太网骨干的接入点,AP 可以简便地安装在天花板或墙壁上,它在开放空间最大覆盖范围可达 300 m,无线传输速率可以高达 11 Mbps。

BSA,一个基本服务集 BSS 所覆盖的地理范围。

DCF,分布协调功能,DCF 不采用任何中心控制,而是在每一个结点使用 CSMA 机制的分布式接入算法,让各个站通过争用信道来获取发送权。

PCF,点协调功能,PCF 是选项,是用 AP 集中控制整个 BSS 内的活动,因此自组网络就没有 PCF 子层。PCF 使用集中控制的接入算法,用类似于探询的方法把发送数据权轮流交给各个站,从而避免碰撞的产生。

NAV,网络分配向量,指出了信道处于忙状态的持续时间,信道处于忙状态就表示或者是由于物理层的载波监听检测到信道忙,或者是由于 MAC 层的虚拟载波监听机制指出了信道忙。

6-2-16 习题【综合】描述 RTS 阈值的工作过程。

【答案】每个无线站都可以设置一个 RTS 阈值,只有当要传输的数据帧超过阈值时,才使用 RTS/CTS 序列。这确保了 RTS/CTS 机制只用于大型帧。

6-2-17 习题【综合】为什么 CSMA/CA 协议可以消除隐藏站问题?如何消除?

【答案】(1)在 CSMA/CA 中有一个站点和服务器建立信道连接之后,服务器会把允许连接的帧发送给所有其他不能连接的站点,这样就只有一个站点在这个时刻可以发送数据。其他站不会再发送请求连接的请求,造成不必要的冲突。(2)CSMA/CA 通过 RTS 和 CTS 帧的交换,可以有效避免隐藏站问题,实现信道的预约占用,从而可以有效避免数据帧传输过程中的冲突。

6-2-18 习题【综合】简述 IEEE 802.11 中无线主机与 AP 的关联过程。

【答案】(1)每个 AP 周期性地发送信标帧,用户的无线站点通过扫描信道,获得正在发送信标帧的 AP。(2)通过信标帧得到可用的 AP 后,选择其中一个进行关联;(3)在探测到多个可选的 AP 后,选择其中一个 AP 与之关联;(4)然后无线主机向 AP 发送一个关联请求帧,该 AP 以一个关联响应帧进行响应;(5)一旦与一个 AP 相关联,该主机便可以加入该 AP 所属的子网。

6-2-19 习题【综合】说明 RTS 帧和 CTS 帧的作用(结合隐蔽站问题和暴露站问题)。为什么 RTS/CTS 是选择使用的?

【答案】源站在发送数据帧之前发送 RTS 帧,若信道空闲,则目的站响应 CTS 帧,当源站收到 CTS 帧后就可发送其数据帧,实际上就是在发送数据帧前先对信道预约一段时间。RTS/CTS 是选择使用的,因为当数据帧本身长度很短时,使用 RTS/CTS 反而会降低效率。

6-2-20 习题【综合】假设一个 802.11b 站点被配置为始终使用 RTS/CTS 序列预约信道。假设该结点突然要发送 1 000 B 的数据,并且所有其他站点此时都是空闲的。作为 SIFS 和 DITS 的函数,并忽略传播时延,假设无比特传输差错,计算发送该帧和收到确认需要的时间。

【答案】一个没有数据的帧长 32 B。假设传输速率为 11 Mbps,传输控制帧(如 RTS 帧、CTS 帧或 ACK 帧)的时间为(256 bit)/(11 Mbps)= 23 μs。传输数据帧所需时间为(8256 bit)/(11 Mbps)= 751 μs。

DIFS+RTS+SIFS+CTS+SIFS+FRAME+SIFS+ACK

=DIFS+3SIFS+(3×23+751)μs=DIFS+3SIFS+820 μs。

6-2-21 习题【综合】考虑 IEEE 802.11 的移动性,其中一个无线站点从一个 BSS 移动到同一个子网中的另一个 BSS。当 AP 是通过交换机互联时,为了让交换机能正确转发帧,试想 AP 可以怎么做?

【答案】一个移动站若要加入一个基本服务及 BSS,就必须先选择一个接入点 AP,并与此接入点建立关联(association)。建立关联就表示这个移动站加入了选定的 AP 所属子网,并和这个接入点 AP 之间建立了一个虚拟线路。只有关联的 AP 才能在这个移动站发送数据帧,而这个移动站也只有通过关联的 AP 才能向其他站点发送数据帧。这和手机开机之后必须和某个基站建立关联的概念是相似的。

知识点 6.3 无线个域网

IEEE 组织对 WPAN 的规范标准主要集中在 802.15 系列。802.15.1 本质上只是蓝牙底层协议的一个正式标准化版本,原始的 802.15.1 标准基于 Bluetooth1.1,目前大多数蓝牙器件中采用的都是这一版本。新的版本 802.15.1a 对应于 Bluetooth1.2,它包括某些 QoS 增强功能,并完全后向兼容。802.15.2 负责建模和解决 WPAN 与 WLAN 间的共存问题。802.15.3 也称 WiMedia,旨在实现高速率,原始版本规定的速率高达 55 Mbps,使用基于 802.11 但与之不兼容的物理层。后来倾向使用 802.15.3a,它使用超宽带(UWB)的多频段 OFDM 联盟的物理层,速率高达 480 Mbps。802.15.4 也称 ZigBee 技术,主要任务是低功耗、低复杂度、低速率的 WPAN 标准制定,该标准定位于低数据传输速率的应用。

6.3.1 蓝牙

6.3.1.1 蓝牙概述

蓝牙是一个用于短距离个域组网的无线标准,旨在取代便携或固定设备的线缆。蓝牙工作在 2.4 GHz ISM 频段,其特点为低功耗和低成本。

现有两类蓝牙系统。最初的标准定义了基本速率(basic rate,BR)系统,4.0 版本标准用于支持 LE(low energy)系统。这些系统能够提供用于无线个域组网技术的典型功能,包括设备发现、连接建立和维护。目前,BR 系统在蓝牙第一代标准的初始范畴之外又增加了一些新的功能,称为增强型数据速率(enhanced date rate,EDR),以及相关的 MAC 层和 PHY 层扩展以支持更高的数据速率。LE 系统致力于满足低功耗的需求。

蓝牙协议栈如图 6-15 所示。无线电层代表 PHY 层,基带层类似于 OSI 的链路层或 MAC 层。链路管理层用于物理链路的建立和控制。L2CAP 层用于逻辑链路控制(一个物理链路中可以存在多个逻辑链路),并向高层协议提供面向连接和无连接的数据服务。

6.3.1.2 微微网络(Piconet)

在蓝牙中,连接可以是点对点,也可以是点对多点。对于点对点的连接,两个设备共享物理信道。对于点对多点的连接,多个设备之间共享物理信道。这些共享同一个信道的设备组成一个微微网络。在一个微微网络中,只有一个主结点协调所有的通信,其他结点为从结点。从结点能够加入多个微微网络,通过在多个主结点之间复用时间来完成通信,每个主结点相当于一个独立的微微网络。此外,一个微微网络中的主结点可以是另外一个微微网络中的从结点。由于蓝牙的跳频功能,2.4 GHz 频带内的多个微微网络采用异步的跳频,以减少微微网络之间的干扰。如图 6-16 详细说明了一些微微网络的概念。

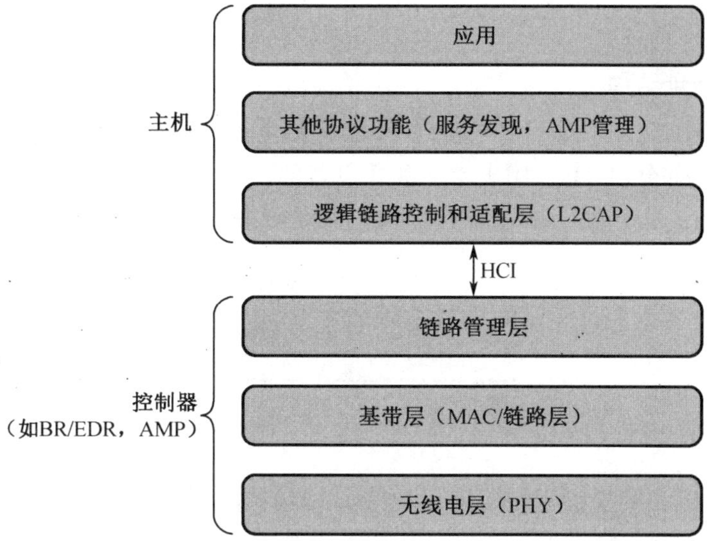

图 6-15　蓝牙协议栈

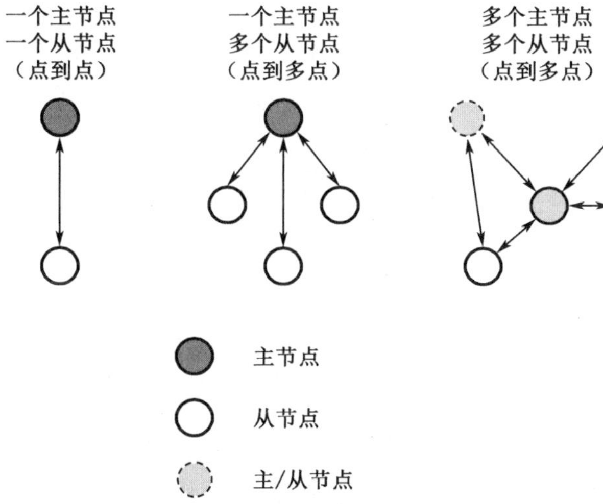

图 6-16　微微网络

在微微网中，蓝牙设备要么是主设备，要么是从设备，同一个微微网只存在一个主设备，其他都是从设备。微微网使用 3 个比特位给网内从设备进行编号，每个设备编号不同，每个微微网最多连接 7 个从设备。此外，在微微网中，从设备只能与主设备进行通信，从设备之间不能通信。

多个微微网如果存在重叠区域，就形成了分散网。构成分散网的各个微微网，仍然具有自己的主设备，但是一个微微网的主设备，可以同时充当另一个微微网的从设备，这样该设备就具备双重身份。

蓝牙设备之间进行通信时，有一个时隙概念，每个时隙宽度 625 μs（625μs×1 600＝1 s），信道以时隙为单位传输信息，一个信道可以容纳 1 个、3 个或 5 个时隙。为了让主从设备相互通信，蓝牙规定第偶数个时隙由主设备开始信息传输，而从设备则在第奇数个时隙开始传输。如果要让一个设备同时存在于多个微微网中，其实只需要让该设备在不同时隙处于不同微微网即可。

6.3.1.3 地址结构

在一个网络中，每个蓝牙设备分配一个 48 比特的设备地址。它包含一个 3 字节的公司 ID，作为高位地址部分（UAP），用于定义蓝牙设备的厂商。公司可分配的部分有 3 字节，作为低位地址部分（CAP），用于区分同一厂商的其他设备。图 6-17 详细说明了蓝牙的地址结构。

公司分配 24比特	公司ID 24比特

图 6-17 蓝牙地址

蓝牙设备生成和接收蓝牙数据包，基本速率型的数据包格式如图 6-18 所示。接入码可以为 68 或 72 比特。包头为 54 比特，有效载荷为 0~2 745 比特之间。如果接入码后是包头，那么接入码的长度为 72 比特，否则是 68 比特，表明使用短接入码进行同步或其他功能。接入码用以区分同一物理信道的不同数据包。这使得接收机采用滑动相关器便可快速地区分同一信道上的数据包。蓝牙有四种类型的接入码：信道接入码（CAC）、设备接入码（DAC）、通用查询接入码（GIAC）和专用查询接入码（DIAC）。CAC 用于用户数据的传输，而 DAC 用于设备的直接通信。通用/专用查询接入码用于查询功能。

接入码 68/72比特	包头 54比特	有效载荷 0~2745比特

图 6-18 蓝牙基本速率型的数据包结构

6.3.1.4 物理信道

蓝牙物理信道由 4 部分组成：伪随机跳频序列用于改变调制基带信号的中心频率、特定时隙传输时间、接入码和数据包头。为使设备能在物理信道上通信，它们必须保持严格的时间同步以确保它们以相同的速率跳频，并保持相同的中心频率。28 bit 的时钟用于设备间的同步，每个时钟的时间片为 312.5 μs。蓝牙主设备会选择跳频序列，并命令同一个微微网中的从设备去同步这个序列。在连接阶段最大跳频速率可达 1 600 跳/s，在查询和寻呼阶段可达 3 200 跳/s。

蓝牙中定义了 4 种物理信道：

（1）基础型微微网物理信道：用于用户数据传输；

（2）适应型微微网物理信道：用于用户数据传输；

（3）查询扫描物理信道：用于发现设备；

（4）寻呼扫描物理信道：用于设备间建立连接。

对于每台蓝牙设备而言，有 3 个主要的状态：连接（设备处于活跃状态并传输用户数据）、休眠（链路处于空闲状态且无传输）、待机（默认方式，设备会处于低功耗配置，并且只有时钟在工作）。图 6-19 详细说明了可能的状态。

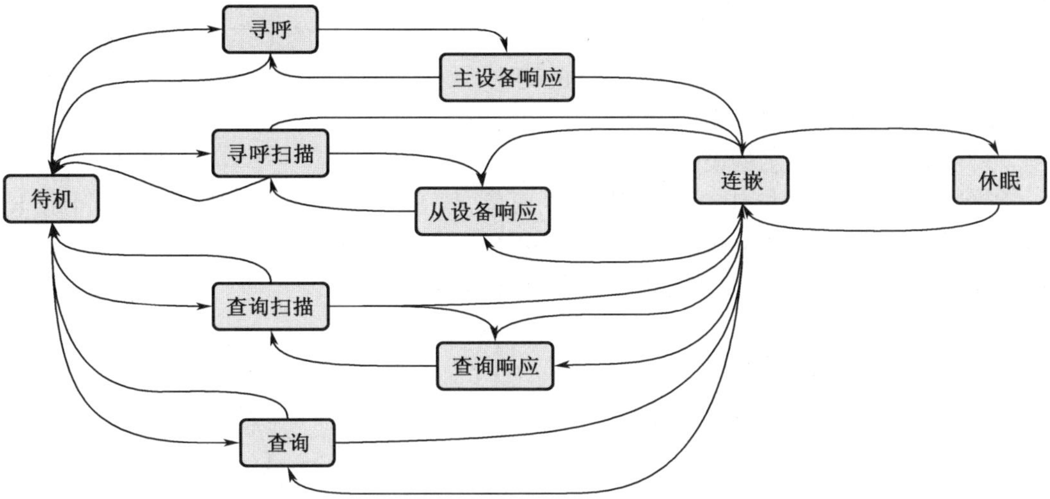

图 6-19　蓝牙链路状态图

6.3.2　ZigBee

6.3.2.1　IEEE 802.15.4 概述

IEEE 802.15.4-2006 标准定义了低速率无线个域网(low-rate wireless personal area networks,LR-WPAN)的 MAC 层和 PHY 层规范。IEEE 802.15.4 的主要目标包括：

(1)方便用户安装；

(2)可靠的数据传输；

(3)低成本；

(4)短距离；

(5)低功耗；

(6)简单、灵活的协议设计和实现。

IEEE 802.15.4 定义了一些关键技术特点：

(1)无线数据速率从 20 kbps 到 250 kbps；

(2)对等或星形拓扑操作；

(3)灵活的 16 或 64 位寻址方案；

(4)支持可选分配保护时隙(guaranteed time slots,GTS)；

(5)载波监听多路接入/冲突避免(carrier sensing multiple access with collision avoidance,CSMA/CA)的媒体接入方法；

(6)可靠的协议功能,包括完整的确认；

(7)低功耗；

(8)能量等级检测；

(9)链路质量评估和指示；

(10)16 个信道在 2.4 GHz 频段,30 个信道在 915 MHz 频段,3 个信道在 868 MHz 频段。

在 IEEE 802.15.4 协议中,有两种类型的设备:全功能设备(full-function device,FFD)

和精简功能设备(reduced-function device,RFD)。在 WPAN 中,至少必须有一个 FFD。FFD 可以工作在三种模式下,而 RFD 只能工作在一种模式下。FFD 的工作模式如下:

(1)PAN 协调器:负责初始 PAN 网络的建立,并作为网络中的主要协调器。

(2)协调器:能够中继消息的设备。

(3)设备:不中继消息的设备。

所有的 FFD 都可以与 RFD 或其他 FFD 通信,但 RFD 却只能与 FFD 通信。因此,RFD 是简单设备。RFD 的例子包括被动传感器,它不发送大量的数据,也不需要在多个设备之间协调网络功能。图 6-20 说明了设备的类型和拓扑结构。

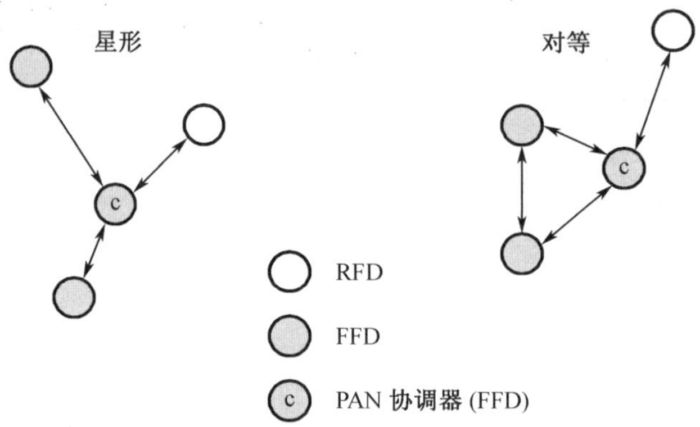

图 6-20　IEEE 802.15.4 规定的拓扑和设备类型

在星形拓扑中,所有设备都必须通过 PAN 协调器 FFD 进行通信,并且所有的星形拓扑相互之间都独立工作。然而,在对等拓扑中,FFD 可以直接相互通信,而图中显示的 RFD 则只能与 PAN 协调器通信。虽然图中没有显示,对等 PAN 网络可以扩展到集群。可以确定 FFD 网关并在网络集群中分配角色,以便将数据从一个集群(包含一台单 FFD 的 PAN 协调器和至少一台其他设备)传递到另一个集群。

6.3.2.2　IEEE 802.15.4 帧结构

图 6-21 描绘了 MAC 帧的一般格式。MAC 帧头(MAC header,MHR)由帧控制字段、序列号、目的 PANID、目的地址、源 PANID、源地址和辅助安全报头组成。MAC 有效载荷包含帧有效载荷以及 MAC 帧尾(MAC footer,MFR),其中,帧有效载荷中包含用户数据在内的高层信息,MAC 帧尾中包含帧校验序列信息。

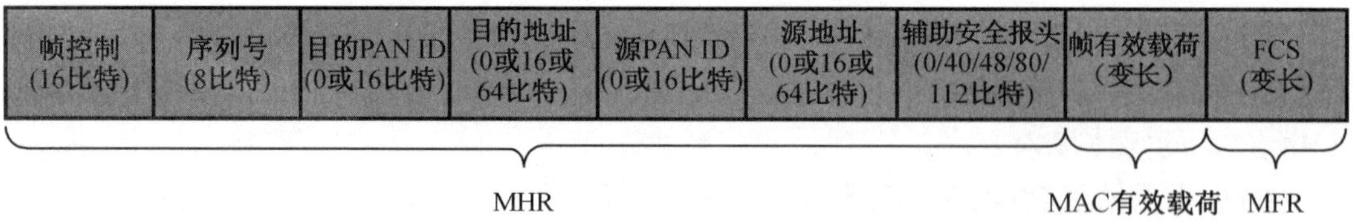

图 6-21　IEEE 802.15.4 帧结构

6.3.3 UWB

6.3.3.1 UWB 概述

超宽带(ultra wide band,UWB)是一种无线技术,该技术利用时间间隔极小的能量脉冲,产生频域消耗极大的带宽。UWB 信号占用 500 MHz 或更高的带宽。

通过设置脉冲相位或幅度调制 UWB 信号,可使其携带信息。图 6-22 给出了理论 UWB 脉冲信号,本例中脉冲持续时间的单位为纳秒(ns)。假设脉冲长度为 1 ns,那么其频域内带宽约 1 GHz。注意此脉冲采用幅度和相位调制。

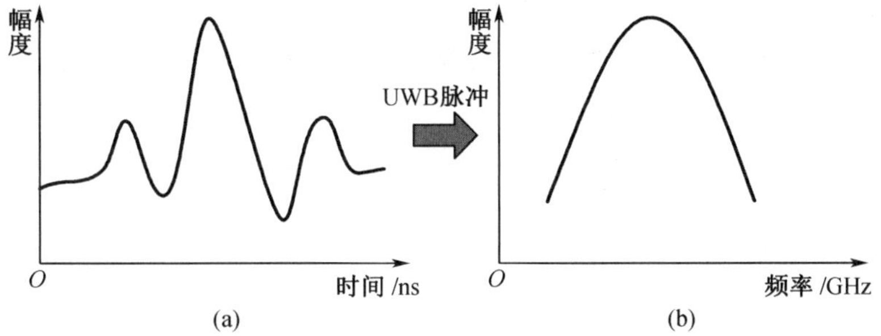

图 6-22 UWB 信号

6.3.3.2 UWB 物理层

UWB PHY 层是基于突发位置调制(BPM)和 BPSK 的,共有 3 个工作频段:

(1)249.6~749.6 MHz(单信道);

(2)3.1~4.8 GHz(4 信道);

(3)6.0~10.6 GHz(11 信道)。

UWB 中使用 BPM 调制技术调制脉冲以表示二进制数据,并根据符号周期内突发脉冲的位置,对比特进行编码。

知识点 6.3 习题解析

6-3-01 习题【基础】无线个域网 WPAN 的主要特点是?现在已经有了什么标准?

【答案】(1)主要特点:以个人为中心,低功率、小范围、低速率和低价格。

(2)由 IEEE 的 802.15 工作组制定的标准[W-IEEE 802.15]。

6-3-02 习题【基础】蓝牙技术采用的主要协议是什么。

【答案】采用的协议包括:点对点协议(PPP),通过点对点链接传输 IP 数据报的互联网标准协议;TCP/IP/UDP,TCP/IP 协议组的基础协议;对象交换协议(OBEX),用于对象交换的会话层协议,为对象与操作表达提供模型;无线应用环境/无线应用协议(WAE/WAP),WAE 明确了无线设备的应用框架,WAP 是向移动用户提供电话和信息服务接入的开放标准。

6-3-03 习题【基础】请简要回答蓝牙技术的特点。

【答案】全球范围适用;可以同时传输语音数据;可建立临时对等连接;可以实现近距

离通信;功耗低、体积小;具有很好的抗干扰能力和安全性。

6-3-04　习题【进阶】在 802.15.4 ZigBee 标准中超帧的含义是什么?

【答案】IEEE 802.15.4 允许选择性的使用超帧结构。超帧的格式是由协调器定义的。由协调器发出的网络信标(beacon)对超帧进行了限定,并且将一个超帧分为了 16 个等大小的时间槽。超帧可以由活跃时段和不活跃时段组成。在不活跃时段,协调器可能会进入省电模式。在超帧结构的 16 个时间槽中,第一个时间槽传输的是信标帧,如果协调器不想使用超帧结构,那么它可以关闭信标的传输。信标常被用来对附属的设备进行同步、辨识一个 PAN 个域网或对超帧结构进行描述。任何设备想要在一个超帧内的竞争访问时段(CAP)通信必须使用开槽的 CSMA/CA(载波监听-碰撞避免)机制。所有的传输都必须在下一个信标到来之前完成。

6-3-05　习题【进阶】蓝牙中的主设备和 IEEE 802.11 网络中的基站之间有什么区别?

【答案】(1)蓝牙网络以小范围、低功率和低成本运行。(2)IEEE 802.11 是一个大功率、中等范围、高速率的"接入"技术。

6-3-06　习题【进阶】简要回答 ZigBee 技术有哪些特点?

【答案】ZigBee 的特点主要有以下几个方面:

(1)低功耗:在低耗电待机模式下,2 节 5 号干电池可支持 1 个结点工作 6~24 个月,甚至更长。这是 ZigBee 的突出优势。相比之下蓝牙可以工作数周、Wi-Fi 可以工作数小时。

(2)低成本:通过大幅简化协议使成本很低(不足蓝牙的 1/10),降低了对通信控制器的要求,按预测分析,以 8051 的 8 位微控制器测算,全功能的主结点需要 32 KB 代码,子功能结点少至 4 KB 代码,而且 ZigBee 的协议专利免费。

(3)低速率:ZigBee 工作在 250 kbps 的通信速率,满足低速率传输数据的应用需求。

(4)近距离:传输范围一般介于 10~100 m 之间,在增加 RF 发射功率后,亦可增加到 1~3 km。这指的是相邻结点间的距离。如果通过路由和结点间通信的接力,传输距离将可以更远。

(5)短时延:ZigBee 的响应速度较快,一般从睡眠转入工作状态只需 15 ms,结点连接进入网络只需 30 ms,进一步节省了电能。相比较,蓝牙需要 3~10 s、Wi-Fi 需要 3 s。

(6)高容量:ZigBee 可采用星状、片状和网状网络结构,由一个主结点管理若干子结点,最多一个主结点可管理 254 个子结点;同时主结点还可由上一层网络结点管理,最多可组成 65 000 个结点的大网。

(7)高安全:ZigBee 提供了三级安全模式,包括无安全设定、使用接入控制清单(ACL)防止非法获取数据以及采用高级加密标准(AES128)的对称密码,以灵活确定其安全属性。

(8)免执照频段:采用直接序列扩频在工业科学医疗 2.4 GHz(全球)频段。

6-3-07　习题【综合】ZigBee 技术为什么要使用自组织网来通信?

【答案】网状网通信实际上就是多通道通信,在实际工业现场,由于各种原因,往往并不能保证每一个无线通道都能够始终畅通,就像城市的街道一样,可能因为车祸、道路维修等,使得某条道路的交通出现暂时中断,此时由于有多个通道,车辆(相当于我们的控制数据)仍然可以通过其他道路到达目的地。而这一点对工业现场控制而言则非常重要。

6-3-08　习题【综合】凡符合什么条件的短距离通信就可以考虑采用 ZigBee 技术?(请至少列出四条)

【答案】通常,符合如下条件之一的短距离通信就可以考虑采用 ZigBee 技术:
(1)需要数据采集或监控的网点多;
(2)要求传输的数据量不大,而要求设备成本低;
(3)要求数据传输可靠性高,安全性高;
(4)要求设备体积很小,不便放置较大的充电电池或者电源模块;
(5)可以用电池供电;
(6)地形复杂,监测点多,需要较大的网络覆盖。

6-3-09　习题【综合】请简述蓝牙、ZigBee 和 Wi-Fi 技术的主要差别。

【答案】这 3 种无线技术,从传输距离来说,是 Wi-Fi>ZigBee>蓝牙;从功耗来说,是 Wi-Fi>蓝牙>ZigBee,后两者仅靠电池供电即可;从传输速率来讲,是 Wi-Fi>ZigBee>蓝牙。目前来说,Wi-Fi 的优势是应用广泛,已经普及到千家万户。ZigBee 的优势是低功耗和自组网;Wi-Fi 的优势是传输速率快;蓝牙的优势是组网简单。然而,这 3 种技术,也都有各自的不足,没有一种技术能完全满足智能家居的全部要求。

知识点 6.4　蜂　窝　网

6.4.1　2G

6.4.1.1　第二代蜂窝通信技术概述

第二代(Second-Generation,2G)蜂窝网络标志着数字蜂窝移动通信的开始。通过使用 TDMA 的方法使多个用户复用单个载波频率,2G 蜂窝标准满足了对提高频谱效率的需求。2G 蜂窝标准:个人数字蜂窝标准(Personal Digital Cellular,PDC)和个人手持电话系统(小灵通,Personal Handy-phone System,PHS)。PHS 是类似于添加了小区切换功能的无绳电话的微蜂窝通信技术。PHS 采用时分双工配置的 TDMA,单个载波频率上的 4 个时隙分配给上行链路,另外 4 个分配给下行链路。表 6-2 对 2G 蜂窝技术进行了总结。

表 6-2　2G 蜂窝技术

标准	起源地	最初部署时间	接入方案	载波间隔	TDMA 时隙数
GSM	欧洲	1991	TDMA	200 kHz	8
iDEN	美国	1993	TDMA	25 kHz	6
IS-136(D-AMPS)	美国	1993	TDMA	30 kHz	6
IS-95(cdmaOne)	美国	1995	CDMA	1.25 kHz	/
PDC	日本	1993	TDMA	25 kHz	3
PHS	日本	1995	TDMA-TDD	300 kHz	4Tx/4Rx

6.4.1.2　GSM 介绍

GSM(global system for mobile communication)通过使用时分多址接入(time division multiple Access,TDMA)和频分多址接入(frequency division multiple access,FDMA)的结合在多个用户之间划分物理资源。它使用 FDD 在上行和下行信道部署成对频谱,是一个使用 200 kHz 载波间隔的窄带系统。每个 RF 载波在时间上被分成具有 8 个时隙的 TDMA 帧,使得 8 个全速率的业务信道被多路复用到一个单 RF 载波上。为了减轻移动环境中多径传播造成的频率选择性衰落的负面影响,GSM 定义了可选的跳频模式。GSM 采用的调制方式为高斯最小频移键控(Gaussian minimum shift keying,GMSK),而增强的标准采用了更高阶的调制,比如 8 阶相移键控(eight-phase-shift keying,8PSK),以实现更高的数据速率。

6.4.1.3 GSM 网络架构

GSM 网络架构包括三个功能子系统:移动台(MS)、基站子系统(base station sub system,BSS)以及网络交换子系统(network switching subsystem,NSS)。MS 指接人蜂窝网络服务所需要的用户设备。BSS 的作用是通过无线接口与 MS 通信,该接口称为 Um 接口,传输来自或送达有线网络基础设施的业务。NSS 的作用是根据互联网协议版本 4(IPv4)或版本 6(IPv6)传输 MS 和公共交换电话网络(public switched telephone network,PSTN)或诸如互联网或公司内部网络的分组数据网络(packet data network,PDN)间的业务,还负责各种诸如用户注册和认证的功能。BSS 也通常被称为无线接入网(radio access network,RAN),NSS 通常被称为核心网(core network,CN)。RAN 和 CN 的术语在基于 3GPP 术语的 GSM 标准新版本(Rel-4 及以上版本)中的使用更加频繁。BSS、NSS 以及网络提供商用来监控和维护网络的操作维护子系统(operation and maintenance subsystem,OMS)的结合形成了一个公共陆地移动网(public land mobile network,PLMN)。在 GSM 的术语中,PLMN 可以是授权私营机构(如 Vodafone、Orange、T-Mobile、AT&T)运营的完整蜂窝网络,某些情况下也可以由政府机构运营,作为固网基础设施(如 PSTN、互联网)的扩展网络为用户提供陆基移动通信服务。

一个传统的 2G GSM 网络的基本网络架构如图 6-23 所示。

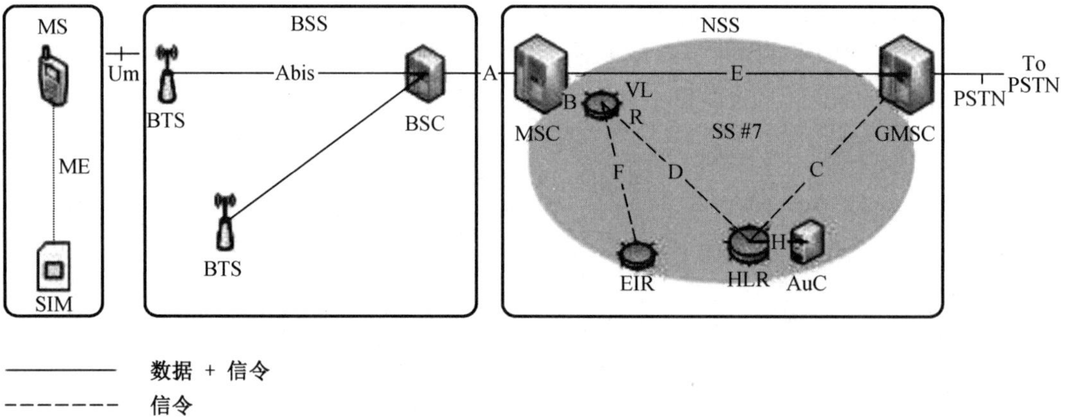

图 6-23　2G GSM 网络架构

6.4.2　3G

6.4.2.1 第三代蜂窝通信技术概述

通用移动通信系统(UMTS)是由 3GPP 组织标准化的基于码分多址接入(CDMA)的技

术,在市场上常被称为“3GSM”,并在全球范围内被大量部署。UMTS 满足 ITU 的国际移动通信系统 2000(IMT-2000)的所有需求,该标准是第三代(3G)无线移动通信的全球标准。UMTS 描绘出了一条从 GSM 到实现更高数据传输、更大系统容量的演进路径。UMTS 重用了现有 GSM 核心网,同时,UMTS 陆地无线接入网(UTRAN)引入了新的无线接入技术(RAT),其中最突出的是宽带码分多址接入(wideband code division multiple access, WCDMA)技术,它利用 5 MHz 的通道进行语音和数据服务。

6.4.2.2 UMTS/WCDMA 技术概要

(1)UMTS 和 GSM 的关系

UMTS 手机采用 WCDMA 技术,该技术是一种不同于 GSM、GPRS 及 EDGE 的无线接入技术。它重用了 GSM 2+阶段手机的大部分高层软件,即移动性管理(MM)、GPRS 移动性管理(GMM)、呼叫控制(CC)、会话管理(SM)以及短消息服务(SMS)。

一般 UMTS 移动设备也是 GSM 移动设备。移动设备可以在 GSM/EDGE 无线接入网(GERAN)和 UTRAN 网之间无缝切换。

(2)UMTS 网络架构综述

UMTS 网络(图 6-24)主要由三个子系统构成:

用户设备(UE):可能是一部手机、固定站或数据终端等,含有 USIM 模块。USIM 是驻留于智能卡上的应用,用于接入由蜂窝网提供的服务。在蜂窝网中,可以在适当安全条件下进行注册。USIM 包含有用户的所有注册信息。

UMTS 接入网络:包含接入网络时所需的所有无线设备。它既可以是 UTRAN,也可以是 GE RAN。

UMTS 核心网络:包含连接到 PSTN(CS 呼叫)或分组数据网络(PS 呼叫)用于移动性或用户位置管理以及认证服务的所有交换和路由功能。

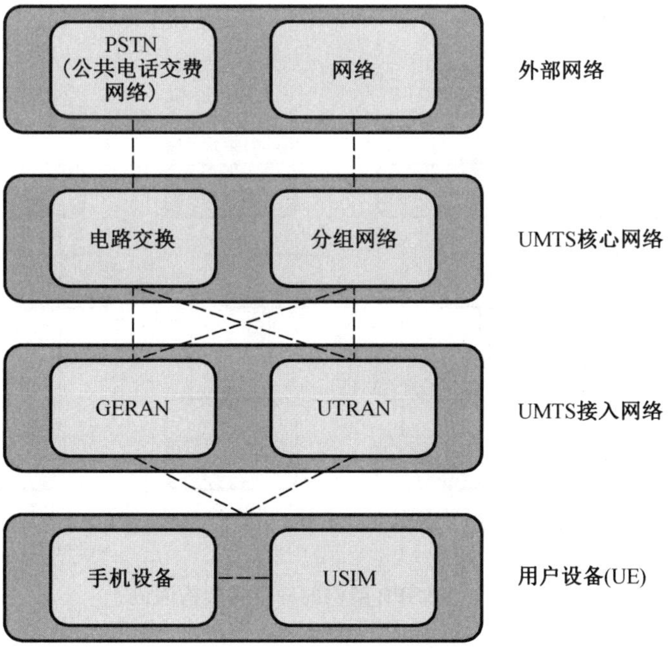

图 6-24 UMTS 网络拓扑

6.4.3 4G

6.4.3.1 第四代蜂窝通信技术概述

4G 蜂窝技术提供了增强的用户体验、更短的延时、更高的吞吐量以及永远在线的连通性,使得移动宽带体验可和无线局域网(WLAN)技术媲美。4G 蜂窝技术具有 1Gbps 甚至更高的理论峰值数据速率,推动了移动和固定无线宽带服务的融合。4G 蜂窝技术性能要求:3GPP LTE-A 和 Wireless MAN-A(wireless metropolitan area network-advanced,基于 IEEE 802.16m 标准)。这两项技术的一些特征使它们与大多数增强型 3G 网络区别开来。它们使用基于 OFDMA 的无线接入技术(RAT),并通过 MIMO 多天线技术增强性能;它们是全 IP 型网络(all-internet protocol network,AIPN),对分组交换(packet-switched,PS)数据进行了优化;支持 40 MHz 的宽带部署,而且频谱效率能达到 15bps/Hz,从而具有高的小区整体吞吐量,并且在低速移动性的场景下峰值数据速率能够达到 1 Gbps(或更高)。

6.4.3.2 LTE

3GPP 长期演进(long term evolution,LTE)是 3GPP 技术家族中备受瞩目的下一代技术,3GPP 技术家族包括面 GSM 和 UMTS。在 4G 蜂窝技术中,LTE 占主导地位,它描绘出了 GSM 和 UMTS 向更高的数据传输速率、更短的延迟以及移动多媒体服务传输永远在线的 IP 连通性的演进路线。通常称为 LTE 的系统,都包括新的无线接人技术和非无线网络方面的演进,包括被称为演进型分组核心网(evolved packet core,EPC)的新的核心网。LTE 和 EPC 代表了无线通信重要的演进,即将重点放在了数据网络上。

6.4.3.3 系统架构演进

为了满足减少用户平面延迟的迫切需求,3GPP SAE 采用了扁平化的网络架构,特别是在用户平面中尽可能地减少结点。图 6-25 显示了从 Rel-6 HSPA 到 Rel-8 LTE 的 3GPP 系统向扁平化架构发展。

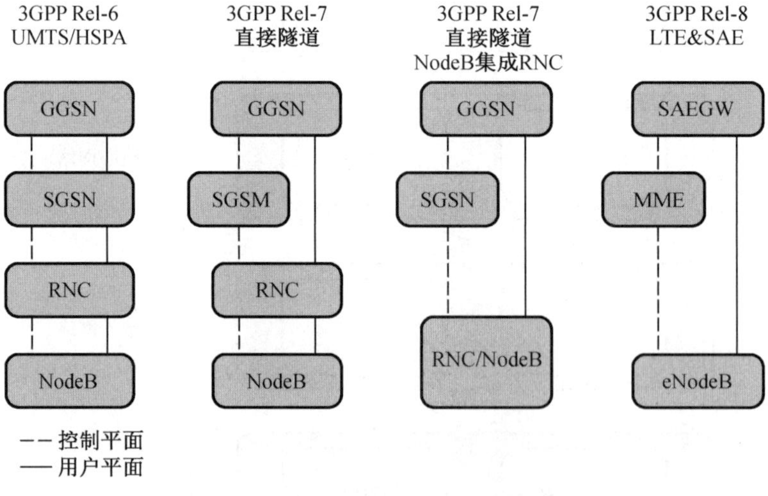

图 6-25 3GPP 架构向扁平化架构演进

6.4.4　5G

6.4.4.1　第五代移动通信技术概述

第五代移动通信技术（5th generation mobile communication technology，5G）是具有高速率、低时延和大连接特点的新一代宽带移动通信技术，是实现人机物互联的网络基础设施。

国际电信联盟（ITU）定义了5G的三大类应用场景，即增强移动宽带（eMBB）、超高可靠低时延通信（uRLLC）和海量机器类通信（mMTC）。增强移动宽带（eMBB）主要面向移动互联网流量爆炸式增长，为移动互联网用户提供更加极致的应用体验；超高可靠低时延通信（uRLLC）主要面向工业控制、远程医疗、自动驾驶等对时延和可靠性具有极高要求的垂直行业应用需求；海量机器类通信（mMTC）主要面向智慧城市、智能家居、环境监测等以传感和数据采集为目标的应用需求。

性能指标：

（1）峰值速率需要达到10~20 Gbps，以满足高清视频、虚拟现实等大数据量传输。

（2）空中接口时延低至1 ms，满足自动驾驶、远程医疗等实时应用。

（3）具备百万连接/平方公里的设备连接能力，满足物联网通信。

（4）频谱效率要比LTE提升3倍以上。

（5）连续广域覆盖和高移动性下，用户体验速率达到100 Mbps。

（6）流量密度达到10 Mbps/m^2以上。

（7）移动性支持500 km/h的高速移动。

6.4.4.2　5G关键技术

（1）5G无线关键技术

5G国际技术标准重点满足灵活多样的物联网需要。在OFDMA和MIMO基础技术上，5G为支持三大应用场景，采用了灵活的全新系统设计。在频段方面，与4G支持中低频不同，考虑到中低频资源有限，5G同时支持中低频和高频频段，其中中低频满足覆盖和容量需求，高频满足在热点区域提升容量的需求，5G针对中低频和高频设计了统一的技术方案，并支持百兆赫兹的基础带宽。为了支持高速率传输和更优覆盖，5G采用LDPC、Polar新型信道编码方案、性能更强的大规模天线技术等。为了支持低时延、高可靠，5G采用短帧、快速反馈、多层/多站数据重传等技术。

（2）5G网络关键技术

5G采用全新的服务化架构，支持灵活部署和差异化业务场景。5G采用全服务化设计，模块化网络功能，支持按需调用，实现功能重构；采用服务化描述，易于开放，有利于引入IT开发实力，发挥网络潜力。5G支持灵活部署，基于NFV/SDN，实现硬件和软件解耦，实现控制和转发分离；采用通用数据中心的云化组网，网络功能部署灵活，资源调度高效；支持边缘计算，云计算平台下沉到网络边缘，支持基于应用的网关灵活选择和边缘分流。通过网络切片满足5G差异化需求，网络切片是指从一个网络中选取特定的特性和功能，定制出的一个逻辑上独立的网络，它使得运营商可以部署功能、特性服务各不相同的多个逻辑网络，分别为各自的目标用户服务。目前定义了3种网络切片类型，即增强移动宽带、低时延高可靠、大连接物联网。

知识点 6.4 习题解析

6-4-01　习题【综合】目前国际上确定的 3G 标准有哪 4 种？

【答案】(1)WCDMA:欧洲和日本的宽带码多分址;(2)CDMA:美国;(3)TD-SCDMA:中国;(4)WiMax:全球微波互联接入,又称为 IEEE. 802. 16 标准。

6-4-02　习题【综合】试从频段、传输速率、典型应用几个方面将几种蜂窝移动通信网络技术进行比较。

【答案】参考表 6-3。

【解析】表 6-3 为上述几种蜂窝移动通信网络的技术对比。随着技术的不断演进,从 2G 到 5G,不同技术所用的频带越来越高了。从一开始的 900 MHz 到现在的毫米波,同时对应的传输速率也越来越高了。不同的技术也有对应的不同的应用,所以在进行技术选择时应该是选择最合适的而不一定要选择最好的,像 POS 机或者自动售货机,这些设备在 2G、3G 的网络中使用就已经足够了,所以也没有必要去使用更高级的网络。毕竟不同的网络模组的成本肯定是不一样的,所以虽然 5G 能够给用户带来很多新的体验,但是,开发者没有必要在所有的解决方案当中都使用 5G 作为技术选择。因为 5G 的成本是比较高的,所以在进行选择时,除了考虑到技术上的能力优势之外,还需要考虑到成本的问题。

表 6-3　蜂窝移动通信网络技术对比表

	2G	3G	4G	5G
频段	授权频段 (以 900 MHz 为主)	授权频段 (900 MHz、 1 800 MHz 为主)	授权频段 (1 800~ 2 600 MHz)	授权频段: C-band 毫米波
传输速率	GSM: 9. 6 kbps GPRS:56~114 kbps	TD-SCDMA: 2. 8 Mbps CDMA2000: 3. 1 Mbps WCDMA: 14. 4 Mbps	下行 Cat6、7: 300 Mbps Cat9、10: 450 Mbps	10 Gbps (巴龙 5000 芯片支持) 下行速率:4. 6 Gbps 上行速率:2. 5 Gbps
典型应用	POS、智能可 穿戴设备	自动售货机、 智能家居	移动终端、 视频监控	AR、VR、辅助驾驶、 自动驾驶、远程医疗

知识点 6.5 移动性管理

6.5.1 移动网络体系结构

如图 6-26 所示,在一个网络环境中,一个移动结点(如一台便携机或智能手机)的永久居所被称为归属网络(home network),在归属网络中代表移动结点执行下面讨论的移动管理功能的实体叫归属代理(home agent)。移动结点当前所在网络叫作外部网络(foreign network)或被访网络(visited network),在外部网络中帮助移动结点做移动管理功能的实体称为外部代理(foreign agent)。通信者(correspondent)是希望与该移动结点通信的实体。

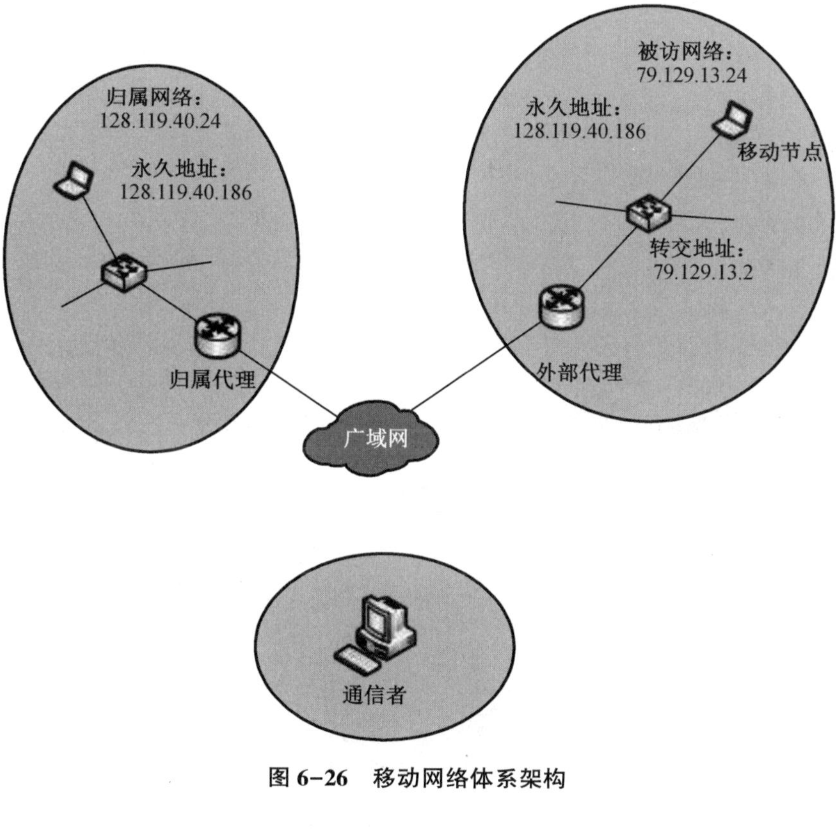

图 6-26 移动网络体系架构

6.5.2 寻址

为了使用户移动性对网络应用透明,希望一个移动结点在从一个网络移动到另一个网络时保持其地址不变。一种方法(并在实际中得到了采用)是将移动性功能从网络核心搬到网络边缘。一种自然的做法是由该移动结点的归属网络来实现,在移动结点的归属网络中的归属代理也能跟踪该移动结点所在的外部网络。

如图 6-26 所示,外部代理是将外部代理放置在外部网络的边缘路由器上。外部代理的作用之一就是为移动结点创建一个所谓的转交地址(COA),该 COA 的网络部分与外部网络的网络部分相匹配。因此一个移动结点可与两个地址相关联,即其永久地址与其COA,该COA有时又称为外部地址(foreign address)。

6.5.2.1 移动结点的间接路由选择

在间接路由选择(indirect routing)方法中,当一个通信者给移动结点发送数据报时,通信者只是将数据报寻址到移动结点的固定地址,并将数据报发送到网络中去,完全不知道移动结点是在归属网络中还是正在访问某个外部网络,因此移动性对于通信者来说是完全透明的。这些数据报就像平常一样首先导向移动结点的归属网络。如图6-27中的步骤①。归属代理除了负责与外部代理交互以跟踪移动结点的COA外,另一项功能是监视到达的数据报,这些数据报寻址的结点的归属网络与该归属代理所在网络相同,但这些结点当前却在某个外部网络中。归属代理截获这些数据报,然后分两步转发它们,即通过使用移动结点的COA,该数据报先转发给外部代理(图6-27中的步骤②),然后再从外部代理转发给移动结点(图6-27中的步骤③)。

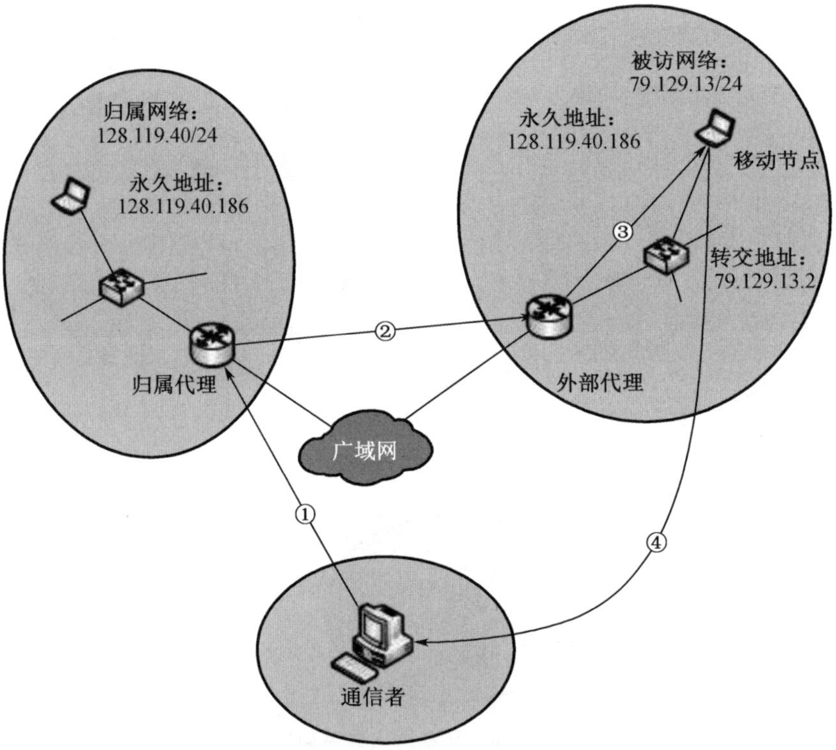

图6-27 间接路由选择

6.5.2.2 移动结点的直接路由选择

间接路由选择方法存在一个低效的问题,即三角路由选择问题(triangle routing problem)。该问题是指即使在通信者与移动结点之间存在一条更有效的路由,发往移动结点的数据报也要先发给归属代理,然后再发送到外部网络。

直接路由选择(direct routing)克服了三角路由选择的低效问题,但却是以增加复杂性为代价的。在直接路由选择方法中,通信者所在网络中的一个通信者代理(correspondent agent)先知道该移动结点的 COA。这可以通过让通信者代理向归属代理询问得知,这里假设与间接路由选择情况类似,移动结点具有一个在归属代理注册过的最新的 COA。与移动结点可以执行外部代理的功能相类似,通信者本身也可能执行通信者代理的功能。在图 6-28 中显示为步骤①和步骤②。然后通信者代理将数据报直接通过隧道技术发往移动结点的 COA,这与归属代理使用的隧道技术相类似,参见图 6-28 的步骤③和步骤④。

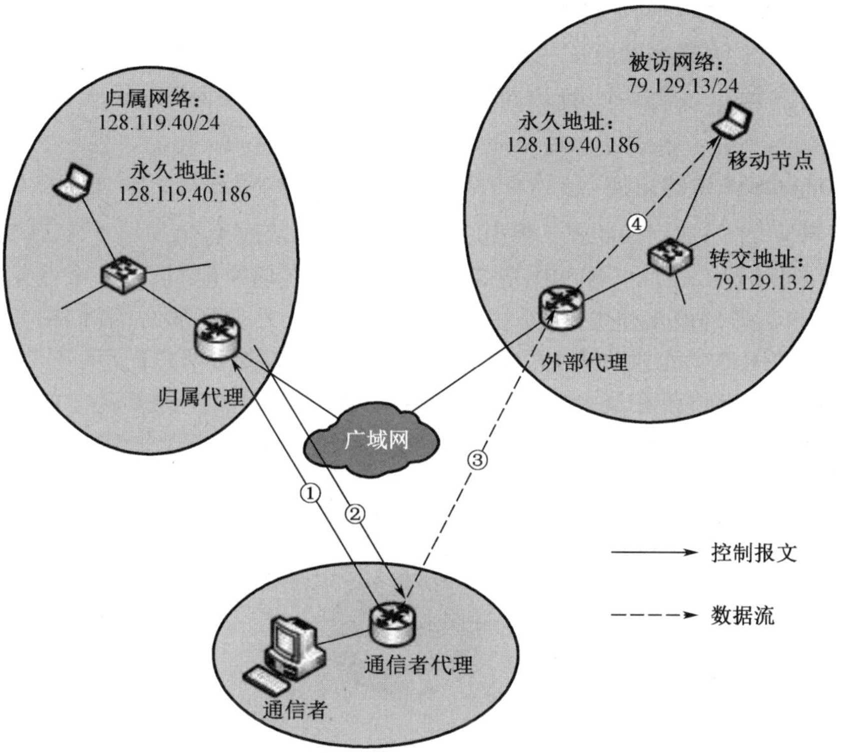

图 6-28 直接路由选择

6.5.3 移动 IP

支持移动性的因特网体系结构与协议合起来称为移动 IP,移动 IP 标准由三部分组成:

(1)代理发现

移动 IP 定义了一个归属代理或外部代理用来向移动结点通告其服务的协议,以及定义了移动结点请求一个外部代理或归属代理的服务所使用的协议。

(2)向归属代理注册

移动 IP 定义了移动结点和/或外部代理向一个移动结点的归属代理注册或注销 COA 所使用的协议。

(3)数据报的间接路由选择

该标准也定义了数据报被一个归属代理转发给移动结点的方式,包括转发数据报使用的规则、处理差错情况的规则和几种不同的封装形式。

6.5.4 蜂窝网络中的移动性管理

在蜂窝网络中,与移动 IP 类似,GSM 采用了一种间接路由选择方法,首先将通信者的呼叫路由选择到移动结点的归属网络,再从那到达被访网络。在 GSM 术语中,移动用户的归属网络被称作该移动用户的归属公共地域移动网络(home public land mobile network,home PLMN)。将 GSM 归属 PLMN 称为归属网络(home network)。移动用户向某个蜂窝网提供商订购了服务,该蜂窝网就成为这些用户的归属网络(即该提供商就按月提供的蜂窝服务收取用户的费用)。被访问的 PLMN,称其为被访网络(visited network),是移动用户当前所在网络。

6.5.4.1 GSM 中的切换

在一个呼叫过程中,移动站点将其关联从一个基站改变到另一个基站时出现切换(hand-off)。如图 6-29 所示,移动用户的呼叫初始时(在切换前)通过一个基站(我们称其为旧基站)路由选择到该移动用户,而在切换以后它经过另一个基站(我们称其为新基站)路由选择到移动用户。注意到基站之间的切换不仅导致移动用户向/从一个新的基站传输/接收信号,而且导致正在进行的呼叫从网络中的一个交换点到新基站的重路由选择。我们首先假设新旧基站共享同一个 MSC,并且重路由选择发生在这个 MSC。

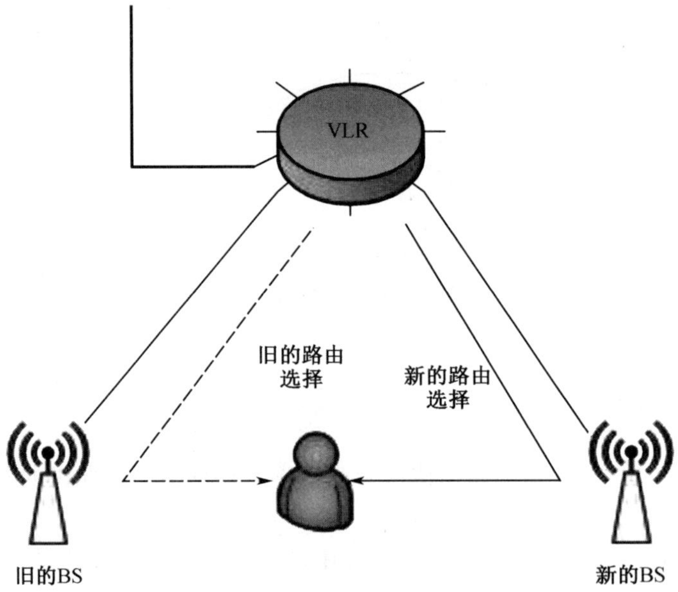

图 6-29 MSC 基站间的切换

导致切换发生的原因:

(1)当前基站和移动用户之间的信号减弱,使得该呼叫有被中断的危险;

(2)一个蜂窝处理的呼叫太多,变得过载。可以通过将一些移动用户切换到邻近不太拥塞的蜂窝中,使这个拥塞得到缓解。

在与一个基站相关联期间,移动用户周期性地测量来自其当前基站和临近它的可以“听得到”的基站的信标信号强度。这些测量以每秒 1~2 次的频率报告给移动用户的当前基站。根据这些测量值、临近蜂窝的移动用户的当前负载以及其他因素，GSM 中的切换由旧的基站发起。

图 6-30 显示了当一个基站决定切换一个移动用户时所包括的步骤：

步骤①旧基站（BS）通知被访问 MSC 即将要进行一个切换，通知移动用户将要切换到的 BS（或可能的 BS 集）。

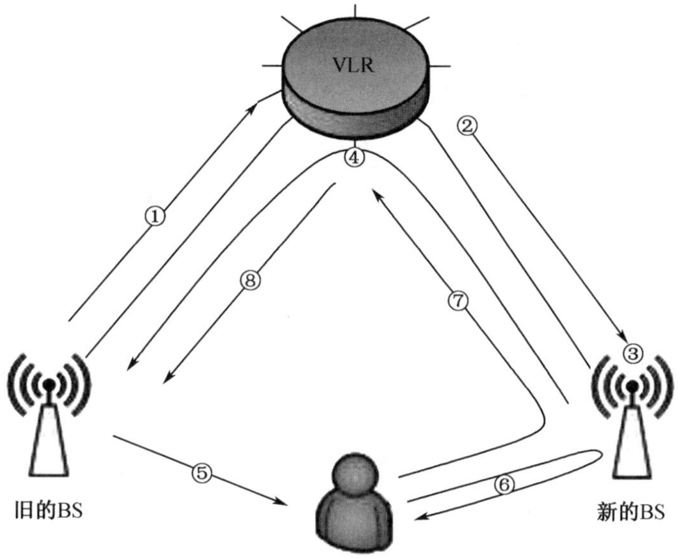

图 6-30 MSC 基站间切换的步骤

步骤②被访问 MSC 发起建立到新 BS 的路径，分配承载重路由选择的呼叫所需的资源，以及用信令告知新 BS 一个切换即将出现。

步骤③新 BS 分配并激活一个无线信道供移动用户使用。

步骤④新 BS 发出信令返回被访问 MSC 和旧 BS，即已经建立了被访问 MSC 到新 BS 的路径并且移动用户应当被告知即将发生的切换。新 BS 提供移动用户与新的 BS 相关联所需要的所有信息。

步骤⑤移动用户被告知它应当进行一个切换。到此时为止，移动用户完全不知网络已经为切换做好所有底层工作（如在新 BS 中分配一个信道，分配一条从被访问 MSC 到新 BS 的路径）。

步骤⑥移动用户和新 BS 交换一个或多个报文，以完全激活新 BS 中新的信道。

步骤⑦移动用户向新 BS 发送一个切换完成报文，该报文随后向上转发给被访问 MSC。该被访问 MSC 然后重路由选择到移动用户的正在进行的呼叫，使其经过新 BS。

步骤⑧沿着到旧 BS 的路径分配的资源随后被释放。

当移动用户移动到一个不同于旧 BS 的、与不同的 MSC 关联的 BS 中时，并且当这种 MSC 之间的切换多次发生，GSM 定义了锚 MSC（anchor MSC）的概念。锚 MSC 是呼叫首次开始时移动用户所访问的 MSC，它在整个呼叫持续过程中保持不变。在整个呼叫持续期间，不论移动用户进行了多少次 MSC 间转换，呼叫总是从归属 MSC 路由选择到锚 MSC，然后再到移动用户当前所在的被访问 MSC。当移动用户从一个 MSC 覆盖区到达另一个 MSC 覆盖区后，正在进行的呼叫被重路由选择，从锚 MSC 到包含新基站的新被访问 MSC。

另一种方法则不用维持从锚 MSC 到当前 MSC 的单一 MSC 跳，将直接链接移动用户访问的 MSC。每当移动用户移到一个新 MSC 后，让旧 MSC 将正在进行的呼叫转发给新 MSC。这种 MSC 链事实上能够出现在 IS-41 蜂窝网络中，通过使用最少步骤的可选路径来去除在锚 MSC 和当前访问 MSC 之间的 MSC。

6.5.4.2 移动 IP 和 GSM 移动性的区别

移动 IP 和 GSM 移动性之间的区别如表 6-4 所示。

表 6-4 移动 IP 和 GSM 移动性之间区别

GSM 要素	对 GSM 要素的解释	移动 IP 要素
归属系统	移动用户永久电话号码所归属的网络	归属网络
网关移动(服务)交换中心或简称归属 MSC，归属位置注册器(HLR)	归属 MSC：获取移动用户路由地址的联系点。HLR：归属系统中包含移动用户永久电话号码、个人信息、当前位置和订购信息的数据库	归属代理
被访问系统	移动用户当前所在的非归属系统网络	被访网络
被访问移动(服务)交换中心或简称被访问 MSC，访问者定位记录(VLR)	被访问 MSC：负责建立与 MSC 相关联的发射区中到/从移动结点的呼叫。VLR：访问系统中的临时数据库项，包含每个访问移动用户的订购信息	外部代理
移动站点漫游号码(MSRN)，或漫游号码	用于归属 MSC 和被访问 MSC 之间电话呼叫的路由地址，对移动用户和通信者均不可见	转交地址

6.5.5 无线和移动性：对高层协议的影响

无线网络在链路层和网络层与有线网络有很大的区别。但在运输层和应用层差别是很小的，在有线和无线网络中都是使用诸如 TCP 和 UDP 的协议提供运输层服务，应用层也应该保持不变。TCP 和 UDP 可以运行在具有无线链路的网络中。在另一方面，运输层协议(特别是 TCP)通常在有线和无线网络中有时会有完全不同的性能。

由于无线信道的高比特差错率和切换丢失的可能性，TCP 的拥塞控制反应在无线情况下可能会有问题。有三大类可能的方法用于处理这一问题：

(1)本地恢复

本地恢复方法的目标是在比特差错出现的当时和当地(如在无线链路中)将其恢复。

(2)TCP 发送方知晓无线链路

在本地恢复方法中，TCP 发送方完全不清楚其报文段跨越一段无线链路。另一种方法是让 TCP 发送方和接收方知道无线链路的存在，从而将在有线网络中发生的拥塞性丢包和在无线网络中发生的差错/丢包区分开，并且仅对有线网络中的拥塞性丢包采用拥塞控制。

(3)分离连接方法

在分离连接方法中，移动用户和其他端点之间的端到端连接被打断为两个运输层连接：一个从移动主机到无线接入点，一个从无接入点到其他通信端点。该端到端连接因此是由一个无线部分和一个有线部分级连形成的。经无线段的运输层能够是一个标准的TCP 连接,或是一个特别定制运行在 UDP 上的差错恢复协议。

知识点 6.5 习题解析

6-5-01 习题【基础】在 3G 蜂窝数据体系结构中,RNC 的作用是什么?在蜂窝语音网中 RNC 起什么作用?

【答案】在 3G 蜂窝数据体系结构中,RNC 控制几个基站,且与 MSC 和 SGSN 相连,共享相同的无线电接入网。RNC 在蜂窝语音网中,为用户分配信道,使用 CDMA 技术。

6-5-02 习题【基础】MSC 是什么?在通信者和被叫移动用户之间,最多出现几个 MSC,分别是什么?

【答案】其中 MSC 是移动交换中心,是蜂窝移动通信网中的核心构建,其实 MSC 还要维护两个非常重要的数据库,即归属位置寄存器 HLR,来访用户位置寄存器 VLR。在通信者和被叫移动用户之间,最多出现三个 MSC,即归属 MSC、锚 MSC、被访网络 MSC。

6-5-03 习题【基础】试解释下列名词的含义:归属位置寄存器 HLR,来访用户位置寄存器 VLR,移动站漫游号码 MSRN,锚 MSC。

【答案】归属位置寄存器 HLR 是一个中心数据库,包含被授权使用 GSM 核心网的各个移动电话签约用户的详细信息

来访用户位置寄存器 VLR 是一种用于存储来访用户位置信息的数据库。

移动站漫游号码 MSRN 是针对手机的移动特性所使用的网络号码,它是由 VLR 分配的。

GSM 使用了锚 MSC 的概念。锚 MSC 是在呼叫移动用户首次访问过的 MSC,它在整个呼叫过程中保持不变。

6-5-04 习题【进阶】移动网络的间接路由选择的基本工作原理是什么?

【答案】直接路由选择指由通信代理通过归属代理获得转交地址,直接发送到外部代理;间接路由选择指由归属代理转发数据给外部代理,使用隧道技术。

【解析】数据报寻址并转发的方法分为间接路由选择和直接路由选择。

6-5-05 习题【进阶】永久地址和转交地址之间的区别是什么?谁指派转交地址?

【答案】(1)永久地址是指的该无线站点的固定地址,即使该无线站点移动,这个永久地址也是固定的。其他主机想与该无线站点通信,需要使用这个永久地址连接。转交地址则是该无线站点在外部网络是临时分配的地址,对于用户来说是透明的,仅仅是为了把报文转发到外部网络中,使得该无线站点可以收到报文。

(2)外部代理。外部代理的作用之一就是为移动结点创建一个所谓的转交地址(COA),该 COA 的网络部分与外部网络的网络部分相同,因此一个移动接点可与两个地址相关联,即永久地址和 COA,COA 有时又称为外部地址。外部代理的第二个作用就是告诉归属代理,该移动结点在它的(外部代理的)网络中具有给定的 COA。该 COA 的作用是将数据报通过外部代理“重新路由选择”到移动结点。

6-5-06 习题【进阶】简述移动 IP 的代理发现与注册过程。

【答案】(1)代理发现指的是当某个移动 IP 站点到达一个新网络时,不管是连接到一

个外部网络还是返回其归属网络，它都必须知道相应的外部代理或归属代理的身份，这是新外部代理的发现，通过一个新的网络地址，才使移动结点中的网络层知道它已进入一个新的外部网络。

（2）注册过程：当收到一个外部代理的通告后，移动结点立即向外部代理发送一个移动IP注册报文，外部代理收到注册报文并记录移动结点的永久IP地址，归属代理接受注册请求并检查其真实性和正确性，把移动结点的永久IP地址和COA绑定，外部代理接收注册应答，然后将其转发给移动结点，到此注册就完成了，移动结点就能收到发往其永久地址的数据报了。

6-5-07　习题【进阶】在GSM网络中，锚MSC的作用是什么？

【答案】锚MSC是手机在通话开始时访问的MSC，锚MSC在调用期间保持不变。在整个呼叫过程中，无论移动端执行了多少次跨MSC传输，呼叫都将从主MSC路由到锚MSC，然后从锚MSC路由到移动端当前所在的已访问MSC。

6-5-08　习题【综合】当移动站在漫游时，为了找到这个移动站，可以使用间接路由选择和直接路由选择。请简述这两种方法的区别。

【答案】间接路由选择源站并不知道移动站的当前地址，而是把数据报发往移动站的归属网络，以后的寻址工作都由归属代理来完成。直接路由选择是让通信者B创建一个通信者代理（correspondent agent），让这个通信者代理向归属代理询问到移动站在被访网络的转交地址。然后由通信者代理（而不是由归属代理）把数据报用隧道技术发送到被访网络的外地代理，最后再由这个外地代理拆封，把数据报转发给移动站。移动IP的间接路由选择和直接路由选择最主要的区别是直接路由选择需要使用通信者代理或锚外地代理。

6-5-09　习题【综合】在GSM网络中，HLR和VLR的目的是什么？移动IP的什么要素类似于HLR和VLR？

【答案】HLR，归属位置注册器，包含每个用户的个人信息和当前的位置信息。相当于移动IP中的归属网络。VLR，访问者位置注册，包含当前在该网络中的用户的表项，协调到达或离开的移动用户的呼叫建立。相当于移动IP中的外部网络。

6-5-10　习题【综合】为了避免单一无线链路降低一条端到端运输层TCP连接的性能，能够采取的三种方法是什么？

【答案】在无线链路中使用重传协议；发送方知晓无线链路，使用特殊的拥塞控制策略；有线和无线分离为两个运输层连接。

6-5-11　习题【综合】在移动IP中，移动性对IP报文在源端和目的端的传输延迟有怎样的影响？

【答案】由于数据报必须首先转发到本地代理，然后再从那里转发到移动端，因此延迟通常会比直接路由更长。但是，从对应端到移动端的直接延迟（即，如果数据报没有通过home代理路由）实际上可能小于从对应端到home代理和从那里到移动端的延迟之和。它取决于这些不同路径段上的延迟。间接路由也增加了一个主代理处理（例如，封装）延迟。

6-5-12　习题【综合】考虑在一个具有外部代理的外部网络中的两个移动结点。在移动IP中，这两个移动结点是否可能使用相同的转交地址？解释你的答案。

【答案】在同一访问网络中，两部手机肯定有相同的管理地址。事实上，如果转交地址是外部代理的地址，那么这个地址是相同的。一旦外部代理将隧道数据报解封装并确定了移动设备的地址，就需要使用单独的地址将数据报分别发送到访问网络中的不同目的地

(移动设备)。

6-5-13 习题【综合】如果某结点与因特网具有无线连接,则该结点必定是移动的吗?试解释之。假设一个使用膝上型电脑的用户携带着电脑在公园散步,并且总是通过相同的接入点接入因特网,从网络角度看,这是移动用户吗?

【答案】不一定。一个结点可以在其连接到网络的整个过程中一直连接到同一个接入点(因此,不能移动)。移动结点是指随时间改变其连接点进入网络的结点。因为用户总是通过同一个接入点访问互联网,所以不是移动用户。

6-5-14 习题【综合】试说明下列名词的含义:归属网络、永久地址、归属代理、被访网络、外地代理、转交地址。

【答案】归属网络,移动站原始连接到的网络;永久地址,又称为归属地址,即移动站的原始地址;归属代理,通常是指连接在归属网络上的路由器;被访网络,当移动站 A 移动到另一个地点,他所接入的网络称为被访网络(visited network)或外地网络(foreign network);外地代理,被访网络中使用的代理,它通常就是连接在被访网络上的路由器(当然也充当主机);转交地址,外地代理为移动站创建的一个临时地址。

6-5-15 习题【综合】当计算机移动到外地时,为什么可以保留其原来的 IP 地址?这时需要采取哪些措施?

【答案】移动 IP 又称为移动 PP 协议,是由 ETF 开发的一种技术,这种技术允许计算机移动到外地时,仍然保留其原来的 IP 地址。当一个结点的位置发生改变后,如果结点移动到另一个网络的过程中通信正在进行,改变结点的口地址会造成通信的中断;移动 PP 使用户的移动性对上层的网络应用是透明的。若一个移动站在漫游时仍保持其 IP 地址不变,就要想办法使已建立的 TCP 连接与移动用户的漫游无关,此外,还要想办法让因特网中的其他主机能够找到这个移动站。移动 IP 使用了一些新的概念,如永久地址,或归属地址、归属网络;被访网络或外地网络;归属代理、外地代理;转交地址、同转交地址等。

6-5-16 习题【综合】请简述固定接入、移动接入、便携接入和游牧接入的主要特点。

【答案】固定接入,在作为网络用户期间,用户设置的地理位置保持不变;移动接入,用户设备能够以车辆速度(一般取为每小时 120 km)移动时进行网络通信。当发生切换(即用户移动到不同蜂窝小区)时,通信仍然是连续的。便携接入,在受限的网络覆盖面积中,用户设备能够在以步行速度移动时进行网络通信,提供有限的切换能力;游牧接入,用户设备的地理位置至少在进行网络通信时保持不变。如果用户设备移动了位置(改变了蜂窝小区),那么再次进行通信时可能还要寻找最佳的基站。

6-5-17 习题【综合】3G 和 4G 蜂窝体系结构之间的 3 个重要差别是什么?

【答案】(1)在 3G 架构中,语音和数据有独立的网络组件和路径,即语音通过公用电话网,数据通过公用互联网。4G 架构是统一的全 IP 网络架构,即声音和数据都以 IP 数据报的形式从无线设备传送到几个网关,然后再传送到因特网的其他地方。

(2)4G 网络架构与 3G 网络架构不同,将数据平面和控制平面明确分离。

(3)4G 架构具有不同于 3G 无线接入网 UTRAN 的增强型无线接入网(E-UTRAN)。

6-5-18 习题【综合】试以固定电话呼叫蜂窝移动通信网中的移动电话为例,说明怎样用间接路由选择和直接路由选择的方法找到正在漫游的移动电话。

【答案】(1)找到移动用户的归属网络。通信者(固定电话用户)首先拨移动用户的电话号码。从这个电话号码很容易找到了移动用户电话的归属网络。

(2)归属 MSC 向其 HLR 查询现在被叫移动用户的位置。HLR 向归属 MSC 返回被叫移动用户的移动站漫游号 MSRN。这个 MSRN 正是被叫移动用户漫游到被访网络,并被 VLR 指派的 MSRN,而 VLR 也已及时地把这个 MSRN 告诉了该移动站的归属 MSC 的 HLR。

(3)归属 MSC 按照所得到的漫游号码 MSRN 进行呼叫的第二段,把通信者发起的呼叫从归属 MSC 传送到被访网络的 MSC,再传送到该移动用户所漫游到的小区的基站。于是,整个呼叫就完成了。

6-5-19　习题【综合】在蜂窝移动通信网中,移动站的漫游所产生的切换,对正在工作的 TCP 连接有什么影响?

【答案】在 TCP 连接中,只要发生报文段的丢失或出错,TCP 就要重传这个丢失或出错的报文段。在移动用户的情况下,TCP 报文段的丢失,既可能是由移动用户切换引起的,也可能是由于网络发生了拥塞。由于移动用户更新相关联的基站需要一定的时间。这就可能造成 TCP 报文段的丢失,但 TCP 并不知道现在出现的分组丢失的原因,只要出现 TCP 报文段频繁丢失,TCP 的拥塞控制就会采取措施,减小其拥塞窗口,从而使 TCP 发送方的报文段发送速率减低。

6-5-20　习题【综合】餐馆中有两个 ISP 分别设置了接入点 AP1 和 AP2,并且都使用 802.11b 协议。两个 ISP 都分别有自己的 IP 地址块。(1)假定两个 ISP 在配置其接入点时,都选择了信道 11。如果有用户 A 和 B 分别使用接入点 AP1 和 AP2,那么这两个无线网络能够正常的工作吗?(2)若这两个 AP 一个工作在信道 1,而另一个工作在信道 11,题目的答案有变化吗?

【答案】(1)一般来说,两个无线网络的名字是各自独立设置的,不太可能一样。如果 A 和 B 两人只有一个人在通话,那么这是可以正常工作的。虽然两个 AP 都是能同时收到信号的,但其中的一个会丢弃地址错误的帧。如果两人同时进行通话,由于信道 11 是共同使用的,就必然产生冲突,两个 AP 无法正常工作。

(2)两个 AP 可以正常工作。

第 7 章　多媒体网络

知识点 7.1　多媒体网络应用概述

多媒体网络应用可定义为任何应用音频或视频的网络应用，可分为流式存储音频/视频、会话式 IP 音频/视频、流式实况音频/视频等三类。应用类型中的每一类都有自己独特的服务需求，而音频和视频是两种最广泛的媒体形式，因此在深入讨论多媒体网络应用前，必须考虑音频和视频媒体自身的内在特点。

7.1.1　视频的特性

（1）高比特率

经互联网分发的视频的传输速率范围很广，下至用于低质量视频会议的 100 kbps，上达用于流式高分辨率电影的 3 Mbps。

（2）视频压缩

在视频中有两种类型的冗余：空间冗余和时域冗余，它们都可以用来进行视频压缩。空间冗余是给定图像的内部冗余，从直觉上讲，一个主要由空白组成的图像具有高度的冗余，能够有效地压缩而不会明显降低图像质量。时域冗余反映一幅图像和后续图像的重复程度。

（3）多重版本

使用压缩可以生成相同视频的多重版本，每个版本有不同的质量等级，如常见的 480P、720P、1080P 等。

7.1.2　音频的特性

音频的特性与音频的产生过程息息相关。模拟音频（由人和乐器所产生）转换为数字信号的过程如下：

（1）以某种固定速率采样，例如每秒 8 000 个样本。每个采样值是一个任意的实数。

（2）每个采样值被“四舍五入”为有限个数值中的一个，这种操作被称为量化。

（3）每个量化值由固定数量的比特表示。

语音编码和光盘编码通常使用脉冲编码调制，PCM 编码（pulse code modulation）的语音和音乐很少在互联网中使用。与视频一样，音频使用压缩技术来减小流的比特速率。音频中一种接近 CD 质量立体声音乐的流行压缩技术是 MPEG，即 MP3。MP3 编码器通常能够压缩为许多不同的速率；128 kbps 是最常使用的编码速率，并且能够产生非常小的声音失真。一种相关的标准是高级音频编码（advanced audio coding，AAC）。

音频比特率通常比视频的比特率小得多，但用户通常对音频的小失误比视频的小失误更为敏感。

7.1.3 流式存储音频/视频

流式存储音频中,依赖的媒体是预先录制的电影电视节目视频、预先录制的体育赛事或预先录制的用户生成的视频等。人们将这些预先录制的视频放置在服务器上,用户向服务器发送请求按需观看视频。流式存储视频具有三个关键的不同特色:流、相互作用、连续播放。

(1)流

在流式存储视频应用中,客户从服务器接收文件几秒之后,通常就开始播放视频。这意味着当客户在从视频的一个位置开始播放的同时,正在从服务器接收该视频的后续部分,这种技术被称为流(streaming)。

(2)相互作用

因为媒体是预先录制的,用户可以对多媒体内容进行暂停、重新配置、前进、倒退、快进等操作。从一个客户提出这种请求到该动作在客户端表现出来,可接受的响应时间应该小于几秒。

(3)连续播放

一旦视频开始播放,它应该根据初始记录的时序进行。因此,为了在客户端播放,必须从服务器中及时接收数据;否则,用户会遇见视频帧停滞(这时客户等待延迟的帧)或帧跳过(这时客户漏掉延迟的帧)等问题。

7.1.4 会话式语音和视频

会话式语音和视频类似于传统的电路交换电话服务。定时考虑和数据丢失容忍度对会话式语音和视频应用尤其重要。会话式语音和视频具有高度时延敏感和容忍丢包的特性。

(1)高度时延敏感

视频会话式应用是高度时延敏感的。对于具有两个或更多个交互讲话者的会话来说,从用户讲话或移动开始到该动作显现在其他端的时延应当小于几百毫秒。

(2)容忍丢包

偶尔的丢失只会在音频/视频回放时偶尔出现干扰信号,而且这些丢失经常可以部分或者全部地隐藏。

7.1.5 流式实况音频/视频

流式实况音频/视频类似于用互联网来传播的电台广播和电视,它允许用户接收从世界上任何角落发出的实况无线电广播和电视传播。流式实况音频/视频经常有很多接收相同音频/视频节目的客户,这种应用通常是用 CDN(内容分发网络)来实现的。因为事件是直播的,尽管定时限制没有会话式语音那么严格,但时延也可能成为问题。

知识点 7.1 习题解析

7-1-01 习题【基础】视频的特性是什么?

【答案】(1)高比特率:经互联网分发的视频的典型传输速率范围很广,下至用于低质量视频会议的 100 kbps,上达到用于流式高分辨率电影的 3 Mbps;

(2)视频压缩:在视频中有两种类型的冗余:空间冗余和时域冗余,它们都可以用来进行视频压缩。空间冗余是给定图像的内部冗余,从直觉上讲,一个主要由空白组成的图像具有高度的冗余,能够有效地压缩而不会明显降低图像质量。时域冗余反映一幅图像和后续图像的重复程度。

(3)多重版本:使用压缩可以生成相同视频的多重版本,每个版本有不同的质量等级。

7-1-02 习题【基础】音频的特性是什么?

【答案】音频的特性与音频的产生过程息息相关。模拟音频(由人和乐器所产生)转换为数字信号的过程如下:

(1)以某种固定速率采样,例如每秒 8 000 个样本。每个采样值是一个任意的实数;

(2)每个采样值被“四舍五入”为有限个数值中的一个,这种操作被称为量化;

(3)每个量化值由固定数量的比特表示;

语音编码和光盘编码通常使用脉冲编码调制,PCM 编码的语音和音乐很少在互联网中使用。与视频一样,取而代之的是使用压缩技术来减小流的比特速率。一种接近 CD 质量立体声音乐的流行压缩技术是 MPEG,即 MP3。MP3 编码器通常能够压缩为许多不同的速率;128 kbps 是最常使用的编码速率,并且能够产生非常小的声音失真。一种相关的标准是高级音频编码(advanced audio coding,AAC)。

音频比特率通常比视频的比特率小得多,但用户通常对音频的小失误比视频的小失误更为敏感。

7-1-03 习题【基础】多媒体应用能够分为三种类型。阐述它们的名称并对每种类型进行描述。

【答案】(1)流式存储视频/音频:在此类应用程序中,底层媒体是预录制的视频,例如电影,电视节目或预录制的体育赛事。这些预先录制的视频在服务器存放,用户将请求发送到服务器以按需观看视频。

(2)会话式音频/视频:互联网上的实时会话语音通常称为互联网电话,因为从用户的角度来看,它类似于传统的电路交换电话服务。它也称为 IP 语音(VOIP)。会话视频类似于它,除了包括参与者的视频以及他们的声音。

(3)流式实况音频/视频:应用程序允许用户通过互联网接收实时广播或电视传输。

7-1-04 习题【进阶】流式存储音频/视频、流式实况音频/视频和会话式 IP 音频/视频都有何区别?

【答案】流式存储音频/视频是先把已压缩的录制好的音频/视频文件存储在服务器上,用户通过互联网下载这样的文件。流式存储音频/视频的特点是边下载边播放,即在文件下载后不久就开始连续播放;流式实况音频/视频是通过互联网实现一对多的通信,而流式存储音频/视频是一对一的通信,另外,流式实况音频/视频节目不是事先录制好存储在服务器中，发送也不像流式存储音频/视频那样录制完毕后再发送，而是边录制边发送，并且接收时也是要求能够连续播放；会话式 IP 音频/视频是用户使用互联网和其他人进行实时交互式通信，与前两种类型的区别在于，前两种类型都没要交互特性，另外流式存储音频/视频也不是实时的。

知识点 7.2 流式存储视频

流式存储视频中，预先录制的视频放置在服务器上，用户向这些服务器发送请求按需观看这些视频。用户可能从开始到结束都在观看视频而没有中断它，也可能在视频结束前停止观看它，或者通过暂停、重新定位到后面或前面镜头来与视频交互。流式视频系统可分为三种类型：UDP 流（UDP streaming）、HTTP 流（HTTP streaming）和适应性 HTTP 流（adaptive HTTP streaming）。尽管在实践中这三种系统都在使用，但今天的系统绝大多数应用了 HTTP 流和适应性 HTTP 流。

UDP 流、HTTP 流和适应性 HTTP 流的共同特点是广泛使用了客户端应用缓存，以此来缓解变化的端到端时延和变化的服务器与客户之间可用带宽量的影响。对于存储的和实况的流式视频，用户通常能够容忍在客户请求某视频与该流视频在客户端播放之间有几秒的初始时延。因此，当视频流刚刚到达客户端时，客户不必立即开始播放，反而能够在应用程序缓存中建立该视频的储备。一旦该客户建立起几秒“已缓存但尚未播放”的视频储备，客户就可以开始视频播放了。客户端缓存可用于缓解变化的端到端时延和变化的可用带宽的影响，图 7-1 显示了这种缓存。

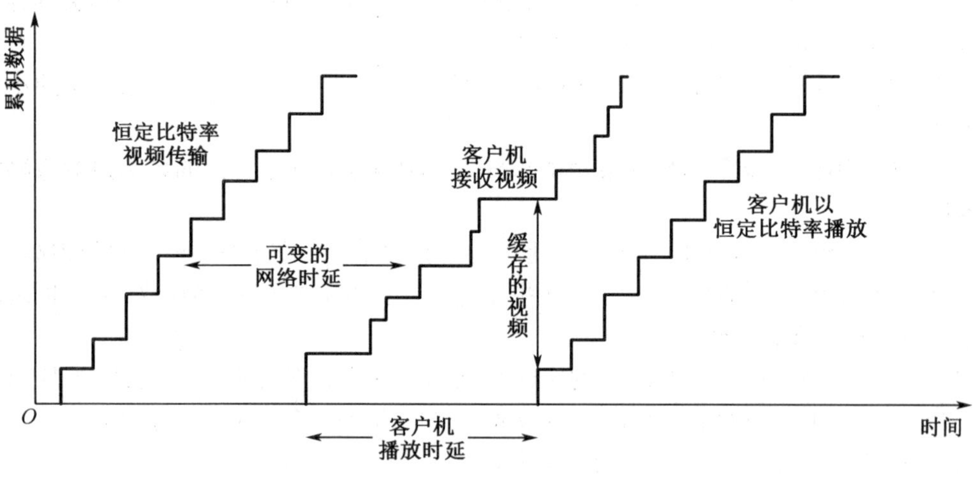

图 7-1 客户端缓存

7.2.1 UDP 流式存储视频

使用 UDP 流，服务器通过 UDP 以一种稳定的速率记录下视频块，用与客户的视频消耗速率相匹配的速率传输视频。因为 UDP 未采用某种拥塞控制机制，所以服务器能够以视频的消耗速率将分组推进网络中，而无 TCP 的速率控制的限制。UDP 流通常使用很小的客户端缓存,空间维持小于1秒视频就足够了。UDP流使用的协议包括实时传输协议(RTP)和实时流协议(RTSP)。

7.2.1.1　实时传输协议

在将视频块传递给UDP之前,服务器将视频块封装在运输分组中,该运输分组是专门为传输音频和视频而设计的,使用了实时传输协议(Real-Time Transport Protocol,RTP)的方案。

7.2.1.2　实时流协议

UDP流的另一种不同的性质是,除了服务器到客户的视频流外,两者间还并行地维护一个单独的控制连接,通过该连接,客户可发送有关会话状态变化的命令(如暂停、重新开始、重定位等)。RTSP是一种用于这样的控制连接的流行开放协议。

虽然UDP流已经在多个开源系统和专用产品中得到应用,但是它有3个重大不足。首先,由于服务器和控制之间的可用带宽无法预测并且是变化的,恒定速率UDP流不能够提供连续的播放。其次,它要求如RTSP服务器这样的媒体控制服务器对每个进行中的客户会话处理客户到服务器的交互请求和跟踪客户状态(例如在视频中的客户播放点,视频是否被暂停或播放等),这增加了部署大规模的按需视频系统的总体成本和复杂性。最后,许多防火墙配置为阻塞UDP流量,会阻止这些防火墙后面的用户接收UDP视频。

7.2.2　HTTP流式存储视频

今天的系统绝大多数应用了HTTP流和适应性HTTP流。在HTTP流中,视频可以视为具有特定URL的存储在HTTP上服务器上的普通文件。当用户要看视频时,用户和HTTP服务器之间建立一个TCP连接,用户发送一个与该视频的URL相对应的HTTP GET请求,服务器则尽可能快地在HTTP响应报文中发送该视频文件。“尽可能快地”,意思是以TCP拥塞控制和流控制允许的最大速率进行处理。在客户端上,视频存储在客户应用缓存中。一旦在缓存中字节数量超过了预先设定的阈值,该客户应用程序开始播放。具体而言,它周期性地从客户应用缓存中抓取视频帧,对帧进行解压缩并在用户屏幕上显示它们。

7.2.2.1　预取视频

一般情况下,视频服务器以视频播放的速度传输视频。但是在流式视频中,客户能够尝试以高于播放速率的速率下载视频,“预取”将来会被消耗的视频帧。预取的视频会被存储在客户应用缓存中。预取通常以TCP流出现,因为TCP拥塞避免机制可以将服务器和客户之间的所有可用带宽使用起来。预取可以将饥饿现象和播放时延降到最低。

7.2.2.2　客户应用缓存和TCP缓存

在服务器方,视频文件通过服务器的套接字进行发送,当TCP发送缓存显示为满,服务器立即停止视频文件的发送。

在客户方,客户应用程序通过其客户套接字,从TCP接收缓存读出视频内容并将其放入客户应用缓存中。同时,客户应用程序周期性地从客户应用缓存中抓取视频帧并解压缩,将其显示给用户。当客户停止视频播放,客户应用缓存将会变满,客户TCP接收缓存中不再删除字节,因此它也会变满;服务器TCP发送缓存也不再删除字节,因此它也变满,服务器不能通过套接字发送任何更多的字节。因此,如果用户暂停视频,服务器可能被迫停止传输。

7.2.2.3 视频的早期中止和重定位

HTTP 字节范围首部指示了客户当前要从所希望的视频中获取的字节范围。当用户重定位到一个新位置时,客户发送一个新 HTTP 请求,用字节范围首部指出服务器应当从文件的哪个字节起发送数据。当服务器接收到该新的 HTTP 请求时,它能够忘记任何较早的请求,而是开始发送字节范围请求中指示的字节。当某用户重定位到视频中的某个未来点或提前终止视频时,某些由服务器发送的已预取但尚未观看的数据将不会被观看,即导致了网络带宽和服务器资源的浪费。

7.2.3 适应性流式存储视频(DASH)

对于不同的用户或者对于相同客户的不同时间而言,可用的带宽量有很大不同。这导致了一种新型基于 HTTP 的流的研发,它常常被称为经 HTTP 的动态适应性流(DASH)。在 DASH 中,视频编码为几个不同的版本,其中每个版本具有不同的比特率,对应于不同的质量水平。客户动态地请求来自不同版本且长度为几秒钟的视频数据块。当可用带宽量较高时,客户自然地选择来自高速率版本的块;当可用带宽量较低时,客户自然地选择来自低速率版本的块。客户用 HTTP GET 请求报文一次选择一个不同的块。

知识点 7.2 习题解析

7-2-01 习题【基础】流式多媒体系统能够分为三种类型。阐述它们的名称并对每种类型进行描述。

【答案】(1)UDP 流传输:通过 UDP 流传输,服务器以稳定的速率通过 UDP 输出视频块,从而以与客户端的视频使用率匹配的速率传输视频。

(2)HTTP 流:在 HTTP 流中,视频只是作为具有特定 URL 的普通文件存储在 HTTP 服务器中。当用户想要观看视频时,客户端与服务器建立 TCP 连接对该 URL 发出 HTTP GET 请求。然后,服务器在 HTTP 响应消息中尽快(即在 TCP 拥塞控制和流控制允许的范围内)发送视频文件。

(3)适应性 HTTP 流(DASH):在基于 HTTP 的动态自适应流中,视频被编码为几个不同的版本,每个版本具有不同的比特率和相应的质量级别。客户端从不同版本动态请求长度为几秒钟的视频片段。当可用带宽量很高时,客户端自然会从高速率版本中选择块;当可用带宽较低时,自然会从低速率版本中进行选择。

7-2-02 习题【基础】列举 UDP 流的三种缺点。

【答案】(1)由于服务器和客户端之间的可用带宽无法预测且变化不定,因此恒定速率 UDP 流可能无法提供连续播放。

(2)它需要媒体控制服务器(例如 RTSP 服务器)来处理客户端到服务器的交互请求,并跟踪每个正在进行的客户端会话的客户端状态。

(3)许多防火墙配置为阻止 UDP 流量,从而阻止位于这些防火墙后面的用户接收 UDP 视频。

7-2-03　习题【进阶】对于 HTTP 流，TCP 接收缓存和客户应用缓存是相同的东西吗？如果不是，它们是怎样交互的呢？

【答案】不是。在客户端，客户端应用程序从 TCP 接收缓冲区读取字节，并将字节放入客户端应用程序缓冲区。

7-2-04　习题【进阶】对于 HTTP 流的简单模型。假设客户应用缓存长度是有限的，服务器以恒定的速率 m 发送，并且视频的压缩率是 x，其中 $m>x$。还假设播放立即开始。假设用户早在时刻 $t=T$ 中止视频。在中止的时刻，服务器停止发送比特（如果它还没有发送视频中所有比特的话）。

(1)假设视频为有限长。问浪费了多少比特（即发送但未观看）？

(2)假设视频为 N 秒长，其中 $N>T$。问浪费了多少比特（即发送但未观看）？

【答案】(1)缓冲区以 $m-x$ 的速率增长。在时间 T 时，浪费了 $(m-x)T$。

(2)服务器传输整个视频的时间。如果 $S>T$，缓冲区以 $m-x$ 的速率增长，直到时间 T，因此浪费了 $(m-x)T$。如果 $S<T$，则在时间 T，缓冲区中仍有 $N-T$ 秒的视频要播放。所以浪费了 $(m-x)T$。

知识点 7.3　IP　语　音

使用互联网的实时会话式语音常被称为互联网电话。因为从用户的视角看，它类似于传统的电路交换电话服务，它通常也被称为 IP 语音。因特网的网络层 IP 协议提供了尽力而为的服务，将每个数据报从源尽可能快地移动到目的地。IP 语音不可避免地存在丢包、端到端时延、时延抖动等问题。

7.3.1　IP 语音的丢包恢复

所谓丢包，是指某分组不能到达接收方或者在它的截止播放时间之后才到达。

通过 TCP（提供可靠数据传输）而不是 UDP 发送分组可以消除丢包问题。然而，TCP 的重传机制对于诸如 VoIP 这样的会话式实时音频应用是不可接受的，因为它们增加了端到端时延。另外，拥塞机制可能会对接收方接收的语音可理解程度产生严重影响。几乎所有的 IP 语音都默认运行在 UDP 上。

当使用 UDP 协议时，UDP 无法提供可靠数据传输，不可避免地存在丢包问题。例如，UDP 报文段封装在 IP 数据报中，当数据报在网络中徘徊，它等待链路传输时要经过路由器的缓存（即队列），从发送方到接收方的路径上的一个或多个缓存有可能是满的，不能接纳该 IP 数据报。在这种情况下，这个 IP 数据报就被丢弃了，永远不会到达接收方的应用程序。使用前向纠错（FEC）、交织、交错掩盖等方法减少丢包情况。

7.3.1.1　前向纠错 FEC

FEC 的基本思想是给初始的分组流增加冗余信息。以稍微增加传输速率为代价，这些冗余信息可以用来重建一些丢失分组的近似或者准确版本。有两种 FEC 机制。

第一种机制是每发送 n 个块之后发送一个冗余编码的块。这个冗余块通过异或 n 个初始块来获得。以这种方式，在这 $n+1$ 个分组的组中，如果任何一个分组丢失，接收方能够完全重建丢失的分组。但是如果这一组中有两个或更多分组丢失,接收方则无法重建丢失的分组。通过设定比较小的分组长度 $n+1$,当丢失不是很多时,大部分丢失分组都可以恢复。组的长度越小,相对增加的传输速率就越大。特别是若传输速率以 $1/n$ 因子增加的话,例如 $n=3$,则传输速率增加 33%。此外,这个简单的方案增加了播放时延,因为接收方在能够开始播放之前,必须等待收到整个组的分组。

第二个 FEC 机制是发送一个较低分辨率的音频流作为冗余信息。例如,发送方可能创建一个标称的音频流和一个相应的低分辨率、低比特率的音频流(这个标称流可能是一个 64 kbps 的 PCM 编码,而这个较低质量的流可能是一个 13 kbps 的 GSM 编码)。这个低比特率流被认为是冗余信息。发送方通过从这个标称流中取出第 n 个块并附加上第($n-1$)个块的冗余信息,以构建第 n 个分组。以这种方式,只要没有连续分组的丢失,接收方都可以通过播放和后续分组一起到达的低比特率编码块来隐藏丢失。

7.3.1.2 交织

交织可以作为冗余传输的另一种替代方案。发送方在传输之前对音频数据单元重新排序,使得最初相邻的单元在传输流中以一定距离分离开来。交织可以减轻丢包的影响。一个交织流的单个丢包导致重建流中的多个小间隙,这与在非交织流中将会导致单个大间隙形成对照。交织能够明显地提高音频流的质量。它的开销也较低,交织明显的缺点是增加了时延。

7.3.1.3 差错掩盖

音频信号呈现出大的短期自相似性,交错掩盖利用这一特性,试图为丢失的分组产生一个与初始类似的替代物。基于接收方的恢复的最简单方式是分组重复,即用在丢失之前刚到达的分组的副本来替换丢失的分组,这种方法的计算复杂度低,并且工作效果很好。另一种基于接收方恢复的形式是内插法,它使用在丢失之前和之后的音频,内插成一个合适分组来隐藏丢包。内插法比分组重复稍微好一些,但是显然需要增加计算强度。

7.3.2 端到端时延

端到端时延是由路由器中的传输、处理和排队时延,链路中的传播时延和端系统的处理时延组成的。

7.3.3 分组时延抖动

端到端时延的一个关键成分是一个分组在网络路由器中经历的变化的排队时延。从源中产生分组到接收方收到分组的这段时间,对于不同的分组,遇到的时延大小可能会有波动,这个现象称为时延抖动。时延抖动通常可以通过使用序号、时间戳、播放时延等方法来消除。

对于类似 VoIP 等周期性地产生分组的应用,接收方应该在存在随机网络时延抖动的情况下尝试播放语音块,这经常通过结合下面两种机制来实现。

(1)为每个块预先计划一个时间戳,发送方以每个块产生的时刻为该块的时间印记。

(2)在接收方延迟播放块时,接收的音频块的播放时延必须足够长,以便大多数分组在它们的预定播放时间之前被接收到。这个播放时延可能在整个音频会话期间是固定的,或者在音频会话生命期中适应性地变化。

消除时延抖动有两种策略:固定播放时延和适应性播放时延。

(1)固定播放时延

使用固定播放时延策略,假设接收方试图在块产生 q 毫秒后播放它。因此,如果一个块在时刻 t 打上时间戳,假设这个块在某时间已经到达,接收方将在时刻 $t+q$ 播放这个块。在预定播放时间之后到达的分组将被丢弃,并被认为已经丢失。q 的选值很重要。概括地说,如果端到端时延经常发生大的变化,用一个大的 q 更好。另一方面,如果时延很小并且时延变化也很小,用一个较小的可能小于 150 ms 的 q 更好。

(2)适应性播放时延

适应性播放时延假设网络时延经常变化,并且在每个话音突峰期的开始相应调整播放时延。在话音突峰期开始时适应性地调整播放时延将导致发送方静默期的压缩和拉长;然而,静默期的少量压缩和拉长在谈话中是不易觉察的。

知识点 7.3 习题解析

7-3-01　习题【基础】为什么在预定的播放时间之后收到的分组被认为丢失了?

【答案】在计划的播放时间之后到达的数据包无法播放。因此,从应用的角度来看,该分组已经丢失。

7-3-02　习题【基础】两种 FEC 方案,简要地总结它们。这两种方案通过增加开销而增加了流的传输速率。交织技术也会增加传输速率吗?

【答案】第一种方案:每 n 个块后发送一个冗余编码块;冗余块是通过对 n 个原始块进行异或运算而获得的。

第二种方案:与原始流一起发送较低分辨率的低比特率方案。

交织不会增加流的带宽要求。

7-3-03　习题【基础】简述消除时延抖动的两种策略。

【答案】消除时延抖动的策略有固定播放时延和适应性播放时延。

(1)使用固定播放时延策略,播放时延被设定为固定值,在固定值之后到达的分组将被丢弃,并被认为已经丢失。

(2)适应性播放时延估计网络时延和网络时延变化,并且在每个话音突峰期的开始相应调整播放时延。

7-3-04　习题【进阶】两种 FEC 方案。假设第一种方案为每 4 个初始块产生一个冗余块。假设第二种方案使用传输速率为标称流传输速率的 25%的低比特率编码。

(1)每种方案需要多少额外带宽?每种方案增加多少播放时延?

(2)如果在每组的 5 个分组中第一个分组丢失了,这两种方案如何执行?哪一种方案有更好音频质量?

(3)如果在每组的 2 个分组中第一个分组丢失了,这两种方案如何执行?哪一种方案有更好音频质量?

【答案】(1)两种方案都需要 25%以上的带宽。第一种方案具有 5 个分组的回放延迟。第二种方案的延迟为 2 个数据包。

(2)第一种方案将能够重建原始的高质量音频编码。第二种方案将对丢失的数据包使用低质量音频编码,因此总体质量较低。

(3)对于第一种方案,许多原始数据包将丢失,音频质量将非常差。对于第二种方案,每个音频块都将在接收器处可用,尽管只有低质量版本可用于每个其他块。但音频质量可以接受。

7-3-05　习题【进阶】端到端时延和分组时延抖动的区别是什么?分组时延抖动的原因是什么?

【答案】(1)端到端时延是路由器中的传输、处理和排队时延,链路中的传播时延和端系统的处理时延。时延抖动是从在源中产生分组到它在接收方收到的这段时间,对于不同的分组可能会有波动。

(2)产生时延抖动的原因:在使用 IP 协议的网络中,每个分组是独立地传送,因而这些分组在到达接收端不是等时的,即每个分组的时延不同,因此产生了时延抖动。

知识点 7.4　实时会话式应用协议

实时会话在现在的互联网中有广泛的应用。实时传输协议(RTP)和会话发起协议(SIP)是实时会话应用的两个标准广泛的协议。

7.4.1　实时传输协议 RTP

7.4.1.1　RTP 运行原理

RTP 通常运行在 UDP 之上。发送端在 RTP 分组中封装媒体块,然后在 UDP 报文段中封装该分组,然后将该报文段递交给 IP。接收端从 UDP 报文段中提取出这个 RTP 分组,然后从 RTP 分组中提取出媒体块,并将这个块传递给媒体播放器来解码和呈现。具体来说,发送端在每个语音数据块的前面加上一个 RTP 首部(RTP header),这个首部包括音频编码的类型、序号和时间戳。

RTP 首部通常是 12 字节。音频块和 RTP 首部一起形成 RTP 分组(RTP-packet)。然后向 UDP 套接字接口发送该 RTP 分组。在接收端,应用程序从它的套接字接口收到该 RTP 分组,从 RTP 分组中提取出该音频块,并且使用 RTP 分组的首部字段来适当地解码和播放该音频块。如果一个应用程序集成了 RTP,而非一种提供负载类型、序号或者时间戳的专用方案,则该应用程序将更容易和其他网络的多媒体应用程序互操作。

应该强调的是,RTP 并不提供任何机制来确保数据的及时交付,或者提供其他服务质量(QoS)保证。它甚至不保证分组的交付,或防止分组的失序交付。RTP 封装的东西仅为端系统所见,路由器不区分携带 RTP 分组的 IP 数据报和不携带 RTP 分组的 IP 据报。RTP 允许为每个源(例如,架照相机或者一个麦克风)分配一个它自己的独立 RTP 分组流。

7.4.1.2　RTP 分组字段

如表 7-1 所示,RTP 分组首部有 4 个主要字段:有效载荷类型、序号、时间戳、源标识符字段。

表 7-1　RTP 分组首部字段

有效载荷类型	序号	时间戳	同步源标识符	其他字段

RTP 分组中的有效载荷类型字段的长度是 7 比特。对于音频流,有效载荷类型字段用于指示所使用的音频编码类型(例如 PCM、适应性增量调制、线性预测编码)。对于一个视频流,有效载荷类型用于指示视频编码类型(例如运动 JPEG、MPEG1、MPEG2、H. 261)。当前 RTP 支持的一些音频、视频有效载荷类型如下表 7-2、表 7-3 所示。

表 7-2　RTP 支持的一些音频有效载荷类型

有效载荷类型编号	音频格式	采样频率/kHz	速率/kbps
0	PCM	8	64
1	1016	8	4. 8
3	GSM	8	13
7	LPC	8	2. 4
9	G. 722	16	48~64
14	MPEG 音频	90	—
15	G. 728	8	16

表 7-3　RTP 支持的一些视频有效载荷类型

有效载荷类型编号	视频格式	有效载荷类型编号	视频格式
26	运动 JPEG	32	MPEG1 视频
31	H. 261	33	MPEG2 视频

序号字段长为 16 比特。每发送一个 RTP 分组则该序号增加 1,而且接收方可以用该序号来检测丢包和恢复分组序列。

时间戳字段长 32 比特。它反映了 RTP 数据分组中的第一个字节的采样时刻。接收方能够使用时间戳来去除网络中引入的分组时延抖动,提供接收方的同步播放。时间戳是从发送方的采样时钟中获得的。

同步源标识符(SSRC)字段长为 32 比特。它标识了 RTP 流的源。通常在 RTP 会话中的每个流都有一个不同的 SSRC。SSRC 不是发送方的 IP 地址,而是当新的流开始时,源随机分配的一个数。两个流被分配相同 SSRC 的概率是很小的。如果发生了,这两个源应当选择一个新的 SSRC 值。

7.4.2　会话发起协议 SIP

会话发起协议(SIP)是一个开放和轻型的协议。它提供了在主叫者和被叫者之间 IP 网络创建呼叫的机制,提供了主叫者确定被叫者的当前 IP 地址的机制,提供了用于呼叫管理的机制。

7.4.2.1 SIP 运行过程

SIP 运行过程如图 7-2 所示。在图中,我们看到当 Alice 给 Bob 发送一个 INVITE 报文(这类似于 HTTP 请求报文)时,一个 SIP 会话开始了。该 INVITE 报文通过 UDP 发送给 SIP 的周知端口 5060。(SIP 报文也可以经 TCP 发送)。该 INVITE 报文包括了对 Bob 的标识(bob@ 193. 64. 210. 89)、Alice 当前 IP 地址的指示(167. 180. 112. 24)、Alice 希望接收的音频的指示(该音频以格式 AVPO 编码,即 μ 律 PCM 编码,并在 RTP 中封装),以及她希望在端口 38060 接收 RTP 分组的指示。

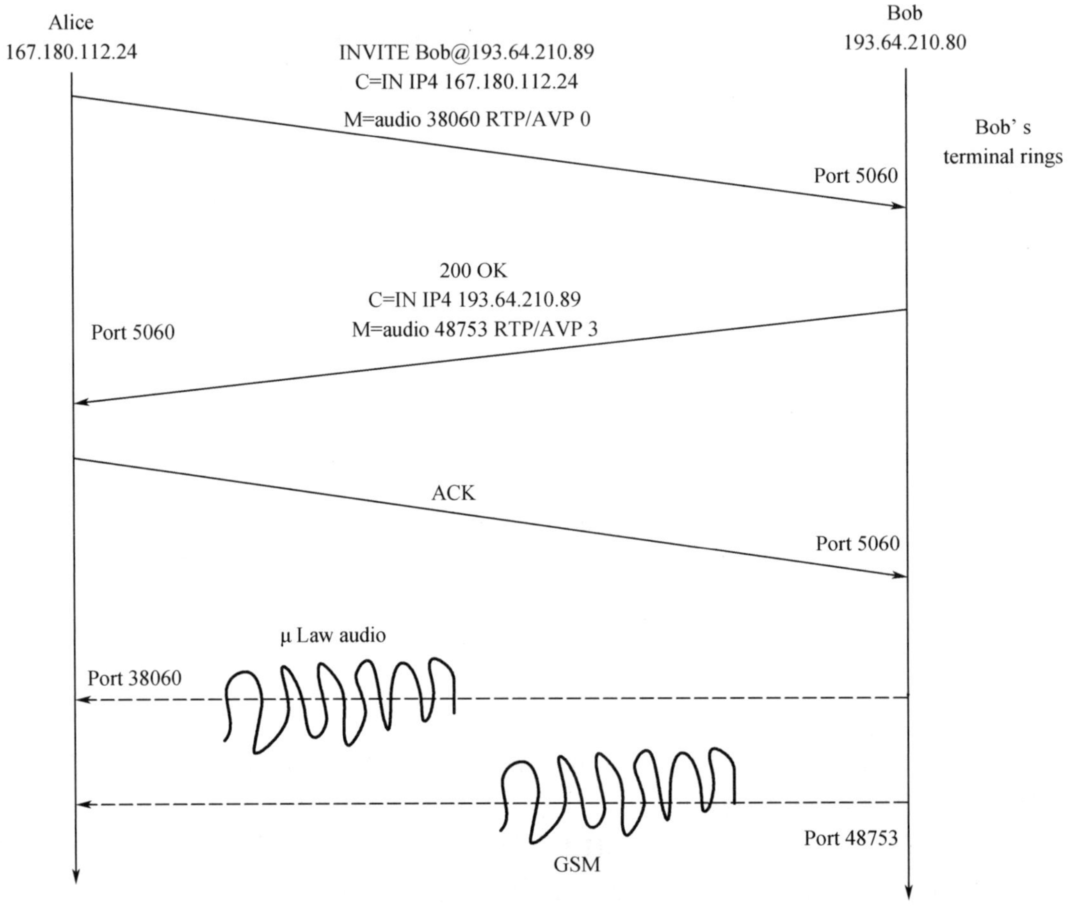

图 7-2 SIP 运行过程

在收到了 Alice 的 INVTTE 报文之后,Bob 发送一个 SIP 响应报文(该报文类似 HTTP 的响应报文)。该响应 SIP 报文也被发送到 SIP 端口 5060。Bob 的响应包括一个 200OK 和它的 IP 地址的指示、它希望接收的编码和分组化,以及音频数据应该发送到达的端口号。注意到在这个例子中,Alice 和 Bob 准备使用不同的音频编码机制:要求 Alice 使用 GSM 来对它的音频编码,而要求 Bob 使用 μ 律 PCM 对他的音频编码。

在接收到 Bob 的响应后,Alice 向 Bob 发送 SIP 确认报文。在这个 SIP 事务之后,Bob 和 Alice 可以交谈了。Bob 会根据要求对音频进行编码和分组化,并将音频分组发送给 IP 地址 167. 180. 112. 24 的端口号 38060。Alice 也会根据要求对音频进行编码和分组化,并将音频分组发送给 IP 地址 193. 64. 210. 89 的端口号 48753。

SIP 是一个带外协议,即发送和接收 SIP 报文使用了一个不同于发送和接受媒体数据的套接字。SIP 报文本身是可读的 ASCII,这与 HTTP 报文类似。SIP 要求所有的报文都要确认,因此它能够在 UDP 或者 TCP 上运行。

7.4.2.2　SIP 地址

SIP 地址类似电子邮件地址。例如,Bob 的地址可以是 sip:bob@ domain. com。SIP 设备发送 INVITE 报文,该报文包括这种类似于电子邮件地址的地址。SIP 地址能够被包括在 Web 页面中。

7.4.2.3　SIP 名字翻译和用户定位

如果 Alice 只知道 Bob 的电子邮件地址 bob@ domain. com,而且知道 Bob 对基于 SIP 的呼叫使用同样的地址。在这种情况下,Alice 需要获得用户 bob@ domain. com 正在使用的设备的 IP 地址。为了获得它,Alice 创建一个 INVITE 报文,它以 INVITE:bob@ domain. com SIP/2. 0 开始,并将该报文发送给一个 SIP 代理(SIP proxy)。该代理将以一个 SIP 回答来响应,该回答中也可能包含 bob@ domain. com 正在使用的设备的 IP 地址。该回答也可以选择包括 Bob 的语音信箱的 IP 地址,或者可能包括一个 Web 页面的 URL。

每个 SIP 用户都有一个相关联的注册器。任何时候用户在设备上发起 SIP 应用时,该应用给注册器发送一个 SIP 注册报文,通知注册器它现在的 IP 地址。Bob 的注册器跟踪 Bob 现在的 IP 地址。无论何时 Bob 切换到一个新的 SIP 设备时,该新设备将发送一个新的注册报文,指示该新的 IP 地址。如果 Bob 长时间使用同样的设备,该设备将发送刷新注册报文,指示最近发送的 IP 地址仍然有效。现在我们检查一下 Alice 的 SIP 代理服务器是如何获得 Bob 当前的 IP 地址的。代理服务器只需要转发 Alice 的 INVITE 报文给 Bob 的注册器/代理即可。然后注册器/代理将该报文转发给 Bob 现在的 SIP 设备。最后,在已收到了 Alice 的 INVTTE 报文之后,Bob 可以向 Alice 发送一个 SIP 应答。SIP 名字翻译和用户定位过程如图 7-3 所示。

正在 21. 7. 123. 56. 89 上工作的 Jim@ umass. edu 要对正在 197. 87. 54. 21 工作的 Keith@ uppen. edu 发起 IP 语音 VoIP 会话,具体用下面的步骤:

①Jim 向 umass. SIP 代理发送 INVITE 报文。

②该代理将该报文转发给 SIP 注册服务器,并在 SIP 注册器 upenn. edu 上进行 DNS 查询。

③因为 Keith@ upenn. edu 没有在 upenn. edu 注册器上注册,upenn 注册器发送一个重定向应答,指示它应该试一试 Keith@ nyu. edu。

④umass 的代理向 nyu 的 SIP 注册器发送 INVITE 报文。

⑤nyu 注册器知道 Keith@ upenn. edu 的 IP 地址,并将 INVITE 文转发给正运行 Keith 的 SIP 客户的主机 197. 87. 54. 21。

⑥⑦⑧通过 umass. SIP 代理把 197. 87. 54. 21 返回给 217. 123. 56. 89 上的 SIP 客户。

⑨媒体直接在两个客户之间发送。

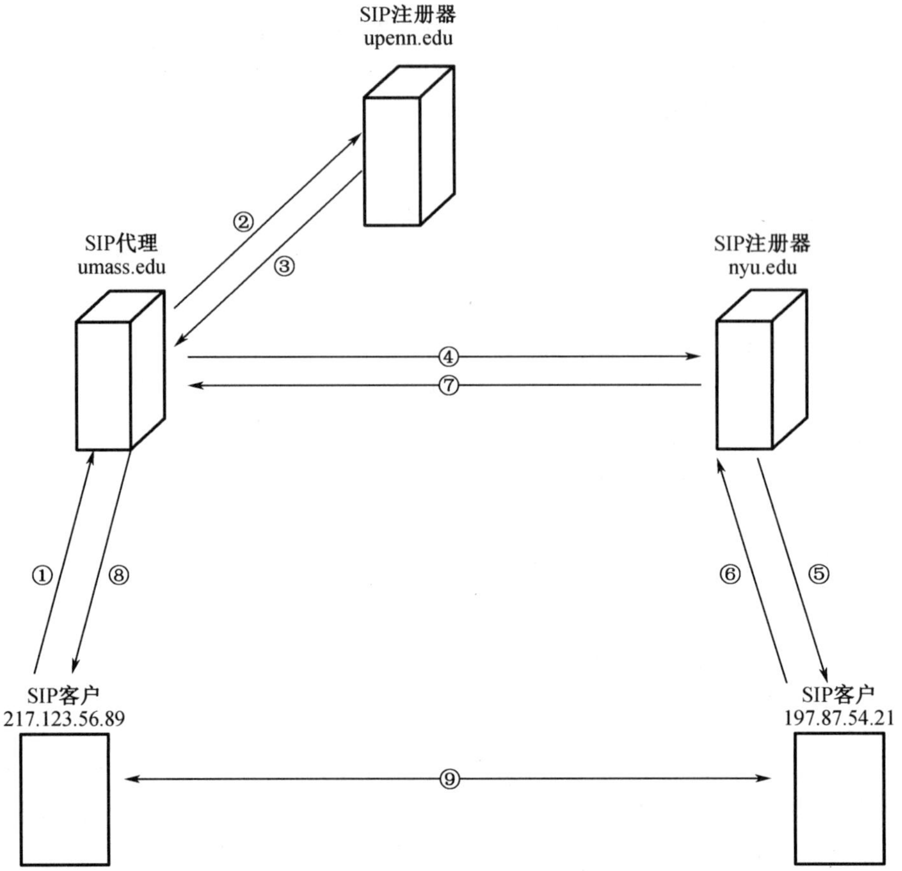

图 7-3　SIP 名字翻译和用户定位过程

知识点 7.4 习题解析

7-4-01　习题【基础】接收方如何识别在不同会话中的不同 RTP 流？同一个会话中的不同流是怎样识别的？

【答案】接收方在识别不同的 RTP 流时会有两种方式：第一种方式，在不同会话中时会使用不同的多播地址，可以根据多播地址进行区分；第二种方式，在同一会话中时会使用 SSRC 字段。同一会话中的不同流会使用不同的端口号将 RTP 数据包与 RTCP 数据包区分开。

7-4-02　习题【基础】简述 RTP 的运行原理。

【答案】RTP 通常运行在 UDP 之上。发送端在 RTP 分组中封装媒体块，然后在 UDP 报文段中封装该分组，然后将该报文段递交给 IP。接收端从 UDP 报文段中提取出这个 RTP 分组，然后从 RTP 分组中提取出媒体块，并将这个块传递给媒体播放器来解码和呈现。具体来说，发送端在每个语音数据块的前面加上一个 RTP 首部（RTP header），这个首部包括音频编码的类型、序号和时间戳。

7-4-03　习题【基础】RTP 分组字段都包含什么？

【答案】RTP 分组首部有 4 个主要字段：有效载荷类型、序号、时间戳、源标识符字段。

7-4-04　习题【基础】SIP 注册器的作用是什么？一个 SIP 注册器的作用与移动 IP 中的归属代理的作用有怎样的差异？

【答案】SIP 注册器的作用是跟踪用户及其当前使用的相应 IP 地址。每个 SIP 注册器都跟踪属于其域的用户。它还将 INVTE 消息（针对其域中的用户）转发到用户当前正在使用的 IP 地址。在这方面，其作用类似于 DNS 中的权威名称服务器。

7-4-05　习题【基础】判断题(1)SIP 报文在 SIP 实体之间通常使用一个默认的 SIP 端口号发送。(2)为了维护注册，SIP 客户必须周期地发送 REGISTER 报文。(3)SIP 强制所有的 SIP 客户支持 G. 711 音频编码。

【答案】(1)正确，源端口号和目标端口号均为 5060。

(2)正确。

(3)错误，这是 H. 323 的要求，而不是 SIP 的要求。

7-4-06　习题【进阶】在 RTP 分组的首部中为什么要使用序号、时间戳和标记？

【答案】(1)在一次 RTP 会话开始时的初始序号是随机选择的。序号使接收端能够发现丢失的分组，同时也能将失序的 RTP 分组重新按序排列好。

(2)时间戳反映了 RTP 分组中的数据的第一个字节的采样时刻，在一次会话开始时时间戳的初始值也是随机选择的，即使是在没有信号发送时，时间戳的数值也要随时间而不断地增加。接收端使用时间戳可准确知道应当在什么时间还原哪一个数据块，从而消除时延的抖动。时间戳还可用来使视频应用中的声音和图像同步。

(3)标记 M 比特置 1 时表示这个 RTP 分组具有特殊意义。例如，在传送视频流时用来表示每一帧的开始。

7-4-07　习题【进阶】简述 SIP 运行过程。

【答案】(1)当 Alice 给 Bob 发送一个 INVITE 报文（这类似于 HTTP 请求报文）时，一个 SIP 会话开始了。该 INVITE 报文通过 UDP 发送给 SIP 的周知端口 5060。(SIP 报文也可以经 TCP 发送）。该 INVITE 报文包括了对 Bob 的标识（bob@ 193. 64. 210. 89）、Alice 当前 IP 地址的指示、Alice 希望接收的音频的指示（该音频以格式 AVPO 编码，即 μ 律 PCM 编码，并在 RTP 中封装），以及她希望在端口 38060 接收 RTP 分组的指示；

(2)在收到了 Alice 的 INVTTE 报文之后，Bob 发送一个 SIP 响应报文（该报文类似 HTTP 的响应报文）。该响应 SIP 报文也被发送到 SIP 端口 5060。Bob 的响应包括一个 200 OK 和它的 IP 地址的指示、它希望接收的编码和分组化，以及音频数据应该发送到达的端口号。注意到在这个例子中，Alice 和 Bob 准备使用不同的音频编码机制：要求 Alice 使用 GSM 来对它的音频编码，而要求 Bob 使用 μ 律 PCM 对他的音频编码；

(3)在接收到 Bob 的响应后，Alice 向 Bob 发送 SIP 确认报文。在这个 SIP 事务之后，Bob 和 Alice 可以交谈了。Bob 会根据要求对音频进行编码和分组化，并将音频分组发送给 IP 地址 167. 180. 112. 24 的端口号 38060。Alice 也会根据要求对音频进行编码和分组化，并将音频分组发送给 IP 地址 193. 64. 210. 89 的端口号 48753。

知识点 7.5 支持多媒体的网络

网络畅通是多媒体网络的基本要求，但是并非所有的网络流量都应该被转发，为了安全也是为了满足部分业务流量的优先服务要求，有一些流量需要被限制。

在一个固定拓扑中，为网络链路提供多大容量以取得给定水平的性能的问题常被称为带宽供给。如何设计一个网络拓扑（其中放置哪些路由器，如何用链路互联这些路由器，并为链路分配容量）以取得给定水平的端到端性能称为网络定制。

多媒体应用等对带宽、延迟、延迟抖动等有特殊需求的应用的要求。传统的网络服务无法实现这些要求，QoS 应运而生。QoS（Quality of Service）是服务质量的简称，主要有三种工作模式：Best-Effort-Service（尽力而为服务）、IntServ（综合服务）、DiffServ（区分服务）。

7.5.1 尽力而为服务模型 Best-Effort-Service

Best-Effort-Service 是一个单一的服务模型，也是最简单的服务模型。对 Best-Effort-Service 模型，网络尽最大的可能性来发送报文。但对延时、可靠性等性能不提供任何保证。Best-Effort-Service 模型是网络的缺省服务模型，通过 FIFO 队列来实现。它适用于绝大多数网络应用，如 FTP、E-Mail 等。

7.5.2 综合服务模型 IntServ

IntServ 可对单个的应用会话提供服务质量的保证，它可以满足多种 QoS 需求。

（1）IntServ 的四个组成部分

①资源预留协议 RSVP，也就是信令协议；

②接纳控制（admission control）程序；

③分类程序（classifier）；

④调度程序（scheduler）。

（2）IntServ 的服务质量控制组件

①接纳控制：对于服务质量传输，IntServ 要求对一个新的流进行预留。如果网络内的路由器共同认定没有足够的资源来保证所请求的服务质量，则这个流就不允许进入网络。

②路由选择算法：可以基于许多不同的服务质量参数来决定路由的选择。

③调度算法：IntServ 的一个重要元素就是有效的排队和调度策略，它考虑不同流的不同需求。属于各种网络流的分组被复用在一起，并且在与链路关联的输出缓存排队等待传输。选择在链路上传输的排队分组的方式称为链路调度规则（link-scheduling discipline），常用的三种链路调度规则为：FIFO、优先权排队和加权公平队列（WFQ）。WFQ 对于隔离服务流量类型起到特别重要的作用。

④丢弃策略：如果有许多数据包在输出端口排队，当数据包使用完缓冲区之际，在管理拥塞和满足 QoS 保证时，数据包的丢弃策略就是服务质量一个重要元素。

（3）漏桶

速率调节是一种重要的 QoS 机制，该速率允许一类流量或流向网络注入分组。对一个流的分组速率有3个重要的监管准则。

①平均速率:网络可能希望限制一个流的分组能够发送到网络中的长期平均速率(每个时间间隔的分组数)。

②峰值速率:峰值约束限制了一个较短时间内能够发送的最大分组数。

③突发长度:突发长度限制了能够瞬间发送到网络中的分组数。

漏桶机制是一个能够用来表征平均速率、峰值速率、突发长度等监管限制的抽象。漏桶由一个能够容纳 b 个令牌的桶组成。可能潜在地加入桶中的新令牌总是以每秒 r 个令牌的速率产生。(为了简单化起见,我们这里假设时间单元是秒)当产生一个令牌时,如果桶填充得少于 b 个令牌,新产生的令牌加入该桶中;否则忽略该新产生的令牌,令牌桶保持具有 b 个令牌的满状态。

假设在一个分组向网络传输之前,必须首先从令牌桶中去除一个令牌。如果令牌桶是空的,分组必须等待一个令牌。因为在桶中最多能有 b 个令牌,所以漏桶监管的流的最大突发长度是 b 个分组。此外,因为令牌产生速率是 r,所以在任何长度为 t 的时间间隔内能够进入网络中的最大分组数目为 $r+b$。因此,令牌产生速率 r 用于限制分组能够进入网络的长期平均速率。除了监管长期平均速率之外,使用漏桶(具体来说,串联的两个漏桶)来监管流的峰值速率也是有可能的。漏桶的运行过程如图7-4所示。

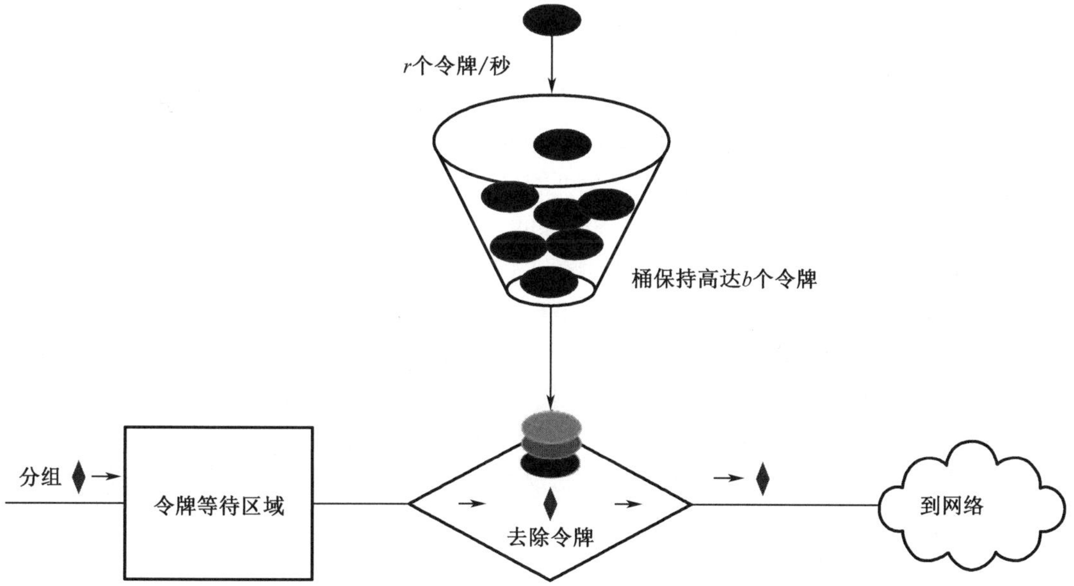

图7-4　漏桶机制

将调度和监管两种机制结合起来,就可以确定通过路由器队列的时延界限。

(4)IntServ的运行过程

IntServ模型的基本思想是“所有的业务流相关状态信息是在端系统上”。该模型使用资源预留协议(RSVP),RSVP运行在从源端到目的端的每个设备上,可以监视每个流,以防止其消耗资源过多。在发送流量前,网络设备需要通过RSVP信令协议向网络申请特定服务质量,包括带宽、时延等。在确认网络已经为该流量预留了资源后,网络设备才开始发送报文。

工作时,发送端给接收端发送一个 PATH 信息,以指定通信的特性。沿途的每个中间路由器把 PATH 信息转发给由路由协议决定的下一个结点。当收到一个 PATH 信息时,接收端做出的反应是用一个 RESV 信息为该业务流请求资源,包括带宽、时等。沿途的每个中间路由器可以拒绝或接受 RESV 信息请求。如果请求不符合要求,路由器将发送一个差错信息给接收端,中断信令的处理过程。如果路由器接受请求,就按照事先的约定,为该流分配链路带宽和缓冲区空间,并且把相关的业务流状态信息装入路由器中。网络在传送过程中为每一个流(flow,由两端的 IP 地址、端口号、协议号决定)维护状态。同时,网络基于这个状态执行报文的分类、流量监管、排队调度等。

(5)IntServ 的优缺点

IntServ 体系能够明确区分并保证每一个业务流的服务质量,为网络提供最细粒度化的服务质量区分。但是 IntServ 对设备的要求很高,当网络中的数据流数量很大时,设备的存储和处理能力会遇到很大的压力。IntServ 模型可扩展性很差,难以在互联网的核心网络实施。此外,该模型不适合于生存期的业务流。

7.5.3 区分服务模型 DiffServ

为了克服 IntServ 的可扩展性差的缺点,IETF 工作组在 1998 年提出了区分服务 DiffServ 模型,目的是制定一个可扩展性相对较强的方法来保证服务质量。DiffServ 是一个多服务模型,它可以满足不同的 QoS 需求。

区分服务模型(DiffServ)定义了一种可以在互联网上实施可扩展的服务分类的体系结构。一种“服务”,是由在一个网络内,在同一个传输方向上,通过一条或几条路径传输数据包时的某些重要特征所定义的。这些特征可能包括吞吐率、时延、时延抖动,或丢包率的量化值或统计值等,也可能是指其获取网络资源的相对优先权。服务分类要求能适应不同应用程序和用户的需求,并且允许对互联网服务的分类收费。

DiffServ 起源于 IntServ,但是它是一个相对简单、粗划分的控制系统。它将 IP 服务类型(TOS)字段改名为 DS,并用 DS 承载 IP 包服务所要求的信息,不涉及低层的传输技术。DiffServ 主要通过两个机制来完成不同 QoS 业务要求的分类:DS 标记和一个包转发处理库的集合 PHB(Per-Hop-Behavior 每跳行为)。通过对一个包 DS 字段的不同标记,以及基于 DS 字段的处理,就能够产生一些不同的服务级别。DiffServ 体系结构可以看成以下两个功能元素的集合所组成。

7.5.3.1 边界功能

边界功能包括分组分类和流量调节。在网络的边缘(在产生流量的 DiffServ 使能的主机,或者在流量经过的第一个 DiffServ 使能的路由器),到达的分组被标记。更具体地说,在 IPv4 或者 IPv6 分组首部中的区分服务(DS)字段被设置为某个值。分组得到的标记标识了该分组所属的流量类型。然后不同类型的流量将在核心网络得到不同的服务。

分类器根据一个或多个分组首部字段的值(例如源地址、目的地址、源端口、目的端口和协议 ID)来选择分组,并引导该分组去做合适的标记功能,分组的标记携带在分组首部的 DS 字段中。如果用户以符合协商的流量配置文件的方式向网络中发送分组,这些分组就会得到它们的优先级标记,并沿着到目的地的路径转发。另一方面,如果用户违反了该流量配置文件,那些超出流量配置文件的分组就可能被打上不同的标记,或被整形(例如,为了能够遵守最大速率限制而延时),或可能在网络边缘被丢弃。

7.5.3.2　核心功能

DiffServ 的核心功能为转发。当一个 DS 标记的分组到达一个 DiffServ 可用的路由器时,根据与分组类型相关的所谓的每跳行为(Per-Hop Behavior,PHB),该分组被转发到它的下一跳。

每跳行为(PHB)是对 DiffServ 结点的外部可观察的转发行为的描述,该结点应用了一个特定的 DiffServ 行为聚合。存在两种 PHB:一种是加速转发 PHB;另一种是确保转发 PHB。加速转发(Expedited Forwarding,EF)PHB 规定了一类流量离开路由器的速率必须等于或者大于某个已配置的速率。确保转发(Assured Forwarding,AF)PHB 将流量分为 4 类,其中每个 AF 类都确保提供某种最小数量的带宽和缓存。

每跳行为影响在竞争的流量类型之间共享路由器缓存和链路带宽的方式。DiffServ 体系结构的一个关键原则是路由器的每跳行为只基于分组标记,即分组所属的流量类型。因此,DiffServ 体系结构消除了为各个“源到目的地”而保留路由器状态的要求,这是使 DiffServ 具有可扩展性的一个重要考虑。

7.5.3.3　DiffServ 优缺点

与 IntServ 模型不同,它不需要通知网络为每个业务预留资源,无须保存流状态和信令信息。DiffServ 只包含有限数量的业务类型,状态信息数量少,实现简单,扩展性较好,使用较为普遍。但由于缺少端到端的带宽预留,在拥挤的链路上服务保证可能会被削弱。它不能完全依靠自己来提供端到端的服务,需要大量网络元素协同动作 DiffServ 模型。

知识点 7.5 习题解析

7-5-01　习题【基础】IntServ 的优缺点。

【答案】综合服务 IntServ 的优点如下:

(1)能够提供绝对有保证的 QoS;

(2)RSVP 协议能够支持组播环境,这对保证多媒体实时业务(如可视会议、远程实时教学等)提供了资源共享手段。

而综合服务 IntServ 也存在体系结构方面的种种问题:

(1)状态信息的数量与流的数目成正比;

(2)IntServ 体系结构复杂,若要得到有保证的服务,所有的路由器都必须装有 RSVP、接纳控制、分类器和调度器,这种路由器称为 RSVP 路由器;

(3)综合服务 IntServ 所定义的服务质量等级数量太少,不够灵活。

7-5-02　习题【基础】在区分服务 DiffServ 中的每跳行为 PHB 是什么意思?EF PHB 和 AF PHB 有何区别?它们各适用于什么样的通信量?

【答案】(1)每跳行为(PHB)是指 DiffServ 结点的外部可观察的转发行为的描述,该结点应用了一个特定的 DiffServ 行为聚合。

(2)EF PHB 即迅速转发 PHB(Expedited Forwarding PHB),EF 指明离开一个路由器的通信量的数据率必须等于或大于某一数值。因此,EF PHB 用来构造通过 DS 域的一个低丢失率、低时延、低时延抖动、确保带宽的端到端服务。EF PHB 可理想地用于实时应用，如视频、VoIP 或网络游戏等。

(3) AF PHB 即确保转发 PHB(Assured Forwarding PHB)，AF 用 DSCP 的比特 0~2 将通信量划分为四个等级，并给每一种等级提供最低数量的带宽和缓存空间。对于其中的每一个等级再用 DSCP 的比特 3~5 划分出三个"丢弃优先级"，当发生网络拥塞时，对于每一个等级的 AF，路由器将按照"丢弃优先级"分别丢弃分组。AF PHB 适用于需要速率保证，但不需要延迟或抖动限制的流量。

7-5-03 习题【基础】DiffServ 的优缺点是什么？

【答案】DiffServ 不需要通知网络为每个业务预留资源，无须保存流状态和信令信息。DiffServ 只包含有限数量的业务类型，状态信息数量少，实现简单，扩展性较好，使用较为普遍。但由于缺少端到端的带宽预留，在拥挤的链路上服务保证可能会被削弱。它不能完全依靠自己来提供端到端的服务，需要大量网络元素协同动作 DiffServ 模型。

7-5-04 习题【基础】漏桶管制器的工作原理是怎样的？

【答案】漏桶管制器的工作原理如下：分组进入网络前先要进入一个队列中等候漏桶中的令牌。只要漏桶中有令牌，就可从漏桶取走一个令牌，然后就准许一个分组进入网络。若漏桶已无令牌，就要等新的令牌注入漏桶后，再将这个令牌拿走才能准许下一个分组进入网络。假定在一定时间间隔 r 中将漏桶中的全部 b 个令牌都取走。但在这个时间间隔内漏桶又装入了 rt 个新的令牌，因此在任何时间间隔 t 内准许进入网络的分组数的最大值为 $rt+b$。控制令牌进入漏桶的速率 r 就可对分组进入网络的速率进行管制。

7-5-05 习题【基础】数据流的平均速率、峰值速率和突发长度各表示什么意思？

【答案】(1)平均速率：指在一定的时间间隔内通过的分组数。

(2)峰值速率：限制了数据流在非常短的时间间隔内的流量。

(3)突发长度：在非常短的时间间隔内连续注入网络中的分组数。

7-5-06 习题【进阶】区分服务 DiffServ 与综合服务 IntServ 有何区别，区分服务的工作原理是怎样的？

【答案】(1)区分服务 DiffServ 层次简单，伸缩性较好。DiffServ 工作范围分为两个层次：DS 域和 DS 区。DS 标识只是规定了有限数量的业务级别，状态信息的数量正比于业务级别，而不是流的数量。而综合服务 IntServ 伸缩性差，在 WAN 中，各种各样的子网会不断增多，并且随着流数目的增加，状态信息的数量成比例上升，重传 PATH 和 RESV 信息会占用大量的路由器存储空间和处理开销。

(2)区分服务 DiffServ 便于实现：只在网络的边界上才需要复杂的分类、标记、管制和整形操作。ISP 核心路由器只需要实现行为聚集(BA)的分类，因此实现和部署区分、分级都比较容易。

(3)区分服务 DiffServ 不影响路由：DiffServ 的结点提供服务的手段只限于队列调度和缓冲管理，并不涉及路由选择，而综合服务 IntServ 对现有路由器改造十分复杂。由于需要进行端到端的资源预留，必须要求从发送到接受之间的所有路由器都支持 RSVP 和许可控制协议，同时每个路由器还要花费大量的资源来维护和更新数据库。

(4)DiffServ 的工作流程如下：用户会事先与其他的 ISP 签订一个服务等级协议 SLA，明确所支持的业务级别以及在每个业务级别中所允许的业务量。它可以是静态的，也可以是动态的。静态 SLA 需要定期协商，动态 SLA 的客户用某种信令协议(如 RSVP)请求所要求的服务。用户可以标记自己的 DS 编码标记以指定 QoS 的服务，也可以让边缘路由器根据多字段 MF 分类来标记。

7-5-07 习题【进阶】采用漏桶机制可以控制达到某一数值的、进入网络的数据率的持续时间。设漏桶最多可容纳 a 个令牌。当漏桶中的令牌数小于 a 个时，新的令牌就以每秒 s 个令牌的恒定速率加入漏桶中。设分组进入网络的速率为 Mpkt/s（pkt 代表分组），试推导以此速率进入网络所能持续的时间 T。讨论一下为什么改变令牌加入漏桶中的速率就可以控制分组进入网络的速率。

【答案】以此速率进入网络所能持续的时间为 $T = a/(M - s)$ 。分组进入网络的速率为 $M = (a + sT)/T$，所以通过控制令牌进入漏桶的速率 s 就可以控制分组进入网络的速率 M。

解析 假定在时间间隔 T 中将漏桶中的全部 a 个令牌都取走。但在这个时间间隔内漏桶又装入了 sT 个新的令牌，因此在任何时间间隔 T 内准许进入网络的分组数的最大值为 $a+sT$。分组进入网络的速率为 $M = (a + sT)/T$，从而可以推导出 $T = a/(M - s)$ 。

参 考 文 献

[1] 谢希仁. 计算机网络[M]. 8 版. 北京:电子工业出版社,2021.
[2] 詹姆斯·F. 库罗斯,基思·W. 罗斯. 计算机网络:自顶向下方法[M]. 陈鸣,译. 北京:机械工业出版社,2021.
[3] 胡道元. 计算机网络[M]. 北京:清华大学出版社,2005.
[4] 王慧强,孙大洋,徐东. 计算机网络知识要点与习题解析[M]. 哈尔滨:哈尔滨工程大学出版社,2006.
[5] 黄韬,刘江,汪硕,等. 未来网络技术与发展趋势综述[J]. 通信学报,2021,42(1):130-150.
[6] 刘韵洁,黄韬,张晨,等. 未来网络的发展趋势与机遇[J]. 无线电通信技术,2020,46(1):1-5.
[7] 黄韬,霍如,刘江,等. 未来网络发展趋势与展望[J]. 中国科学:信息科学,2019,49(8):941-948.
[8] 吴文君,姚海鹏,黄韬,等. 未来网络与工业互联网发展综述[J]. 北京工业大学学报,2017,43(2):163-172.
[9] 戴彬,曹园园,莫益军. 未来网络场景及需求分析综述[J]. 电信科学,2019,35(8):39-48.
[10] 兰巨龙. 未来网络体系与核心技术[M]. 北京:人民邮电出版社,2017.
[11] 刘韵洁. 未来网络与5G产业化发展前景探讨[J]. 高科技与产业化,2019(12):21-23.